Hans Schober

TRANSPARENTE SCHALEN
**FORM
TOPOLOGIE
TRAGWERK**

Hans Schober

TRANSPARENTE SCHALEN
FORM
TOPOLOGIE
TRAGWERK

	Geleitwort	6
	Vorwort	6
	Würdigung und Danksagung	8
	Über den Autor	9
	Unter Mitwirkung von	10
1	**Allgemeines zu Schalen**	**13**
1.1	Zum Entwurf von Schalen	14
2	**Geschichtliches**	**19**
2.1	Historische Beispiele	20
3	**Konstruktionsprinzip von Netzkuppeln**	**31**
3.1	Entwicklung des Konstruktionsprinzips	32
3.2	Konstruktion der Netzkuppeln in Neckarsulm und Hamburg	40
4	**Geometrieprinzipien für Netzkuppeln mit ebenen Viereckmaschen**	**49**
4.1	Geometrieprinzip für Translationsflächen	51
4.2	Tonne als einfachste Translationsfläche	53
4.2.1	Optimale Profilkurve	55
4.2.2	Tonnenaussteifung	56
4.2.3	Tonne in Zollinger-Bauweise	63
4.3	Rotationsflächen	64
4.3.1	Reihung von Rotationsflächen	67
4.3.2	Eindimensionale Streckung und Rotation	70
4.4	Kuppeln als Translationsflächen	72
4.4.1	Optimaler Stich von Kuppeln	73
4.4.2	Beispiele für kuppelartige Translationsflächen	74
4.4.3	Reihung von Translationsflächen	79
4.5	Hyperbolisches Paraboloid mit ebenen Viereckmaschen	80
4.5.1	Zum Tragverhalten von Hyparschalen mit geraden Rändern	82
4.5.2	Hypar als Translationsfläche mit ebenen Vierecken	84
4.5.3	Hypar als Regelfläche mit ebenen Vierecken	87
4.5.4	Gleichung des Hypars bei gegebenen vier geraden Rändern	91
4.5.5	Ausschnitte aus Hypar-Flächen entlang der Erzeugenden	94
4.5.6	Reihung von Hyparflächen	101
4.5.7	Entwässerung „ebener" Flächen	112
4.6	„Schiefe" Translation	113
4.7	Geometrieprinzip für Streck-Trans-Flächen	122
4.7.1	Zur Streckung räumlicher Kurven	122
4.7.2	Streck-Trans-Flächen	125

4.8	Lamellenkuppeln mit ebenen Viereckmaschen	132
4.8.1	Die reguläre Lamellenfläche	135
4.8.2	Ausschnitte aus Lamellenflächen	136
4.9	Streckung doppelt gekrümmter Flächen aus ebenen Viereckmaschen	137
4.10	Anwendung Geometrieprinzip für räumliche Blechkonstruktionen	140
4.11	Anwendung Geometrieprinzip für Schalungen im Betonbau	142
5	**Freigeformte Netzkuppeln**	**147**
5.1	Netzkuppeln mit ebenen Viereckmaschen auf freien Formen	149
5.2	Netzkuppeln mit verwundenen Viereckmaschen	150
5.3	Kombination von ebenen Viereck- und Dreieckmaschen	154
6	**Formfindung und Optimierung von Netzkuppeln**	**161**
6.1	Formfindung mit Hängemodell	163
6.2	Formfindung mit Membranelement	165
6.3	Formfindung auf Basis der Dynamischen Relaxation und der Kraftdichtemethode	168
6.4	Holistische „Formfindung" mittels Formoptimierung	175
7	**Zur Statik von Netzkuppeln**	**185**
7.1	Nachweis Verglasung	186
7.2	Nachweis Tragwerk	186
8	**Ausgeführte Beispiele**	**189**
8.1	Liste gebauter verglaster Schalen	190
8.2	Knotenverbindungen	208
8.2.1	Allgemeines	208
8.2.2	Geschraubte Knoten	214
8.2.3	Geschweißte Knoten	229
9	**Ganzheitlicher Entwurf – Entwicklungen und Ausblick**	**239**
	Literatur	250
	Literatur zu Projekten	251
	Projektregister	252
	Bildnachweise	254
	Impressum	256

Geleitwort

Dieses Buch beschreibt eine spezielle, aber wunderschöne Baukonstruktion: die gläserne Netzkuppel für weitgespannte, doppeltgekrümmte verglaste Dächer mit minimalem Konstruktionsgewicht und geistreichen Details.

Die Beschreibung erfasst – mit Fleiß und Können – die ganze Breite, von den Netzkuppeln mit ebenen Viereckmaschen bis zu den frei geformten Kuppeln und deren geometrische, statische und konstruktive Optimierung, belegt durch viele Beispiele aus der Praxis des Verfassers.

Wenn man bedenkt, dass damit als Nutzer vor allem die Ingenieure des Konstruktiven Ingenieurbaus angesprochen sind und ihnen ein neues und reizvolles Gebiet erschlossen wird, mit dem sie nicht nur die Architekten sondern auch direkt die Bauherren ansprechen können, dann werden einem die Chancen bewusst, die sich mit diesem Buch uns Bauingenieuren eröffnen, auch dank der vielen Beispiele einschließlich einer der ersten Anwendungen dieses Konstruktionsprinzips beim Olympiadach in München 1972.

So kann der Unterzeichner, der das Glück hatte viele Jahre mit dem Verfasser im gemeinsamen Büro diese Entwicklung zu begleiten, das vielfältige Buch nur mit offenen Armen empfangen und hiermit freudig weitergeben, in der sicheren Hoffnung, dass damit kreative Ingenieure zu weiteren reizvollen Bauwerken mit leichten, eleganten gläsernen Netzkuppeln stimuliert werden.

Jörg Schlaich
Berlin, im Mai 2015

Vorwort

In den 1980er Jahren beflügelte die technologische Entwicklung den Bau einfach- und doppeltgekrümmter Glasbauten. Mit der Entwicklung leistungsfähiger Computer und CAD-Programmen in Verbindung mit CNC-Maschinen wurden auch geometrisch komplizierte Tragwerke konkurrenzfähig. Dies führte teils zu einer Architektur frei von Fesseln, zur „blob architecture", also Freiform-Architektur. Das Entwerfen völlig freier Formen erfordert besondere Fähigkeiten, die nur wenige Entwerfer haben, denn opulente und disziplinlose „blobs" sind in den seltensten Fällen gute Architektur. Nur wenn die Gestaltung mit einer klaren und angenehmen Funktionalität einhergeht, kann man von einer guten Architektur sprechen, denn die optische Erscheinung sollte nur ein integrativer Teil der technischen Entwicklung sein. In dieser Zeit entwickelte das Büro schlaich bergermann und partner, Stuttgart, die Netzkuppeln, eine neuartige Tragkonstruktion, die das Tragwerk durch vorgespannte Seile in ein einlagiges Schalentragwerk überführt, das sich für einfach- und doppeltgekrümmte Formen eignet.

In diesem Buch habe ich meine seit jener Zeit bis heute im Büro schlaich bergermann und partner gesammelten Gedanken, Entwicklungen und Erfahrungen bezüglich der transparenten Schalen niedergelegt, ohne Anspruch auf Vollständigkeit. Meinem Lehrer und langjährigen „Chef" Jörg Schlaich verdanke ich ein kreatives, offenes Umfeld im Büro, das es ermöglichte, an interessanten und innovativen Entwicklungen teilzuhaben und ein erfülltes Berufsleben zu führen.

Einen erheblichen Umfang im Buch nehmen die Geometrieprinzipien für Netzkuppeln ein, welche einfach, anschaulich und leicht nachvollziehbar und mit den heute zur Verfügung stehenden Modulen der üblichen CAD-Programme leicht anzuwenden sind. Obwohl heute Computer-Hilfsmittel verfügbar sind, die auf strukturlosen, völlig frei geformten Flächen Netze mit den gewünschten Eigenschaften generieren und so homogene Strukturen erzeugen, die ohne diese Hilfsmittel nicht möglich wären, meine ich, dass einfache und nachvollziehbare Prinzipien, deren mathematische und geometrische Grundlagen man nachvollziehen kann und die somit keine Blackbox darstellen, nach wie vor ihre Berechtigung haben. Denn die mathematisch basierten Formen sind „begründet" und diszipliniert, und mathematische Beziehungen haben eine eigene ihnen innewohnende Ästhetik. Rationale Gestaltungsprinzipien sind zeitlos. Was man verstehen kann, wird meist auch als gut bzw. richtig empfunden – dies gilt sowohl für die Geometrie als auch für den Kraftfluss. Jörg Schlaich hat es – in Anlehnung an den bekannten Satz von der guten Theorie – folgendermaßen auf den Punkt gebracht: „Es gibt nichts Praktischeres als eine transparente Theorie".

In Kapitel 5 beschränke ich mich auf kurze Hinweise zur Benutzung von komplexen Programmen zur (geometrischen) Netzgenerierung auf freien Formen. Die einfachen Geometrieprinzipien des Kapitels 4 können hier bei der Festlegung der Topologie hilfreich sein.

Die statische Optimierung, die bei Schalen stets auch mit einer geometrischen Optimierung einhergeht, wird in Kapitel 6 behandelt. Hiroki Tamai und Daniel Gebreiter erläutern verschiedene, teils noch in der Entwicklung stehende Methoden, die unter anderem verdeutlichen, wie wichtig eine Zusammenarbeit zwischen Architekt und Ingenieur in der Entwurfsphase ist. Lesern, die sich in das Thema Formfindung und Optimierung weiter vertiefen wollen, sei auch das Buch [23] empfohlen.

Um den Umfang nicht zu sprengen, habe ich als ausgeführte Beispiele lediglich die von schlaich bergermann und partner geplanten Netzkuppeln verwendet und in Kapitel 8 zusammen mit den wesentlichen Informationen bezüglich Geometrie, Tragwerk und Knotenausbildung aufgelistet. Da zu den meisten Projekten Veröffentlichungen existieren, wurde an Stelle einer detaillierten Projektbeschreibung jeweils der entsprechende Literaturhinweis aufgenommen.

Das Buch schließt mit dem von Sven Plieninger und Stefan Justiz zusammengestellten Kapitel „Ganzheitlicher Entwurf", worunter eine komplexe Interaktion zwischen Geometrie, Topologie und Tragwerksberechnung verstanden wird, um vorgegebene Optimierungsziele wie kraftflussorientierte Geometrie und Stabstruktur, Gewichtsminimierung, homogene Materialausnutzung etc. zu erreichen. Dadurch entsteht ein filigranes und effektives Tragwerk mit technischer Disziplin und Ordnung von guter Qualität und Ästhetik, was allerdings nur bei einer engen Zusammenarbeit zwischen Architekt und Ingenieur bereits im frühen Entwurfsstadium erreicht werden kann.
Sinn des Buches ist es, das bei schlaich bergermann und partner erarbeitete Wissen bezüglich der transparenten Schalentragwerke festzuhalten und den interessierten Kollegen zur Verfügung zu stellen. Wenn einige Architekten und Bauingenieure damit angeregt werden, ästhetische, effiziente und leichte Schalentragwerke zu entwerfen und damit einen Beitrag zur Baukultur zu leisten, dann ist das Ziel des Verfassers voll erreicht.

Hans Schober
Stuttgart, im Mai 2015

Würdigung und Danksagung

Während meiner Tätigkeit bei schlaich bergermann und partner habe ich mit vielen talentierten und motivierten Ingenieuren zusammengearbeitet, ohne deren Mitwirkung die Projekte nicht zustande gekommen wären. Um alle aufzuzählen, müsste ich einen großen Teil der Büromannschaft der letzten 30 Jahre benennen, weshalb ich mich auf diejenigen beschränken möchte, mit denen die Zusammenarbeit besonders intensiv war.

Bedanken möchte ich mich bei:
Sven Plieninger, Stefan Justiz, Thomas Moschner, Michael Stein, Thomas Fackler, Michael Werwigk, Jochen Gugeler, Jörg Mühlberger, Matthias Nier, Kai Kürschner, Tilman Schober, Daniel Gebreiter, Jan Knippers, Thorsten Helbig, Thomas Bulenda, Peter Schulze, Bernd Ruhnke, Hansmartin Fritz, Cornelia Striegan, Brian Hunt, Jochen Bettermann.

Was wäre die Ingenieurskunst ohne mutige, innovative und engagierte Firmen! Das weiß ich seit meiner Tätigkeit in New York besonders zu schätzen, wo Glasbaufirmen mit dem für neuartige Konstruktionen nötigen Mut und handwerklichem Können nur schwer zu finden waren, so dass wir in vielen Fällen auf deutsche Tochterfirmen in den USA zurückgreifen mussten.

Folgende Firmen trugen wesentlich dazu bei, dass unsere Ideen und Planungen umgesetzt werden konnten:
Helmut Fischer GmbH, Talheim
Mero TSK International GmbH und Co. KG, Würzburg
Josef Gartner GmbH, Gundelfingen
Permasteelisa Group, Vittorio Veneto, Italien
Seele GmbH, Gersthofen
Waagner-Biro, Stahlbau AG, Wien, Österreich
Roschmann Konstruktionen aus Stahl und Glas GmbH, Gersthofen
Tripyramid Structures Inc., Westford, MA, USA
Müller Offenburg GmbH, Offenburg
Lacker GmbH und Co. KG, Waldachtal
W&W Glass, Nanuet, NY, USA

Über den Autor

Hans Schober, geboren 1943, studierte Bauingenieurwesen an der Universität Stuttgart und promovierte 1984 bei Professor *Jörg Schlaich* am Institut für Massivbau zum Dr.-Ing. Ab 1982 wirkte er als Ingenieur im Büro schlaich bergermann und partner, wurde 1992 Partner und leitete von 2005 bis 2009 das Büro in New York. Seit seiner Rückkehr aus New York ist er als Berater für das Stuttgarter Büro tätig. Während seiner langjährigen Berufspraxis beschäftigte er sich mit dem Entwurf und der Konstruktion von unterschiedlichen Fußgängerbrücken, Eisenbahnbrücken und Bahnhöfen und sammelte reichlich Erfahrung im Entwurf und Bau von Glasdächern, Seilnetzfassaden und frei geformten Strukturen.

Unter Mitwirkung von

Sven Plieninger, 1964 in Heilbronn geboren, studierte Bauingenieurwesen an der Universität Stuttgart und schloss das Studium als Diplom-Ingenieur ab. Seit 1991 wirkte er als Ingenieur bei schlaich bergermann und partner in Stuttgart, wurde im Jahr 2000 Partner und ist seit 2002 geschäftsführender Gesellschafter. Er beschäftigt sich vor allem mit Bauprojekten aus den Bereichen Bildung, Sport und Kultur, die weltweit, mit Schwerpunkt China, umgesetzt werden.

Stefan Justiz studierte Bauingenieurwesen an den Universitäten von Stuttgart und Calgary mit einem Abschluss als Diplom-Ingenieur im Jahr 1995. Seither arbeitet er als Ingenieur bei schlaich bergermann und partner in Stuttgart. Dort beschäftigt er sich mit der Planung von Tragwerken für Brücken, weit gespannten Dächern und Stadienüberdachungen, mit besonderem Fokus auf Glas-Stahlkonstruktionen.

Daniel Gebreiter wurde 1982 geboren. Er hat Masterabschlüsse in Architektur und nachhaltigem Bauen der University of Nottingham (2005) und der Technischen Universität Berlin (2011).
2012 erlangte er im Nachdiplomstudium den Grad des M. Phil. in Digital Architectonics an der University of Bath. Die Abschlussarbeit behandelte das computergestützte Entwerfen von Freiform-Gebäudehüllen. Seither ist Daniel Gebreiter Mitglied der dedizierten Geometrie- und Strukturoptimierungsgruppe bei schlaich bergermann und partner in Stuttgart. Diese Gruppe verwendet und entwickelt digitale Werkzeuge zur Optimierung von Statik und Geometrie großer Bauwerke und Fassaden.
Zuvor arbeitete er bei UN Studio in Amsterdam und Wilkinson Eyre Architects in London.

Hiroki Tamai studierte Architektur und Bauingenieurwesen an der Universität Kyoto mit dem Abschluss als Bachelor und Master of Science. Seinen Titel als PhD in Architektur erhielt er 2005 am Illinois Institute of Technology bei Professor *Mahjoub Elmineiri*. Er arbeitete in verschiedenen Architektur- und Ingenieurbüros in den USA bevor er 2008 seine Tätigkeit als Ingenieur im Büro schlaich bergermann und partner in Stuttgart aufnahm. Dort beschäftigt er sich vor allem mit der statischen Optimierung von verglasten Schalen und weitgespannten Stadiondächern und entwickelt Programme zur Formfindung.

1 Allgemeines zu Schalen

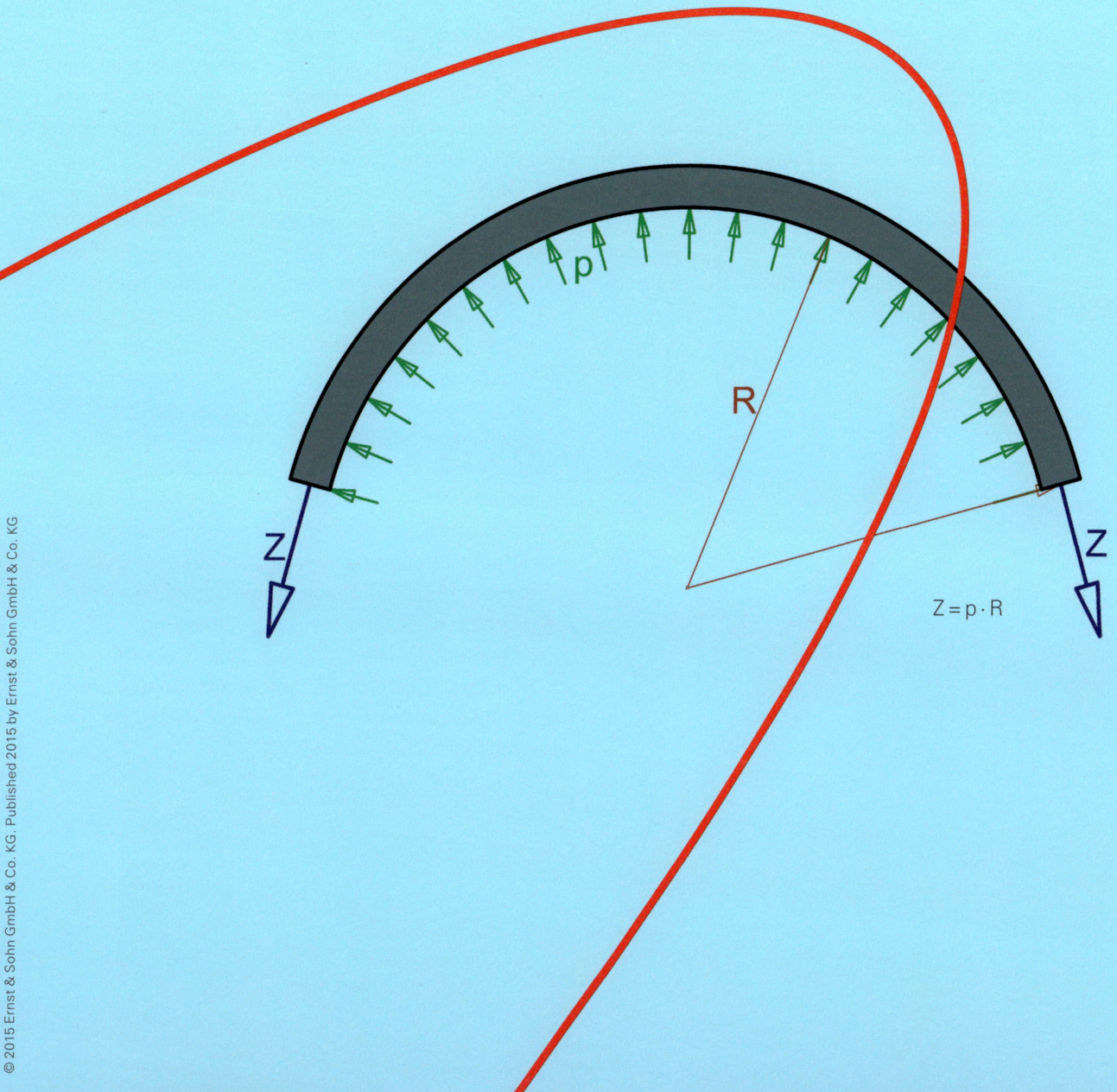

1 Allgemeines zu Schalen

Schalen sind auf natürliche Weise schön und effizient, weil die fließende und doppelt gekrümmte Form Lasten ohne Biegung, nur in der Fläche, also nur über Zug- und Druckkräfte fortleiten kann. Sie brauchen daher bedeutend weniger Material als biegebeanspruchte, ebene Tragwerke, beispielsweise Träger oder Platten. Es besteht aber ein Gegensatz zwischen günstigem Tragverhalten und schwieriger, da doppelt gekrümmter Herstellung. Die Lösung dieses Gegensatzes ist eine wichtige Voraussetzung für den erfolgreichen Schalenbau.

Sollen Schalen durchsichtig sein, also verglast werden, muss man sie so in Stäbe auflösen, dass eine Struktur mit möglichst großer Transparenz entsteht. Günstige Voraussetzungen für optimale Transluzenz bieten doppelt gekrümmte Flächentragwerke mit Dreiecksmaschen. Nur das Dreiecksraster ist in der Lage, Kräfte im Wesentlichen ohne Stabbiegung nur in der Fläche fortzuleiten, eine notwendige Voraussetzung für einlagige Membranschalen.

Die Wirtschaftlichkeit transparenter Schalen hängt wesentlich von der Fügung der Netzstäbe im Knoten und der Form der Eindeckung ab.

1.1 Zum Entwurf von Schalen

Für die Berechnung von Schalen stehen heute leistungsfähige Programme mit relativ einfacher Geometrie- und Lasteingabe und übersichtlicher Ergebnisdarstellung zur Verfügung.

Trotzdem benötigt der entwerfende Ingenieur gutes theoretisches Wissen zum Tragverhalten von Schalen, um im Entwurfsstadium die Weichen für ein ästhetisches und effizientes Tragwerk richtig zu stellen. Ein falsches Tragwerkskonzept kann zwar mit Hilfe des Computers und entsprechender Dimensionierung der Tragglieder machbar gemacht werden, das Ergebnis ist jedoch weder effektiv noch innovativ.

Ausreichendes Wissen um das Tragverhalten von Schalen wird hier vorausgesetzt.

Beim Entwurf sollte stets der Membranzustand angestrebt werden, also ein momentenfreier Zustand. Voraussetzung dafür ist zunächst eine kontinuierliche doppeltgekrümmte Form. Im Gegensatz zum Bogen, der Lasten nur dann momentenfrei abträgt, wenn die Bogenform auf die Art der Belastung abgestimmt ist (Stützlinienform, Bild 1.1), kann eine einzige Schalenform verschiedene Belastungen momentenfrei abtragen. Die Stützung der Schale muss lediglich membrangerecht, das heißt in Richtung der Schalenfläche erfolgen und Einzellasten müssen vermieden oder möglichst flächig eingeleitet werden. Die aus den Verträglichkeitsbedingungen auftretenden Störmomente in der Schale können mit dem Computer zuverlässig ermittelt werden.

Die Schalenkräfte im Membranzustand können leicht von Hand abgeschätzt werden. Solche einfachen Abschätzungen sind zur Kontrolle von Computerergebnissen und für die Entwurfsarbeit sehr wichtig.

Bei Kenntnis der resultierenden Last P_1 oberhalb des Rundschnittes können die Membrankräfte für beliebig rotationssymmetrisch belastete Rotationsschalen einfach abgeschätzt werden (Bild 1.2).

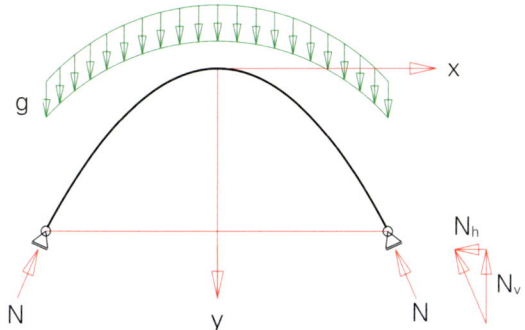

Stützlinienform für Bogen unter Eigenlast
$y = a \cdot \cosh \dfrac{x}{a} - a$ (Kettenlinie)

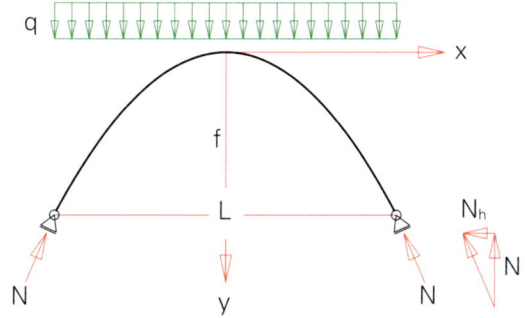

Stützlinienform für Bogen unter Gleichlast q
$x^2 = 2p \cdot y$ (Parabel)

Auflagerkräfte: $N_h = \dfrac{q \cdot L^2}{8 \cdot f}$, $N_v = q \cdot \dfrac{L}{2}$ \hfill (1)

Bild 1.1 Stützlinienform eines Bogens ist belastungsabhängig (Abschätzung der Normalkräfte und Biegemomente im Bogen bzw. der Tonne siehe auch Abschnitt 4.2)

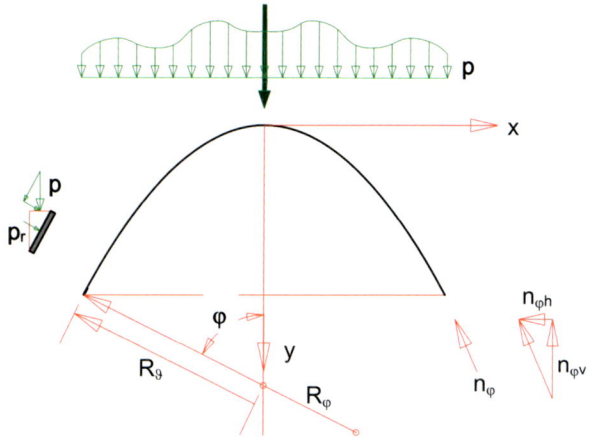

Meridiankraft $n_\varphi = -\dfrac{P_1}{2 \cdot \pi \cdot R_\vartheta \cdot \sin^2 \varphi}$ \hfill (2)

Die Ringkraft n_ϑ kann durch zweifache Anwendung der Ringformel $Z = p \cdot R$ einfach ermittelt werden. Aus n_φ ergibt sich eine Umlenkkraft u nach außen von $u = \dfrac{n_\varphi}{R_\varphi}$ und mit der Ringformel $Z = p \cdot R$ eine Ringkraft

$$n_\vartheta = \dfrac{n_\varphi}{R_\varphi} \cdot R_\vartheta$$

Die äußere Last p erzeugt eine radiale Lastkomponente p_r. Mit der Ringformel $Z = p \cdot R$ erhält man die Ringkraft $n_\vartheta = p_r \cdot R_\vartheta$ und somit Ringkraft

$$n_\vartheta = -R_\vartheta \cdot \left(p_r + \dfrac{n_\varphi}{R_\varphi} \right) \hfill (3)$$

Bild 1.2 Abschätzung der Membrankräfte n_φ, n_ϑ einer Rotationsschale, R_φ ist der Krümmungsradius in Meridianrichtung, R_ϑ in Ringrichtung

Für den Sonderfall einer Kugelschale unter Gleichlast p ist die radiale Lastkomponente $p_r = p \cdot \cos^2\varphi$ und die resultierende Last $P_1 = \pi \cdot p \cdot R_\vartheta \cdot R_\vartheta \cdot \sin^2\varphi$. Unter Eigenlast g ist die radiale Lastkomponente $p_r = g \cdot \cos\varphi$ und die resultierende Last $P_1 = 2\pi \cdot g \cdot R_\vartheta^2 \cdot (1 - \cos\varphi)$.

Setzt man p_r und P_1 in obige Beziehungen ein, erhält man die Membrankräfte der Kugelschale. Diese sind in Bild 1.3 zusammengestellt. Für andere Fälle wird auf die einschlägige Literatur verwiesen.

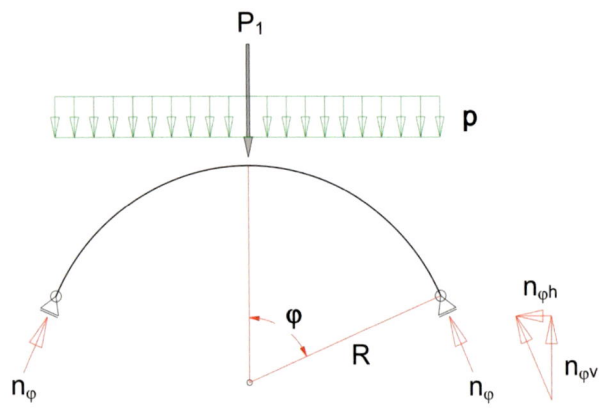

Kugelschale unter Gleichlast
Komponenten der Meridiankraft n_φ:
Horizontalkomponente $\quad n_{\varphi h} = n_\varphi \cdot \cos\varphi$ (4)
Vertikalkomponente $\quad n_{\varphi v} = n_\varphi \cdot \sin\varphi$
Meridiankraft n_φ aus Gleichlast p
$$n_\varphi = -p \cdot \frac{R}{2}$$
Ringkraft n_ϑ aus Gleichlast p
$$n_\vartheta = -p \cdot \frac{R}{2} \cdot \cos 2\varphi$$

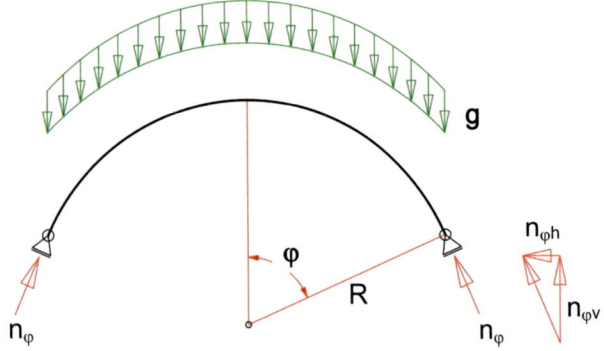

Kugelschale unter Eigenlast
Komponenten der Meridiankraft n_φ:
Horizontalkomponente $\quad n_{\varphi h} = n_\varphi \cdot \cos\varphi$ (5)
Vertikalkomponente $\quad n_{\varphi v} = n_\varphi \cdot \sin\varphi$
Meridiankraft n_φ aus Eigenlast g
$$n_\varphi = -g \cdot \frac{R}{1 + \cos\varphi}$$
Ringkraft n_ϑ aus Eigenlast g
$$n_\vartheta = -g \cdot R \cdot \left(\cos\varphi - \frac{1}{1 + \cos\varphi}\right)$$

Bild 1.3   Membrankräfte einer Kugelschale

Weicht die Lagerung einer Schale von der idealen Membranlagerung ab, wenn beispielsweise nur vertikale Auflagerkräfte aufnehmbar sind, kann mit einem steifen Randträger ein membranähnlicher Zustand mit nur geringen und schnell abklingenden Biegemomenten in der Schale geschaffen werden.

Ist der Randträger ringförmig, können die Ringkräfte leicht mit einer Handrechnung abgeschätzt werden (Bild 1.4).

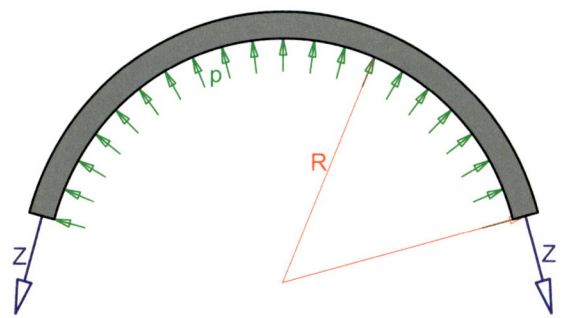

Kreisring unter Radiallast p
(rotationssymmetrisch)
Ringzugkraft $Z = p \cdot R$ (6)

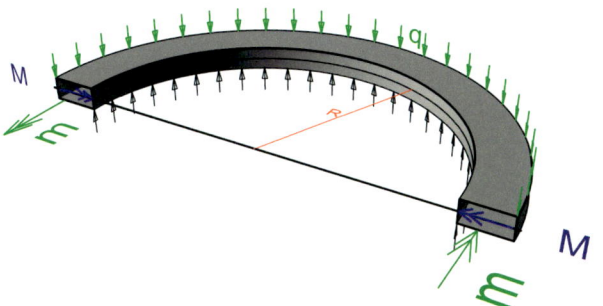

Kreisring unter Krempelmoment $m = q \cdot e$
(rotationssymmetrisch)
Biegemoment $M = m \cdot R$ (7)
(oben Zug, unten Druck)
Torsionsmoment $= 0$

Bild 1.4 Schnittkräfte im Kreisring infolge Radiallast und Krempelmoment

Eine wichtige Eigenschaft des mit einem Krempelmoment $m = q \cdot e$ belasteten Ringträgers besteht darin, dass als Schnittgröße im Ring keine Torsion entsteht, sondern ein Biegemoment M, das sich in Ringdruck und Ringzug aufteilt [13]. Diese Eigenschaft wurde schon mehrfach bei gekrümmten Fußgängerbrücken umgesetzt [14].

Eine resultierende Querkraft Q, welche über die Radialkräfte $n = \bar{n} \cdot \cos \varphi$ am Kreisring eingeleitet wird, bewirkt aus Gleichgewichtsgründen die Schubkräfte $t = \bar{n} \cdot \sin \varphi$ (Bild 1.5).

Aus $\sum Q = 0$ folgt:
$$\int_0^{2\pi} \bar{n} \cdot \cos^2 \varphi \cdot R \cdot d\varphi = \int_0^{2\pi} \bar{t} \cdot \sin^2 \varphi \cdot R \cdot d\varphi$$
$$\bar{n} \cdot R \cdot \pi = \bar{t} \cdot R \cdot \pi = Q$$
$$\max t = \bar{t} = \frac{Q}{\pi \cdot R}$$
maximale Schubkraft $\bar{t}$ aus Q. (8)

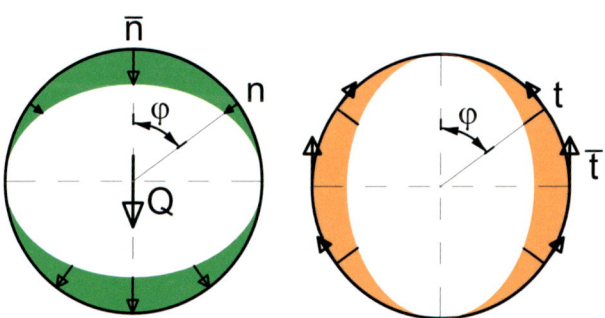

Bild 1.5 Schubkräfte t am Kreisring

2 Geschichtliches

2 Geschichtliches

Die historische Entwicklung der Glasbauten wird hier nur im Hinblick auf den Kuppel- und Schalenbau verkürzt dargestellt. Ein kurzer Abriss dazu ist auch in [1] zu finden. Lediglich die neueren Entwicklungen im Schalenbau werden vertieft dargestellt.

2.1 Historische Beispiele

Der moderne Glasbau entwickelte sich in der Mitte des 19. Jahrhunderts mit La Bourse de Commerce in Paris, 1811 (Bild 2.1). Es war die erste verglaste Rippenkuppel – eine gusseiserne, zentralsymmetrische Kugelkalotte, die von *F. J. Belanger* als Architekt und *F. Brunet* als Ingenieur und Unternehmer geschaffen wurde. Meilensteine waren die Gewächshäuser in den Kew Gardens in England, 1845 sowie *Paxton's* Kristallpalast in London, 1851, und die Galleria Vittorio Emmanuele in Mailand, 1865 (Bild 2.2).

Bei den Kuppeln dieser Zeit ging es geometrisch betrachtet im Wesentlichen um zentral- bzw. rotationssymmetrische Kugelkalotten mit Stäben nur in Ring- und Meridianrichtung. Wegen der viereckigen Maschen kann nicht von einem Schalentragwerk gesprochen werden, denn die Tragfähigkeit war auf die Rahmenwirkung bzw. die Biegesteifigkeit der Stäbe angewiesen. Ein echtes Schalentragwerk besteht aus dreieckigen Maschen, so dass die Lasten im Wesentlichen in der Fläche über Druck- und Zugkräfte abgetragen werden.

Der entscheidende und mit vielen sehr großen Bauten sehr erfolgreiche Schritt in Richtung Schalenbau waren 1863 *Schwedlers* Stabwerkkuppeln. Er versah seine zentralsymmetrischen Kuppeln mit dünnen Diagonalstäben und überführte sie so in echte Schalen. Sein Name steht außerdem für die theoretische Fundierung der Fachwerktheorie und die Erarbeitung klarer Bemessungsregeln für Details im Eisenbau, wofür er internationale Anerkennung erhielt. Viele seiner Kuppeln sind bis heute erhalten, ein Beispiel zeigt Bild 2.3.

Bild 2.1   Kuppel La Bourse, Paris, 1811

Bild 2.2 Kuppel der Galeria Vittorio Emmanuele, Mailand, 1865

Bild 2.3 Schwedlerkuppel über Gasometer Wien, 1896

Die prinzipiell zentralsymmetrische Stabgeometrie bei rotationssymmetrischer Form erfuhr nun bis heute unzählige Variationen, Bild 2.4 [2].

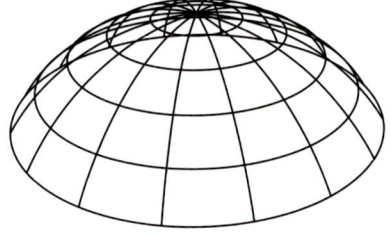 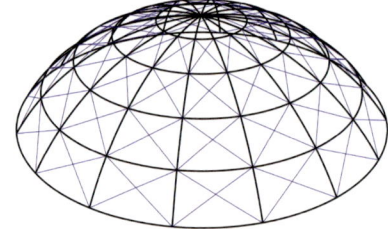 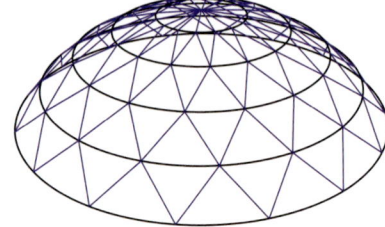

Rippenkuppel   Schwedlerkuppel   Kuppel mit Ringnetz

Bild 2.4   Stabgeometrie für Kuppeln [2]

Platonische Körper als Basis der Kugelaufteilung

Einen völlig neuen Schritt tat *Buckminster Fuller* 1954 mit seinen „geodätischen Kuppeln" [3]. Die erste geodätische Kuppel wurde allerdings bereits 1919 von dem Ingenieur und Physiker *Dr. Walther Bauersfeld* für den Bau des Zeiss Planetariums in Jena entwickelt [4]. Er beschäftigte sich mit der Sternenprojektion und entwickelte zunächst einen Fixsternprojektor auf der geometrischen Basis des auf die Kugel projizierten Ikosaeders. Vier Jahre später hatte er die Idee, auch das Stabnetzwerk der halbkugeligen Stahlbetonkuppel nach demselben Prinzip zu bauen (Bild 2.6). Diese Struktur gilt als erste geodätische Kuppel der Welt.

Tetraeder
(4 identische Flächen)
4 gleichseitige Dreiecke

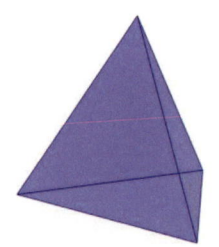

Projektion der Kanten auf die Kugel

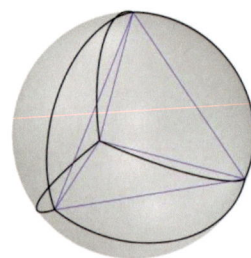

Netzgenerierung auf Basis der Platonischen Körper, Beispiele

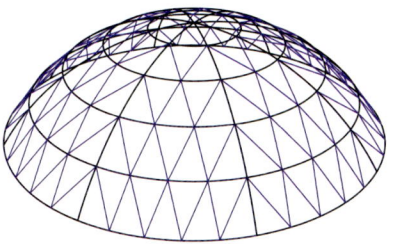
Kuppel mit Sektoren-Ringnetz

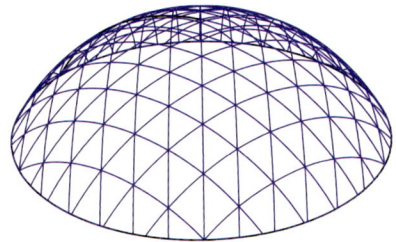
Dreischarige Kuppel

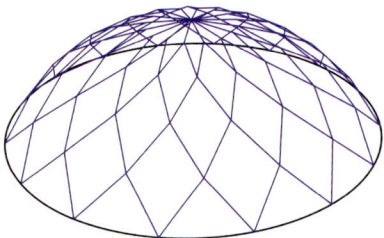
Lamellenkuppel

Hexaeder
(6 identische Flächen)
6 Quadrate

Oktaeder
(8 identische Flächen)
8 gleichseitige Dreiecke

Dodekaeder
(12 identische Flächen)
12 regelmäßige Fünfecke

Ikosaeder
(20 identische Flächen)
20 gleichseitige Dreiecke

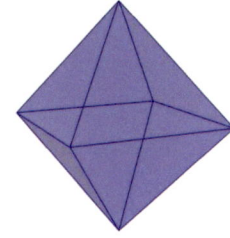
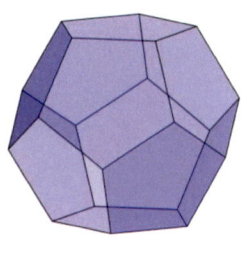
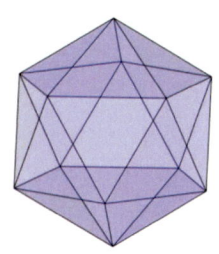

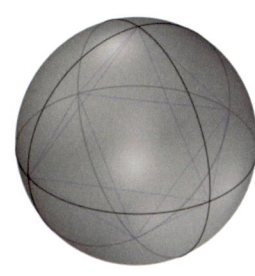

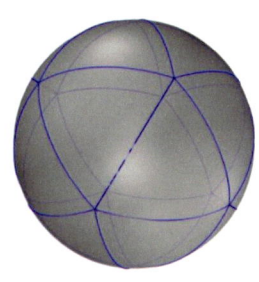

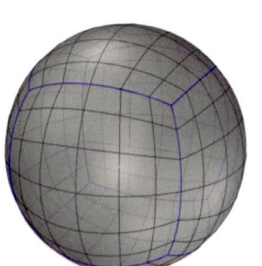

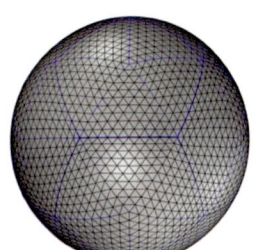
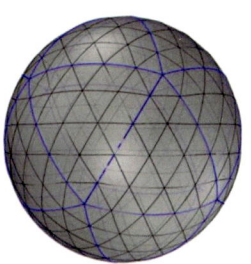

Bild 2.5 Die fünf Platonischen Körper als Basis der Kugelaufteilung

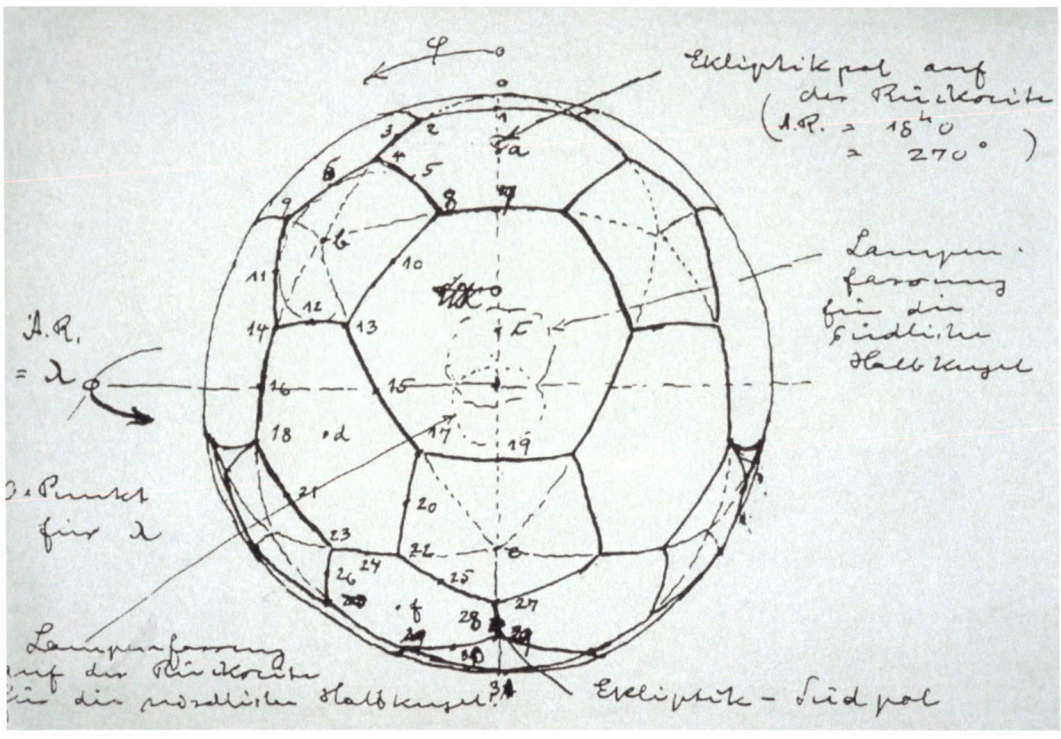

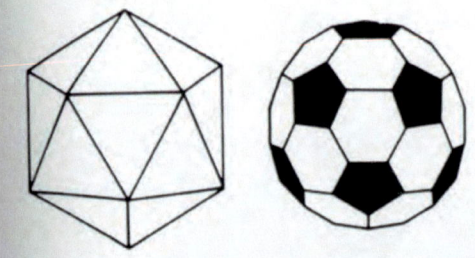

Bild 2.6 Das Stabnetzwerk zum Bau der Stahlbetonkuppel für das Zeiss-Planetarium in Jena basiert auf
der geodätischen Kuppel; *Bauersfeld*, 1924 [4]

Der Ikosaeder ist einer der fünf von Platon beschriebenen regelmäßigen Polyeder: Tetraeder, Kubus, Oktaeder, Ikosaeder und Dodekaeder (Bild 2.5). Seine Oberfläche setzt sich aus 20 gleichseitigen Dreiecken zusammen, deren Spitzen auf einer Kugeloberfläche liegen (Bild 2.7). Projiziert man den Ikosaeder auf die umschriebene Kugel, dann wird deren Oberfläche in 20 gleichseitige sphärische Dreiecke (Großdreiecke) aufgeteilt (Bild 2.8).

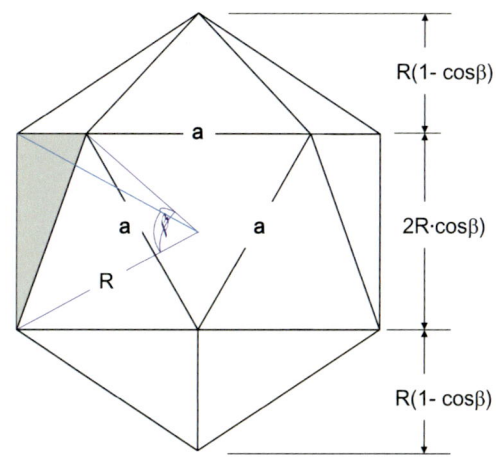

Kantenlänge = a

Zentriwinkel $\beta = 2 \cdot \arctan \frac{1}{2}\left(\sqrt{5}-1\right)$

β = 1,1071 bzw β = 63,4671°

Kugelradius $R = \frac{a}{4}\sqrt{10 + 2\sqrt{5}}$

Bild 2.7 Der Ikosaeder setzt sich aus 20 gleichseitigen Dreiecken zusammen, deren Spitzen auf der Kugeloberfläche liegen

Bild 2.8 Durch Projektion des Ikosaeder auf die Kugel entstehen 20 gleichseitige Großdreiecke

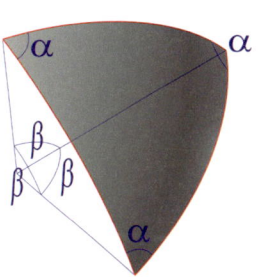

Eckwinkel
α = 72°

Zentriwinkel
β = 63,4671°

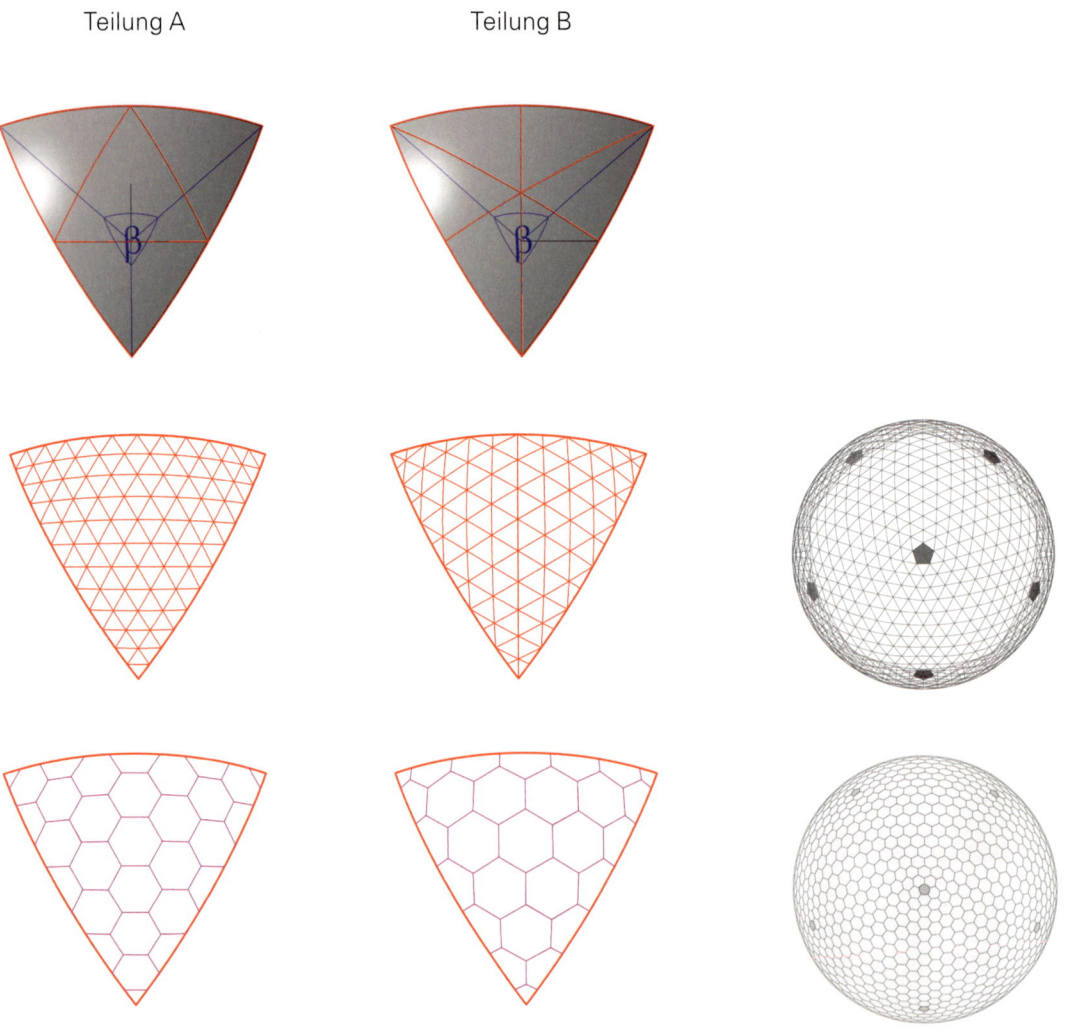

Bild 2.9 Unterteilung eines Großdreiecks in Dreiecke und Sechsecke

Ein Großdreieck kann nun beispielsweise nach Methode A oder B unterteilt werden (Bild 2.9).
Aus der Dreiecksteilung kann ferner eine Sechseckteilung gewonnen werden.
Mit dieser Methode ist es erstmals gelungen, eine quasi isotrope Struktur für die Kugel zu schaffen. Störungen gibt es nur in den 12 Ecken der Großdreiecke, wo sich nur 5 Dreiecke treffen, im Gegensatz zu 6 Dreiecken an allen übrigen Netzknoten. Bei der Sechseckteilung entstehen in den 12 Ecken der Großdreiecke Fünfecke, ansonsten überall Sechsecke.

Es ist nicht möglich, die gesamte Kugel mit gleichseitigen Dreiecken zu belegen.
Buckminster Fuller hat sich über viele Jahre hinweg mit der Optimierung der Stablängen und Stabwinkel beschäftigt, um die unterschiedlichen Stablängen wie auch unterschiedliche Flächen- und Knotentypen zu minimieren (Bild 2.10 oben).

Bild 2.10   Geodätische Kuppeln;
oben: zweilagige Stabnetzkuppel für die EXPO 67 in Montreal,
Buckminster Fuller;
unten: mit Edelstahlblechen verkleidete Kuppel La Geode
im Parc de la Vilette, Paris

Projiziert man den Kubus, dessen acht Ecken auf einer Kugeloberfläche liegen, auf die umschriebene Kugel, dann wird deren Oberfläche in sechs gleiche Teile aufgeteilt (Bild 2.11). Unterteilt man die Flächen des Kubus in Quadrate, entsteht auf der Kugel das im Bild 2.11 dargestellte Viereicknetz . Die Projektionskanten zeichnen sich beim Quader viel deutlicher ab als beim Ikosaeder.

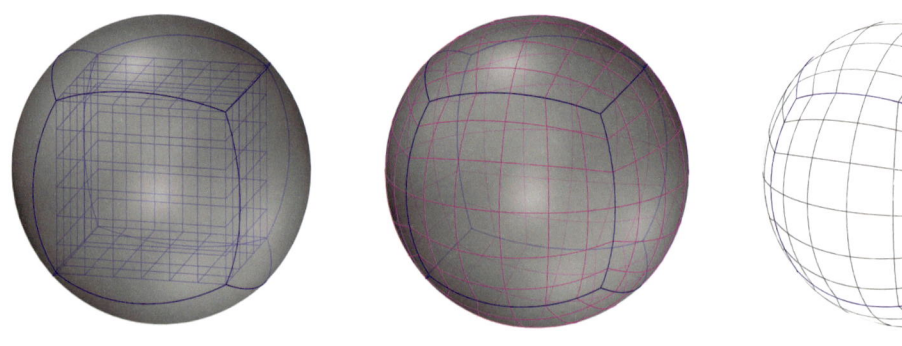

Bild 2.11   Projektion eines Kubus auf die umschriebene Kugeloberfläche

Die Kugel kann auf Basis des Dodekaeder auch mit 31 Großkreisen aufgeteilt werden (Bild 2.12).
Ein Dodekaeder besteht aus 12 gleichen Fünfecken, deren Ecken auf der Kugeloberfläche liegen. Jedes reguläre Fünfeck lässt sich in fünf gleichschenklige Dreiecke aufteilen, so dass auf der Kugel durch Projektion 60 identische gleichschenklige sphärische Dreiecke entstehen. Jedes dieser Dreiecke wird nach dem in Bild 2.12 unten rechts dargestellten Schema durchschnitten. Dadurch entstehen mindestens 60-fache Wiederholungen der Knoten, Teilflächen und Stablängen.
Folgt das Stabnetz den Großkreisen, geht die Stabnormalebene stets durch den Kugelmittelpunkt und ist senkrecht zur Kugeloberfläche, so dass sich alle Stäbe im Knoten verwindungsfrei treffen, ein großer Vorteil bei der Fertigung (Bild 2.13).

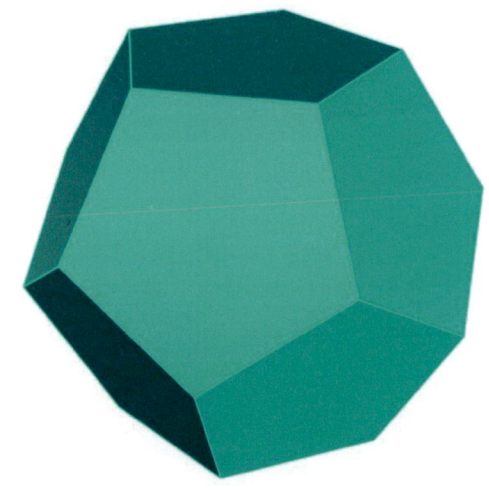

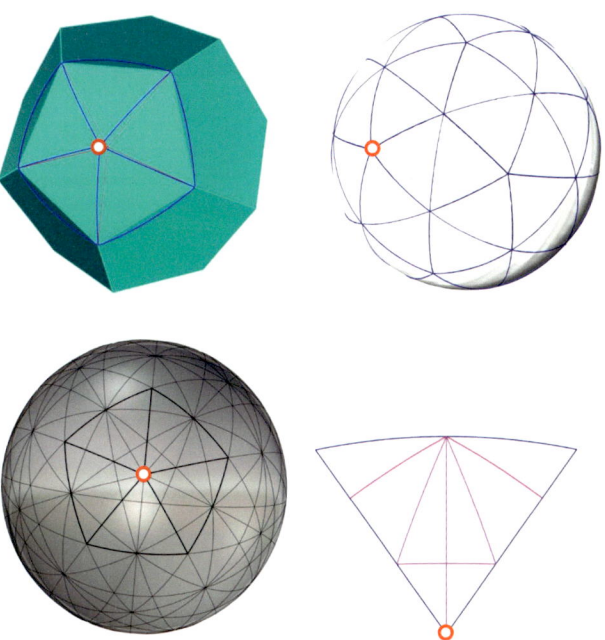

DODEKAEDER
12 Fünfecke
20 Ecken
30 Kanten

Kugelradius R

$$R = \frac{a}{4} \cdot \sqrt{3} \cdot \left(1 + \sqrt{5}\right)$$

Kantenlänge Fünfeck a

$$a = r \cdot \sqrt{\frac{5 - \sqrt{5}}{2}} = 1{,}1756 \cdot r$$

Umkreisradius Fünfeck r

$$r = \frac{a}{10} \cdot \sqrt{50 + 10\sqrt{5}}$$

Bild 2.12   Kugelaufteilung mit 31 Großkreisen auf Basis des Dodekaeder, es entsteht eine mindestens 60-fache Wiederholung

Bild 2.13   Kugelaufteilung mit 31 Großkreisen

3 Konstruktionsprinzip von Netzkuppeln

Transparente Schalen. Form, Topologie, Tragwerk. 1. Auflage. Hans Schober.
© 2015 Ernst & Sohn GmbH & Co. KG. Published 2015 by Ernst & Sohn GmbH & Co. KG

3 Konstruktionsprinzip von Netzkuppeln

3.1 Entwicklung des Konstruktionsprinzips

Das Konstruktionsprinzip der im Ingenieurbüro schlaich bergermann und partner entwickelten Netzkuppeln geht auf Erfahrungen von *Jörg Schlaich* zurück, die er mit dem Bau des Olympiadaches in München 1972 gewonnen hatte [5], [6], [7] (Bild 3.1). Das Seilnetz des Olympiadaches ist ein gleichmaschiges Vierecknetz, das eben ausgelegt aus quadratischen Maschen mit 90°-Winkeln besteht (Bild 3.1 Fortsetzung). Dieses Netz lässt sich wie ein Scherengitter verschieben, wenn die Knoten drehbar sind. Es kann sich jeder beliebig gekrümmten Fläche spannungslos durch Veränderung der Maschenwinkel anpassen und erfüllt dadurch in idealer Weise den wirtschaftlichen Bau komplizierter Seilnetzkonstruktionen. Im Netzinnern sind unabhängig von der Form alle Maschenweiten gleich, nur der Netzwinkel verändert sich. Lediglich die Maschen entlang des Randes haben unterschiedliche Längen.

Wegen dieser Vorteile ist das gleichmaschige Vierecknetz allen anderen Macharten weit überlegen.

Das Dreiecknetz kommt zwar einem Schalentragwerk recht nahe, wegen der von Masche zu Masche veränderlichen Knotenabstände ist es jedoch nur sehr begrenzt einsetzbar. Eine Dreiecksmasche kann sich nicht jeder beliebigen Form anpassen. Jede Form benötigt eine andere Masche mit unterschiedlichen Längen und ist daher in der Fertigung sehr aufwändig.

Bild 3.1 Olympiadach München, 1972; das Seilnetz ist ein gleichmaschiges Vierecknetz mit drehbaren Knotenverbindungen

Dreiecknetze eignen sich daher vor allem für rotationssymmetrische Flächen (Bild 3.3). Bei Seilnetzen sind Form, Konstruktion, Trag- und Verformungsverhalten und Fertigung so eng verknüpft wie bei keiner anderen Bauart.

Im Jahre 1988 erhielt schlaich bergermann und partner den Auftrag zur Planung des Freizeitbades in Neckarsulm, dessen Beckenlandschaft mit einer möglichst transparenten Glaskuppel überdacht werden sollte. Erste Entwurfsüberlegungen auf der Basis traditioneller radial-symmetrischer Kuppeln (siehe Abschn. 2.1, Bild 2.4) waren unbefriedigend, da sich die Stäbe im Zenith, wo man sich größte Transparenz wünscht, sehr stark verdichten. Ferner sollte dem Geist des Büros folgend etwas Neues geschaffen, Vorhandenes nicht wiederholt, und zur Innovation im Bauwesen beigetragen werden. Innovationen fallen nicht plötzlich vom Himmel, sie sind Ergebnisse einer Entwicklung und basieren auf Wissen, Erfahrung und Kreativität. Für jede Ingenieuraufgabe gibt es praktisch unbegrenzt viele Lösungen [8].

Mit dem Wissen der Eigenschaften zugbeanspruchter Seilnetze beim Olympiadach München und mit der Kenntnis der freigeformten Holzgitterschale von *Frei Otto* in Mannheim [9] schlug *J. Schlaich* vor, das Prinzip der Vierecknetze mit verdrehbaren Knoten auf druckbeanspruchte Kuppeln anzuwenden. Das in Gedanken eben ausgelegte quadratische Stabnetz mit einer konstanten Maschenweite – hier von 1,0 m – kann die exakte Kugelform annehmen, indem sich die Maschenwinkel ändern, aus den Quadraten werden Rauten.

Bild 3.1 (Fortsetzung)   Olympiadach München, 1972

Bild 3.2   rechts unten: Seilnetzkühlturm Schmehausen, 1974; rechts oben: das Seilnetz mit dreieckigen Maschen besteht aus vertikalen Meridianseilen und rechts- bzw. linksgängigen Diagonalseilen

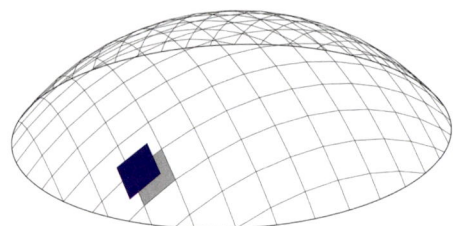
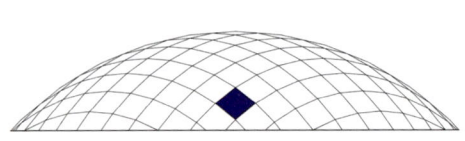

Ansicht

Draufsicht

Zuschnittsform

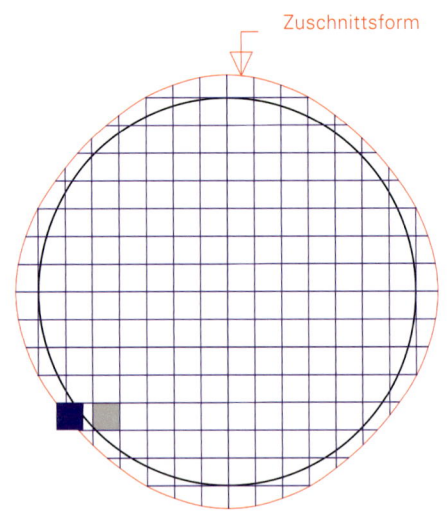

Bild 3.3   Das eben ausgelegte Quadratnetz mit drehbaren Knoten kann exakt die Kugelform annehmen, indem sich die Maschenwinkel ändern

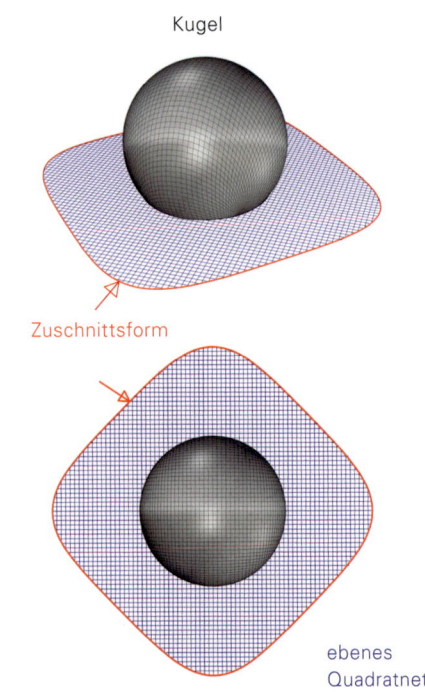

Das Stabnetz auf der Kugel besteht somit aus lauter gleich langen Stäben. Lediglich die Maschenwinkel ändern sich. Nur am Rand ergeben sich je nach Tragwerksgeometrie unterschiedliche Stablängen. Die eben ausgelegte Zuschnittsform für eine Kugelkalotte ist in Bild 3.4 dargestellt. Die Kugel wird plötzlich „abwickelbar", allerdings mit Winkelverzerrungen.

Bild 3.4   Ein gleichmaschiges Vierecknetz ist auch über die Halbkugel hinaus möglich, mit dem Zuschnitt am Rand ist die Kuppelform eindeutig bestimmt

Das Grundraster aus Viereckmaschen besitzt noch nicht die günstige Schalentragwirkung, denn es lässt sich in der Fläche leicht verschieben. Nur das Dreieckraster hat die für eine Schale nötige Steifigkeit in der Fläche (Bild 3.5). Stäbe in Diagonalrichtung führen zu Knoten mit 6 anstatt nur 4 Anschlüssen und alle wären unterschiedlich lang. Wir haben daher statt Stäben Seile verwendet, die unterhalb der Netzstäbe von Auflager zu Auflager durchlaufen und in den Netzknoten nur über Klemmteller festgeklemmt sind. So ist es hinsichtlich der sich ständig ändernden Längen der Diagonalen nicht nötig, Maß zu nehmen, ein nicht unerheblicher wirtschaftlicher Vorteil. Vorgespannte Seile können neben Zug- auch Druckkräfte aufnehmen, indem sich die Vorspannkraft verringert. Dadurch versteifen sie das Tragwerk wirksam. Die günstige Wirkung einer Vorspannung ist vereinfacht in Bild 3.6 [7] dargestellt.

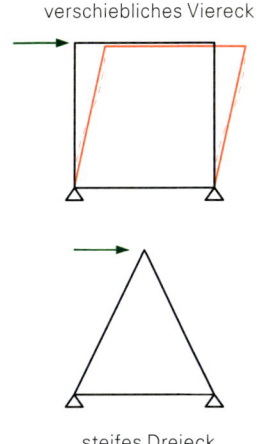

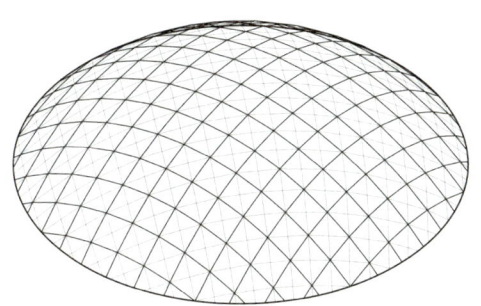

Bild 3.5   Vorgespannte Diagonalseile überführen das viereckige Stabnetz in eine Dreieckstruktur und damit in ein Schalentragwerk

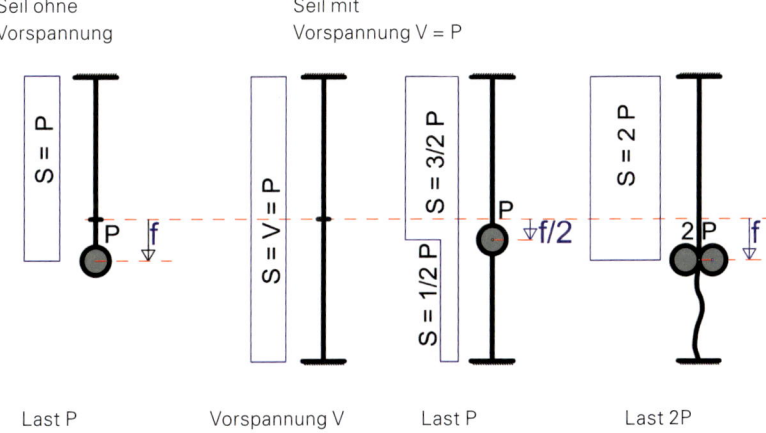

Bild 3.6   Ein vorgespanntes Seil verschiebt sich nur um die Hälfte [7]. Vorgespannte Seile können Zug- und Druckkräfte aufnehmen und versteifen das Tragwerk.

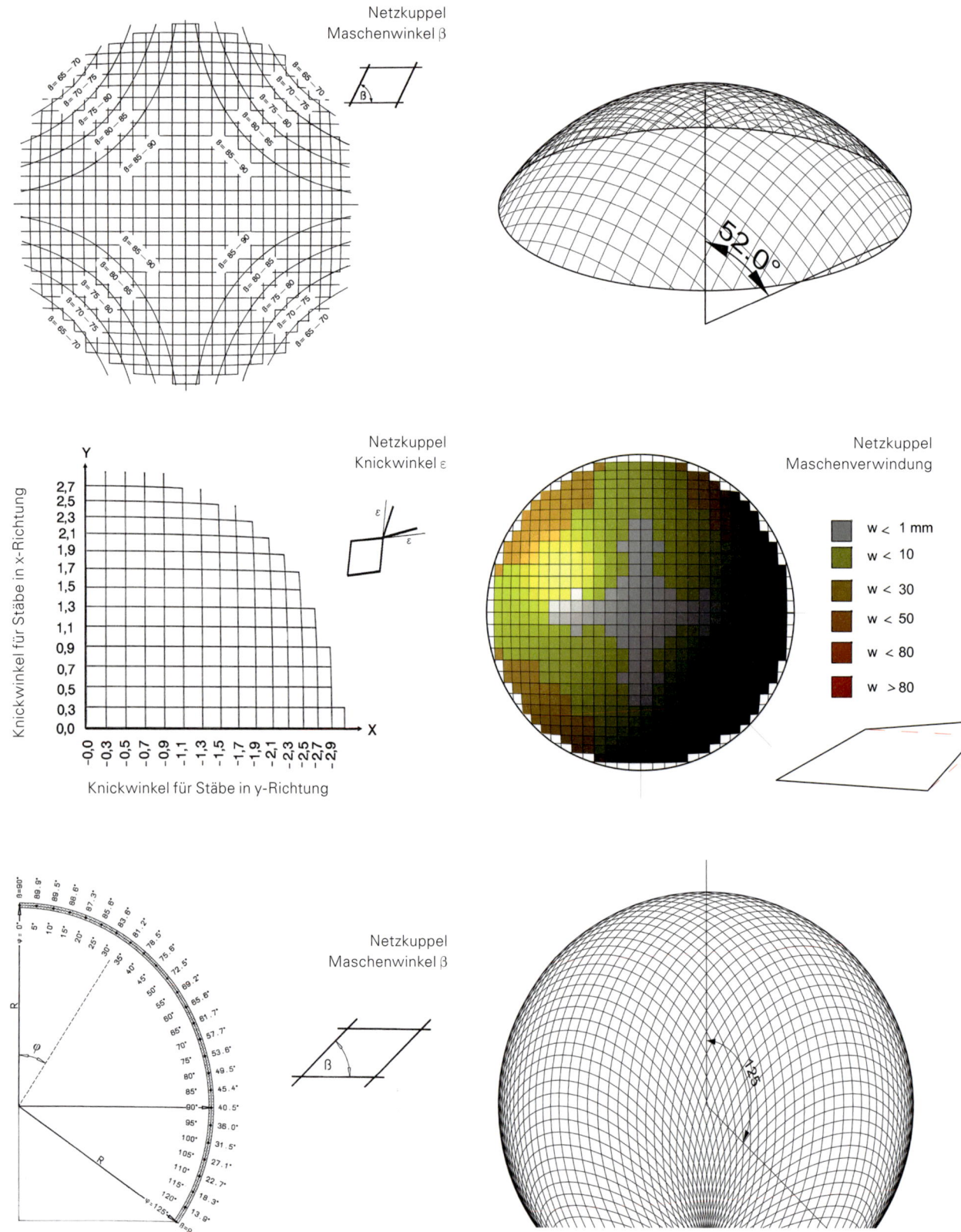

Bild 3.7 Maschenwinkel β, Stabknickwinkel ε und Maschenverwindung w einer kugelförmigen Kuppel

Ein weiterer Vorteil der Netzkuppeln besteht darin, dass das viereckige Stabnetz direkt als Glasauflager dient, und so zusätzlich aufgesattelte Verglasungsprofile überflüssig macht. Das spart nicht nur Kosten, sondern führt auch zu optimaler Transparenz.

Damals, im Jahr 1988, wurden die Knotenkoordinaten des gleichmaschigen Netzes auf der Kugel mit einem programmierbaren Taschenrechner iterativ ermittelt. Heute sind dafür leistungsfähige Rechenprogramme verfügbar, die alle nötigen Geometriedaten liefern. Das gleichmaschige Netz auf der Kuppel ist symmetrisch zu den Hauptachsen und den 45°-Achsen. In Bild 3.7 sind die Maschenwinkel und Stabknickwinkel in der Kuppelfläche wie auch die Maschenverwindungen für einen Kuppelradius von 16,5 m und eine Maschenweite von 1 m dargestellt. Die Maschenverwindung w ist hier gemessen als Abweichung des vierten Eckknotens einer Masche von der Ebene. Sie ist entlang der 45°-Achsen am größten und erreicht am Meridianwinkel von 52° ca. 25 mm und bei 125° ca. 60 mm. Der Maschenwinkel β nimmt mit wachsendem Meridianwinkel φ ab und wird sehr spitz, wenn das Netz über die Halbkugel hinausgeht. Die ganze Kugel ist als Netzkuppel nicht darstellbar. Für Kuppeln, die über die Halbkugel hinausgehen, eignen sich daher eher die geodätischen Kuppeln.

Bild 3.8 zeigt die sich verengenden Maschen für eine Netzkuppel über die Halbkugel hinaus. Bild 3.9 zeigt die freie Formbarkeit eines quadratischen Drahtnetzes durch Veränderung der Maschenwinkel.

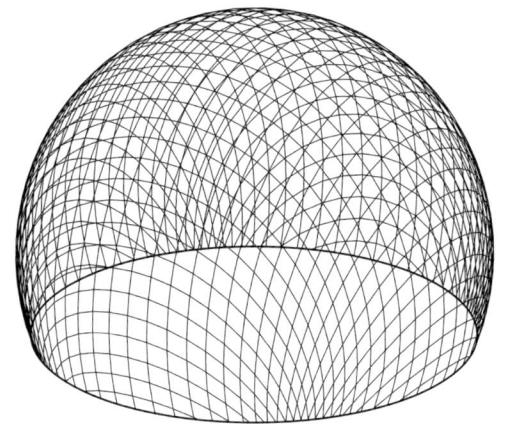
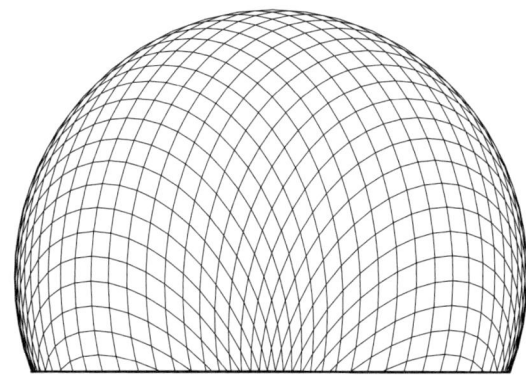

Bild 3.8   Über die Halbkugel hinaus werden die Maschenwinkel bereichsweise sehr spitz.
Eine ganze Kugel ist als Netzkuppel nicht möglich.

 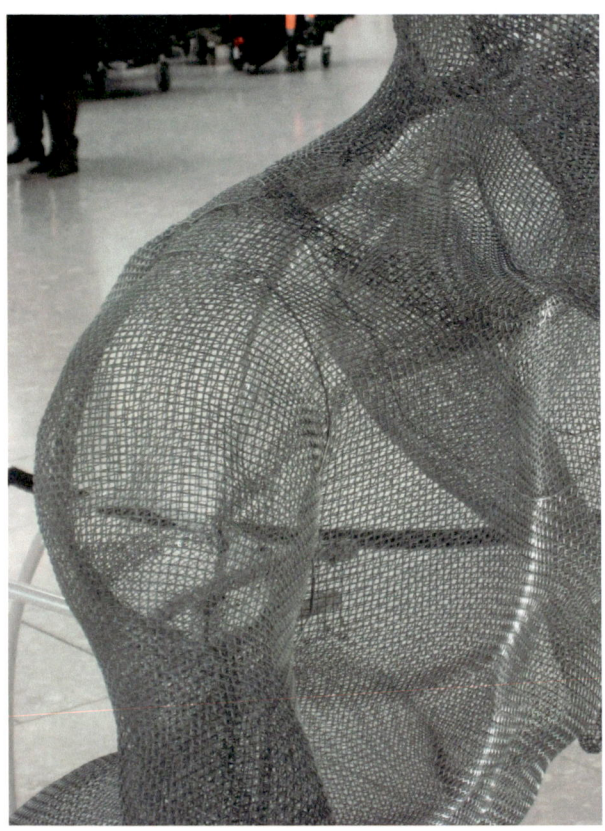

Bild 3.9　Auch diese freien Formen basieren auf dem Netzkuppelprinzip:
„Ein Quadratnetz kann beliebige Formen annehmen, indem sich die Maschenwinkel ändern." *Frei Otto*

In Anlehnung an die von *Frei Otto* entworfene hölzerne Gitterstruktur der Multihalle in Mannheim wurde untersucht, ob sich ein entsprechend zugeschnittenes stählernes Quadratnetz, dessen durchlaufende Stabscharen drehbar miteinander verbunden sind, aus der Ebene heraus in die Kugelform bringen lässt. Dazu wurde in Anlehnung an die Kuppel in Neckarsulm ein Modell aus Flachstäben mit 6 m Durchmesser gebaut (Bild 3.10). Das vorgefertigte ebene Netz mit drehbaren Knoten lässt sich wie ein Scherengitter zusammenschieben und dadurch einfach transportieren.

Es zeigte sich jedoch, dass bei der Formgebung in den durchlaufenden Stabscharen erhebliche Quermomente auftraten, so dass diese elegante und einfache Herstellung einer allein durch entsprechenden Zuschnitt festgelegten Kuppelform nicht weiter verfolgt wurde.

Bild 3.10   Modell einer Netzkuppel mit durchgehenden Stäben; das vorgefertigte ebene Netz mit drehbaren Knoten lässt sich wie ein Scherengitter zusammenschieben und dadurch einfach transportieren

Erkenntnis:
Ein eben ausgelegtes quadratisches oder rechteckiges Stabnetz aus lauter gleich langen Stäben und drehbaren Knoten kann sich jeder beliebigen Flächengeometrie anpassen, indem sich die Maschenwinkel ändern. Aus den Quadraten oder Rechtecken werden Rauten bzw. Rhomben. Die Viereckmaschen sind im allgemeinen Fall verwunden und nur dann eben, wenn bestimmte Bildungsgesetze beachtet werden.

3.2 Konstruktion der Netzkuppeln in Neckarsulm und Hamburg

Netzkuppel Freizeitbad Aquatoll in Neckarsulm [1], [6]

Die Netzkuppel über dem Schwimmbecken des Freizeitbades in Neckarsulm hat einen Kugelradius von 16,50 m, einen maximalen Basisdurchmesser von 25,2 m und eine Maschenweite von 1,0 m. Das Grundraster besteht aus Flachstäben der Stahlgüte S235 mit einem Querschnitt $b \times d = 60 \times 40$ mm, das mit Doppelseilen von 5 mm Durchmesser zum Schalentragwerk versteift wird (Bild 3.11).
Wegen der Maschenverwindung von bis zu 25 mm lehnten die Glashersteller eine Eindeckung mit ebenen Isoliergläsern ab, und man entschloss sich, sphärisch gekrümmte Isoliergläser einzusetzen. Diese wurden direkt auf die Stäbe gelegt, so dass auch diese im Kuppelradius gekrümmt werden mussten. Dies hatte den Vorteil, dass im Knoten keine Torsionsverdrehungen der Stäbe auftraten, sondern lediglich Knickwinkel ε in der Kugelfläche, was sehr vorteilhaft für die Knotenausbildung ist. Anschaulich: alle Stäbe sind stückweise Hauptkreise mit Orientierung zum Kugelmittelpunkt.

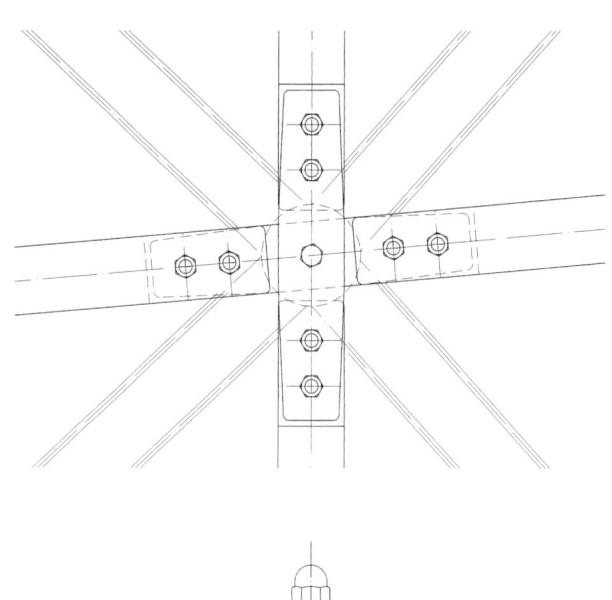

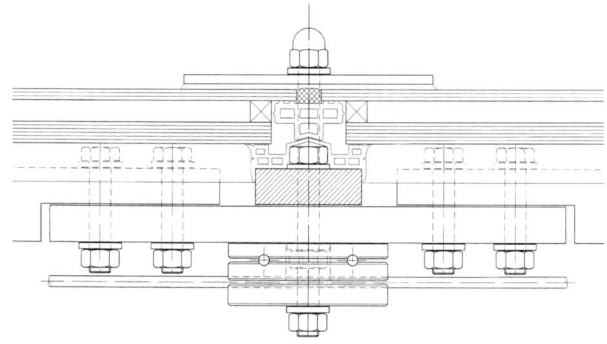

Seilklemme

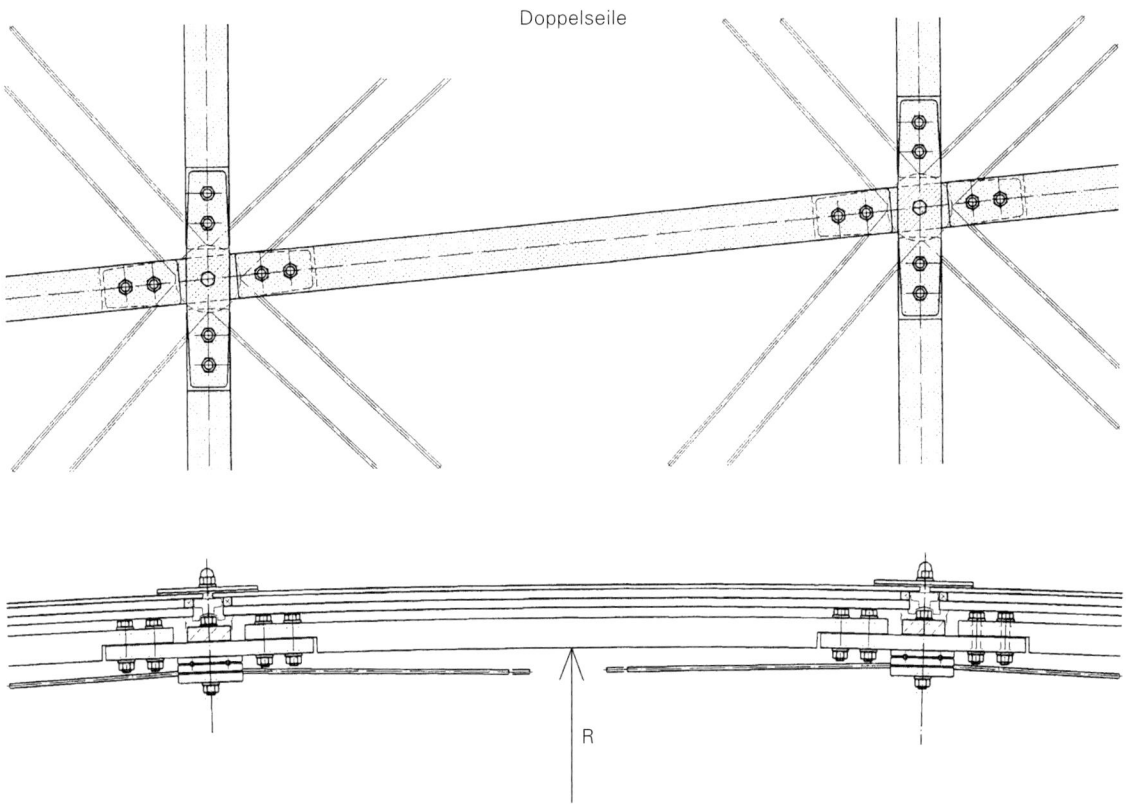

Bild 3.11   Flachstäbe 60 × 40 mm, verschraubt und im Kuppelradius R gekrümmt, Doppelseile mit Klemme und Zentrumschraube für drehbare Verbindung

Die Knotenausbildung ist mit ein Schlüssel zur Wirtschaftlichkeit aufgelöster, doppeltgekrümmter Strukturen. Der zu entwickelnde Knoten sollte auf einfachste Weise unterschiedliche Maschenwinkel β und unterschiedliche Knickwinkel ε erlauben sowie unterschiedlich lange Diagonalen kraftschlüssig anschließen. Es wurde ein geschraubter Knoten entwickelt, der dies alles mit nur einem einzigen Knotentyp kann. Er besteht aus zwei sich kreuzenden Laschen, die mit einer Zentrumschraube verbunden sind und beliebige Maschenwinkel zulassen. Die Stäbe werden mit zwei hochfesten Schrauben angeschlossen, wobei eine Schraube mit Passung und die andere mit einem Langloch in Querrichtung entsprechend dem geringen Knickwinkel ε ausgeführt wurde. Wird an Stelle des Langloches ein vergrößertes Lochspiel vorgesehen, ist die Verbindung gleitfest auszubilden. Die Differenzkräfte aus den Seildiagonalen werden mit einer Seilklemme übertragen, die mit einer Zentrumschraube vorgespannt ist und daher Doppelseile anstatt eines Einzelseiles bedarf. Da in einer Raute die Diagonalen senkrecht aufeinander stehen, kreuzen sich die Seile im Knoten in einem Winkel, der nur um den Knickwinkel ε vom rechten Winkel – und damit geringfügig – abweicht. Die Klemme kann daher aus nur 3 Teilen mit sich rechtwinklig kreuzenden Seilnuten und kleiner Auslauftrompete gefertigt werden.

Die Kuppel kann also mit einem einzigen Knotentyp gefertigt werden. Der einzige Nachteil ist die lokale Schwächung der Biegesteifigkeit im Knoten, die dank der Schalentragwirkung verkraftbar, aber bei der Bemessung natürlich zu berücksichtigen ist.

Die gesamte Kuppel, obwohl doppeltgekrümmt, besteht aus lauter gleichen Teilen: ein Typ Stoßlasche, ein Typ Netzstab, ein Typ Seilklemme (Bild 3.12).

Bild 3.12   Alle Stäbe und Stoßlaschen, wie auch die Seilklemmen sind gleich

Alle Stäbe sind gleich lang und die Geometrie der Kuppel wird allein durch Ablängen der Randstäbe, also durch den Zuschnitt am Rand, exakt vorbestimmt. Die Montage ist dementsprechend einfach. Vom Rand aus werden die abgelängten Randstäbe und dann die stets gleich langen Stäbe Meter für Meter eingebaut und verschraubt. Damit sich die gewünschte Form auch exakt einstellt, müssen die Stäbe sehr genau abgelängt und die Verankerungspunkte sehr genau eingebaut werden. Die erforderliche Genauigkeit wird durch Vorfertigung sämtlicher Teile und Bearbeitung mit CNC-gesteuerten Maschinen erreicht. Dadurch können auch sämtliche Glasscheiben vorgefertigt und die Montagezeit wesentlich verkürzt werden (Bild 3.13).

Bild 3.13   Montage der Netzkuppel Neckarsulm mit lauter gleichen Stäben. Die Kuppelform ist mit der Ablängung der Randstäbe bestimmt

Bild 3.14 Netzkuppel Neckarsulm

Durch den Einbau von sphärisch gekrümmtem Glas mit deckleistenloser oberflächenbündiger Silikondichtung der Glasfugen entsteht eine perfekte Kugelform (Bild 3.14), allerdings mit dem Nachteil, das die gekrümmten Isoliergläser mehr als das Doppelte gegenüber ebenen Isoliergläsern kosten.

Technische Daten
Kuppelradius/Spannweite/Stichhöhe
16,5 m/25 m/5,75 m
Maschenweite 1,0 × 1,0 m, Maschenwinkel 90° bis 65°
Maschenverwindung 0 bis 25 mm
Flachstäbe 60 × 40 mm, St 37-2 (S235),
im Kuppelradius gekrümmt, Systemlänge 1,0 m
Stoßlaschen 60 × 20 mm, St 37-2 (S235),
Schraubverbindung M12 HV
feuerverzinkt und beschichtet
Diagonalseile: Doppelseile d=5mm, feuerverzinkt
Knotenteller d = 90 mm, dreiteilig, gefräst, St 52-3 (S355)
Verglasung: im Kuppelradius sphärisch gekrümmtes
Sonnenschutz-Isolierglas ESG 6 mm, LZW 12 mm,
VSG 2 × 6mm

Netzkuppel Museum für Hamburgische Geschichte in Hamburg [1], [6]

Ungefähr zur gleichen Zeit, also um 1988, sollte der L-förmige Innenhof des denkmalgeschützten Museums für Hamburgische Geschichte in Hamburg mit einem möglichst filigranen Glasdach überdacht werden, welches das historische Gebäude im doppelten Sinn des Wortes möglichst wenig belastet.

Man entschied sich für eine Netzkuppel aus zwei tonnenförmigen Abschnitten mit 14 bzw. 18 m Spannweite, die sich nicht verschneiden, sondern fließend ineinander übergehen. Um die symmetrischen Dachlasten weitgehend über Membrandruckkräfte abzutragen und um Biegebeanspruchungen zu vermeiden, wurde eine parabelförmige Querschnittsform für die Tonnen gewählt (Bild 3.15). Um auch einseitige Lasten mit geringer Momentenbeanspruchung abzutragen, wurden die Tonnen mit mehreren vorgespannten Seilbindern verspannt. Diese wirken wie die Böden in einer Blechdose und ersetzen die für Schalentragwirkung nötige zweite Flächenkrümmung, wodurch einseitige Lasten mit geringer Biegebeanspruchung im Stabnetz abgetragen werden können.

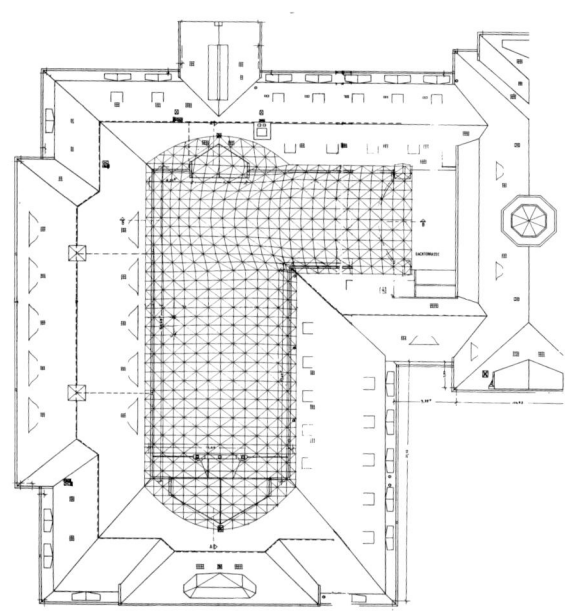

Museum für Hamburgische Geschichte

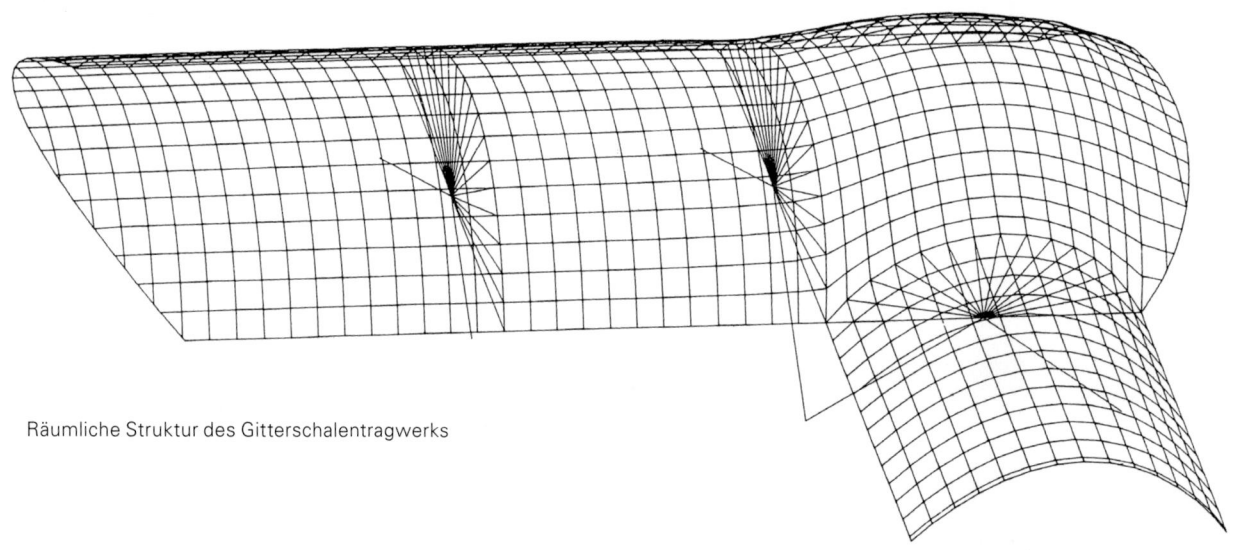

Räumliche Struktur des Gitterschalentragwerks

Bild 3.15 Netzkuppel Hamburg, zwei Tonnen mit frei geformtem
Übergangsbereich über L-förmigem Grundriss

Die tonnenförmigen Bereiche lassen sich mit ebenen Viereckscheiben eindecken. Daher sind die Netzstäbe hier zwischen den Knoten gerade und die Knotenlaschen entsprechend der Geometrie geknickt. Das gesamte gleichmaschige Netz von 1,17 m × 1,17 m besteht daher aus einem einzigen Typ Netzstab und aus entsprechend der Bogengeometrie geknickten Knotenlaschen (siehe Skizze rechts).

Die Geometrie des fließenden Übergangs der beiden Tonnen wurde über eine Formfindungsberechnung am Hängemodell gefunden (Bild 3.16). Das viereckige Stabnetz wurde durch ein biegeweiches gleichmaschiges Seilnetz ersetzt und nach Festlegung der Randbedingungen und des maximalen Stiches mit einer Gleichlast belastet. Nach einigen Durchläufen ergab sich die gewünschte und statisch optimierte Form. Während in den tonnenförmigen Bereichen alle Maschen eben sind, treten im Übergangsbereich teils erhebliche Maschenverwindungen auf (Bild 3.17 rechts). Durch Kaltbiegen der 10 mm dicken VSG-Gläser konnte ein Großteil der verwundenen Maschen mit ebenen Glasscheiben eingedeckt werden. Es verblieben aber einige stark verwundene Maschen, bei denen die Glasscheibe in zwei Dreieckscheiben aufgelöst werden musste. Aus gestalterischen Gründen wurde für diese Scheiben kein Auflagerprofil in Diagonalrichtung vorgesehen, eine konstruktiv unbefriedigende Lösung. Ferner besteht die Gefahr, dass die Diagonalseile quer zur geteilten Scheibe je nach Größe der Verwindung das Glas berühren.

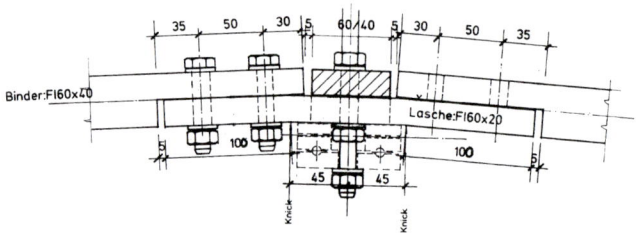

Bild 3.16   Netzkuppel Hamburg, Übergangsbereich

Bild 3.17 links: Netzkuppel Neckarsulm mit warm gebogenen Isoliergläsern
rechts: Netzkuppel Hamburg mit verwundenen Maschen im Übergangsbereich, eingedeckt mit ebenen bzw. kalt gebogenen und einigen diagonal geteilten VSG Gläsern.

Technische Daten
Spannweite Tonnen/Stichhöhe:
kleine Tonne 14 m/3,80 m, große Tonne 18 m/5,15 m
Übergangsbereich Stichhöhe 6,9 m
Maschenweite 1,17 × 1,17 m
Flachstäbe 60 × 40 mm, St 52-3 (S355),
gerade, Systemlänge 1,17 m
Stoßlaschen 60 × 20 mm, St 52-3 (S355),
Schraubverbindung M12 HV
feuerverzinkt und beschichtet
Diagonalseile: Doppelseile d = 6 mm, feuerverzinkt
Knotenteller d = 90 mm, dreiteilig, gefräst,
St 52-3 (S355),
Verglasung: Ebene Viereckscheiben,
VSG 6 mm außen, 4 mm innen

Erkenntnis:
Diese frühen Beispiele zeigen, dass mit der Entwicklung des Netzkuppelsystems ein Schalentragwerk geschaffen wurde, das in bisher unerreichtem Maße filigran und transparent ist. Es zeigte sich aber auch, dass die Maschenverwindung bei Verglasung mit Isolierglas – wie beim Freizeitbad Neckarsulm – ein Kostenproblem und bei Eindeckung mit einfachen VSG Scheiben – wie beim Hamburger Dach – je nach Größe der Verwindung ein konstruktives Problem darstellt.
Um das Netzkuppelsystem erfolgreich einsetzen zu können, musste ein Weg gefunden werden, wie Strukturen mit ebenen Viereckscheiben geschaffen werden können.
Das Problem kann zwar mit einer Dreieckstruktur gelöst werden, aber diese erfordert komplizierte 6-armige Knoten und dreieckförmige Glasscheiben, was die Wirtschaftlichkeit wiederum stark verschlechtert.

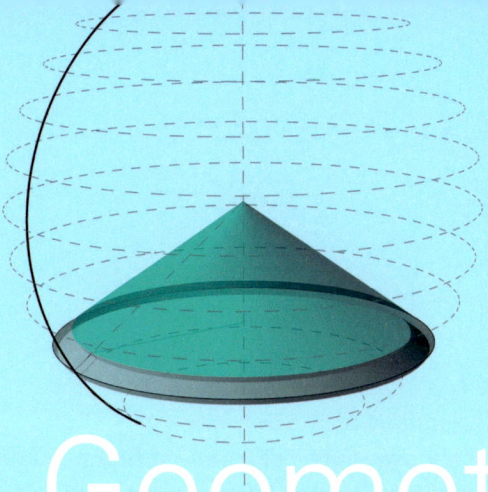

4 Geometrieprinzipien für Netzkuppeln mit ebenen Vierecksmaschen

4 Geometrieprinzipien für Netzkuppeln mit ebenen Viereckmaschen

Prinzipiell können alle freien Formen mit ebenen Vierecken belegt werden, wenn man für komplexe Fälle Entartungen zu Dreiecken oder Unstetigkeiten in der Netzstruktur zulässt.

Für die Generierung von Netzen auf freien Formen gibt es inzwischen leistungsfähige, kommerziell verfügbare Computerprogramme, die auf dem Subdivision Verfahren mit nachgeschaltetem Algorithmus zur Verebnung (planarization) aufbauen [12]. Darauf wird in Kap. 6 und Kap. 9 näher eingegangen.

Nachfolgend werden anschauliche und leicht verständliche ingenieurmäßige Methoden erläutert, die nachvollziehbar sind und keine black box darstellen. Sie ergänzen die komplexen Programme und liefern in vielen Fällen gute Ergebnisse. Es wird gezeigt, wie man anschaulich räumlich gekrümmte Flächen mit einem homogenen gleichmaschigen oder ungleichmaschigen Viereknetz mit ebenen Maschen auf einfache Weise belegen kann. Erste Veröffentlichungen dazu sind in [10] und [11] zu finden.

Dabei wird auf eine erschöpfende mathematische Beschreibung der Methode weitestgehend verzichtet und statt dessen auf die in den heute verfügbaren CAD-Programmen implementierten Funktionen zurückgegriffen, deren Bedienung den meisten Ingenieuren vertraut sein dürfte.

Die Methode beruht auf einem einfachen Prinzip:

Zwei parallele Vektoren im Raum spannen stets eine ebene Viereckfläche auf.

Die Vektoren und die Verbindung ihrer Anfangs- und Endpunkte bilden die Kante der Vierecksfläche.

Dies ist nicht die einzige Methode – aber eine recht einfache – denn auch zwei nicht parallele Vektoren oder zwei sich schneidende Geraden können eine Ebene aufspannen. Bezeichnet man eine Richtung des Vierecknetzes als Profilkurve oder Erzeugende und deren einzelne Kurvenstücke als Querkanten, die andere Richtung als Leitlinie und deren einzelne Kurvenstücke als Längskanten, und fasst man die beiden Quer- bzw. Längskanten als Vektoren auf, dann können zwei Bildungsgesetze für ebene Vierecksmaschen beschrieben werden:

– Die Längskanten einer Maschenreihe bilden zwei parallele Vektoren (Bild 4.1, links). Ein Sonderfall dieses Prinzips ist die Translationsfläche.
– Die Querkanten einer Maschenreihe bilden zwei parallele Vektoren (Bild 4.1, rechts). Ein Sonderfall dieses Prinzips ist die Streck-Trans Fläche.

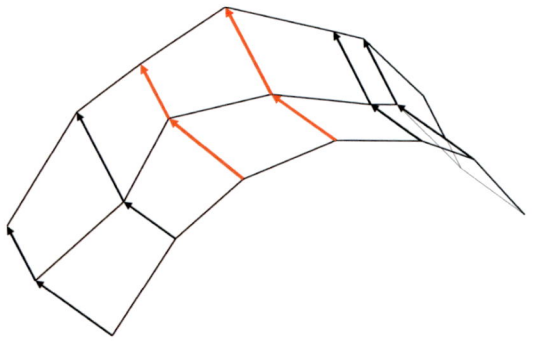 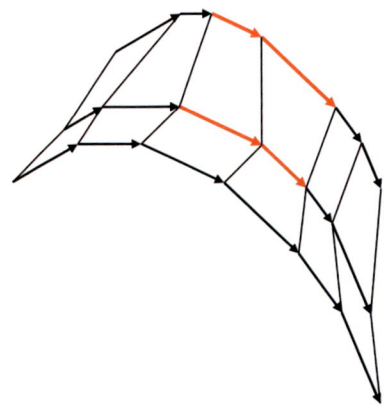

Bild 4.1   Zwei parallele Vektoren spannen eine Ebene auf;
links: parallele Längskanten, rechts: parallele Querkanten

4.1 Geometrieprinzip für Translationsflächen

Bereits 1994 wurde gezeigt [10], dass mit Translationsflächen eine riesige Formenvielfalt von Netzkuppeln mit gleichmaschigem Netz aus ebenen Viereckmaschen geschaffen werden kann. Verschiebt man eine beliebige Raumkurve, Erzeugende genannt, entlang einer anderen beliebigen Raumkurve, Leitlinie genannt, entsteht eine räumliche Fläche, die in ein ebenes Vierecknetz diskretisiert werden kann (Bild 4.2). Unterteilt man die Erzeugende und Leitlinie in gerade Abschnitte gleicher Längen (Diskretisierung), entsteht ein Netz mit lauter gleich langen Stäben und ebenen Maschen. Längs- und Querkanten bilden jeweils parallele Vektoren. Die Netzstäbe werden üblicherweise senkrecht zur Fläche orientiert, so dass im Knoten neben den Knickwinkeln (Horizontal- und Vertikalwinkel) auch Stabverdrehungen (Torsion) auftreten.

Die Gleichung einer Translationsfläche aus ebenen Kurven, die in der x-z- bzw. y-z-Ebene verlaufen, hat die Form:

$$z = f(x) + g(y) \qquad (9)$$
mit $z = f(x)$ als Erzeugende und $z = g(y)$ als Leitlinie.

$f(x)$ stellt die Erzeugende dar und $g(y)$ stellt die Leitlinie dar. Erzeugende und Leitlinie können ihre Rolle vertauschen, so dass jede Translationsfläche auf zwei Arten erzeugt werden kann:
$f(x)$ gleitet entlang von $g(y)$ oder
$g(y)$ gleitet entlang von $f(x)$

Aus Gleichung (9) ist sofort ersichtlich, dass beispielsweise das Paraboloid $z = \dfrac{x^2}{a^2} + \dfrac{y^2}{b^2}$

und das hyperbolische Paraboloid $z = \dfrac{x^2}{a^2} - \dfrac{y^2}{b^2}$

auch als Translationsfläche darstellbar sind.

Erzeugende und Leitlinie müssen weder eben sein, noch deren Ebenen senkrecht aufeinander stehen.
Bild 4.3 zeigt eine Translationsfläche, deren Erzeugende und Leitkurve aus beliebigen Raumkurven besteht. Die entsprechende Diskretisierung führt ebenfalls zu einem ebenen Vierecknetz.

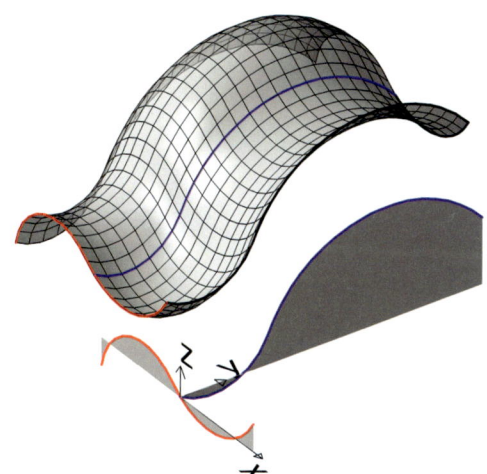

Bild 4.2 Translationsfläche aus ebenen Viereckmaschen; rot: Erzeugende, blau: Leitlinie

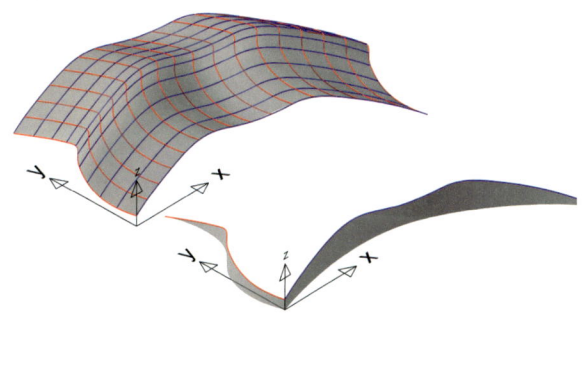

Bild 4.3 Erzeugende und Leitlinie können aus beliebigen Raumkurven bestehen

Raumkurven werden vorteilhaft in Parameterform dargestellt:

$x = f_1(t), y = f_2(t), z = f_3(t)$

wobei f eine beliebige Funktion von t und t die Hilfsveränderliche (Parameter) ist.

Die allgemeine Form der Translationsfläche lautet dann:

$$x = f_1(u) + F_1(v), y = f_2(u) + F_2(v),$$
$$z = f_3(u) + F_3(v) \qquad (10)$$

mit $x = f_1(u), y = f_2(u), z = f_3(u)$ als Erzeugende in Parameterform mit Parameter u und
mit $x = F_1(v), y = F_2(v), z = F_3(v)$ als Leitlinie in Parameterform mit Parameter v.

f_i bzw. F_i stellen beliebige Funktionen von u bzw. v dar.

Auch in der allgemeinen Darstellung können Erzeugende und Leitlinie ihre Rolle vertauschen, so dass jede Translationsfläche auf zwei Arten erzeugt werden kann:
Erzeugende gleitet entlang der Leitlinie, oder Leitlinie gleitet entlang der Erzeugenden.

Die obige mathematische Beziehung beschreibt eine komplexe kontinuierliche Fläche, die sich jedoch mit den heute zur Verfügung stehenden CAD-Programmen einfach als Netz aus Erzeugender und Leitlinie konstruieren lässt, indem man die Erzeugende um ein bestimmtes Maß entlang der Leitlinie verschiebt. Werden die Knotenpunkte des Netzes mit Geraden verbunden, entstehen ebene Vierecke, deren Knotenpunkte exakt auf der Fläche liegen.

In den meisten Skizzen dieses Buches wird vereinfachend die Erzeugende und Leitlinie als kontinuierliche Kurve dargestellt, und nicht als Polygon, so dass die Fläche nicht facettiert erscheint. Erst durch die Verbindung der Knotenpunkte des Netzes mit Geraden entstehen die ebenen Vierecke bzw. die Facettierung der Translationsfläche.

Erkenntnis:
Mit dem geometrischen Bildungsgesetz der Translation können beliebige doppelt gekrümmte Flächen mit ebenen Vierecksmaschen geschaffen werden.
Verschiebt man eine beliebige Raumkurve entlang einer anderen beliebigen Raumkurve, entsteht eine räumliche Fläche, die in ein ebenes Vierecknetz diskretisiert werden kann.

4.2 Tonne als einfachste Translationsfläche

Wird eine Profilkurve entlang einer dazu senkrecht stehenden geraden Leitlinie verschoben, entsteht die geometrisch einfache und daher zahlreich gebaute Tonne (Bild 4.4). Die Leitlinie kann auch eine beliebige räumliche Gerade sein. Verspannt man das Stabnetz mit Diagonalseilen und steift die Tonne in Querrichtung mit Seilbindern, den sog. Sonnen (Abschn. 4.2.2) aus, wird ein schalenartiges Tragverhalten geschaffen.

Die Profilkurve kann auch schiefwinklig zur geraden Leitkurve stehen. Dann ergibt sich ein Stabnetz aus ebenen Parallelogrammen bzw. Rauten (Bild 4.5 links). An Stelle der gespannten Diagonalseile kann man zug- und druckfeste Diagonalstäbe, wie in Bild 4.5 rechts in blau dargestellt, anordnen, um Schalenwirkung zu erzeugen. Verglasungskosten können verringert werden, wenn man trotzdem rautenförmig verglast.

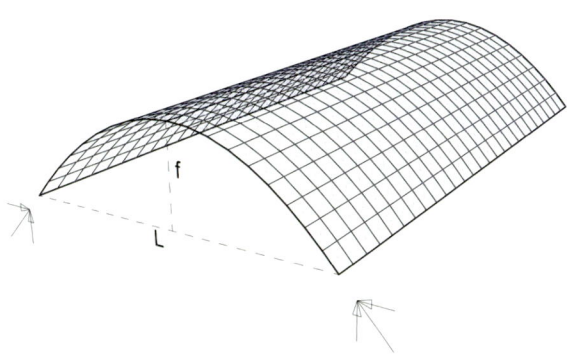
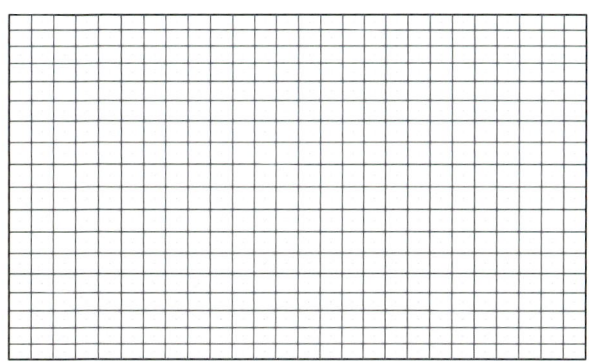

Bild 4.4   Tonne mit rechtwinkligem Stabnetz und rechteckiger Verglasung

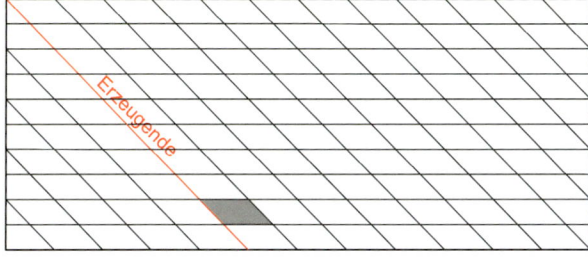
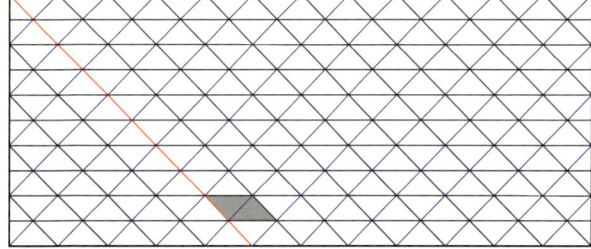

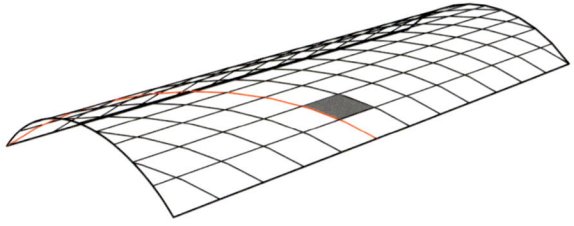
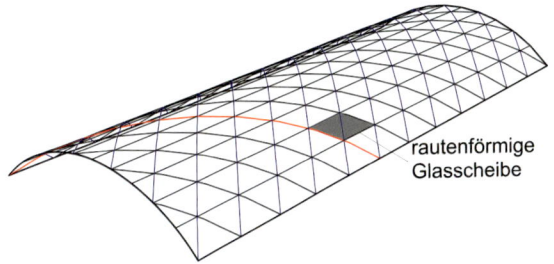

Bild 4.5   Tonne mit diagonal orientiertem Stabnetz und rautenförmiger Verglasung

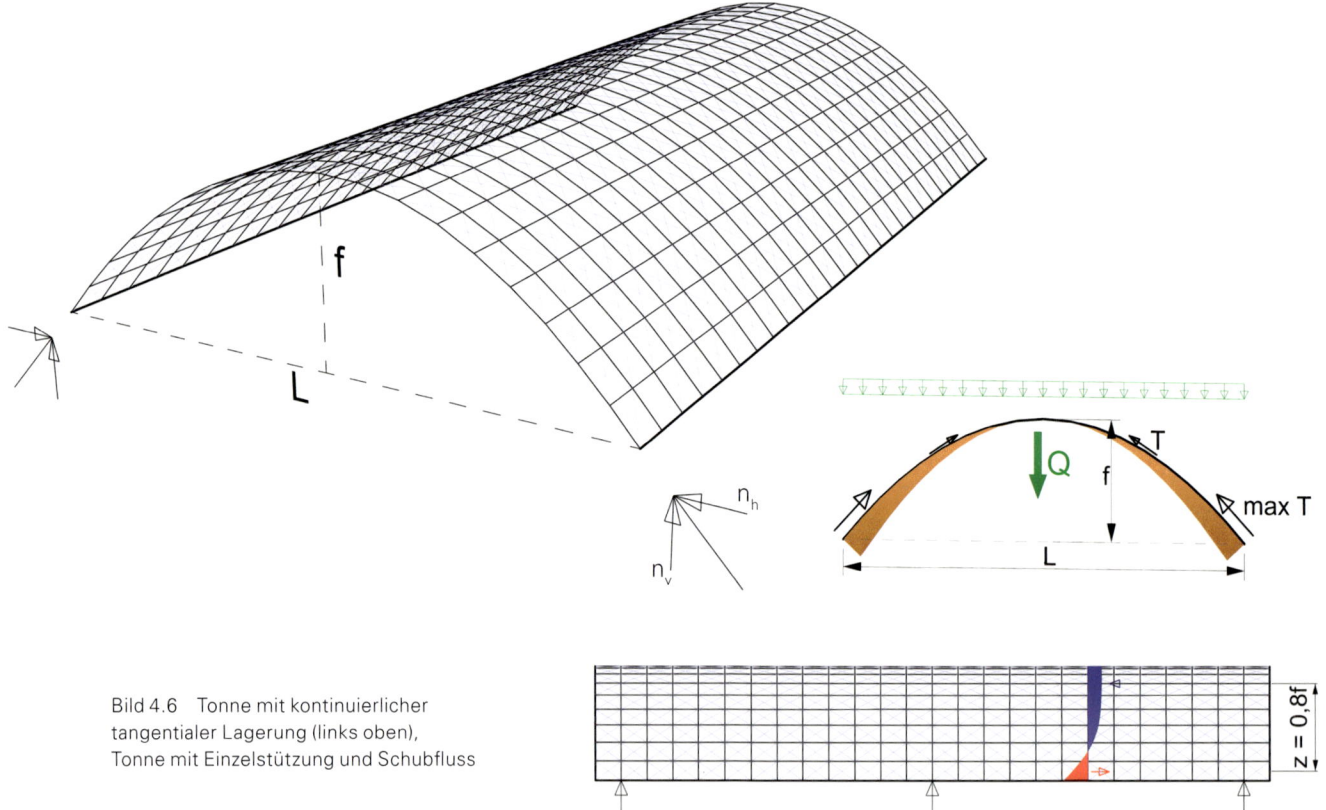

Bild 4.6 Tonne mit kontinuierlicher tangentialer Lagerung (links oben), Tonne mit Einzelstützung und Schubfluss

Tonnen können am Rand kontinuierlich oder punktförmig gestützt sein. Bei kontinuierlicher Lagerung trägt sie wie ein Bogen, bei Einzelstützung überlagert sich längs eine Biege- und Schubbeanspruchung ähnlich einem Balken (Bild 4.6).

Die Schalen- und Auflagerkräfte lassen sich nach der Membrantheorie einfach abschätzen. Für die kontinuierliche tangentielle Lagerung der Tonne mit Parabelprofil ergibt sich beispielsweise für Gleichlast p

$$n_h = \frac{p \cdot L^2}{8 \cdot f}, \quad n_v = p \cdot \frac{L}{2} \qquad (11)$$

und als Abschätzung M_{quer} für einseitige Last

$$M_{quer} \approx 0{,}3 \cdot M_{Balken,quer} \quad \text{für } f = (0{,}1 - 0{,}24) \cdot L$$

Für die Tonne mit Einzelstützung überlagern sich in Längsrichtung Biegebeanspruchungen ähnlich eines frei aufliegenden Balkens.

Der Hebelarm kann mit $z = 0{,}8 \cdot f$ abgeschätzt werden und die resultierenden Längsdruck und -zugkräfte ergeben mit dem Balkenmoment M in Längsrichtung:

$$D = Z = \frac{M}{z} = \frac{M}{0{,}8f} \qquad (12)$$

Mit der Balkenquerkraft Q kann der maximale Schubfluß T abgeschätzt werden zu

$$\max T \cong 0{,}72 \cdot \frac{Q}{f} \left[\frac{kN}{m}\right] \qquad (13)$$

Mit Hilfe des Schubflusses $\max T$ kann die maximale Diagonalseilkraft am Auflager bei ausreichender Aussteifung des Auflagerbinders auf der sicheren Seite abgeschätzt werden, denn der Querkraftanteil, den der Randträger übernimmt, ist dabei nicht berücksichtigt.

4.2.1 Optimale Profilkurve

Die biegemomentenfreie Bogenform für Gleichlast ist die Parabel, für Eigenlast die Kettenlinie (Bild 1.1). Da auch davon abweichende Lastzustände auftreten, bietet sich die Parabel- oder Kreisform an. Die Kräfte lassen sich leicht abschätzen (Bild 4.7):

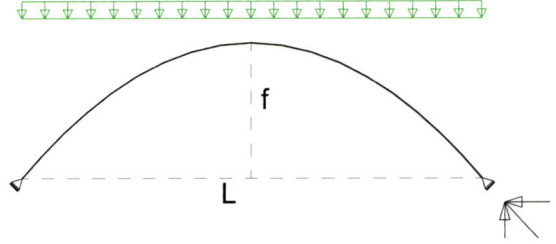

Bild 4.7   Abschätzung der Normalkräfte im Bogen

aus Gleichlast p:

$$N_h = \frac{p \cdot L^2}{8 \cdot f}$$

$$N_v = p \cdot \frac{L}{2}$$

aus Eigenlast g:

$$N_h = N_v \cdot \cos\alpha, \quad \tan\alpha = \frac{4f}{L}$$

$$N_v = g \cdot \frac{L}{2} \cdot \left(1 + \frac{8}{3} \cdot \left(\frac{f}{L}\right)^2\right)$$

Das optimale Stich-zu-Spannweitenverhältnis f/l wird bei vorgegebener Belastung p und Spannweite L aus der Minimierung des Materialverbrauchs gewonnen. Für eine Gleichlast q ergibt sich beim Bogen:

$$N_h = \frac{q \cdot L^2}{8 \cdot f}$$

$$N_v = q \cdot \frac{L}{2}$$

$$N = \frac{q \cdot L^2}{8 \cdot f} \cdot \sqrt{1 + \left(\frac{4 \cdot f}{L}\right)^2}$$

$$L_B = L \cdot \left(1 + \frac{8}{3}\left(\frac{f}{L}\right)^2\right), \quad L_B = \text{Bogenlänge}$$

A = Querschnittfläche, N = Normalkraft
mit σ = zul Spannung, γ = spez. Gewicht

$$\text{Materialverbrauch } G = L_B \cdot A \cdot \gamma = L_B \cdot \frac{N}{\text{zul}\sigma} \cdot \gamma$$

Daraus folgt:
$$G = \gamma \cdot \frac{q \cdot L^2}{\sigma} \cdot \underbrace{\frac{1 + \frac{8}{3} \cdot \left(\frac{f}{L}\right)^2}{\frac{f}{L}} \sqrt{1 + \left(\frac{4 \cdot f}{L}\right)^2}}_{\lambda}$$

mit λ = Faktor für Materialverbrauch in Abhängigkeit von f/l

Die Beziehung ist in Bild 4.8 dargestellt, sie zeigt ein Optimum bei f/l = 0,3. Unterhalb f/l = 0,14 steigt der Materialverbrauch sehr stark an und die Beulgefahr nimmt erheblich zu. Aus architektonischen Gründen beträgt der obere f/l-Wert meist 0,24, so dass für ein filigranes, tonnenförmiges Schalentragwerk folgendes Verhältnis für die Praxis empfohlen werden kann:

$$0{,}14 \leq f/l \leq 0{,}30 \qquad (14)$$

Flachere Tonnen gehen dann mehr und mehr in ein Biegetragwerk über.

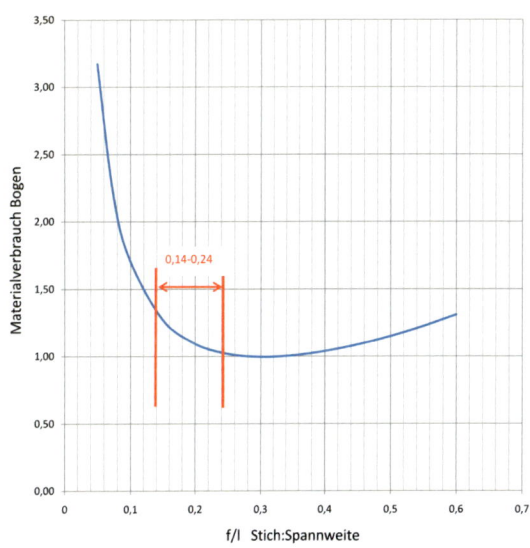

Bild 4.8   Optimales Stich-zu-Spannweitenverhältnis für tonnenförmige Tragwerke

4.2.2 Tonnenaussteifung

Selbst wenn das Stabnetz der Tonne mit Diagonalseilen ausgesteift ist, trägt sie in Querrichtung wie ein Bogentragwerk, das heißt, einseitige Lasten verursachen erhebliche Biegemomente. Soll die Schalentragwirkung auch in Querrichtung aktiviert werden, muss die Tonne wie eine Blechdose mit Querschotten versehen werden. Diese müssen jedoch möglichst filigran gestaltet sein, um die Leichtigkeit einer Tonnenschale nicht zu stören. Es ist daher sehr wichtig, eine Aussteifung nur aus Zuggliedern zu entwerfen. Eine sonnenförmige Seilaussteifung, wie sie erstmals beim Hamburger Dach eingesetzt wurde, ist sehr effektiv (Bild 4.9). Das System ist voll vorspannbar – auch bei verschieblichem Auflager – und die Vorspannung kann so gewählt werden, dass kein Seil ausfällt und sie daher auf Druck und Zug wirksam ist.

Im Bild 4.10 werden einige gebaute Beispiele zur Aussteifung tonnenförmiger Tragwerke gezeigt.

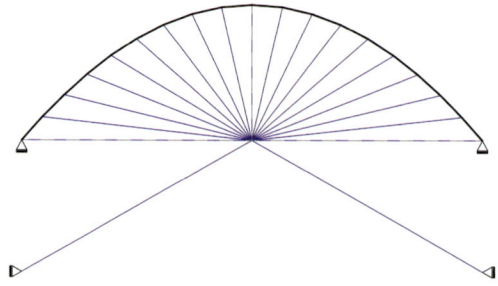

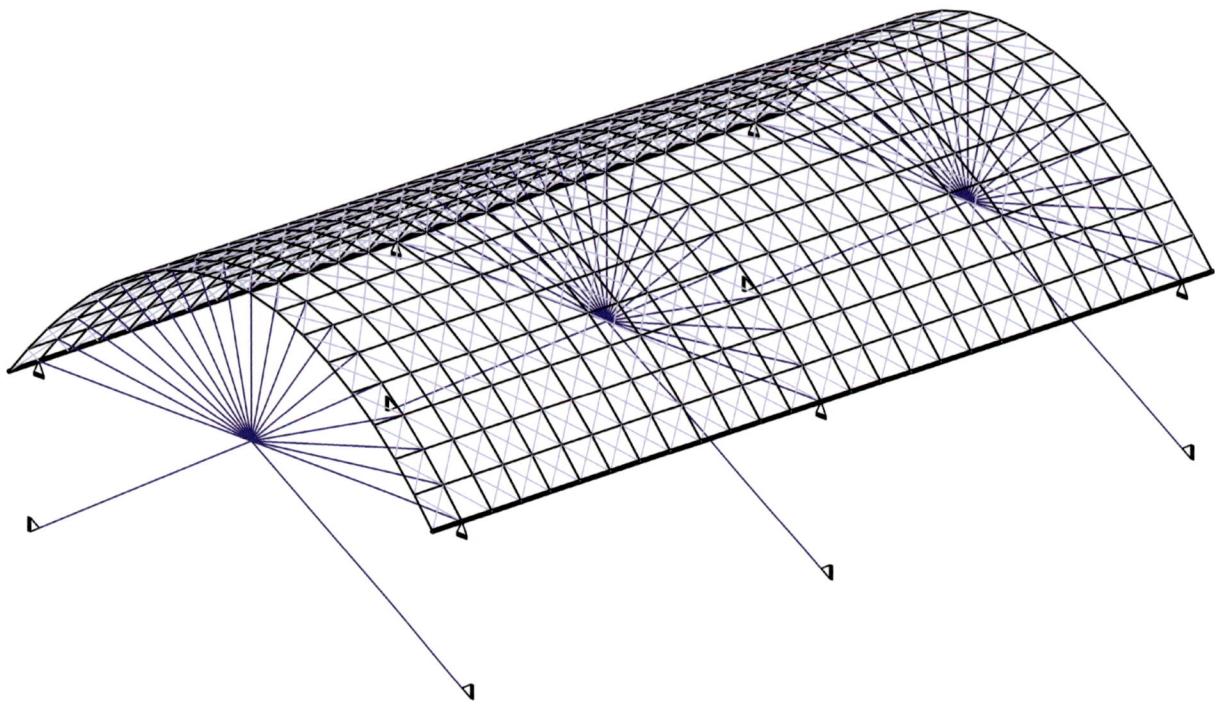

Bild 4.9   Sonnenförmige Aussteifung einer Tonne mit vorgespannten Seilen

Bild 4.10 (rechte Seite)   Fotos zur Aussteifung von tonnenförmigen Tragwerken
a) Innenhofüberdachung Museum für Hamburgische Geschichte, Hamburg, 1989
b) Mineralbad Stuttgart Bad Cannstatt, 1993

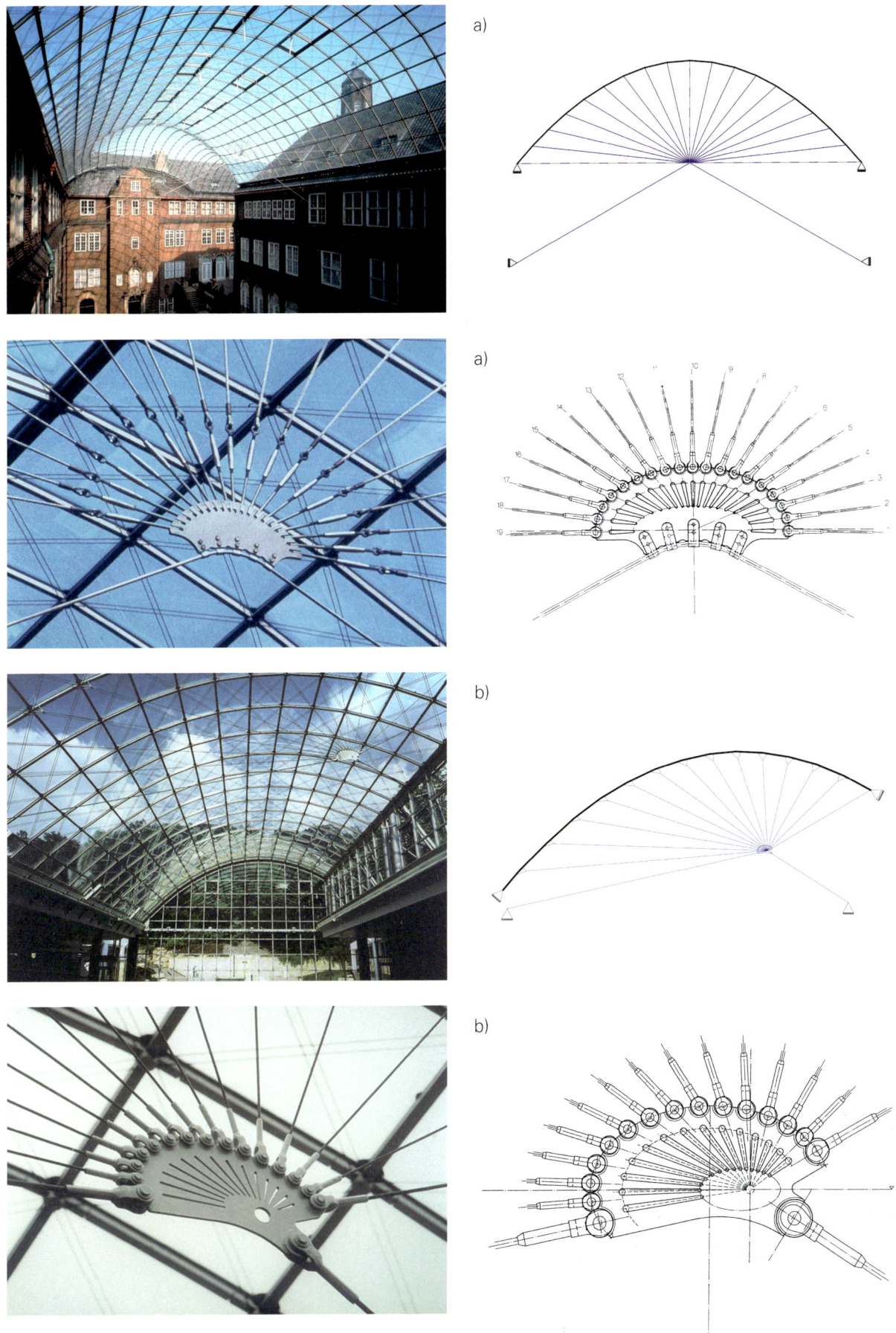

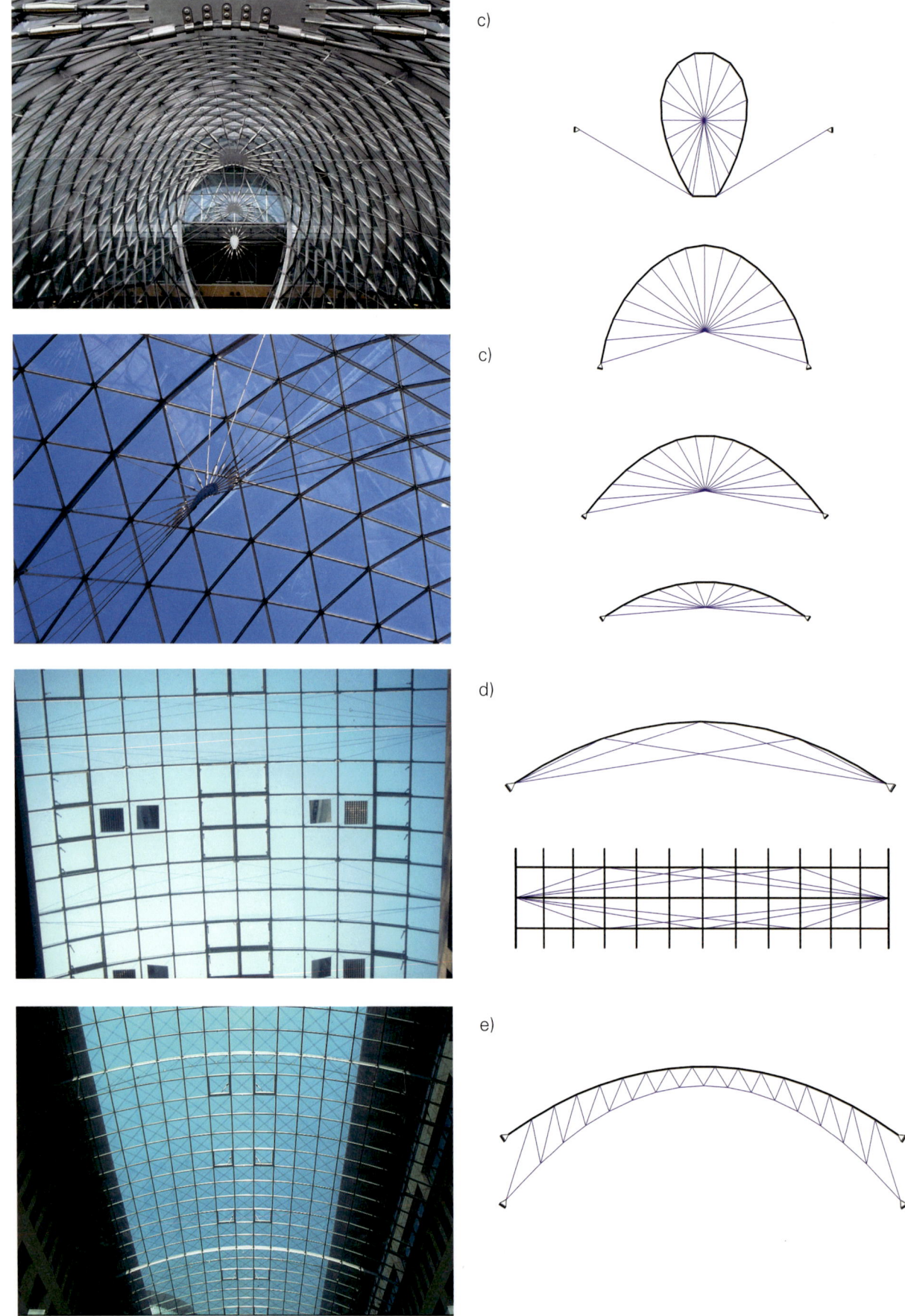

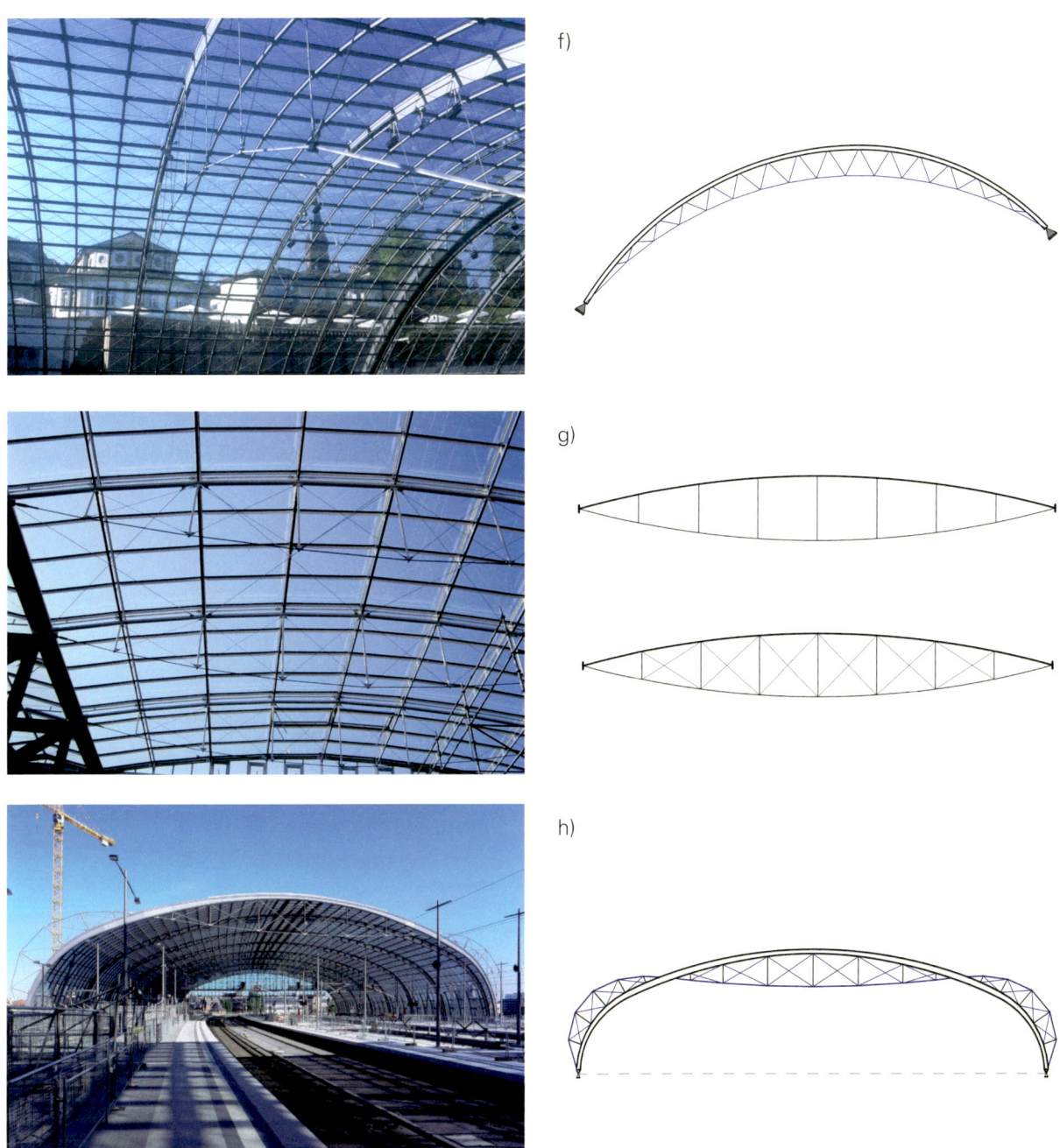

Bild 4.10 (Fortsetzung)   Fotos zur Aussteifung von
tonnenförmigen Tragwerken
c) Innenhofüberdachung Pariser Platz 3 (DZ-Bank) Berlin, 1998
d) Atriumdach Friedrichstrasse 60, Berlin, 1999
e) Innenhofüberdachung WTC Dresden, 1996
f) Überdachung der Römischen Badruine Badenweiler, 2001
g) Katharinenhospital Stuttgart (Foto und Plot unten) /
   Auswärtiges Amt Berlin (Plot oben)
h) Hauptbahnhof Berlin, 2002

Man erkennt aus Bild 4.10, dass die Aussteifung auf vielfältige Weise erfolgen kann. Daher werden nachfolgend die wichtigsten Typen zusammengestellt und deren Eigenschaften kurz beschrieben. Für die zugehörigen Skizzen siehe Bild 4.11.

Typ 1   Seilbinder entwickelt für das Hamburger Dach, 1984, siehe [1], [6], [7].
Die „Sonne" ist voll vorspannbar und funktioniert auch bei horizontal verschieblicher Auflagerung.

Typ 2   Seilbinder entwickelt für das Glasdach Pariser Platz 3, Berlin, 1998, siehe [7], [47], [48], mit T-Profil als Gurt.
Die „Sonne" ist nur bei fester Lagerung am Gebäude voll vorspannbar und kann bei horizontal verschieblicher Auflagerung nur gegen das Eigengewicht „vorgespannt" werden, so dass einzelne Seile bei Belastung ausfallen können.

Typ 3   Variante zu Typ 2, Tragverhalten wie Typ 2.

Typ 4   Seilbinder entwickelt für das Glasdach in Bad Cannstatt, 1993, siehe [35].
Die „Sonne" ist nur bei fester Lagerung am Gebäude voll vorspannbar.

Typ 5 und Typ 6   Die Seilbinder sind nur bei fester Lagerung am Gebäude voll vorspannbar und wirken bei horizontal verschieblicher Auflagerung nur als Zugband. Sie sind wegen der fehlenden Dreieckstruktur bei einseitiger Last weit weniger steif als alle übrigen Seilbinder, wobei Typ 6 günstiger ist als Typ 5.

Typ 7   Diese Art der Aussteifung wurde bereits 1896 von *Vladimir Shukov* für das Kaufhaus GUM in Moskau und für viele andere Gitterschalen entworfen. Die räumliche Anordnung der Seile wurde bei einem Glasdach in Berlin (siehe Bild 4.8 d) ausgeführt. Tragverhalten wie Typ 2.

Typ 8 und Typ 9   Der Seilbinder Typ 8 wurde 2001 für die Ruine des Römischen Bades in Badenweiler mit T-Profil als Gurt entwickelt [7], [38]; Typ 9 wurde 1996 für das World Trade Center in Dresden konzipiert, [36]. Die Seilbinder mit Dreieckmaschen sind nur bei fester Lagerung am Gebäude voll vorspannbar und wirksam bei einseitiger Belastung. Bei horizontal verschieblicher Auflagerung von Typ 8 wirken sie im Wesentlichen nur als Zugband, da wegen der geringen Vorspannung unter einseitiger Belastung Seile ausfallen können.

Typ 10   Wird der Seilbinder, wie beim Katharinenhospital in Stuttgart, gegen das Gebäude vorgespannt, kann der Obergurt sogar als Seil ausgeführt werden. Kann er, wie beim Atriumdach für das Auswärtige Amt in Berlin, nur gegen das Eigengewicht vorgespannt werden, ist ein druck- und biegesteifer Obergurt nötig.

Typ 11   Der Seilbinder wurde für das Bahnsteigdach des Hauptbahnhofes Berlin 2002 entworfen [7], [41], [42]. Er umschlingt das korbbogenförmige Dach entsprechend dem Momentenverlauf unter Gleichlast und ist unverschieblich gelagert.

Typ 12   Das kreisförmige Tonnendach der Messe Leipzig 1996 wird von einem außenliegenden räumlichen Fachwerk getragen und ausgesteift.

Typ 13   Die geraden durchlaufenden Seile versteifen zwei Bögen zu einem räumlichen Tragwerk.

Bild 4.11 (rechte Seite)   Auswahl möglicher Tonnenaussteifungen

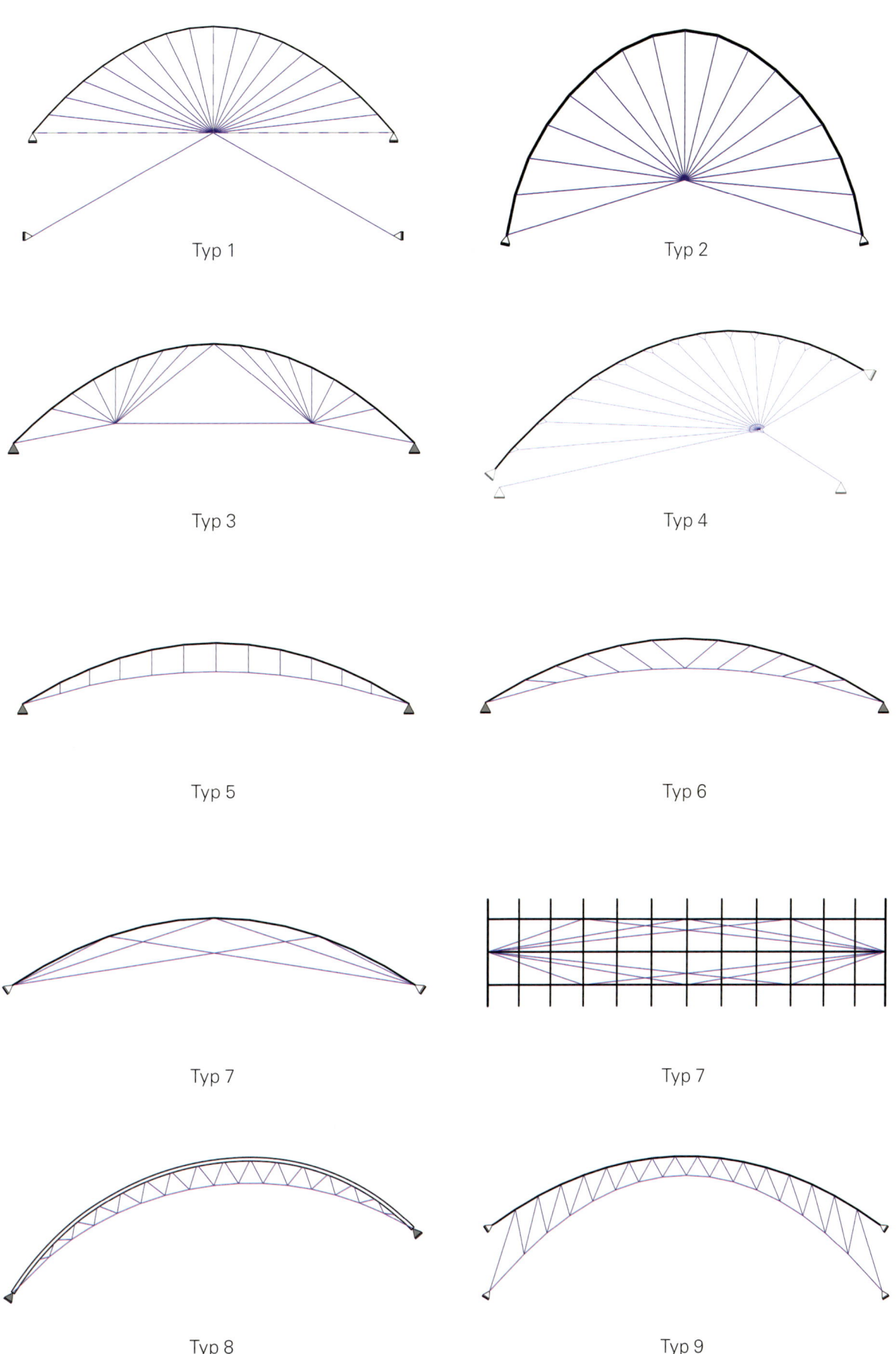

4 Geometrieprinzipien für Netzkuppeln mit ebenen Viereckmaschen

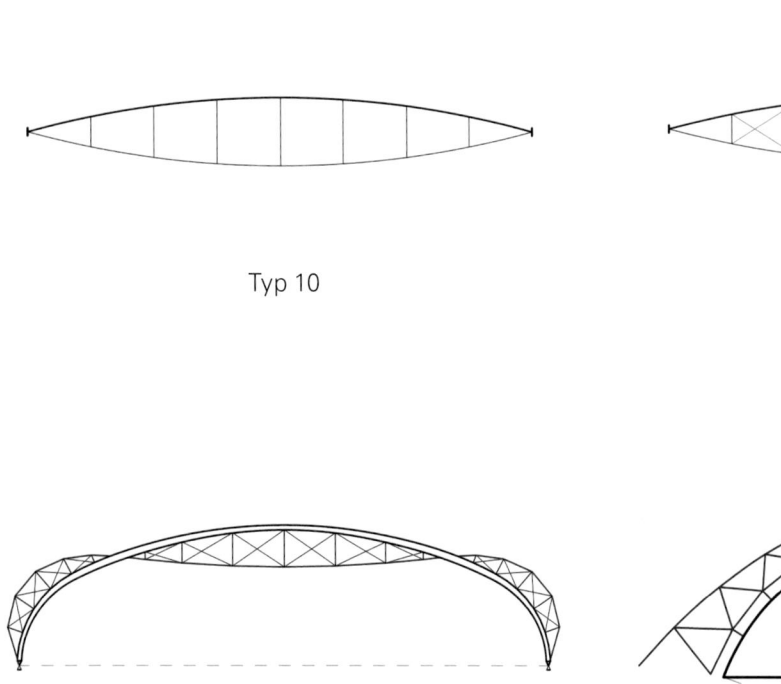

Typ 10

Typ 10

Typ 11

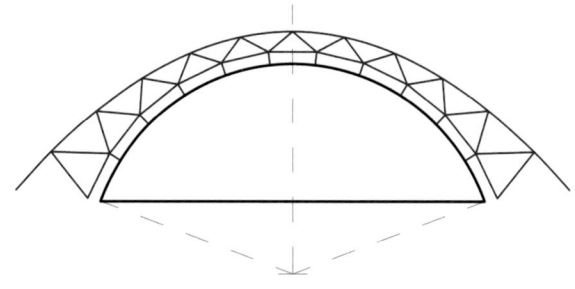

Typ 12

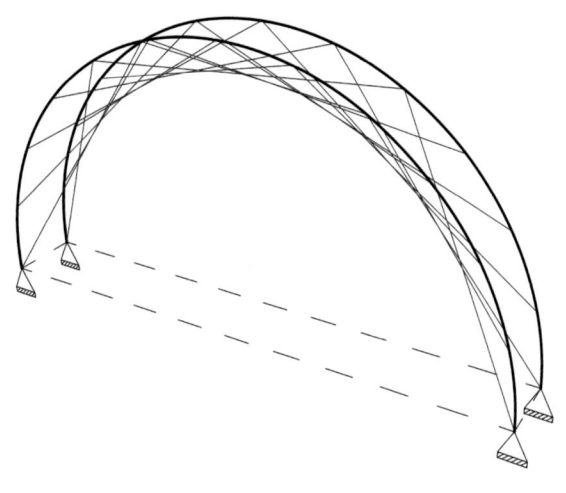

Typ 13

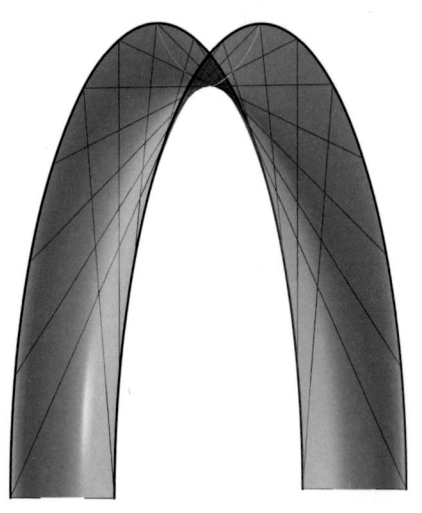

Typ 13

Bild 4.11 (Fortsetzung)   Auswahl möglicher Tonnenaussteifungen

4.2.3 Tonne in Zollinger-Bauweise

Friedrich Zollinger erhielt 1910 ein Patent auf das „Zollbau-Lamellen-Dach", eine rautenförmige Anordnung von Holzbohlen auf einer Tonne mit kreisförmigem Querschnitt. Er ordnet die Lamellen entlang einer Schraubenlinie an und erreicht damit, dass alle Stäbe einer Richtung identisch ausgebildet werden können, denn entlang der Schraubenlinie sind Verwindung und Krümmung der Stäbe konstant (Bild 4.12). Da immer zwei Stabenden auf einen durchgehenden Stab stoßen, wird die Knotenausbildung vereinfacht und die Biegesteifigkeit des Tragwerks erhöht, da selbst bei gelenkigen Stabanschlüssen eine gewisse Biegesteifigkeit wirkt (Bild 4.14).

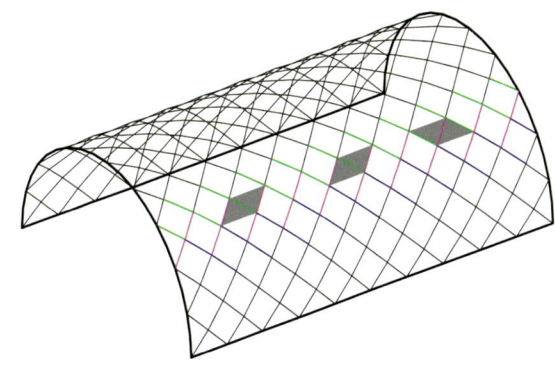

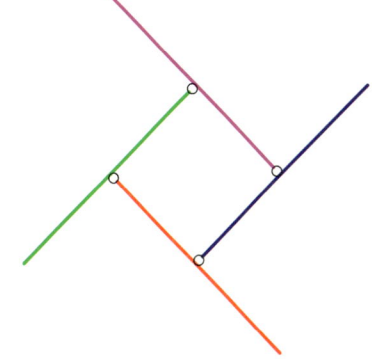

Bild 4.13   Zollinger-Bauweise: ein Stab geht über zwei Maschen durch, jedes Stabende stößt auf einen durchgehenden Stab

Die Viereckmaschen einer Zollinger-Tonne sind nicht eben. Da jedoch zwischen den Knoten ebene Längsstreifen auftreten, könnte man sie auch mit ebenen Elementen eindecken, deren Ränder nur an zwei Seiten und entlang der Diagonalen gestützt sind (grau gekennzeichnete Felder in Bild 4.13).

Die Zollinger-Fügung der Stäbe kann prinzipiell für alle Netzkuppeln angewendet werden, um geschraubte Anschlüsse zu vereinfachen und die Biegesteifigkeit zu erhöhen.

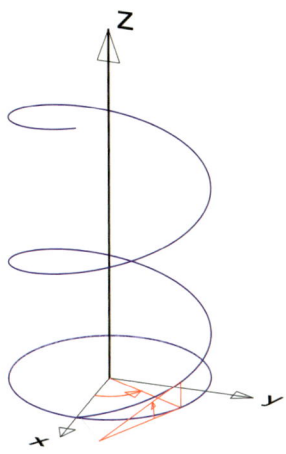

Bild 4.12   Schraubenlinie mit konstanter Krümmung und Verwindung

$$x = r \cdot \cos\varphi$$
$$y = r \cdot \sin\varphi$$
$$z = m \cdot \varphi \text{ mit } m = r \cdot \tan\alpha$$
$m =$ Steigung
$r =$ Radius
$\varphi =$ Winkel in x-/y-Ebene
$\alpha =$ Steigungswinkel

$$\text{Krümmung} = \frac{r}{r^2 + m^2}$$

$$\text{Verwindung} = \frac{m}{r^2 + m^2}$$

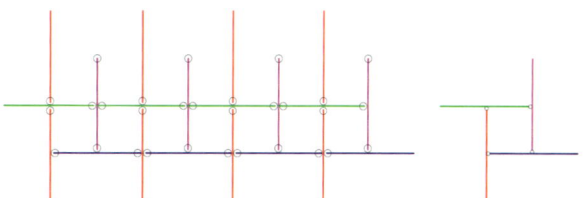

Bild 4.14   Fügung der Stäbe bei der Zollinger-Bauweise

4.3 Rotationsflächen

Rotationsflächen entstehen durch Rotation einer beliebigen räumlichen Kurve (Erzeugende) um eine Achse. Jeder Punkt der Erzeugenden liegt daher auf einem Kreis senkrecht zur Drehachse.

Es werden hier nur Erzeugende betrachtet, die mit der Drehachse in einer Ebene liegen. Die Erzeugende wird in ein Polygon überführt. Die Drehung des ebenen diskreten Meridians erzeugt innerhalb eines Meridianstreifens parallele Vektoren, die ebene Viereckflächen einschließen (Bild 4.15).

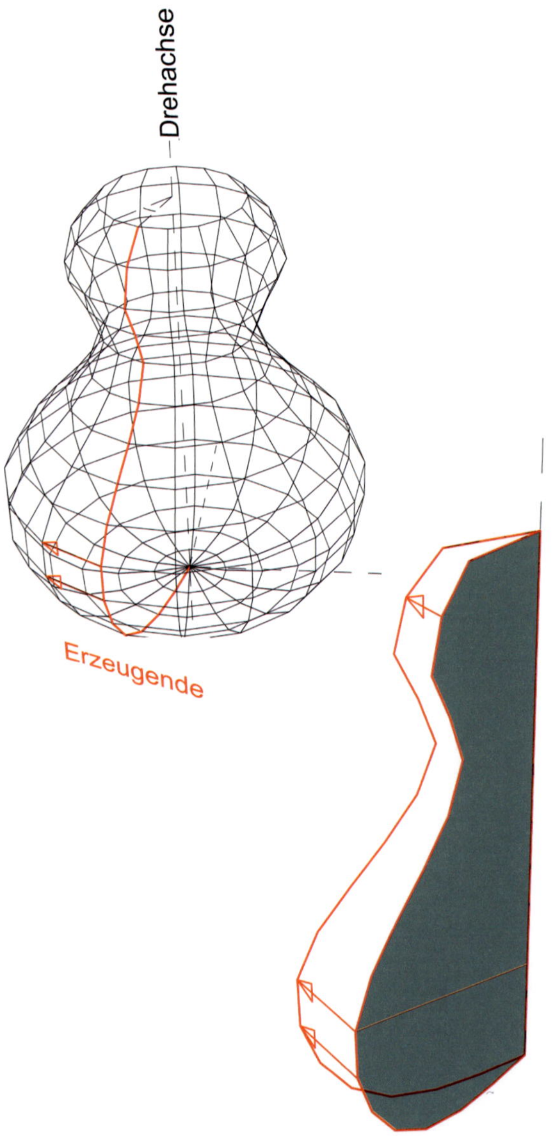

Diskrete Rotationsflächen mit Netzstäben senkrecht zur Oberfläche haben große baupraktische Vorteile:
– Der Meridian ist eine ebene Kurve ohne Verwindung, so dass er aus einem Blech als durchlaufender Netzstab ausgeschnitten werden kann.
– Der Ringstab ist Teil eines Kegels (Bild 4.16) und daher nicht verwunden. Der diskrete Ringstab ist nur geknickt, ohne Drehwinkel am Knoten.
– In allen Knoten eines Rotationskörpers treffen sich vier Stäbe, ohne sich gegenseitig zu verdrehen. Das vereinfacht die Knotenfertigung erheblich.

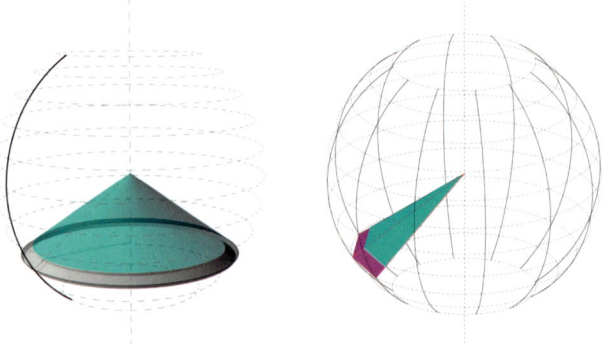

Bild 4.16 Die Ringstäbe liegen in einem gedachten Kegel und weisen keine unterschiedlichen Stabdrehwinkel am Knoten auf

Bild 4.17 zeigt einige einfache Rotationsflächen, die auch mit einer einfachen mathematischen Formel beschrieben werden können. Die Diskretisierung der Rotationsflächen mittels Meridian- und Ringpolygon führt zu einem homogenen Netz aus ebenen Vierecken.

Ellipsoid: $\dfrac{x^2}{a^2} + \dfrac{y^2}{b^2} + \dfrac{z^2}{c^2} = 1$

Hyperboloid:

einschalig $\dfrac{x^2}{a^2} + \dfrac{y^2}{b^2} - \dfrac{z^2}{c^2} = 1$

zweischalig $\dfrac{x^2}{a^2} + \dfrac{y^2}{b^2} - \dfrac{z^2}{c^2} = -1$

Rotationsparaboloid: $\dfrac{x^2}{a^2} + \dfrac{y^2}{a^2} = z$

Elliptisches Paraboloid: $\dfrac{x^2}{a^2} + \dfrac{y^2}{b^2} = z$

Bild 4.15 Rotationsflächen entstehen durch Rotation einer Erzeugenden (rot) um die Rotationsachse

a)
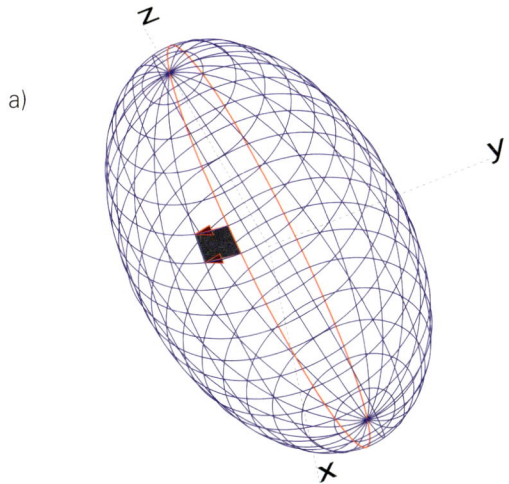

In Bild 4.17 oben links ist das Ellipsoid dargestellt, das bei Drehung einer Ellipse um die lange Achse (a) und um die kurze Achse (b) entsteht. Unten rechts zeigt das einschalige und zweischalige Hyperboloid, das bei Rotation einer Hyperbel um die imaginäre Achse (e) und die reelle Achse (g) entsteht. Das einschalige Hyperboloid hat außerdem noch zwei Scharen geradliniger Erzeugender (f).

Das Rotationsparaboloid (c) entsteht durch Rotation einer Parabel.

Das Rotationsparaboloid kann aber auch durch Translation einer Parabel entlang einer senkrecht dazu stehenden identischen Parabel erzeugt werden (d). Dadurch entsteht ein völlig andersartig strukturiertes Netz aus ebenen Maschen. Darauf wird in Abschnitt 4.4 näher eingegangen. Zum elliptischen Paraboloid siehe Abschnitt 4.3.2.

b)
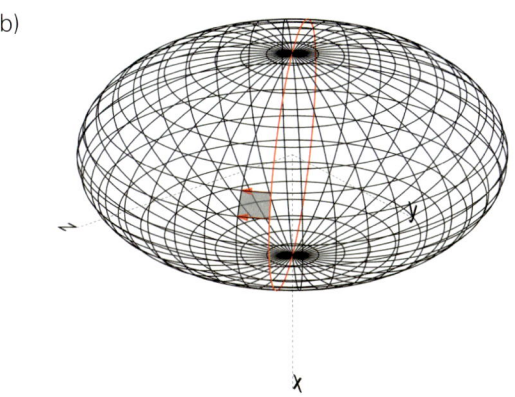

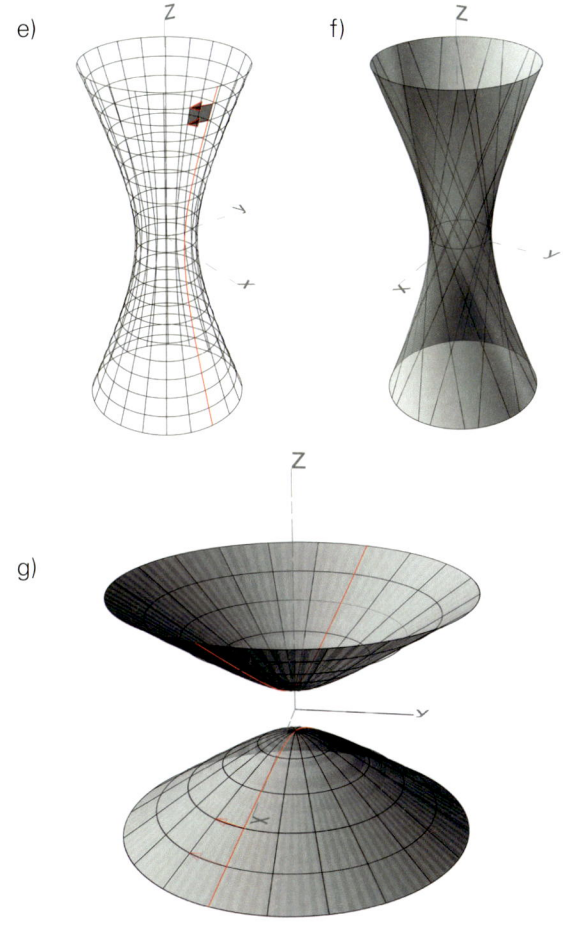

c)
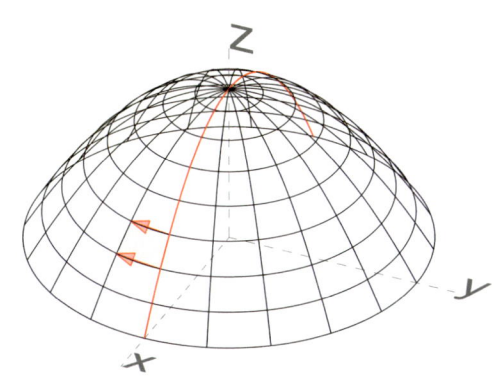

d)
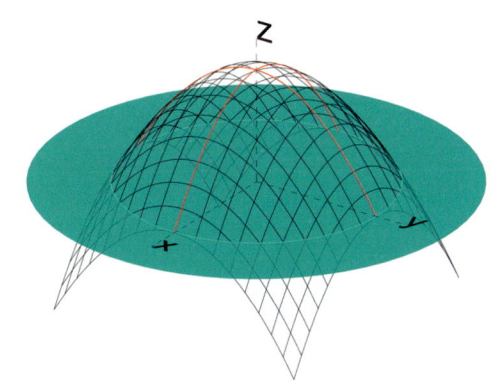

Bild 4.17 Beispiele für (analytische) Rotationsflächen
Links oben: Ellipsoid
Rechts: Einschaliges und zweischaliges Hyperboloid
Links unten: Rotationsparaboloid und Rotationsparaboloid als Translationsfläche

Ein Torus entsteht bei Rotation eines Kreises um eine Achse. Bei Diskretisierung der Erzeugenden (Kreise) und der Ringe entsteht ein Netz aus ebenen Vierecken (Bild 4.18 links). Eine Teilfläche davon ist rechts in Bild dargestellt. Sie entsteht durch Rotation eines Kreisabschnittes um die vertikale Achse z.

Ein gebautes Beispiel einer Torus ähnlichen Form ist die Schubert Club Band Shell in St. Paul, Minnesota (Bild 4.19). Durch Rotation eines Kreissegments (rot) um eine Horizontalachse wurde eine gegensinnig gekrümmte Rotationsfläche erzeugt.

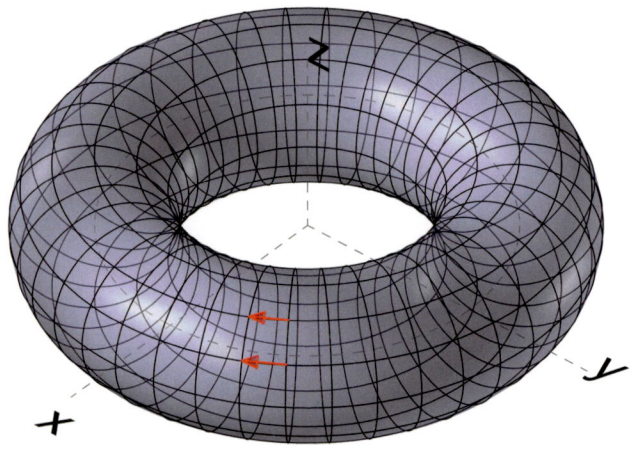
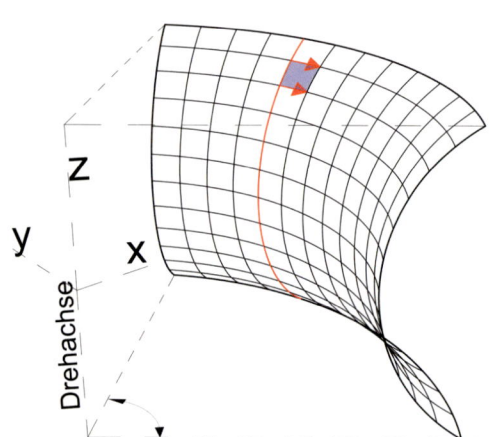

Bild 4.18 Torus als Rotationsfläche, rechts: Ausschnitt aus dem Torus

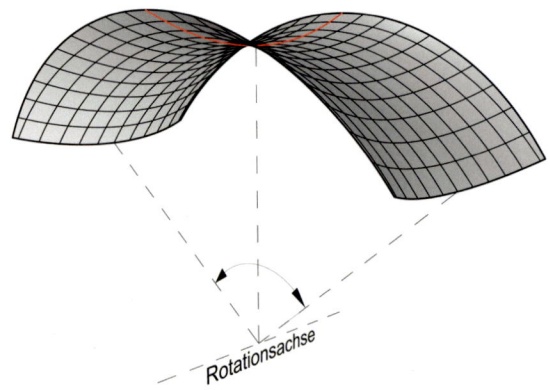

Bild 4.19 Schubert Club Band Shell, St. Paul, Minnesota als Rotationsfläche

4.3.1 Reihung von Rotationsflächen

Durch geschickte Reihung von Rotationsflächen können komplexe Flächen mit einfacher Geometrie geschaffen werden.

Für ein Projekt in Israel wurde durch Reihung unterschiedlicher Rotationsflächen eine wellenförmige Dachlandschaft entworfen, deren Netzstäbe keine Verwindung erfahren, so dass sich alle vier Stäbe im Knoten verdrehfrei treffen, was die Knotenfertigung erheblich vereinfacht. Die in einer Ebene liegende Erzeugende (Meridian) kann ferner aus einem durchgehenden Stück gefertigt werden, da sie sich nicht verdreht (Bild 4.20).

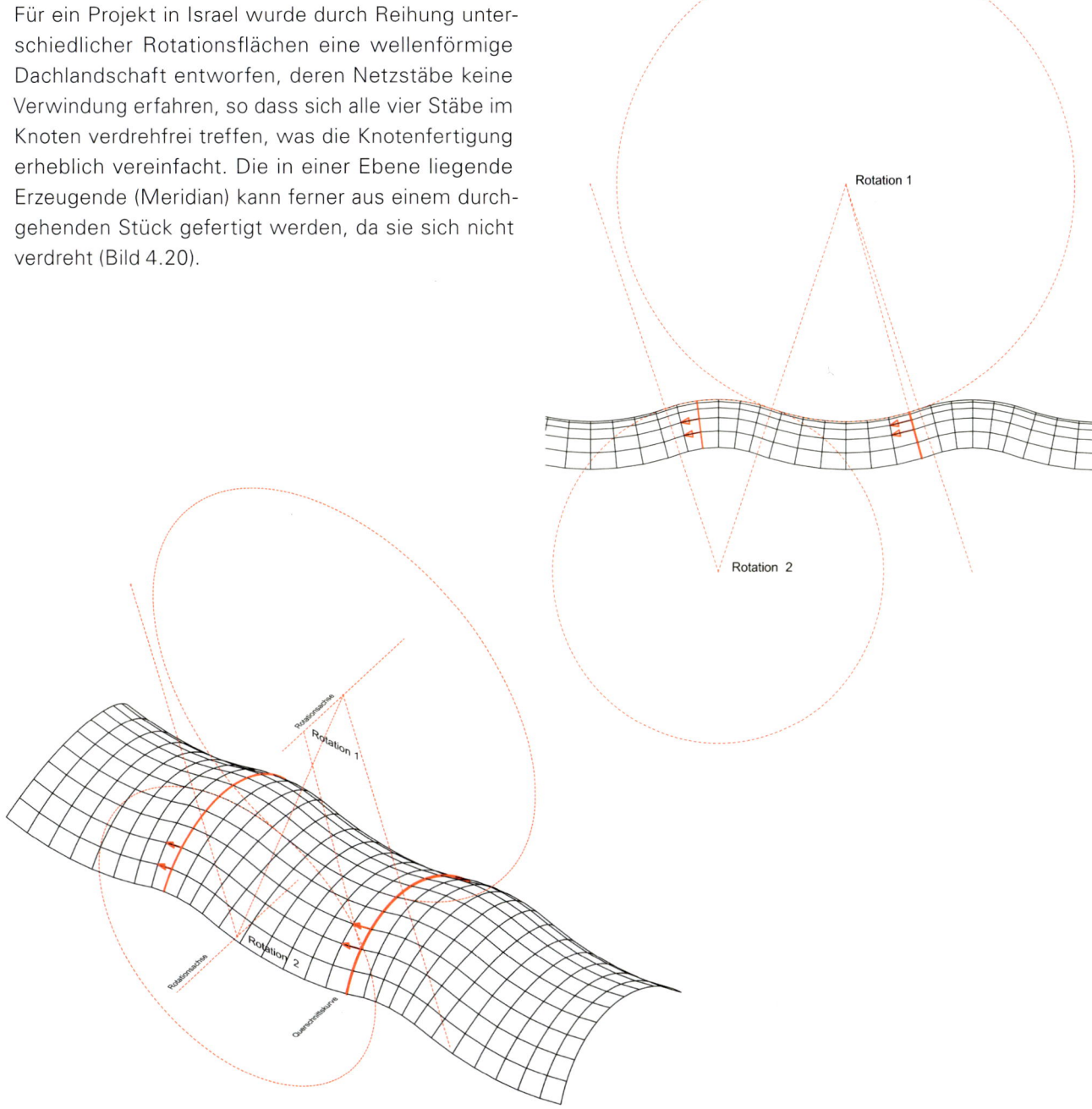

Bild 4.20 Durch Reihung von Rotationsflächen entstehen Stabnetze mit ebenen Maschen, in denen sich die vier Stäbe im Knoten gegeneinander nicht verdrehen

Eine Wellenfläche mit ebenen viereckigen Maschen könnte auch als Translationsfläche erzeugt werden (siehe Kap. 4.4), allerdings mit dem Nachteil, dass sich alle Stäbe des Netzes verwinden und dementsprechend Stabdrehwinkel am Knoten berücksichtigt werden müssen (Bild 4.21).

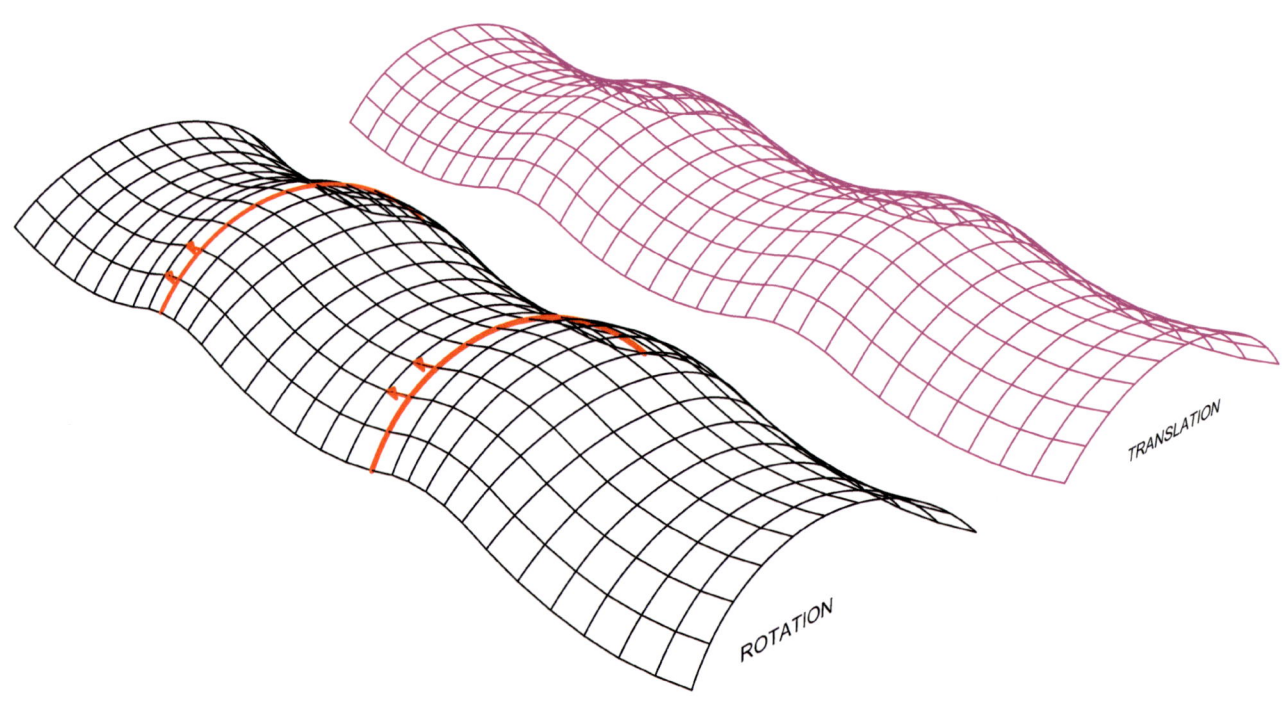

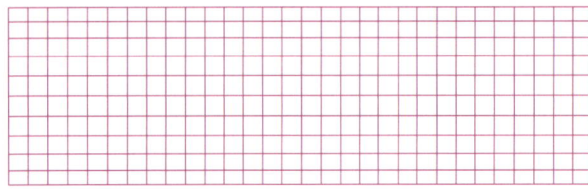

Grundriss Translationsfläche

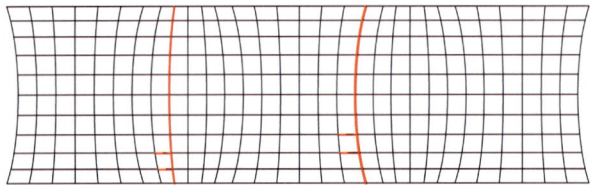

Grundriss Rotationsfläche

Bild 4.21 Wellenförmiges Stabnetz als gereihte Rotationsfläche (schwarz) und Translationsfläche (rot)

Für das im Bau befindliche Transbay Transit Center Projekt in San Francisco wurde für das 450 m lange Terminal eine Vertikalfassade ebenfalls durch Aneinanderreihung von Rotations- und Translationsflächen geschaffen (Bild 4.23). Bild 4.22 zeigt das Geometrieprinzip für einen Eckbereich. Die Eckbereiche bestehen aus aneinandergereihten Rotationsflächen, die langgestreckten Seiten aus Translationsflächen mit kreisförmigen Erzeugenden und Leitlinien.

Bild 4.22 zeigt, dass bei gereihten Rotationsflächen die Drehachsen und Radien beliebig wählbar sind. Am Übergang von einem Radius zum nächsten müssen lediglich die Erzeugende und die Drehachse in einer Ebene liegen.

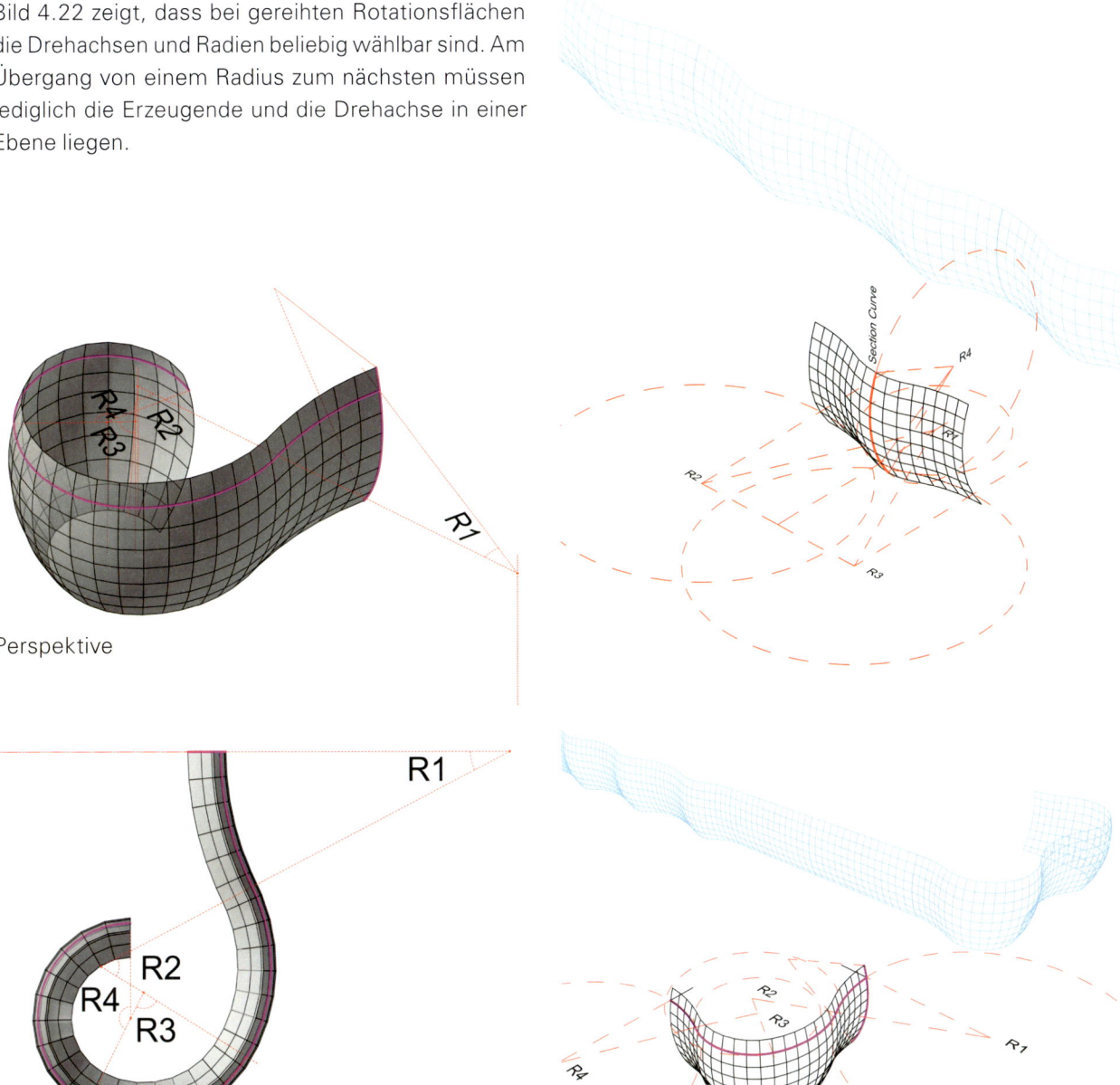

Perspektive

Grundriss

Bild 4.22   Beispiel für eine Reihung von Rotationsflächen

Bild 4.23   Translationsflächen und gereihte Rotationsflächen im Eckbereich für das Transbay Transit Center, San Francisco, 2015 im Bau

4.3.2 Eindimensionale Streckung und Rotation

Die Vielfalt von Rotationsflächen aus einem Netz mit ebenen Viereckmaschen kann durch eindimensionale Streckung (1D Streckung) der Profilkurve (Meridian) erheblich erweitert werden. Die Profilkurve muss in einer Ebene mit der Rotationsachse liegen.

Die Abstände (Radius) der Polygonpunkte einer Profilkurve von der Rotationsachse werden mit einem konstanten Faktor k1 gestreckt. Die neue eindimensional gestreckte Profilkurve wird dann um einen bestimmten Winkel um die Rotationsachse rotiert und bildet dann die nächste Profilkurve. Die Verbindungslinien der Polygonpunkte beider Profilkurven sind parallel (Strahlensatz) und bilden daher zusammen mit der gestreckten und der nicht gestreckten Profilkurve einen Streifen aus ebenen Vierecken. Die nächste Profilkurve kann mit einem Faktor k2 linear gestreckt werden usw. – so entsteht Streifen um Streifen. Durch Wahl entsprechender Faktoren k können fließende Flächen unterschiedlichster Art geschaffen werden (Bild 4.25).

Auf diese Weise lassen auch sich alle klassischen Rotationsflächen (Bild 4.17) verändern. Wird beispielsweise der Streckfaktor so gewählt, dass aus dem Kreis im Grundriss eine Ellipse wird, entsteht aus dem Rotationsparaboloid das elliptische Paraboloid (Bild 4.24).

Alle diskreten Flächen nach den hier dargelegten Bildungsgesetzen (1D-Streckung und Rotation) bestehen aus ebenen Viereckmaschen. Die vier Stäbe treffen sich allerdings im Gegensatz zur echten Rotationsfläche nicht mehr verdrehfrei im Knoten, so dass am Knoten neben den Stabknickwinkeln unterschiedliche Verdrehungswinkel auftreten.

Das erläuterte Geometrieprinzip ist ein Sonderfall von „Streck-Trans". Wählt man die Ringrichtung als Profilkurve mit dem Streckzentrum auf der Rotationsachse und verschiebt man die zentrisch gestreckten Profilkurven entlang der geraden Rotationsachse, ergibt sich dieselbe diskrete Fläche mit identischen Eigenschaften. Auf das Geometrieprinzip „Streck-Trans" wird in Abschnitt 4.7 näher eingegangen.

Erkenntnis:
Mit dem geometrischen Bildungsgesetz der Rotation können beliebige doppelt gekrümmte Rotationsflächen mit ebenen Viereckmaschen geschaffen werden.
Durch Rotation einer beliebigen diskretisierten Raumkurve, die in einer Ebene mit der Rotationsachse liegt, entsteht eine Rotationsfläche mit ebenen Vierecken.
Mit der eindimensionalen Streckung und Rotation lassen sich Rotationsflächen mit ebenen Maschen erheblich erweitern. Diese Methode entspricht einer Rotation entlang einer senkrecht zur Rotationsachse liegenden beliebigen ebenen Leitkurve.

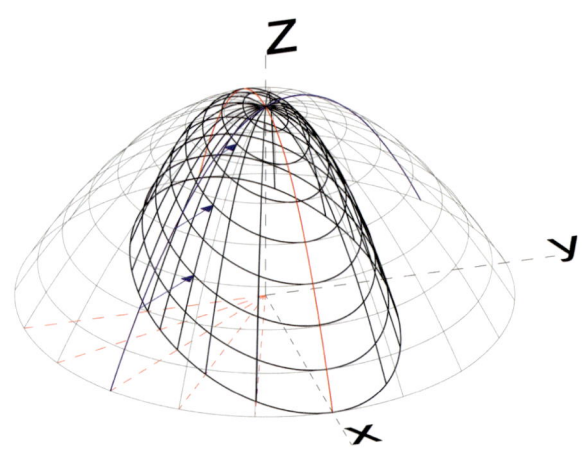

Bild 4.24 Durch entsprechende Streckung der Erzeugenden und anschließender Rotation wird aus dem Rotationsparaboloid das elliptische Paraboloid mit ebenen Viereckmaschen

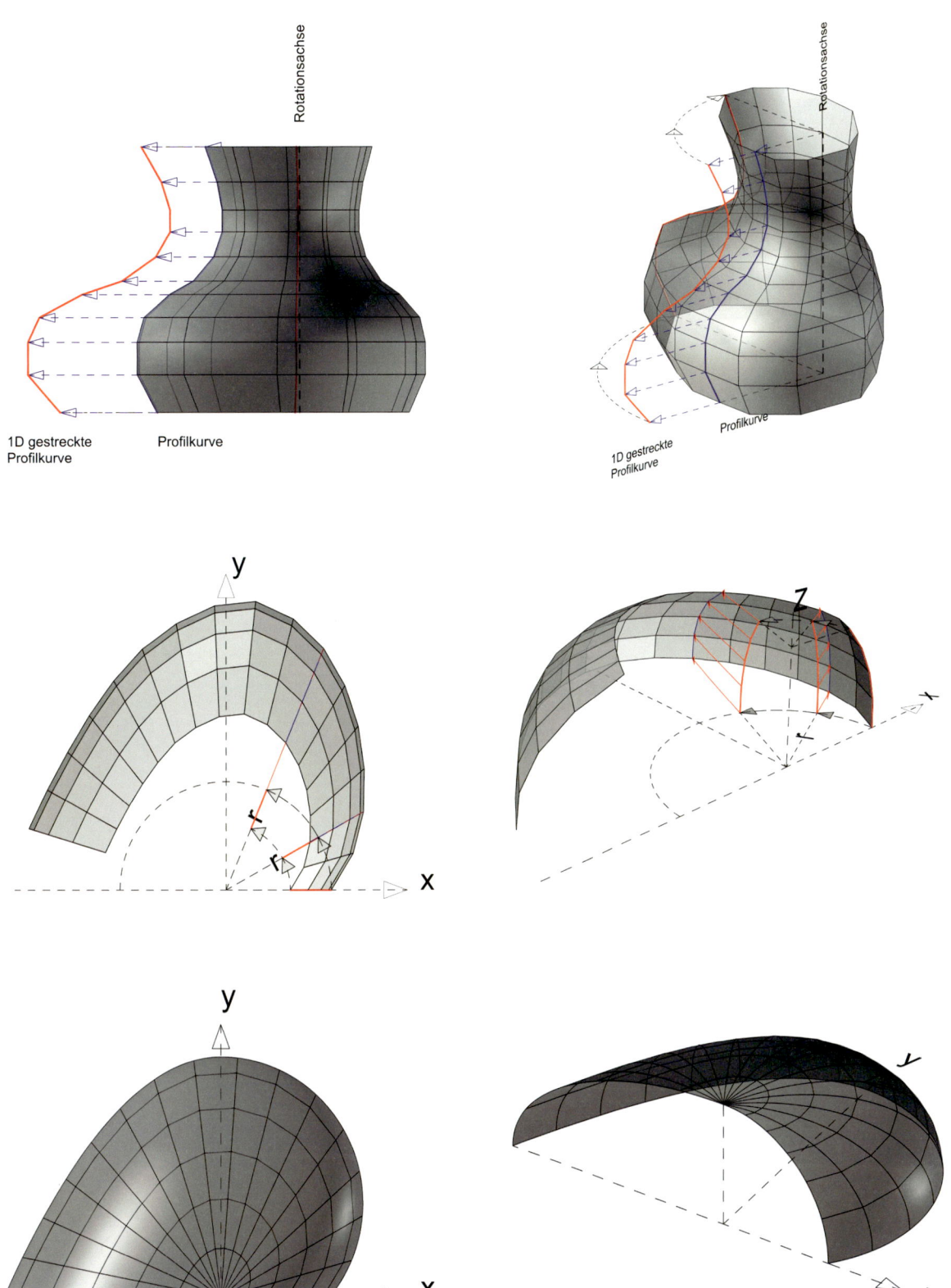

Bild 4.25 Durch eindimensionale Streckung der Erzeugenden und anschließender Rotation können Rotationsflächen mit ebenen Vierecken erheblich erweitert werden.

4.4 Kuppeln als Translationsflächen

Das allgemeine Geometrieprinzip zur Erzeugung von beliebigen Translationsflächen mit ebenen Viereckmaschen wurde in Abschnitt 4.1 erläutert. Hier sollen die häufig vorkommenden kuppelartigen Tragwerke näher betrachtet werden.

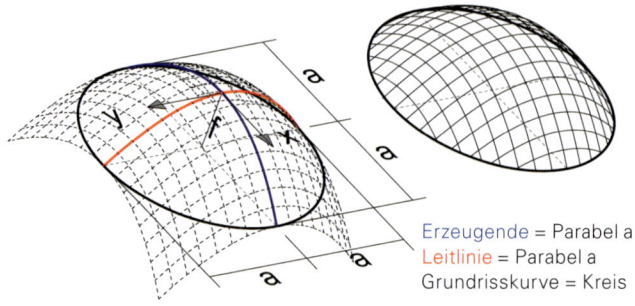

Erzeugende = Parabel a
Leitlinie = Parabel a
Grundrisskurve = Kreis

Betrachtung der Paraboloidschale
Die Flächengleichung der elliptischen Paraboloidschale lautet:
$$z = \frac{f}{a^2} \cdot x^2 + \frac{f}{b^2} \cdot y^2$$

Für $z = f$ erhält man die Ellipsengleichung im Grundriss
$$\frac{1}{a^2} \cdot x^2 + \frac{1}{b^2} \cdot y^2 = 1$$

Für $y = 0$ bzw. $x = 0$ erhält man Parabeln
$$z = \frac{f}{a^2} \cdot x^2 \quad \text{bzw.} \quad z = \frac{f}{b^2} \cdot y^2$$

welche die Erzeugende und die Leitlinie darstellen.

Für $a = b$ erhält man das Rotationsparaboloid
$$z = \frac{f}{a^2} \cdot \left(x^2 + y^2\right)$$

und mit $z = f$ den Grundrisskreis $x^2 + y^2 = a^2$, und für $y = 0$ bzw. $x = 0$ die Parabeln
$$z = \frac{f}{a^2} \cdot x^2 \quad \text{bzw.} \quad z = \frac{f}{a^2} \cdot y^2$$

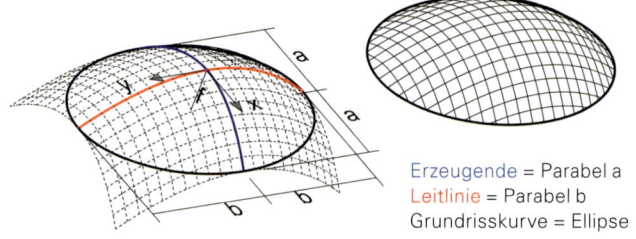

Erzeugende = Parabel a
Leitlinie = Parabel b
Grundrisskurve = Ellipse

Bild 4.26   Die Paraboloidschale als Translationsfläche mit ebenen Vierecken:
– Parabel a als Erzeugende und Parabel b als Leitlinie ergibt Kuppel mit elliptischer Grundrisskurve;
– Parabel a als Erzeugende und als Leitlinie ergibt Kuppel mit kreisförmiger Grundrisskurve

Aus diesen mathematischen Beziehungen ist unmittelbar erkennbar, dass die Paraboloidschale als Translationsfläche darstellbar ist.

Man erhält die ebenen Vierecke, indem man die Knotenpunkte des Netzes, welche exakt auf der Fläche liegen, durch Geraden verbindet. Die kontinuierliche Fläche wird facettiert. In den meisten Skizzen dieses Buches wird vereinfachend die Parabel ohne Facettierung verwendet.
Bild 4.27 zeigt hilfreiche geometrische Zusammenhänge zum schnellen skizzieren einer Parabel.

Erkenntnis:
Gleitet eine Parabel (Erzeugende) entlang einer dazu senkrecht stehende Parabel (Leitkurve), entsteht ein elliptisches Paraboloid mit einer elliptischen Grundrisskurve. Sind beide Parabeln identisch, entsteht ein Rotationsparaboloid mit einer kreisförmigen Grundrisskurve (Bild 4.26).

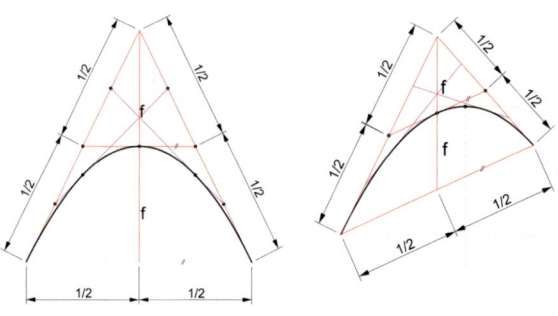

Bild 4.27   Skizzieren von Parabeln

4.4.1 Optimaler Stich von Kuppeln

Das optimale Stich-zu-Spannweitenverhältnis f/l wird aus der Minimierung des Materialverbrauchs bei vorgegebener Belastung p und Spannweite l gewonnen. Vereinfachend wird eine Kugelform zugrunde gelegt (Bild 4.28).

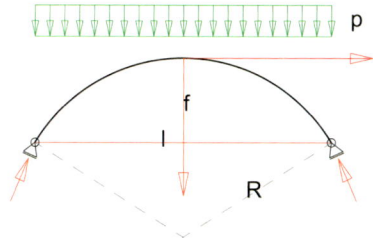

Bild 4.28 Kuppel als Kugelabschnitt mit Stich f, Radius R, Spannweite l

Für eine Kuppel unter Gleichlast p gilt:

$n_\varphi = p \cdot \dfrac{R}{2}$ mit l Durchmesser Grundrisskreis.

Kuppelradius $R = \dfrac{f^2 + \left(\dfrac{l}{2}\right)^2}{2f}$

Kuppeloberfläche $O = \pi \left[f^2 + \left(\dfrac{l}{2}\right)^2 \right]$

erforderliche Wanddicke $t = \dfrac{n_\varphi}{zul\sigma}$

Gewicht $G = O \cdot t \cdot \gamma = O \cdot \dfrac{n_\varphi}{zul\sigma} \cdot \gamma$

$G = \pi \cdot \left[f^2 + \left(\dfrac{l}{2}\right)^2 \right] \cdot \left(\dfrac{f^2 + \left(\dfrac{l}{2}\right)^2}{4f} \right) \cdot \dfrac{\gamma}{zul\sigma}$

$= \pi \cdot l^4 \cdot \left[\dfrac{1}{4} + \left(\dfrac{f}{l}\right)^2 \right]^2 \cdot \dfrac{p \cdot \gamma}{4f \cdot zul\sigma}$

$G = \pi \cdot \dfrac{p \cdot \gamma}{4 \cdot zul\sigma} \cdot l^3 \cdot \underbrace{\left[\dfrac{1}{4} + \left(\dfrac{f}{l}\right)^2 \right]^2 \cdot \dfrac{1}{\left(\dfrac{f}{l}\right)}}_{\lambda}$

Mit:
λ = Faktor für Materialverbrauch in Abhängigkeit von f/l.

Die Beziehung ist im Bild 4.29 dargestellt, sie zeigt ähnlich zum Bogen ein Optimum bei f/l = 0,3. Unterhalb f/l = 0,14 steigt der Materialverbrauch sehr stark an und die Beulgefahr nimmt erheblich zu. Daher wird für ein filigranes, kuppelförmiges Schalentragwerk für die Praxis empfohlen, den Wert f/l = 0,14 nicht zu unterschreiten:

$$0{,}14 \leq f/l \leq 0{,}50 \tag{15}$$

Gl. (15) gilt näherungsweise auch für Kuppeln, die von der Kugel abweichen.

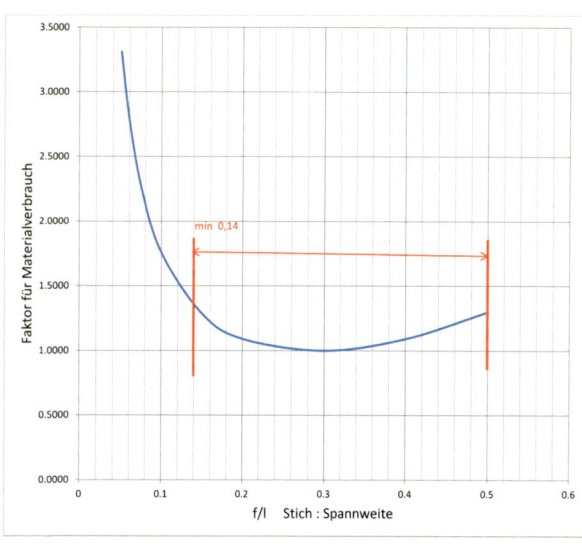

Bild 4.29 Optimales f/l-Verhältnis (Stich zu Spannweite) für Kuppeln; f/l = 0,14 sollte nicht unterschritten werden

4.4.2 Beispiele für kuppelartige Translationsflächen

Eine Kugelschale kann mit einer Translationsfläche aus Parabeln recht gut angenähert werden, so lange das Verhältnis f/l kleiner als ca. 0,25 ist. Für größere Verhältnisse ist die Abweichung erkennbar. Bild 4.30 zeigt den Unterschied für ein Verhältnis f/l = 0,25 und f/l = 0,5. Eine Translationsfläche aus zwei identischen Kreisen führt nicht zu einer Kugelschale, wie Bild 4.31 zeigt. Die entstehende Fläche baucht in Diagonalrichtung aus.

Schneidet man die mit Parabeln als Translationsfläche erzeugte Kuppel nicht mit einer Horizontalebene, sondern mit Vertikalebenen entlang der Hauptachsen, entsteht bei identischen Parabeln eine Kuppel über quadratischem und bei unterschiedlichen Parabeln für die Erzeugende und Leitlinie eine Kuppel über rechteckigem Grundriss (Bild 4. 32).

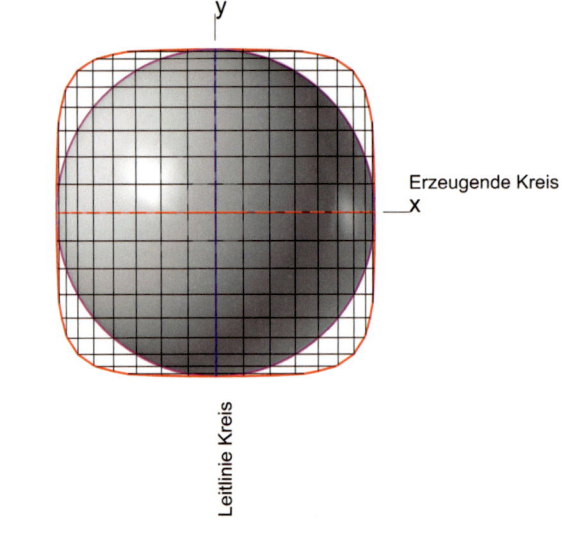

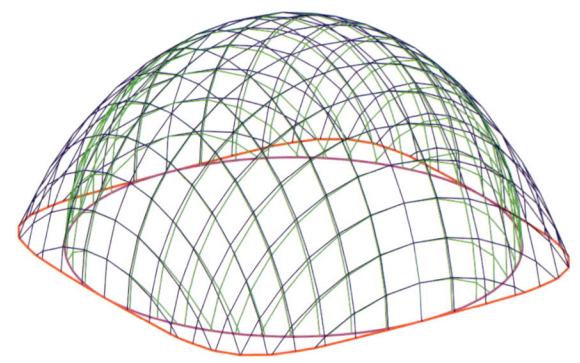

Bild 4. 31   Translationsfläche aus einem Kreis als Erzeugende und Leitlinie ergibt nicht die Kugelform

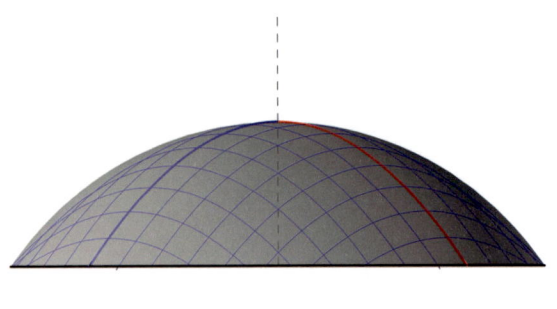

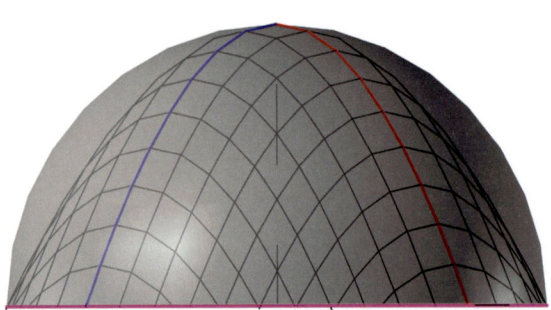

Bild 4.30   Abweichung der Translationsfläche mit kreisförmigem Grundriss (identische Parabeln) von der Kugelform;
oben: flache Kuppel (f/l =0,25) mit geringer Abweichung von Kugelform,
unten: hohe Kuppel (f/l =0,5) mit großer Abweichung von Kugelform

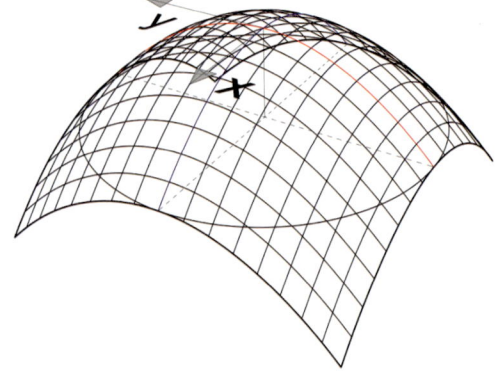

Bild 4.32   Translationsfläche Parabel-Parabel über quadratischem Grundriss

Nachfolgend wird nun die Erzeugung der Translationsflächen für einige gebaute bzw. geplante Projekte erläutert.

Der im Grundriss quadratische **Innenhof im Deutschen Historischen Museum, Berlin** wurde mit einer flachen Netzkuppel überdacht, deren Stabnetz durch diagonale Translation eines Kreissegments entlang eines identischen Kreissegments erzeugt wurde (Bild 4.33 und Liste 8.1 Nr. 25). Durch Unterteilung der Kreissegmente in gleich lange Abschnitte entsteht ein ebenes gleichmaschiges Vierecknetz. Die diagonale Orientierung ist gestalterisch begründet, hat jedoch auch gewisse statische Vorteile, weil die Stäbe auf die vier Eckpunkte der Kuppel ausgerichtet sind, in denen die Kuppel punktuell gestützt ist.

Für den im Bild 4.34 dargestellten Grundriss aus zwei tangential verbundenen unterschiedlichen Kreisen kann auf einfache Weise eine Netzkuppel mit ebenem, gleichmaschigem Vierecknetz geschaffen werden. Da kreisförmige Grundrisse parabelförmige Erzeugende und Leitlinien erfordern, gleitet innerhalb der Kreise eine Parabel entlang einer identischen Parabel und im Bereich der geraden Ränder wurde die Parabel (Erzeugende) bis zum Schnittpunkt mit dem geraden Längsrand vertikal verschoben. Daraus ergab sich eine nach oben gekrümmte Leitlinie. Die so konstruierte Fläche stellt im Bereich der geraden Ränder eine Hyparfläche dar (siehe Abschnitt 4.5.5). Das erzeugte Vierecknetz ist gleichmaschig und eben.

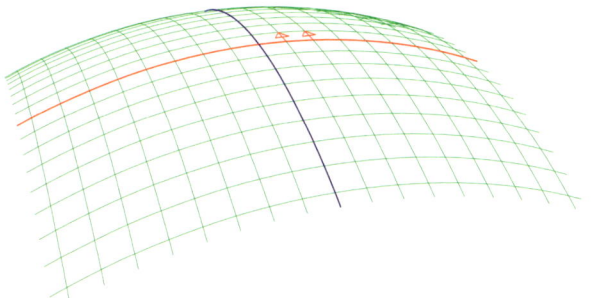
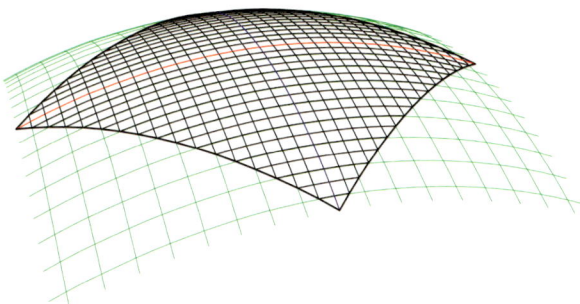

Bild 4.33   Translationsfläche über quadratischem Grundriss, diagonal orientiert; Erzeugende und Leitlinie bestehen aus identischen Kreissegmenten; angewendet beim Deutschen Historischen Museum DHM, Berlin [7], [39]

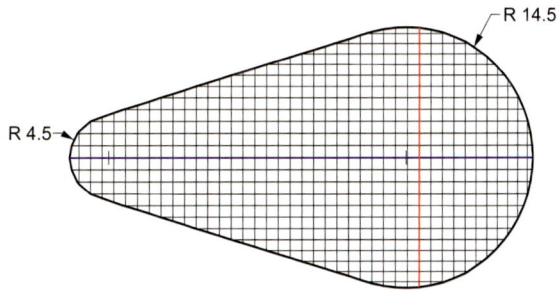
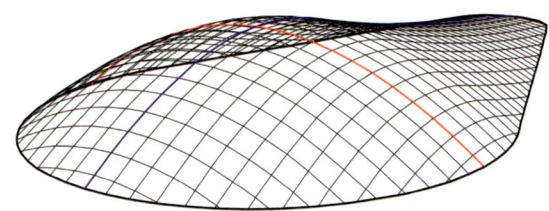

Bild 4.34   Translationsfläche über Grundriss aus zwei tangential verbundenen unterschiedlichen Kreisen

Die **Netzkuppel im Bosch Areal, Stuttgart** [39], [40] ist ein Beispiel für eine Translationsfläche, deren Leitlinie unter Beachtung der architektonischen Anforderungen frei gewählt und deren Ränder nach den örtlichen Gegebenheiten beschnitten wurden (Bild 4.35, und Liste 8.1 Nr. 10). Die im Grundriss schiefen und trapezförmigen Innenhöfe werden tonnenförmig überdacht. Dort wo die ausverschiedenen Richtungen ankommenden Innenhöfe aufeinandertreffen, wölbt sich die Schale 5 m nach oben. Die Leitlinie bildet diese Wölbung und die Erzeugende die Tonnenform ab. Die so erzeugte Translationsfläche wird entlang der bestehenden Gebäude abgeschnitten. So entstand trotz der komplexen Randbedingungen eine Schale aus ebenen Vierecken mit gleich langen Stäben.

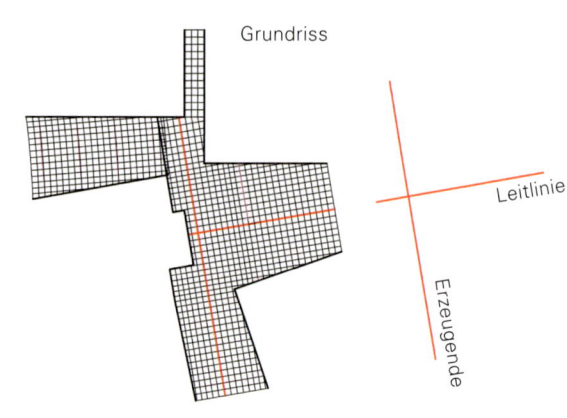

Beschneiden der Translationsfläche entlang der Gebäuderänder

Die **Netzkuppel für das Haus der Flusspferde im Zoo Berlin** [7], [46] überdacht zwei fließend verbundene kreisrunde Becken (Bild 4.36 und Liste 8.1 Nr. 29). Als Leitkurve wurden daher zwei Parabeln gewählt, die mit einer frei gewählten Übergangskurve verbunden sind. Die Parabeln über dem kleinen Becken sind jedoch stärker gekrümmt, um die Wölbung zu vergrößern. Dadurch müssen die über dem großen und kleinen Becken unterschiedlichen Erzeugenden innerhalb des Übergangsbereiches durch eindimensionale Streckung in x-Richtung (siehe Abschnitt 4.7) allmählich ineinander überführt werden, was zu – allerdings geringen – Verwindungen im Übergangsbereich führt. Die Translationsfläche wird mit zwei Horizontalebenen, einer Zylinderfläche und einem Kreiskegel beschnitten.

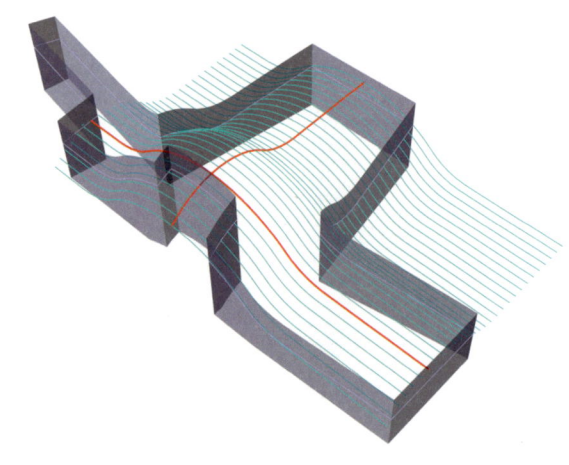

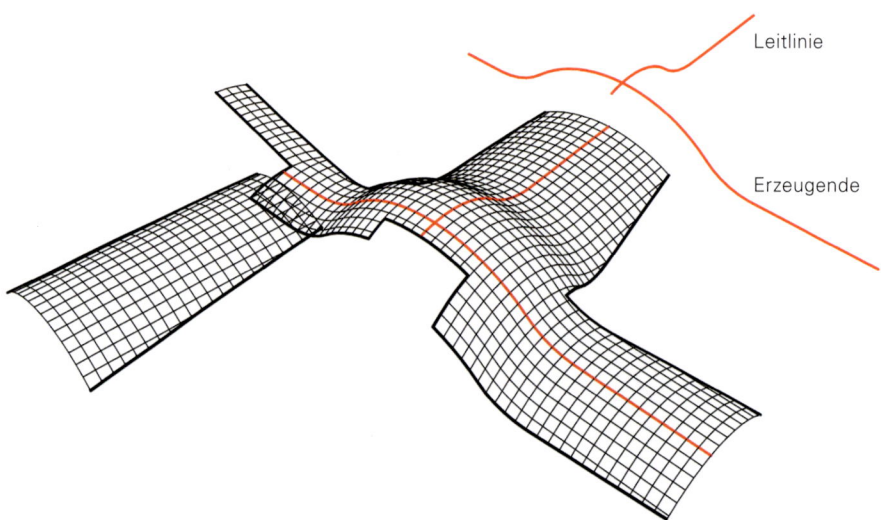

Bild 4.35   Translationsfläche für die Netzkuppeln mit komplexem Grundriss im Bosch-Areal, Stuttgart [39],[40]

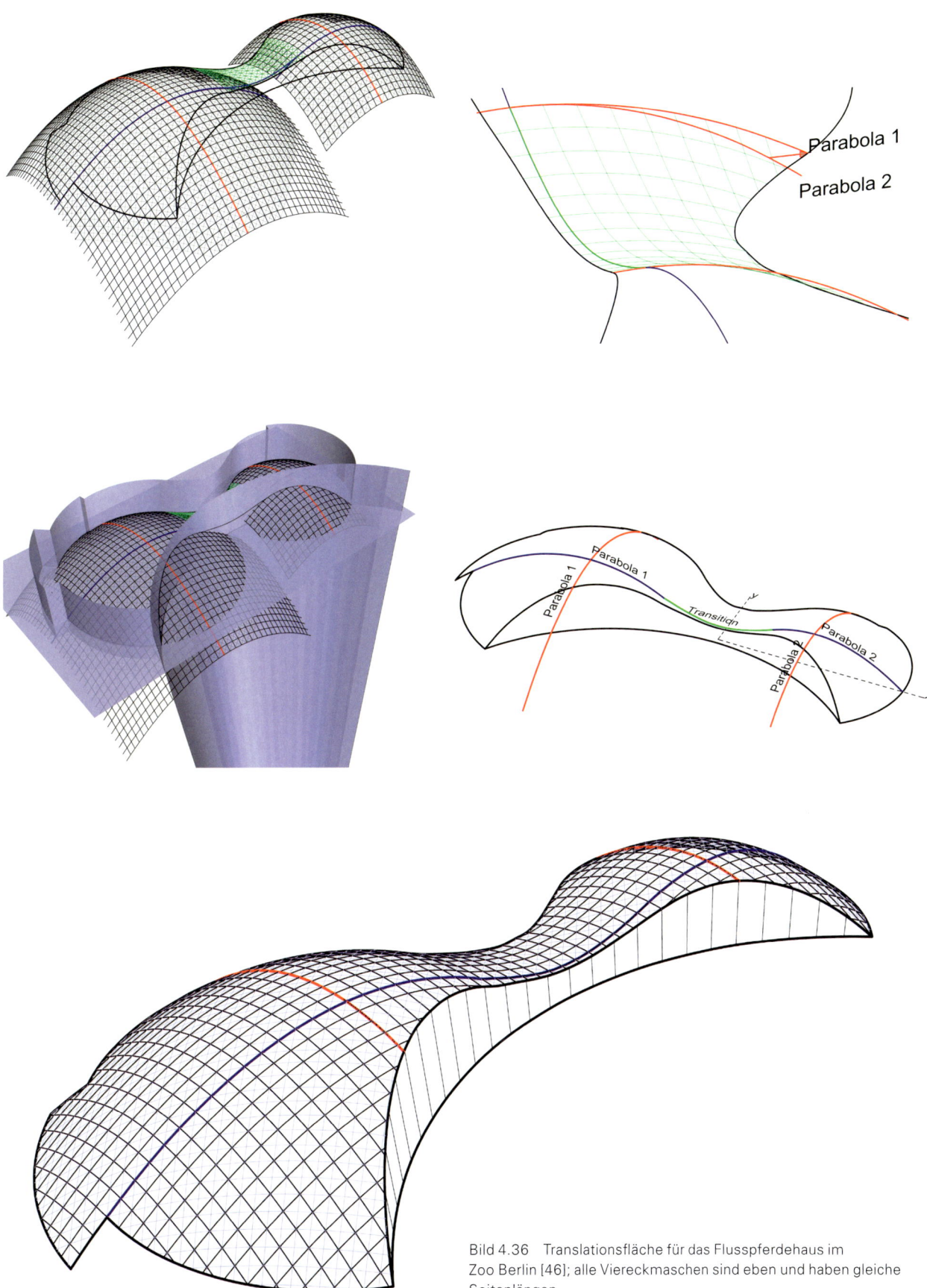

Bild 4.36 Translationsfläche für das Flusspferdehaus im Zoo Berlin [46]; alle Viereckmaschen sind eben und haben gleiche Seitenlängen

Im **Paunsdorf Center Leipzig** (Liste 8.1 Nr. 35) treffen sich zwei glasüberdachte Passagen unter einem Winkel von 45°. Nach Abschnitt 4.7 kann die Ebene der Erzeugenden einen beliebigen Winkel zur Ebene der Leitlinie einnehmen. Um eine homogene Stabstruktur im Übergangsbereich zu erreichen, nimmt die Erzeugende die Richtung der einmündenden Passage auf und kreuzt daher die Leitlinie im Grundriss unter 45°. Dadurch haben die Erzeugenden im Übergansbereich die Richtung der jeweils anderen Leitlinie und aus den Querstäben der einen Tonne werden die Längsstäbe der anderen. Die so erzeugte Translationsfläche besteht aus ebenen rautenförmigen Maschen (Bild 4.37 oben). Zur Verbesserung des Tragverhaltens wurden zug- und druckfeste Diagonalen (Bild 4.37 unten, in rot) eingeführt und so eine echte Schale geschaffen. Verglast wurde trotz Dreieckraster jedoch mit ebenen Viereckscheiben, die kostengünstiger sind und weniger Glasfugen erfordern.

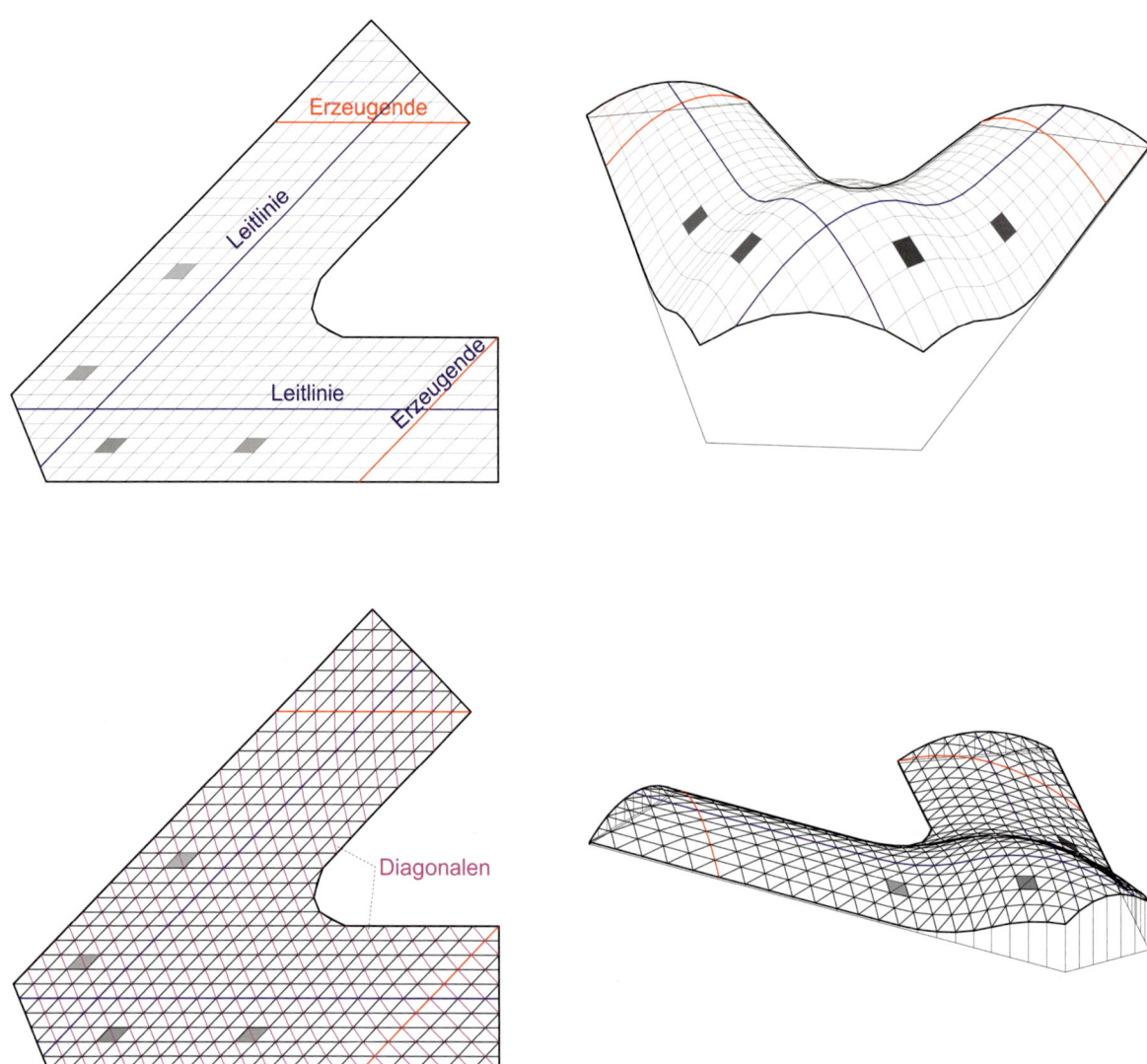

Bild 4.37   Transationsfläche für das Paunsdorf Center in Leipzig mit rautenförmiger Struktur (oben); Tragverhalten als Schale durch Einführung zug- und druckfester Diagonalen, rot dargestellt (unten); die Dreieckstruktur wurde mit ebenen rautenförmigen Viereckscheiben belegt

4.4.3 Reihung von Translationsflächen

Mit der Reihung von Translationsflächen kann eine Vielzahl unterschiedlicher Formen geschaffen werden. Bild 4.38 zeigt oben eine Reihung von Kuppeln über quadratischem und rechteckigem Grundriss. Unten ist eine Aneinanderreihung identischer quadratischer Kuppeln dargestellt (Eingang West, Messe Hannover).

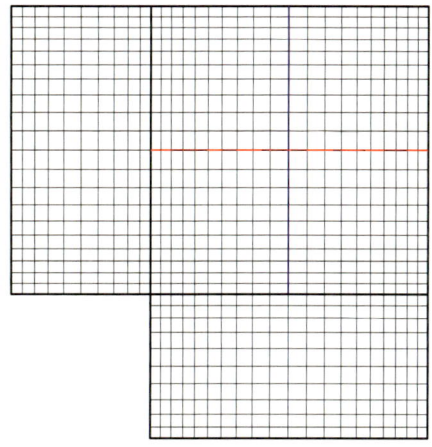

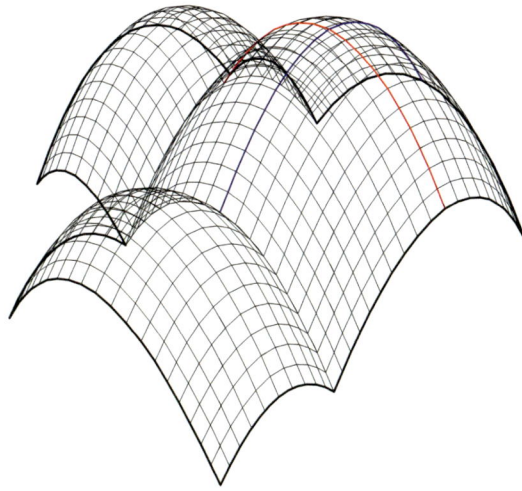

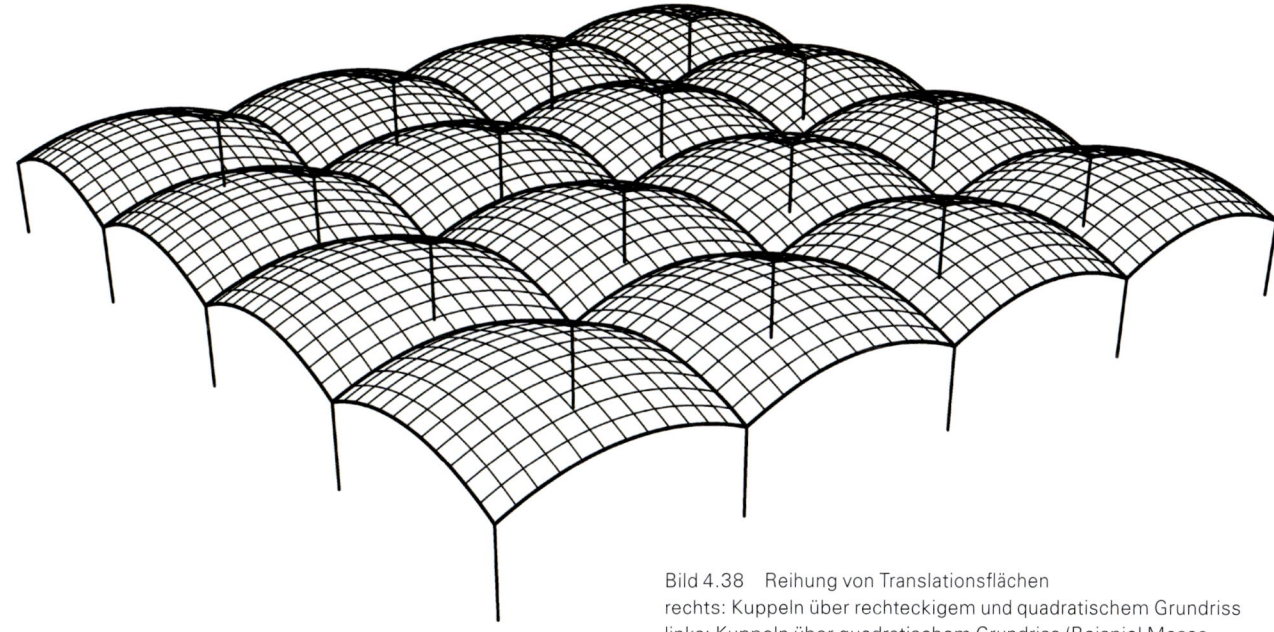

Bild 4.38 Reihung von Translationsflächen
rechts: Kuppeln über rechteckigem und quadratischem Grundriss
links: Kuppeln über quadratischem Grundriss (Beispiel Messe Hannover, Eingang West)

4.5 Hyperbolisches Paraboloid mit ebenen Viereckmaschen

Die Flächengleichung des Hyperbolischen Paraboloids (Hypar) lautet:
$\frac{x^2}{a^2} - \frac{y^2}{b^2} - z = 0$, mit x und y als Hauptachsen

Für $x = 0$ und $y = 0$ ergeben sich Parabeln (blau) als Vertikalschnitte

$x = 0$: $z = \frac{y^2}{b^2}$ Parabel, bzw. kongruente Parabeln für Parallelschnitte

$y = 0$: $z = \frac{x^2}{a^2}$ Parabel, bzw. kongruente Parabeln für Parallelschnitte

Für $z = k$ (konstant) ergeben sich Hyperbeln (rot) und speziell für $z = 0$ die Asymptote als Horizontalschnitte (Bild 4.39, Reihe oben)

$y = 0$: $y = \pm \frac{b}{a} x$ Gerade, Asymptote (Grundrissgerade der Erzeugenden)

$z = k$: $\frac{x^2}{a^2} - \frac{y^2}{b^2} = k$ Hyperbel

Das Hypar hat ferner 2 Scharen geradliniger Erzeugender und gilt daher auch als Regelfläche.

Schar I: $\frac{x}{a} + \frac{y}{b} = u$; $u \cdot \left(\frac{x}{a} - \frac{y}{b}\right) = z$

Schar II: $\frac{x}{a} - \frac{y}{b} = v$; $v \cdot \left(\frac{x}{a} + \frac{y}{b}\right) = z$

mit u, v als Parameter

In schiefwinkligen Koordinaten lautet die Flächengleichung $z = k \cdot \bar{x} \cdot \bar{y}$, wenn $\bar{x}$ und $\bar{y}$ entlang der geraden Erzeugenden verlaufen (Bild 4.39 Reihe 2).
Koordinatenwinkel $\omega = 2 \cdot \arctan(m)$
m = Steigung der geraden Erzeugenden im Grundriss des Hauptsystems x, y, z

$k = \left(\dfrac{1}{a \cdot \left(\cos\left(\frac{\omega}{2}\right) - \sin\left(\frac{\omega}{2}\right) \cdot \cot\omega\right)} \right)^2$

Aus der Flächengleichung ist ersichtlich, dass sich das Hypar auch als Translationsfläche darstellen lässt (Bild 4.39 Reihe oben und Reihe 3 und 4, links).
$z = f(x) + g(y)$, mit der Erzeugenden f(x) und der Leitlinie g(y)

Für die Erzeugende ergibt sich $z = \frac{x^2}{a^2}$ und für die Leitlinie $z = -\frac{y^2}{b^2}$

Erzeugende und Leitlinie stellen also gegensinnig gekrümmte Parabeln dar.

Folgt das Stabnetz den Parabeln, ergeben sich ebene Viereckmaschen auf der Hyparfläche.
Aber auch auf der Basis der Regelfläche mit geraden Erzeugenden kann man ein ebenes Vierecknetz schaffen, indem man die sich schneidenden Geraden als Diagonalen der Vierecke auffasst (Bild 4.39 Reihe 3 und 4, Mitte). Hierzu wird im Abschnitt 4.5.3 näher eingegangen.

Erkenntnis:
Das Hypar kann als Translationsfläche und als Regelfläche mit geraden Erzeugenden dargestellt werden. Stabnetze mit ebenen Viereckmaschen können auf der Basis der Translationsfläche oder der Regelfläche erzeugt werden.

Bild 4.39 (rechte Seite) Hyperbolisches Paraboloid (Hypar)
Reihe oben: Hypar als Translationsfläche (links) und Regelfläche (rechts)
Reihe 2: Schiefwinkliges Koordinatennetz für Hypar
Reihe 3 und 4: Hypar als Translationsfläche (links), als Regelfläche (Mitte), und mit gerader Berandung (rechts)

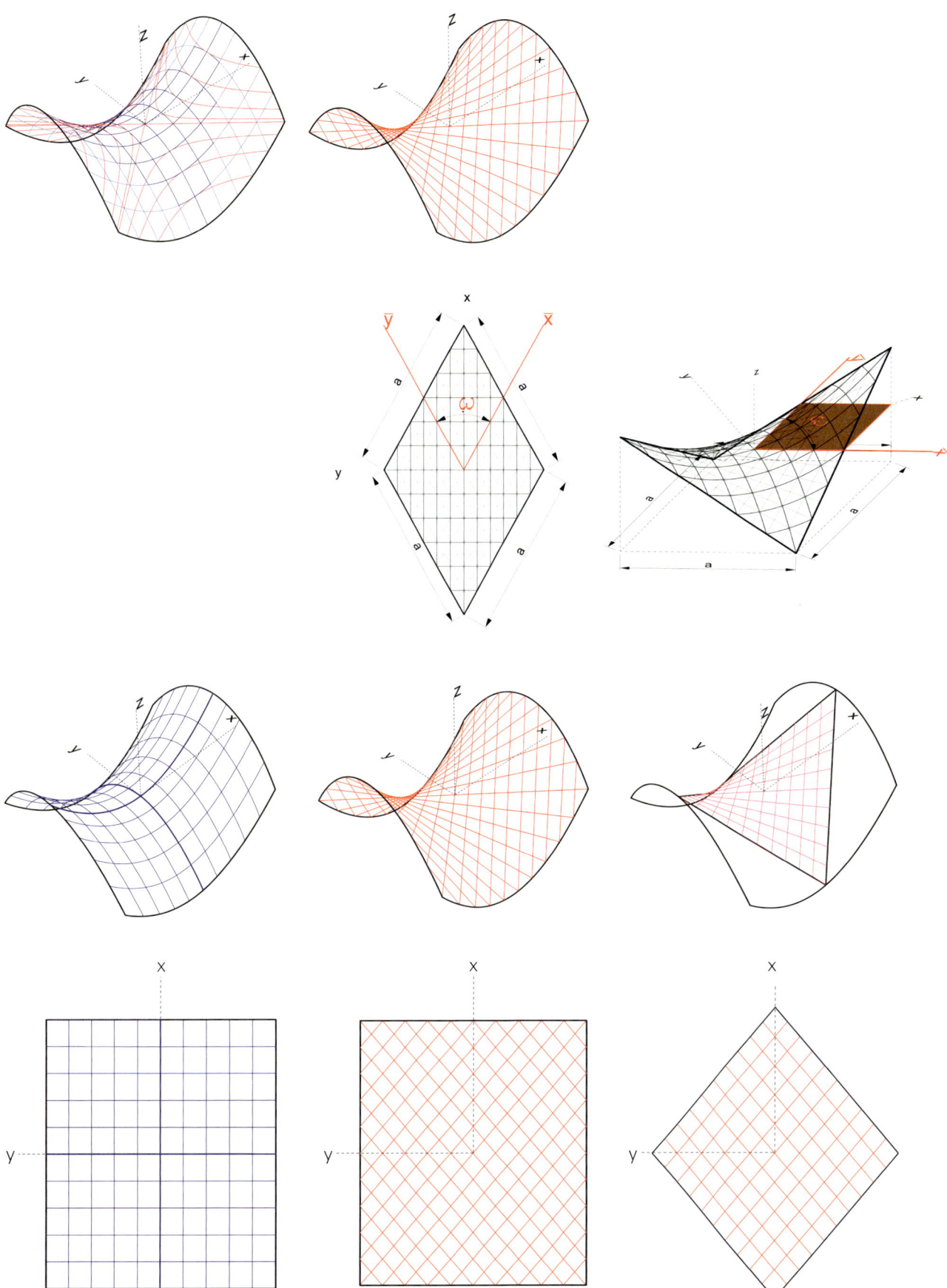

4.5.1 Zum Tragverhalten von Hyparschalen mit geraden Rändern

Das Tragverhalten ist komplex und wird vom Steifigkeitsverhältnis zwischen den Randgliedern, dem Stabnetz und den Diagonalen beeinflusst.
Nachfolgend wird für vereinfachte Lastfälle und vereinfachten Annahmen gezeigt, wie im Entwurfsstadium maßgebende Kräfte im Membranzustand überschlägig ermittelt werden können.

Das Hypar sei im Hauptsystem x, y, z symmetrisch.

$$z = \frac{x^2}{a^2} - \frac{y^2}{b^2}$$

Vereinfacht kann man sich das Stabnetz bestehend aus hängenden und stehenden Parabeln vorstellen. Die hängenden Parabeln tragen Zugkräfte Z, die stehenden Parabeln Druckkräfte D in den Randträger ein, die sich zu einer Resultierenden Druckkraft N im Randträger vereinigen. (Skizze unten, Reihe 1)

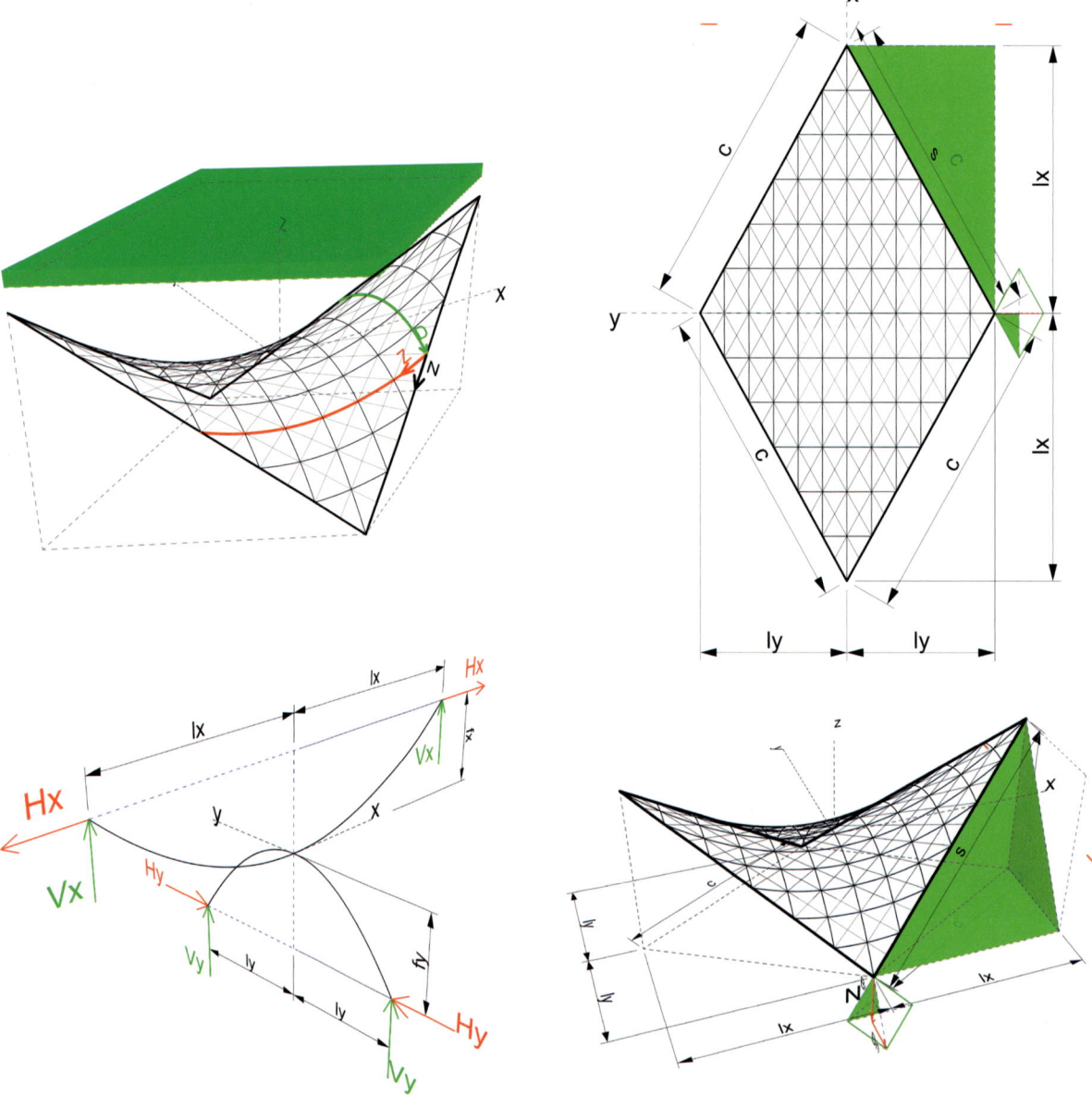

Auf den hängende Parabelstreifen der Breite 1 wirke ein Anteil q_x, auf den stehende Parabelstreifen ein Anteil q_y der Gleichlast $q = q_x + q_y$.

$$\text{Man kann von } q_x = q_y = \frac{q}{2} \text{ ausgehen.} \quad (16)$$

Für den hängenden Parabelstreifen gilt:

$$z = \frac{x^2}{a^2} = f_x = \frac{l_x^2}{a^2} \text{ für } x = l_x,$$

Neigung am Rand $\frac{dz}{dx} = \frac{2x}{a^2} = \tan\varphi$

Mit $H = \frac{q \cdot l^2}{8 \cdot f}$ folgt (siehe Skizze links, Reihe 2)

$$H_x = \frac{q_x}{2} \cdot a^2 \text{ und } V_x = H_x \cdot \tan\varphi = q_x \cdot x = V_{x'}$$
(17)

analog

$$H_y = \frac{q_y}{2} \cdot b^2 \text{ und } V_y = H_y \cdot \tan\varphi = q_y \cdot y = V_y$$

Folgerung: Die Horizontalkräfte H aus allen Zugstreifen sind gleich groß, ebenso aus allen Druckstreifen. Sie sind unabhängig von der Spannweite des jeweiligen Streifens.
Die Vertikalkraft am Auflager A_v, B_v ergibt sich einfach aus den Vertikalkomponenten V_x und V_y (siehe Skizzen unten).

Aus hängenden Parabelstreifen: $\sum V_x = \frac{q_x}{2} \cdot l_x \cdot l_y$

Aus stehenden Parabelstreifen: $\sum V_y = \frac{q_y}{2} \cdot l_x \cdot l_y$

$$A_v = B_v = \sum V_x + \sum V_y = 4 \cdot \left(\frac{q_x}{2} + \frac{q_y}{2}\right) \cdot l_x \cdot l_y$$

$$A_v = B_v = q \cdot l_x \cdot l_y \quad (18)$$

Die Horizontalkomponente A_h und B_h ergibt sich rein geometrisch aus $\frac{l_y}{h} = \frac{B_h}{B_v}$

$$A_h = B_h = q \cdot \frac{l_x \cdot l_y^2}{h} \quad (19)$$

Die Normalkraft im Randträger ergibt sich ebenfalls rein geometrisch aus $\frac{s}{h} = \frac{N}{\frac{B_v}{2}}$

$$N = \frac{s \cdot B_v}{2h} = q \cdot l_x \cdot l_y \frac{s}{2h} \quad (20)$$

Die Schubkrafteinleitung am Rand T ist konstant

$$T = \frac{N}{s} = q \cdot l_x \cdot l_y \frac{1}{2h} \quad (21)$$

Die angegebenen Kräfte dienen als Überschlag und können sich je nach gewählter Steifigkeit der einzelnen Tragglieder verändern.

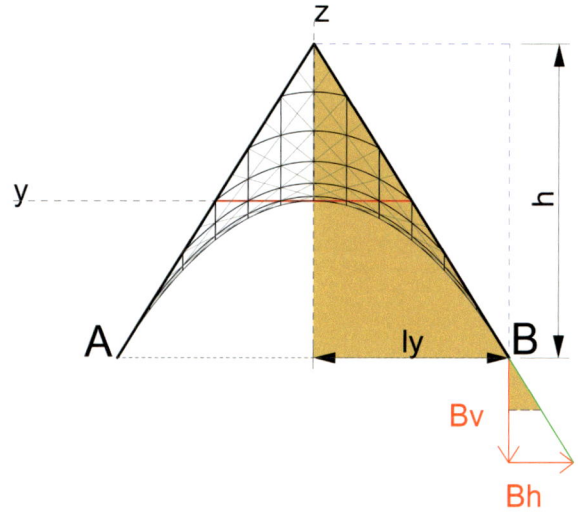

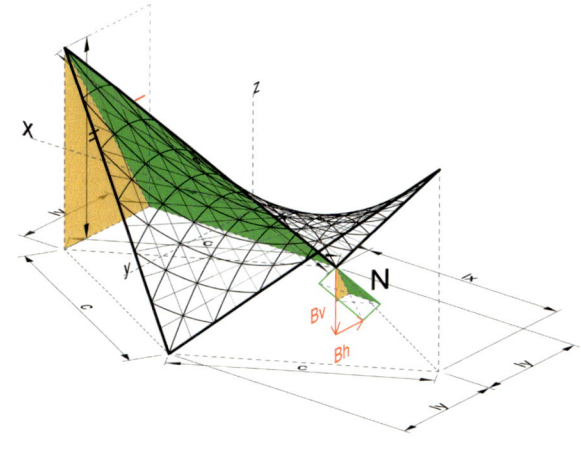

Für die Membrankräfte in Richtung der Hauptparabeln

folgt aus $n_x = \dfrac{q_x (2l_x)^2}{8f}$

$n_x = \dfrac{q_x (l_x)^2}{2f}$ und mit $f = \dfrac{l_x^2}{a^2}$ folgt $n_x = \dfrac{q_x}{2} \cdot a^2$,

Zugkraft in hängender Parabel (22)

und analog

$n_y = \dfrac{q_y (l_y)^2}{2f}$ und mit $f = \dfrac{l_y^2}{b^2}$ folgt $n_y = \dfrac{q_y}{2} \cdot b^2$,

Druckkraft in stehender Parabel (23)

Gültig für flache Schalen. Die Eigenlast kann näherungsweise als Gleichlast angesetzt werden.

Erkenntnis:
Vereinfacht kann man sich das Stabnetz bestehend aus hängenden und stehenden Parabeln vorstellen. Die hängenden Parabeln tragen Zugkräfte Z, die stehenden Parabeln Druckkräfte D in den Randträger ein, die sich zu einer Resultierenden Druckkraft N im Randträger vereinigen.
Die frei tragende Hyparschale mit geraden Rändern benötigt daher Randträger. Diese sind vorwiegend durch Normalkräfte beansprucht. Die Schale übernimmt die Biegung und die Aussteifung des Randträgers. Das Eigengewicht des Randträgers kann im Membranzustand nicht von der Schale getragen werden und er wirkt für diesen Lastanteil annähernd als Kragträger. Die Beanspruchung des Randgliedes kann mit der Wahl des Steifigkeitsverhältnisses zwischen Stabnetz und Randglied beeinflusst werden.

4.5.2 Hypar als Translationsfläche mit ebenen Vierecken

Unterteilt man die Erzeugende und Leitlinie in gleichlange Abschnitte, ergeben sich ebene Maschen mit gleichlangen Stäben. Diese Sattelfläche kann beliebig zugeschnitten werden. Schneidet man entlang der geraden Erzeugenden des Hypars, dann entsteht ein gerader Rand, der für die Praxis sehr vorteilhaft ist. Beim gleichmaschigen Netz ergeben sich Zwickel am geraden Rand und die Diagonalen gehen nicht von Rand zu Rand gerade durch. Im Grundriss sind die Stabachsen gerade und stehen senkrecht aufeinander, wenn man in Richtung der Hauptachsenrichtung z schaut (Bild 4.40).

Möchte man die Zwickel am Rand vermeiden, ergeben sich ebene Maschen mit ungleichen Stablängen. Durch entsprechende Unterteilung der Erzeugenden und Leitlinie lassen sich Maschen mit unterschiedlichen Stablängen schaffen.

Erkenntnis:
Gleitet eine Parabel (Erzeugende) entlang einer gegensinnig gekrümmten Parabel (Leitkurve) entsteht ein Hyperbolisches Paraboloid (Hypar, Sattelfläche).
Durch Beschneiden entlang der geraden Erzeugenden entsteht ein Hypar mit vier geraden Rändern, die ein verwundenes Viereck bilden.
Unterteilt man die Erzeugende und Leitlinie in Segmente gleicher Sehnenlänge, entstehen ebene Viereckmaschen mit vier gleich langen Seiten. Bei unterschiedlicher Teilung entstehen ebene Viereckmaschen mit lediglich zwei gegenüberliegenden gleich langen Seiten.

Ein Ausschnitt entlang der geraden Erzeugenden führt zu einem verwundenen Viereck als gerade Berandung des Hypar.

Im allgemeinen Fall erscheinen die geraden Ränder des verwundenen Vierecks bei Projektion in Hauptrichtung z als Parallelogramm im Grundriss (Bild 4.41 oben). Wenn in Sonderfällen die Eckpunkte in einer Parallelebene zur x-z bzw. y-z Ebene liegen, spannen bei Projektion in Richtung der Hauptachse z die geraden Ränder im Grundriss eine Raute (falls beide Parabeln unterschiedlich sind) oder ein Quadrat (falls beide Parabeln gleich sind) auf (Bild 4.41 Mitte und unten).

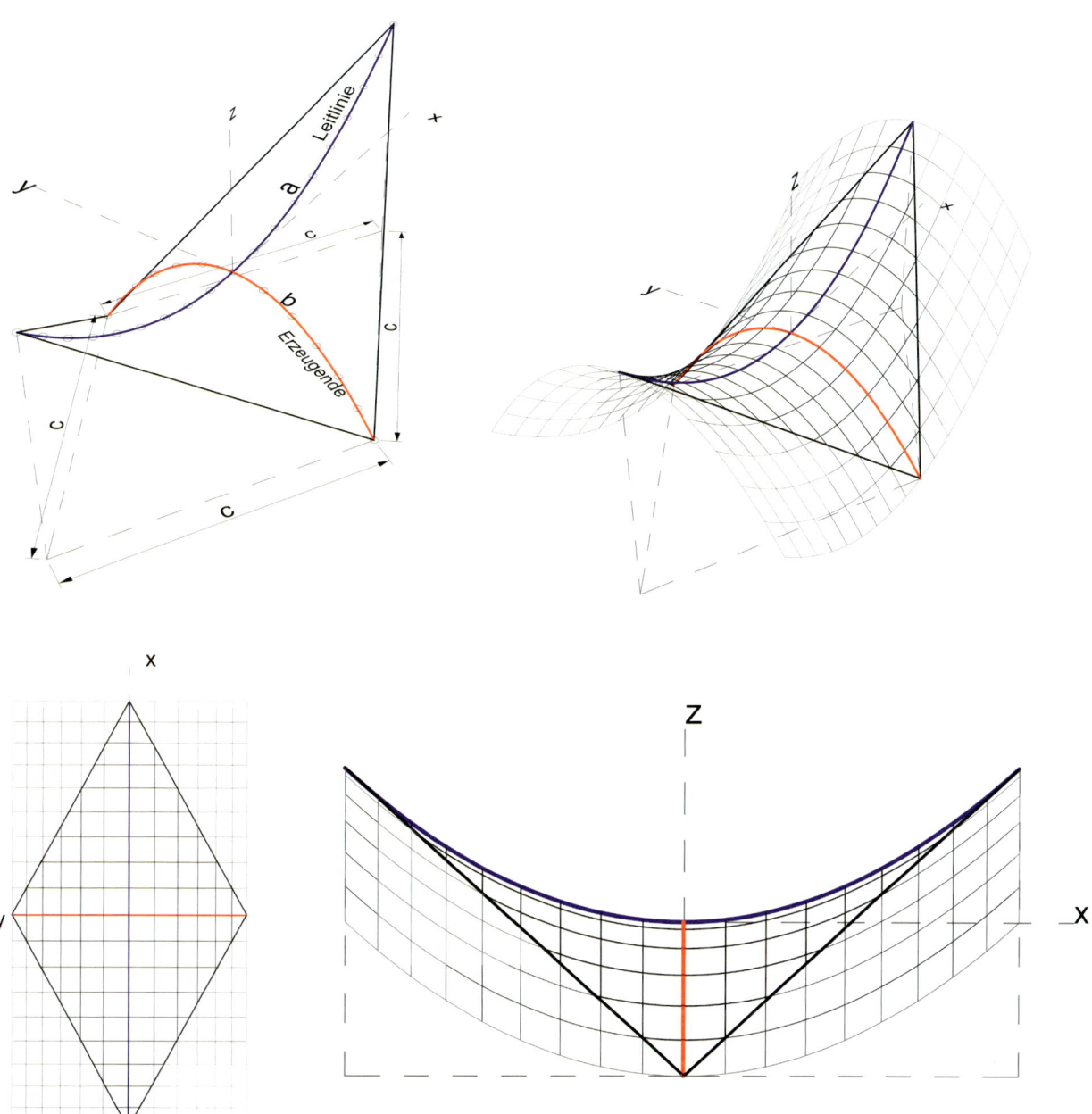

Bild 4.40   Hypar als Translationsfläche mit ebenen Viereckmaschen
Je nach Einteilung der Leitlinie und Erzeugenden haben die Maschen vier gleich lange Seiten oder nur zwei gegenüber liegende gleich lange Seiten

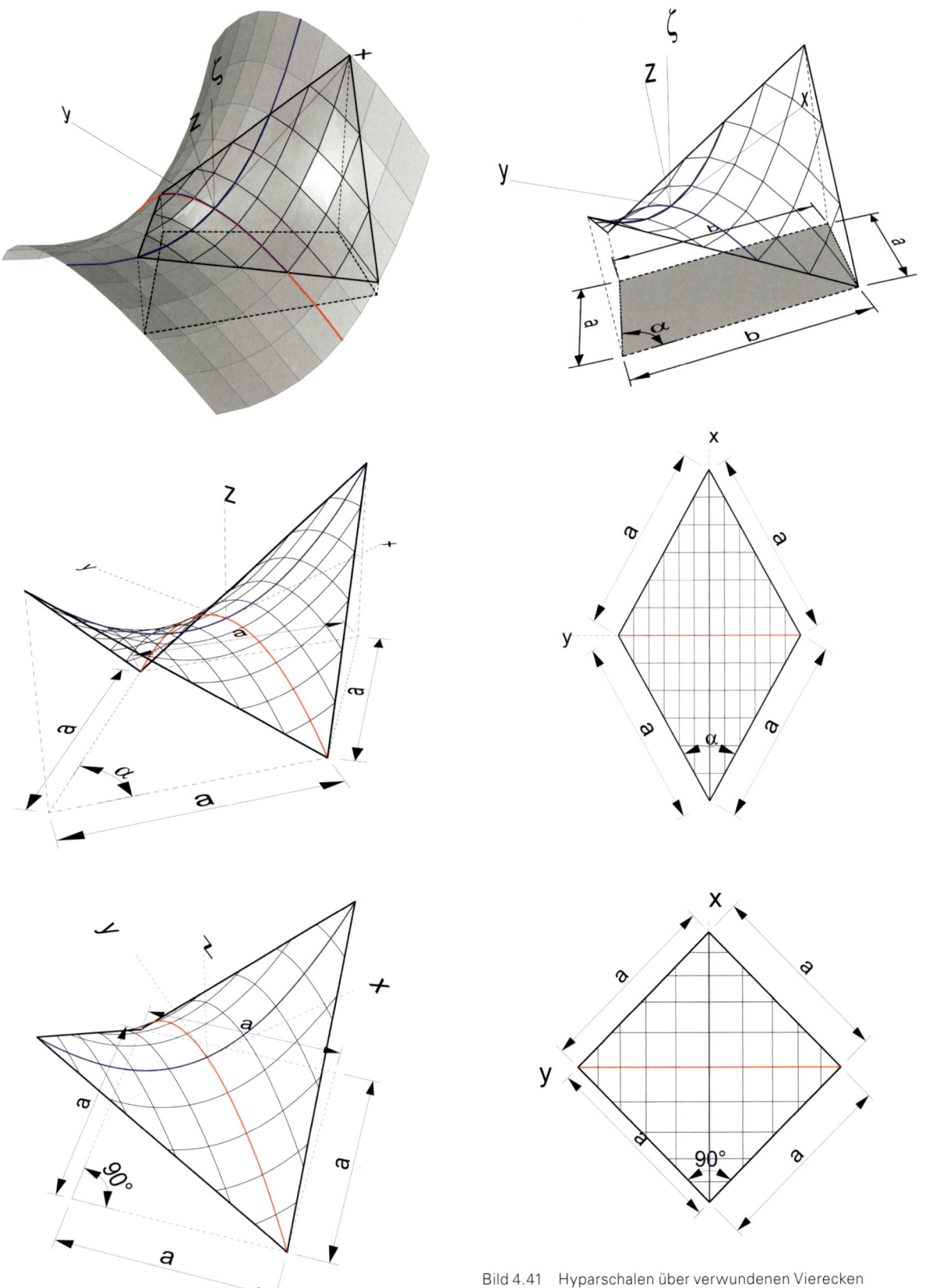

Bild 4.41 Hyparschalen über verwundenen Vierecken
oben: Parallelogramm als Projektionsgrundriss in Hauptrichtung z (allgemeiner Fall)
Mitte: Raute als Projektionsgrundriss in Hauptrichtung z (ungleiche Parabeln)
unten: Quadrat als Projektionsgrundriss in Hauptrichtung z (gleiche Parabeln)

4.5.3 Hypar als Regelfläche mit ebenen Vierecken

In der Praxis wird häufig eine Fläche gesucht, die zwischen vier vorgegebenen geraden Rändern spannt. Nimmt man als geometrische Grundlage das Hypar als Regelfläche, läßt sich diese Fläche auf sehr einfache Weise konstruieren. Denn das Hypar besitzt genau zwei Scharen gerader Erzeugender und die geraden Ränder des verwundenen Vierecks müssen daher die geraden Erzeugenden darstellen. Mit dem Wissen, dass sich die geraden Ränder bei Projektion in Hauptrichtung z als Parallelogramm im Grundriss abbilden und die geraden Erzeugenden im Grundriss als parallele Geraden erscheinen, können die Erzeugenden des Hypar wie folgt ermittelt werden: man unterteilt alle Ränder in gleich viele Teile n und verbindet die entsprechenden Punkte mit der gegenüberliegenden Seite, dann stellen diese Linien die geraden Erzeugenden der Regelfläche dar (Bild 4.43).

Da zwei sich kreuzende Geraden eine Ebene aufspannen, können ebene Viereckmaschen gebildet werden, indem man entsprechende Schnittpunkte der Erzeugenden diagonal verbindet (Bild 4.42). Das entstehende Netz besteht aus ebenen Maschen, deren einander gegenüberliegenden Stäbe gleich lang sind. Innerhalb einer Maschenreihe ist jedoch jede Stablänge in Reihenrichtung unterschiedlich, so dass alle Maschen unterschiedlich sind. Dafür entstehen entlang des Randes keine Zwickel und die Diagonalen gehen von Rand zu Rand gerade durch.

Die oben ermittelten Stabzüge stellen auch die Parabeln der Translationsfläche dar, so dass man auf der gleichen Fläche auch ebene Maschen mit gleich langen Stäben konstruieren kann, indem man eine Parabel als Erzeugende und eine andere als Leitkurve nimmt, diese entsprechend unterteilt verschiebt. Dabei entstehen jedoch Zwickel am Rand und die Diagonalen gehen nicht mehr gerade von Rand zu Rand durch.

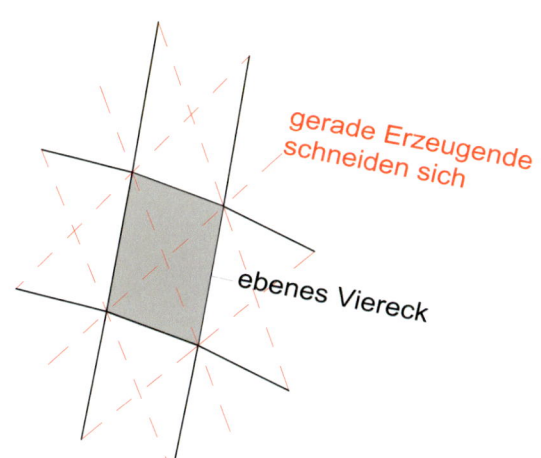
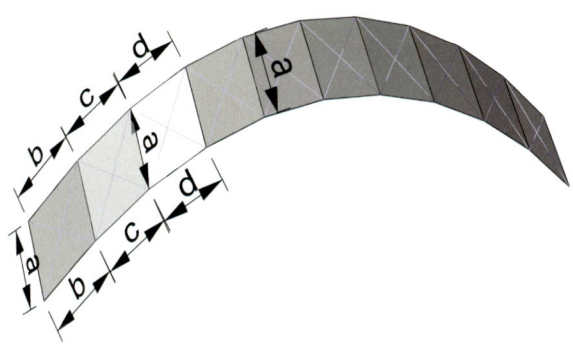

Bild 4.42   Die Konstruktion der ebenen Maschen auf Basis der Regelfläche (gerade Erzeugenden)
links: zwei sich kreuzende Geraden spannen eine Ebene auf
rechts: innerhalb einer Maschenreihe entstehen unterschiedliche Maschenweiten

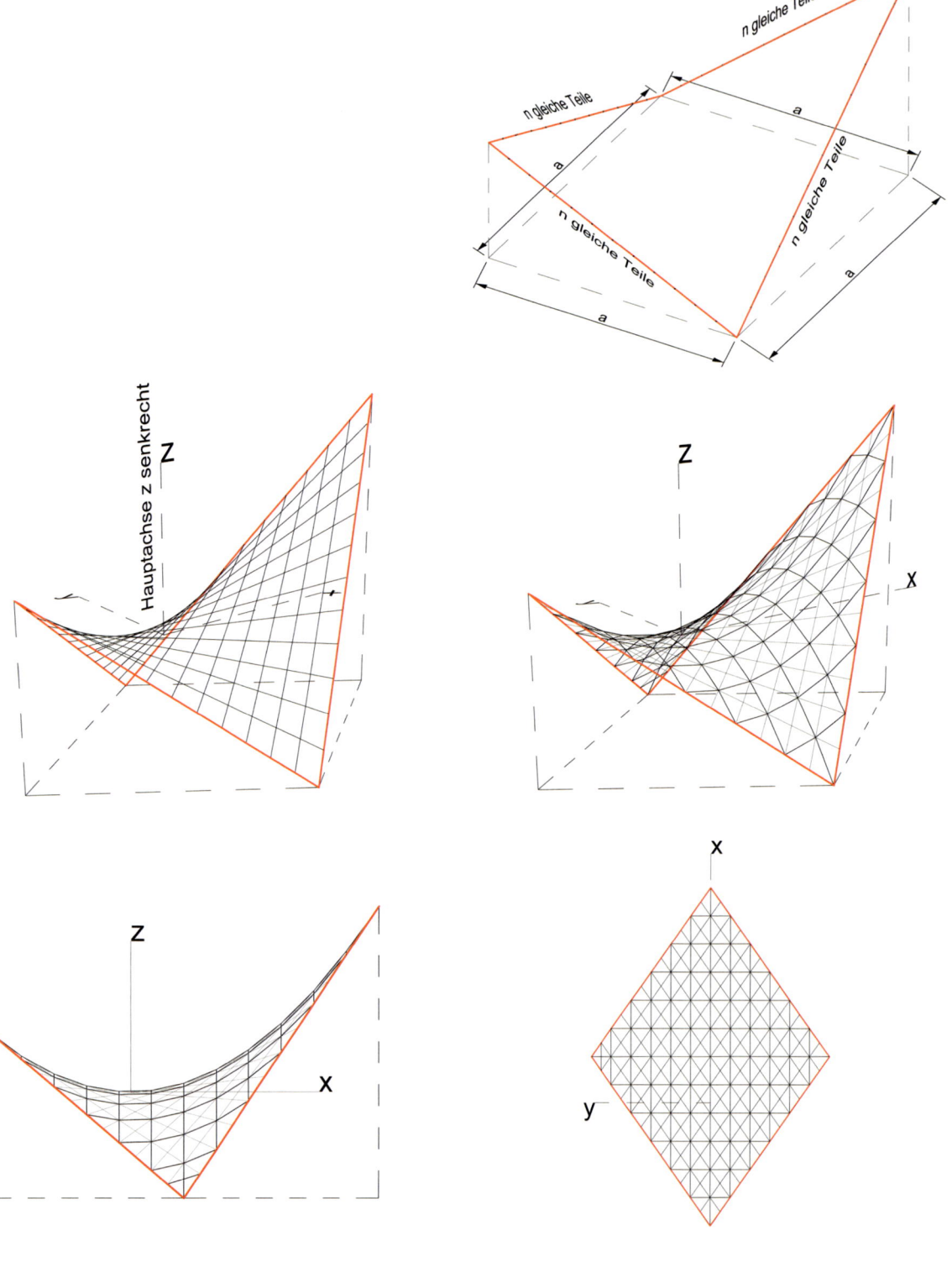

Bild 4.43 Konstruktion des Stabnetzes mit ebenen Maschen auf Basis der Regelfläche
oben: Teilung aller 4 Ränder in jeweils gleiche Abschnitte n
Mitte links: Verbindungslinien stellen die geraden Erzeugenden dar
Mitte rechts: Verbindung der Schnittpunkte der geraden Erzeugenden ergibt ein ebenes Vierecknetz.
unten rechts: in Blickrichtung der Hauptachse z erscheint der Grundriss als Raute

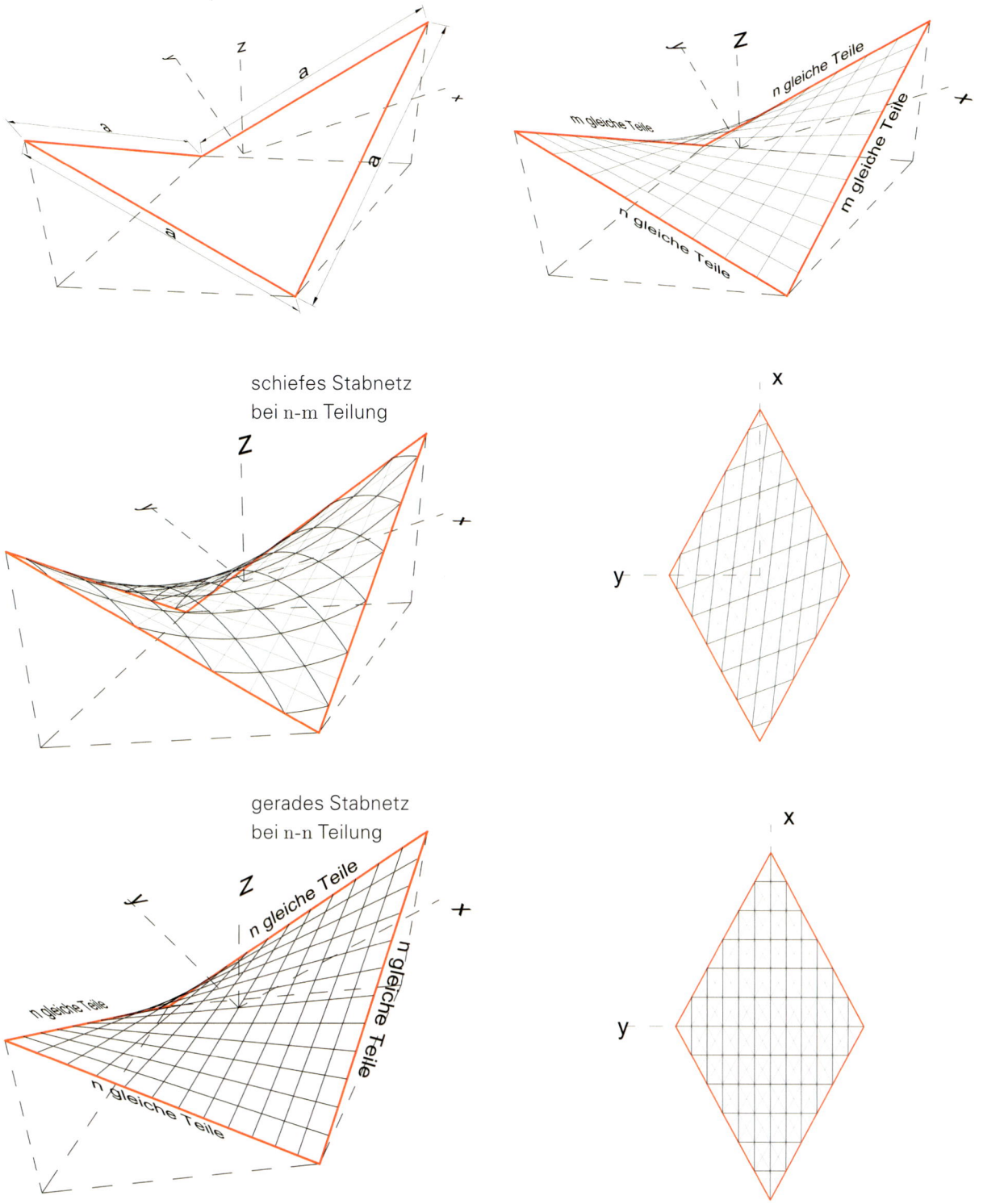

Bild 4.44 Konstruktion des Stabnetzes mit ebenen Maschen auf Basis der Regelfläche
oben: Teilung der gegenüberliegenden Ränder in n bzw. m Abschnitte.
Konstruktion des Stabnetzes wie im Bild 4.41
Mitte: es entsteht ein „schiefes" Stabnetz mit ebenen Maschen
unten: Teilung aller Ränder in n gleiche Abschnitte.
Es entsteht ein „gerades" Stabnetz mit ebenen Maschen.

Teilt man zwei gegenüberliegende Ränder in n gleiche Teile und die anderen gegenüberliegende Ränder in m gleiche Teile und verbindet die entsprechenden Punkte mit geraden Linien, liegen alle Verbindungslinien in der Hyparfläche und stellen die geraden Erzeugenden der Regelfläche dar (Bild 4.44).

Fasst man die sich kreuzenden Geraden wie zuvor als die Diagonalen eines ebenen Vierecks auf, ergibt sich das im Bild 4.44 dargestellte schiefwinklige Netz. In Blickrichtung der Hauptachse z ist das Stabnetz parallel, steht aber nicht mehr senkrecht aufeinander.

Das schiefwinklige Netz hat dieselben Eigenschaften wie das rechtwinklige: Die Stablängen sind unterschiedlich, die Diagonalen laufen von Rand zu Rand gerade durch und es entstehen keine Zwickel am Rand. Das so konstruierte Stabnetz besteht aus parabelförmigen Stabzüge und entspricht daher einer schiefwinkligen Translation wie im Abschnitt 4.6 beschrieben. Es ist daher möglich, das Netz in ein gleichmaschiges zu überführen, indem man eine Parabel als Erzeugende und eine andere als Leitkurve nimmt und diese entsprechend unterteilt und verschiebt.

Erkenntnis:
Die geraden Erzeugenden eines Hypar mit vier geraden Rändern ergeben sich, indem man die gegenüberliegenden Seiten in gleich viele Teile n bzw. m teilt und die entsprechenden Teilungspunkte gerade miteinander verbindet. Verbindet man die Schnittpunkte der geraden Erzeugenden diagonal, entsteht ein Vierecknetz mit ebenen Maschen (Bild 4.42).
Bei Teilung aller vier Ränder in gleich viele Teile n erhält man ein „gerades" Stabnetz mit im Hauptgrundriss (Blickrichtung global z) als rechteckig bzw. quadratisch erscheinenden Maschen.
Bei Teilung der gegenüberliegenden Ränder in n bzw. m Teile erhält man ein „schiefes" Stabnetz mit parallelogrammförmig bzw. rautenförmig erscheinenden Maschen.

Ein- und dieselbe Hyparfläche kann also mit ebenen Vierecken unterschiedlichster Gestalt belegt werden (Bild 4.45).

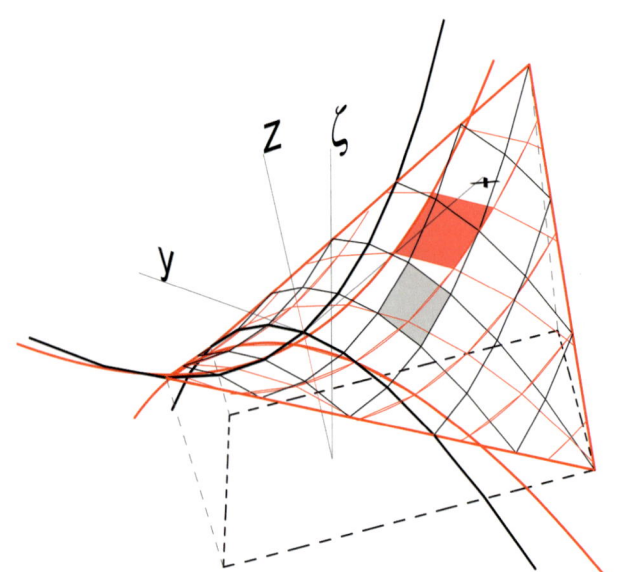
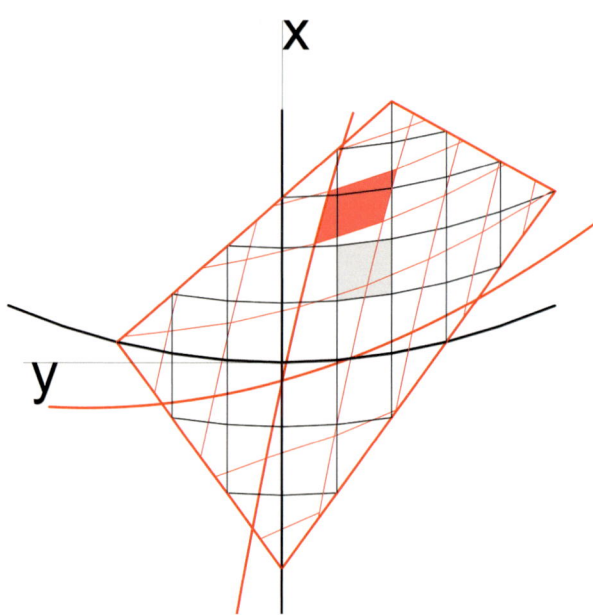

Bild 4.45 Jedes Hypar kann mit ebenen Viereckmaschen unterschiedlicher Gestalt belegt werden.
schwarz: Maschen in Hauptrichtung orientiert („gerades" Stabnetz)
rot: Maschen schief orientiert („schiefes" Stabnetz)

4.5.4 Gleichung des Hypars bei gegebenen vier geraden Rändern

Beim Entwurf von Hypar-Flächen besteht häufig das Problem, aus den vorgegebenen vier geraden Rändern auf die Normalform des Hypars im Hauptsystem x, y, z zu schließen.

Die vier Eckpunkte des Hypar-Randes seien im lokalen ξ-System bekannt. Der Rand sei zur x-z-Ebene symmetrisch. Im lokalen System ist der Grundriss ein Drachen (Bild 4.46 grau).

Im Hauptsystem wird das Hypar $\frac{x^2}{a^2} - \frac{y^2}{b^2} = z$ (Normalform) im Grundriss zur Raute (blau), wenn man in Richtung der Hauptachse z blickt (Bild 4.46). Die Seiten der Raute geben die Richtung der geraden Erzeugenden im Grundriss an, welche alle parallel sind. Eine Raute hat vier gleich lange Seiten und die Diagonalen halbieren sich und stehen senkrecht aufeinander.

Mit diesem Wissen kann a und b für das Hypar einfach ingenieurmäßig bestimmt werden.

Der Ursprung und die Richtung des Hauptsystems x, y, z ist zunächst unbekannt.

Ermittlung des Koordinaten-Drehwinkels ε vom lokalen ins Hauptsystem:
Die Projektion von $\overline{0P1} = L_1$ und $\overline{0P3} = L_3$ in z-Richtung ist gleich lang (Raute).
$L_1 \cdot \cos\delta = L_3 \cdot \cos\gamma$, mit $\varphi = \alpha - \beta$ folgt
$$\tan\gamma = \frac{L_3 - L_1 \cdot \cos\varphi}{L_1 \cdot \cos\varphi}$$

Daraus folgt

$$\gamma = \tan^{-1}\left(\frac{L_3 - L_1 \cdot \cos\varphi}{L_1 \cdot \sin\varphi}\right), \quad \varphi = \alpha - \beta \qquad (24)$$
$$\varepsilon = \gamma + \beta$$

ε Drehwinkel vom lokalen System ξ ins Hauptsystem x.
z' Hauptachsenrichtung durch O' (Rautenmittelpunkt),
z Hauptachsenrichtung durch Scheitel

Alternativ kann der Richtungsvektor $\vec{z}$ auch über das Vektorprodukt der vier Ränder ermittelt werden.
Mit Kenntnis von ε können die Koordinaten der Eckpunkte Pi (x'_i, y'_i, z'_i) im z'-System einfach durch eine Drehung des Koordinatensystems um die y-Achse bestimmt werden.

$x' = \xi \cdot \cos\varepsilon - \zeta \cdot \sin\varepsilon$
$y' = \psi$
$z' = \xi \cdot \sin\varepsilon + \zeta \cdot \cos\varepsilon$

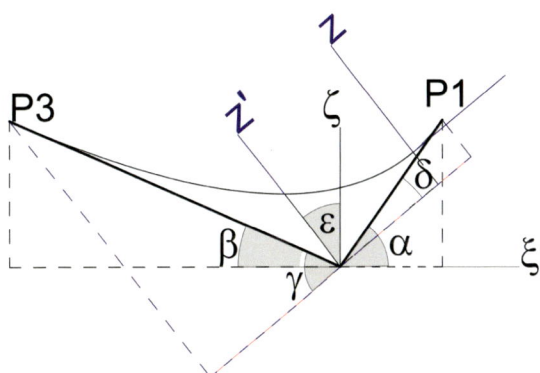

Bild 4.46 Drehung des Koordinatensystems vom lokalen System ζ ins Hauptsystem z' (z)
Drehwinkel ε. Im Hauptsystem ist der Grundriss (Blickrichtung z) eine Raute, wenn das windschiefe Viereck symmetrisch zur x-Achse ist.

Ermittlung des Koordinaten-Ursprungs für $x_0 \leq x'_1$ (Bild 4.47).

Koordinatensystem z': Ursprung O' (0,0,0), 4 Eckpunkte Pi (x'_i, y'_i, z'_i), bekannt
Randpunkt P5 (x'_5, y'_5, z'_5) als Schnittpunkt der Parabel $z = \dfrac{-y^2}{a^2}$ mit dem Rand $\overline{P1P4}$.
Für $x'_5 = x_0$ erhält man

$$x'_5 = x_0, \quad y'_5 = \dfrac{y'_4}{x'_1} \cdot (x'_1 - x_0), \quad z'_5 = z'_1 \cdot \dfrac{x_0}{x'_1} \quad (25)$$

Koordinatensystem z: Ursprung O $(x_0, y_0 = 0, z_0)$ unbekannt
Eckpunkte Pi im Hauptachsensystem z
mit Ursprung O: Pi $(x'_i - x_0, y'_i, z'_i - z_0)$
(Parallelverschiebung Koordinatensystem)

Hypar im Hauptachsensystem $\dfrac{x^2}{a^2} - \dfrac{y^2}{b^2} = z$
$z = \dfrac{x^2}{a^2}$ Parabel in x-Richtung (Leitlinie)
$z = \dfrac{y^2}{b^2}$ Parabel in y-Richtung (Erzeugende)
Steigung des Randes (gerade Erzeugende) im Grundriss: $m = \pm \dfrac{b}{a} = \dfrac{y'_2}{x'_3}$

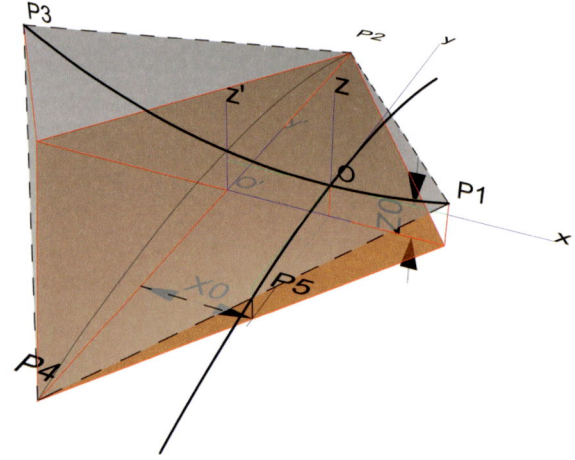

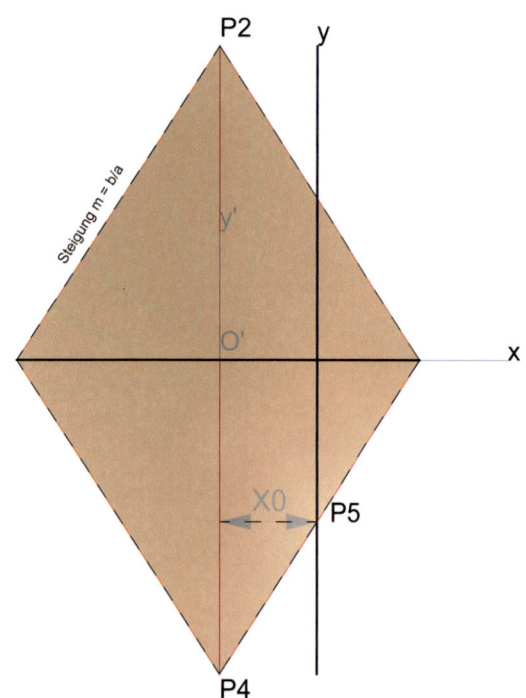

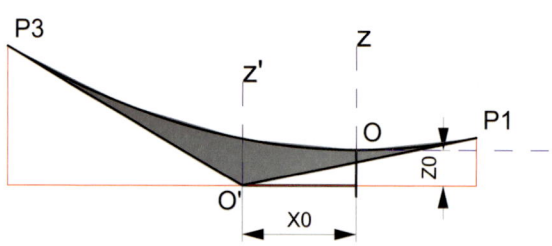

Bild 4.47 Lage des Hauptsystems z mit Ursprung O (x_0, y_0, z_0) bei gegebenen Eck- und Randpunkten P1 bis P5

Durch Einsetzen der Punkte P1 und P3 in die Parabel $z = \dfrac{x^2}{a^2}$ und des Punktes P5 in die Parabel $z = \dfrac{y^2}{a^2}$ folgt mit $m = \dfrac{b}{a} = \pm \dfrac{y'_2}{x'_3}$ nach einiger Umformung:

$$a = \pm \sqrt{\dfrac{-q - \sqrt{q^2 - 4p \cdot r}}{2p}}, \quad (26)$$

$$a = \pm \sqrt{\dfrac{-q + \sqrt{q^2 - 4p \cdot r}}{2p}}$$

mit $p = \left(\dfrac{z'_3 - z'_1}{4x'_1}\right)^2$, $q = \dfrac{z'_1 - z'_3}{2} + z'_5 - z'_1$,

$r = (x'_1)^2 + \left(\dfrac{y'_5}{m}\right)^2$, $m = \pm \dfrac{y'_2}{x'_3}$

und $x_0 = a^2 \cdot \dfrac{z'_3 - z'_1}{4x'_1}$ (27)

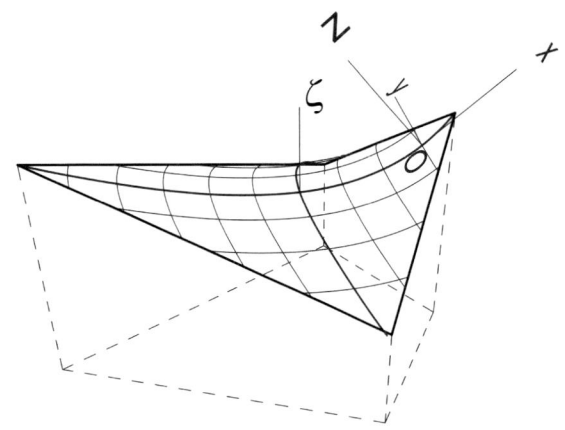

Bild 4.48 Parabeln als Erzeugende und Leitlinie des Hypar, ermittelt aus den Rändern eines windschiefen Vierecks.

Iterative Ermittlung von x_0:
Für x'_5 wird zunächst ein Schätzwert angenommen und damit P5 (x'_5, y'_5, z'_5) aus Gl. (27) ermittelt. Aus Gl. (27) ergibt sich unter Verwendung von Gl. (26) ein Wert für $x_0 \neq x'_5$, der als neuer Eingangswert für Gl. (25) und (26) dient. Es wird so lange iteriert, bis $x_0 \cong x'_5$ ist. Diese Iteration kann mit dem Excel Solver einfach durchgeführt werden.
Der Ursprung des Koordinatensystems O ergibt sich dann zu

$$x_0, y_0 = 0, z_0 = z'_5 + \left(\dfrac{y'_5}{b}\right)^2 \quad (28)$$

Mit a aus Gl. (26) und mit $b = \dfrac{m}{a}$ folgt die Normalform des Hypar im Hauptsystem (Bild 4.48) zu

$z = \dfrac{x^2}{a^2} - \dfrac{y^2}{b^2}$ Normalform Hypar

$y = 0: z = \dfrac{x^2}{a^2}$ Parabel in x-Richtung (Leitlinie)

$x = 0: z = \dfrac{-y^2}{a^2}$ Parabel in y-Richtung (Erzeugende)

Im allgemeinen Fall (keine Symmetrie zur x-Achse) ist es vorteilhaft, nicht ingenieurmäßig sondern mathematisch mit Hilfe der Vektorrechnung vorzugehen. Den Richtungsvektor des Hauptsystems $\vec{z}$ erhält man aus dem Vektorprodukt

$(\vec{e_1} \times \vec{e_3}) \times (\vec{e_2} \times \vec{e_4})$, wobei die vier Seiten e_1, e_2, e_3, e_4 des Vierecks die Richtung $\vec{e_1}, \vec{e_2}, \vec{e_3}$ und $\vec{e_4}$ haben [15]. Die Lage des Hauptsystems ergibt sich durch entsprechende Koordinatentransformation, auf die hier nicht näher eingegangen wird.

4.5.5 Ausschnitte aus Hypar-Flächen entlang der Erzeugenden

Ein zur x-z Ebene symmetrisches windschiefes Viereck spannt ein Hypar $\frac{x^2}{a^2} - \frac{y^2}{b^2} = z$ auf, dessen Projektion in lokaler Richtung ζ einen Drachen, und in Hauptrichtung z eine Raute darstellt (Bild 4.49).
In Blickrichtung z bilden sich die Erzeugenden als Parallelen ab. Für $a = b$ wird die Raute zum Quadrat.

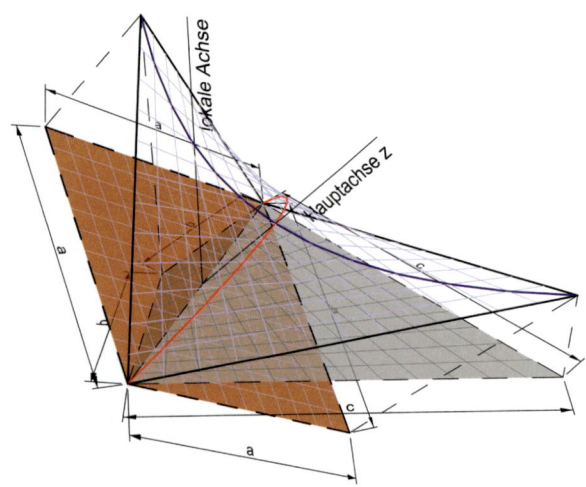

Blickrichtung ζ
lokale Richtung

Blickrichtung z
Hauptrichtung

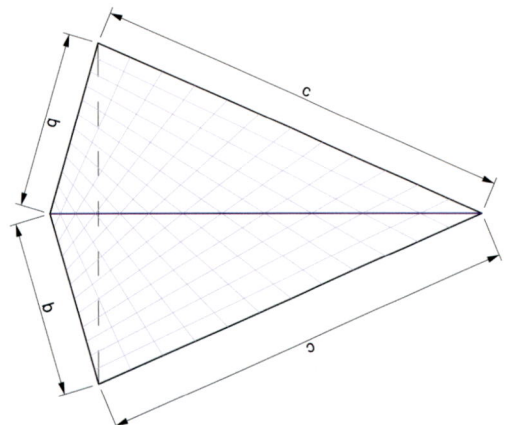

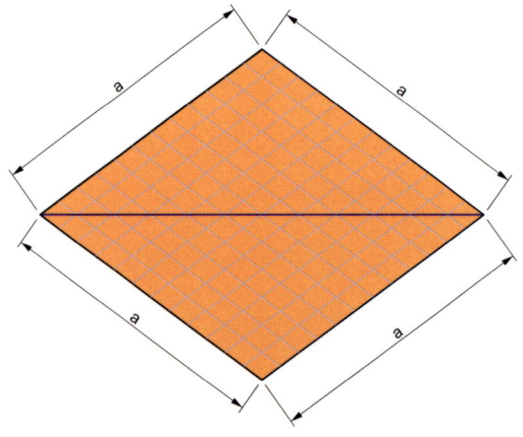

Bild 4.49   Hyparfläche über windschiefem Viereck, symmetrisch zur x-z Ebene.

Ein beliebiges windschiefes Viereck spannt ein Hypar $\frac{x^2}{a^2} - \frac{y^2}{b^2} = z$ auf, dessen Projektion in lokaler Richtung ζ (links unten) ein Viereck, und in Hauptrichtung z (rechts unten) ein Parallelogramm darstellt. In Blickrichtung z bilden sich die Erzeugenden als Parallelen ab. Für a = b wird das Parallelogramm zum Rechteck (Bild 4.50).

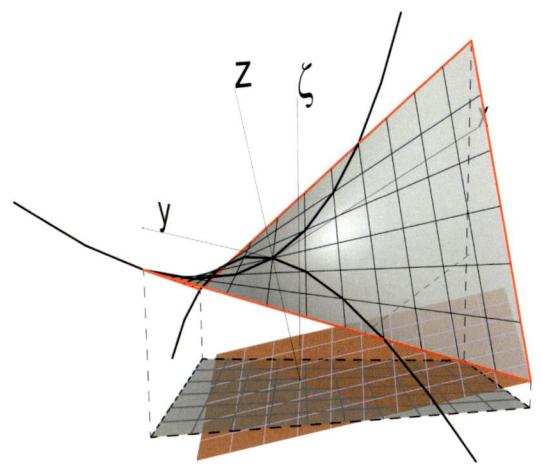

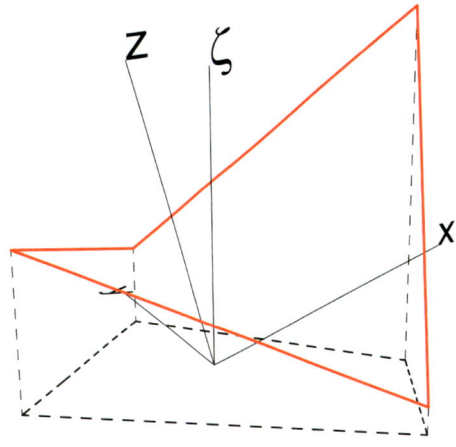

Blickrichtung ζ
lokale Richtung

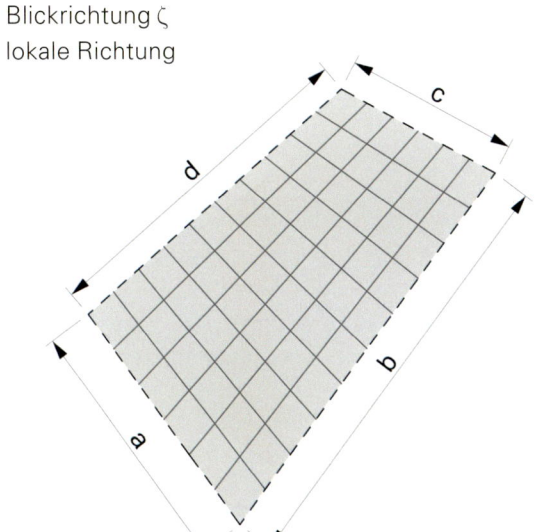

Blickrichtung z
Hauptrichtung

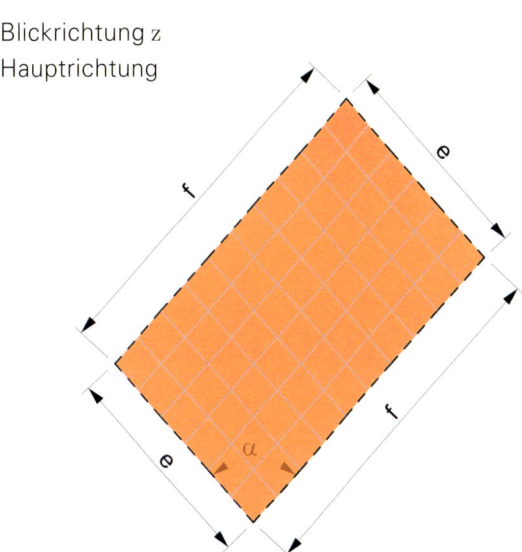

Bild 4.50   Hyparfläche über beliebigem windschiefem Viereck.

Im Bild 4.51 wird für ein Hypar $\frac{x^2}{a^2} - \frac{y^2}{b^2} = z$ mit $a=b$ (identische Parabeln als Erzeugende und Leitlinie) demonstriert, dass die Flächen über beliebigen windschiefen Vierecken, deren vier Eckpunkte auf Parallelebene zur z-x bzw. z-y Ebene liegen, nach den Konstruktionsregeln der Abschnitte 4.5.2 und 4.5.3 stets Ausschnitte aus einem Hypar darstellen. In lokaler Blickrichtung ζ bildet sich ein Drachen und in Hauptrichtung z ein Quadrat ab, wobei sich die geraden Erzeugenden als Parallelen abbilden.

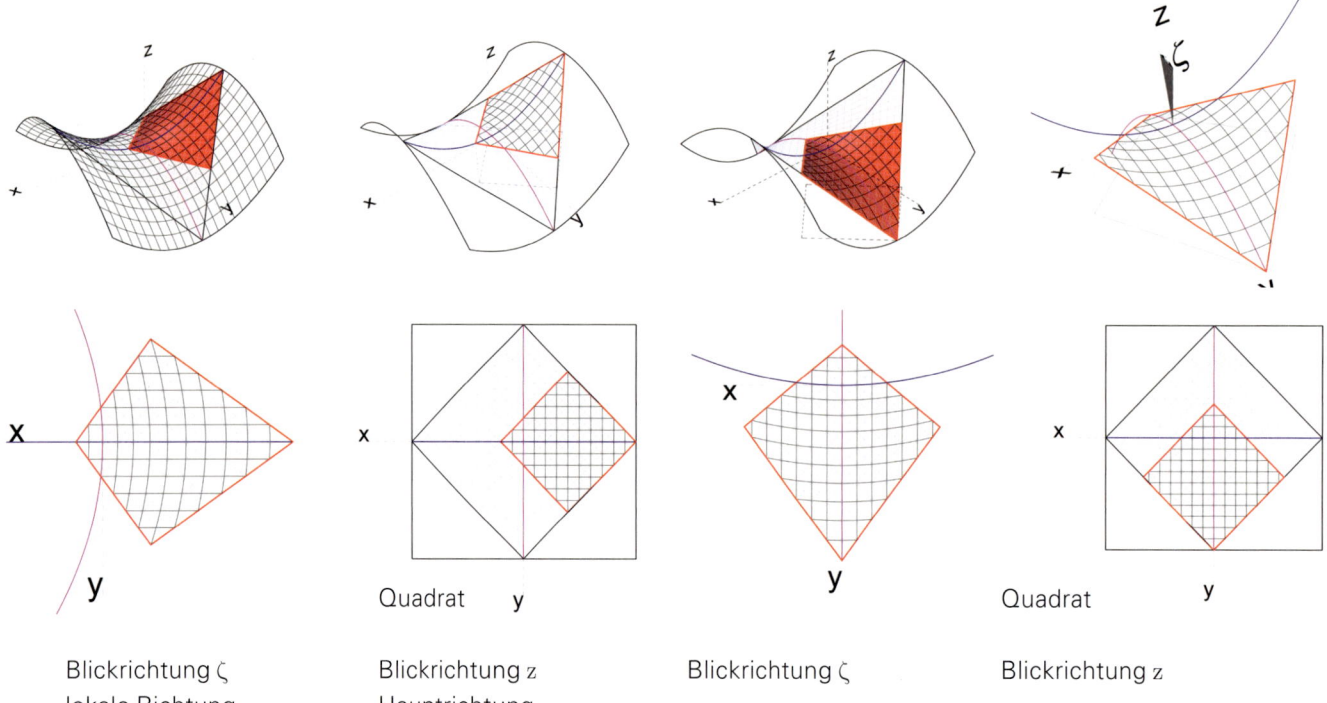

Blickrichtung ζ
lokale Richtung

Blickrichtung z
Hauptrichtung

Blickrichtung ζ

Blickrichtung z

Bild 4.51 Die Hyparflächen über windschiefen Vierecken, deren vier Eckpunkte auf Parallelebene zur z-x bzw. z-y Ebene liegen, sind Ausschnitte aus dem regulären Hypar

Bei einem Hypar $\frac{x^2}{a^2} - \frac{y^2}{b^2} = z$ mit a≠b (unterschiedliche Parabeln als Erzeugende und Leitlinie) bilden sich beliebige windschiefe Vierecke, deren vier Eckpunkte auf Parallelebenen zur z-x bzw. z-y Ebene liegen, bei Blickrichtung in lokaler Richtung ζ als Drachen und in Hauptrichtung z als Raute ab, bei der die geraden Erzeugenden als Parallelen erscheinen (Bild 4.52).

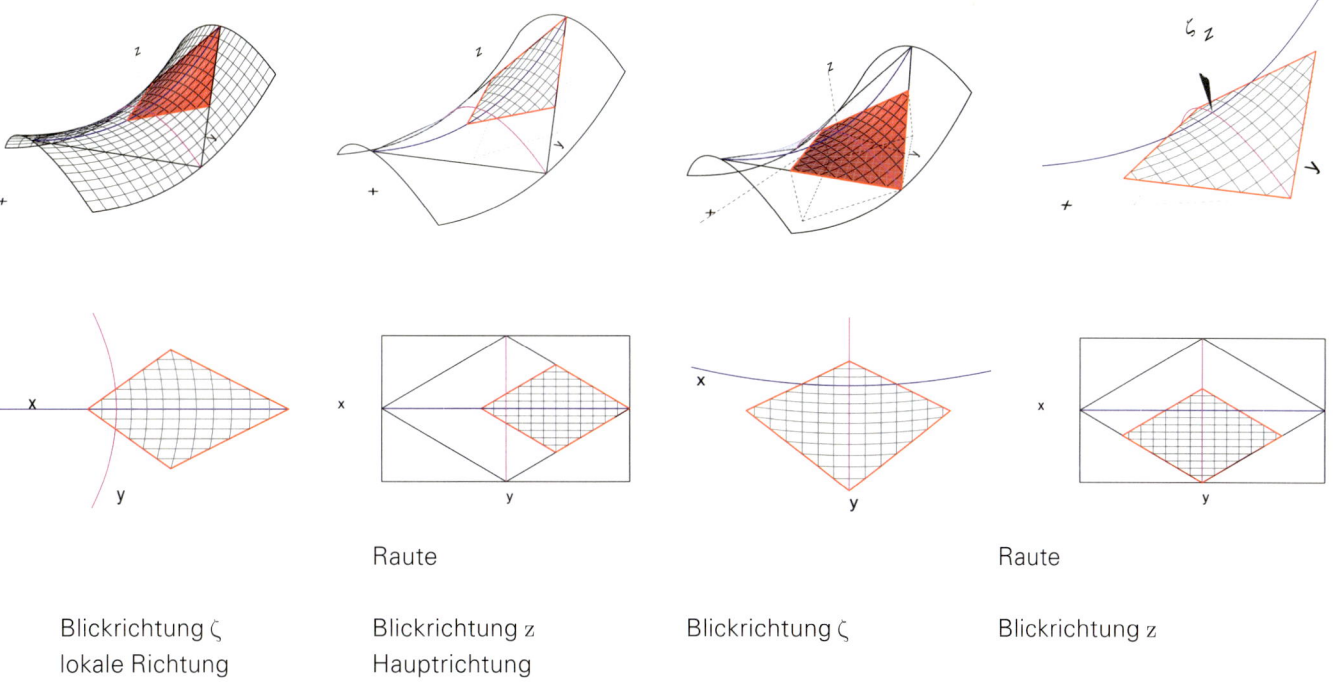

Raute

Raute

Blickrichtung ζ
lokale Richtung

Blickrichtung z
Hauptrichtung

Blickrichtung ζ

Blickrichtung z

Bild 4.52   Die Hyparflächen über windschiefen Vierecken, deren vier Eckpunkte auf Parallelebene zur z-x bzw. z-y Ebene liegen, sind Ausschnitte aus dem regulären Hypar $\frac{x^2}{a^2} - \frac{y^2}{b^2} = z$

Im Bild 4.53 wird demonstriert, dass die Flächen über beliebigen windschiefen Vierecken, konstruiert nach den Regeln der Abschnitte 4.5.2 und 4.5.3 stets Ausschnitte aus einem Hypar darstellen. In lokaler Blickrichtung ζ bildet sich im allgemeinen Fall ein Viereck und in Hauptrichtung z ein Rechteck bzw. Parallelogramm ab, bei dem die geraden Erzeugenden als Parallelen erscheinen.

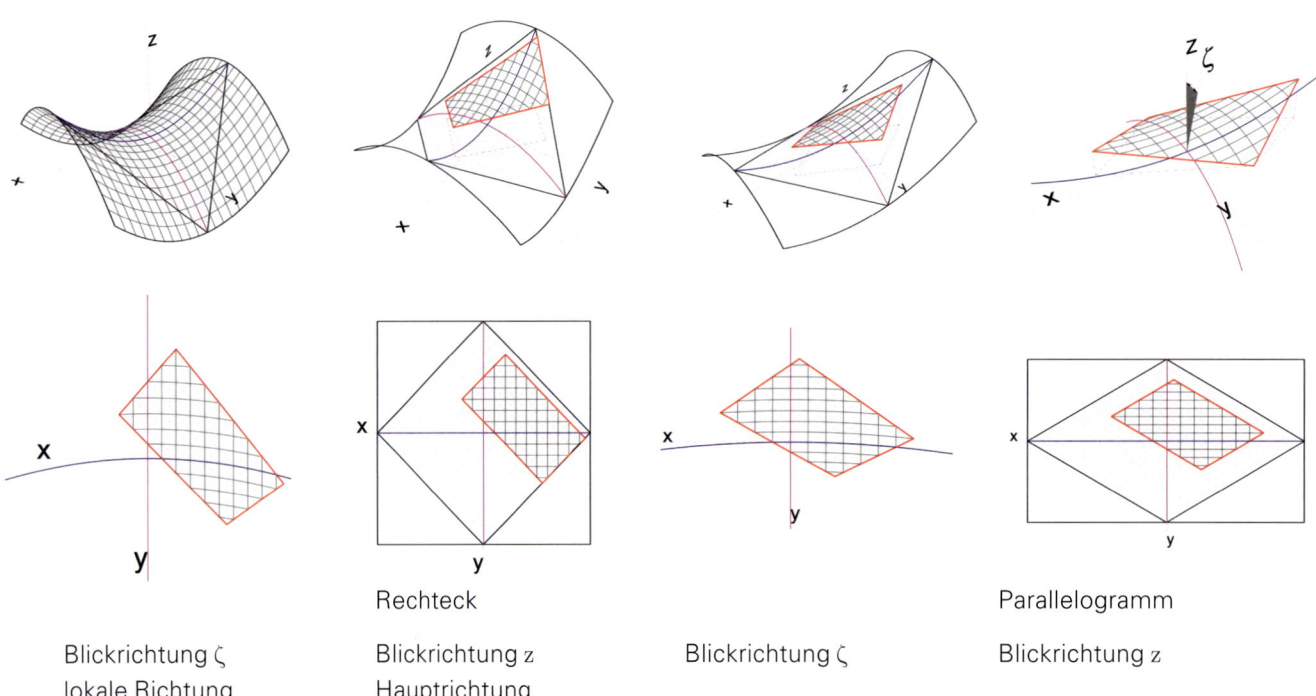

Blickrichtung ζ
lokale Richtung

Blickrichtung z
Hauptrichtung
Rechteck

Blickrichtung ζ

Blickrichtung z
Parallelogramm

Bild 4.53 Die Hyparflächen über windschiefen Vierecken sind nichts anderes als entsprechende Ausschnitte aus dem regulären Hypar $\frac{x^2}{a^2} - \frac{y^2}{b^2} = z$

Erkenntnis:
Man erkennt, dass alle nach den Regeln der Abschnitte 4.5.1 bis 4.5.3 konstruierten Flächen über beliebigen windschiefen Vierecken auf Ausschnitte entlang der geraden Erzeugenden des regulären Hypars $\frac{x^2}{a^2} - \frac{y^2}{b^2} = z$ zurückzuführen sind (Bild 4.54). Das windschiefe Viereck bildet sich dabei in Hauptrichtung z als Parallelogramm ab, im Sonderfall als Raute (Eckpunkte auf Parallelebene zur z-x bzw. z-y Ebene) oder Quadrat (a=b).

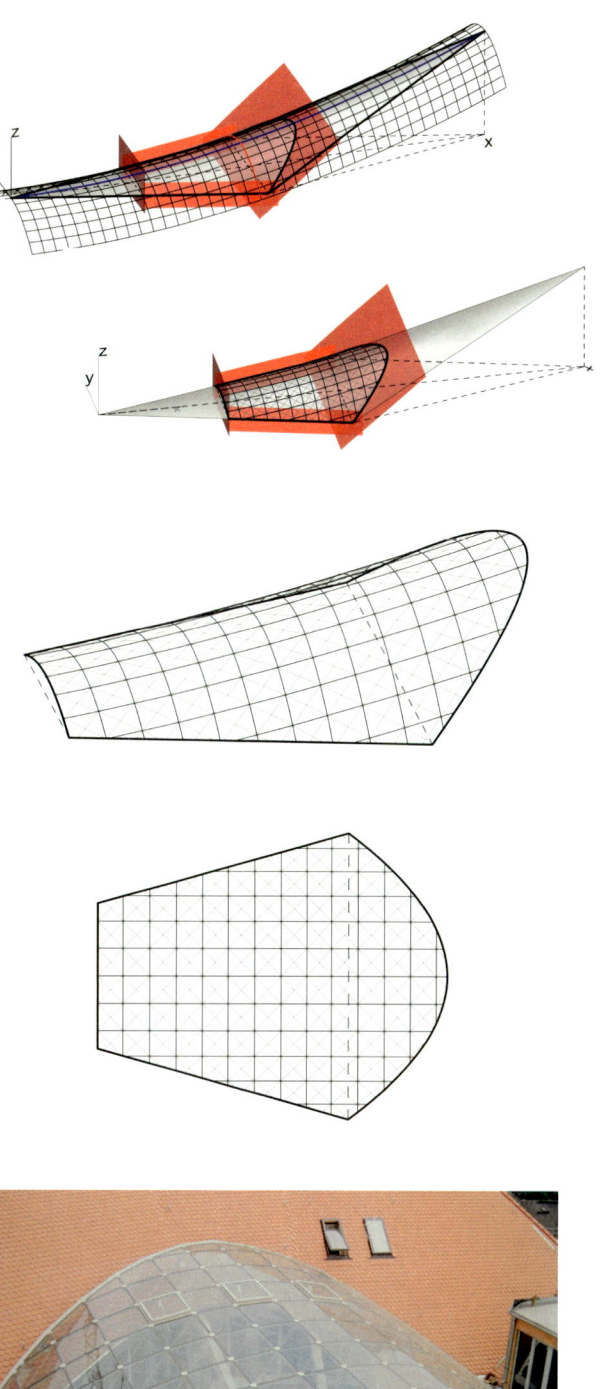

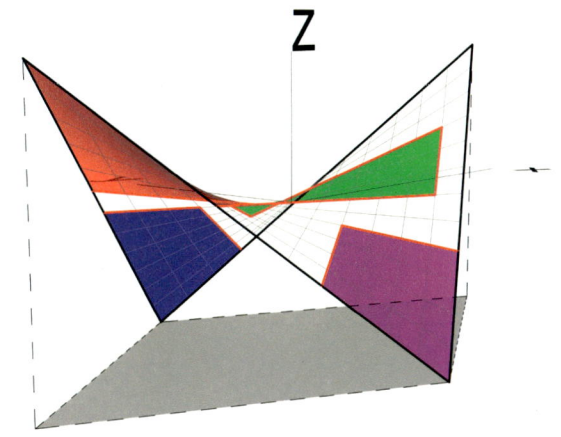

Reguläres Hypar
$z = x^2/a^2 - y^2/b^2$

Blickrichtung z

Hypar mit $a \neq b$ Hypar mit $a = b$

Bild 4.54   Hypar über windschiefen Vierecken als Ausschnitte aus dem regulären Hypar

Bild 4.55   Ausschitt aus Hyparfläche am Beispiel IPL Leipzig (Liste 8.1, Nr.3)

Beliebige Ausschnitte aus Hyparflächen

Die Formenvielfalt von Hyparflächen kann wesentlich erweitert werden, wenn man Ausschnitte nicht nur entlang der erzeugenden Geraden macht, sondern die Schnittführung beliebig wählt. Zur Überdachung der trapezförmigen Innenhöfe in Leipzig wurde beispielsweise das Hypar entlang der geraden Ränder sowie mit einer senkrechten und einer schrägen Ebene beschnitten. Die Abschrägung auf einer Seite war durch ein querstehendes Satteldach verursacht, an das sich das Glasdach anschmiegen sollte (Bild 4.55). Ein weiteres Beispiel zeigt Bild 4.56.

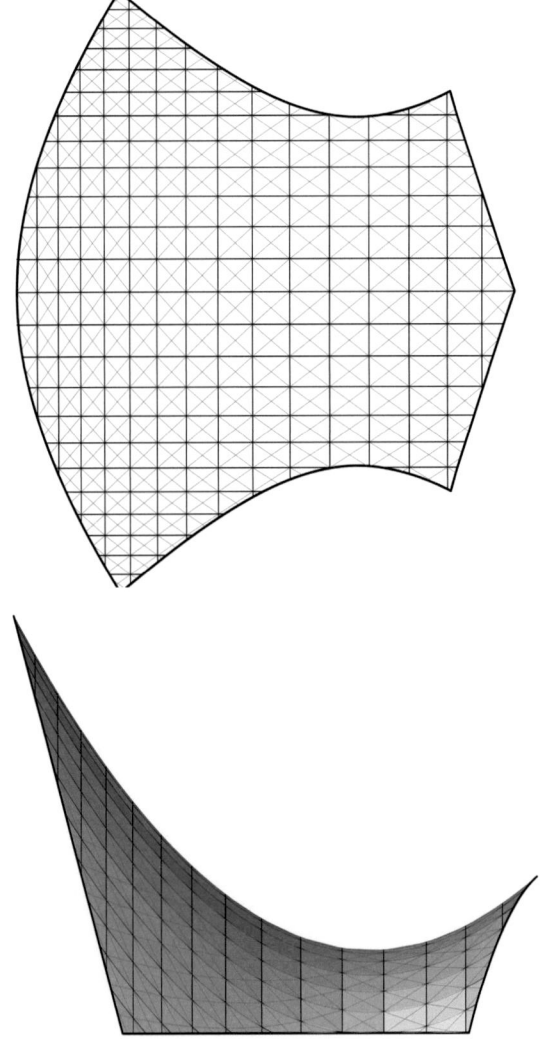

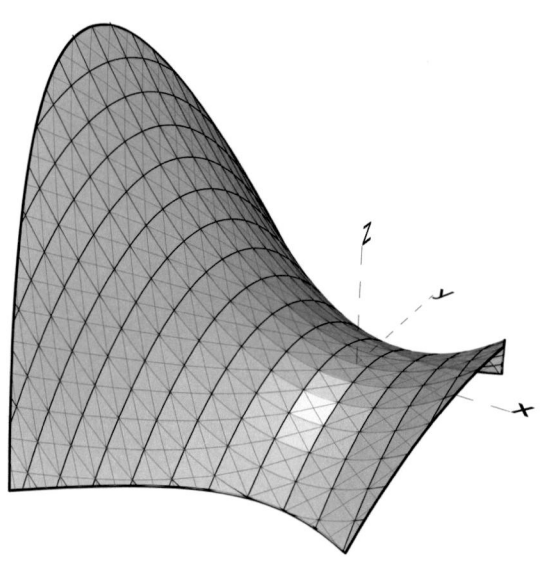

Bild 4.56   Ausschnitt aus einer Sattelfläche, deren freie Ränder als Schnittkurve mit Ebenen ermittelt wurden.
Form in Anlehnung an Kapelle Lomas de Cuernavaca, Mexiko 1958–1959, *Felix Candela*
Die Schale ist als Translationsfläche mit ebenen, gleichseitigen Viereckmaschen konstruiert. Die Diagonalen haben gekrümmten Verlauf und entsprechen daher nicht den geraden Erzeugenden.

4.5.6 Reihung von Hyparflächen

Hyparflächen mit geraden Rändern lassen sich nicht nur einfach auflagern, sondern auch auf vielfältige Weise aneinanderreihen, wodurch eine Vielzahl unterschiedlicher Formen entsteht. Nachfolgend werden einige Beispiele aufgelistet, die sich teilweise an Formen anlehnen, die in den 50er und 60er Jahren von *Felix Candela* (1910–1997) in Mexiko in Beton verwirklicht wurden.

Diagonalseile sind dünn dargestellt, die Profile dick (Bilder 4.57 bis 4.67).
In Bild 4.57 oben wurde das Stabnetz mit Hilfe der geraden Erzeugenden konstruiert. Die ebenen Vierecke haben daher unterschiedliche Maschenweite, es entstehen keine Zwickel am Rand und die Diagonalen (= geraden Erzeugenden) laufen gerade durch.
Im Bild 4.57 Mitte wurde das Stabnetz durch Translation mit Parabeln erzeugt. Unterteilt man beide Parabeln (Erzeugende und Leitlinie) in Segmente gleicher Sehnenlänge, entsteht ein gleichmaschiges Netz aus ebenen Vierecken. Am Rand treten Zwickel auf und die Diagonalen sind nicht mehr gerade.

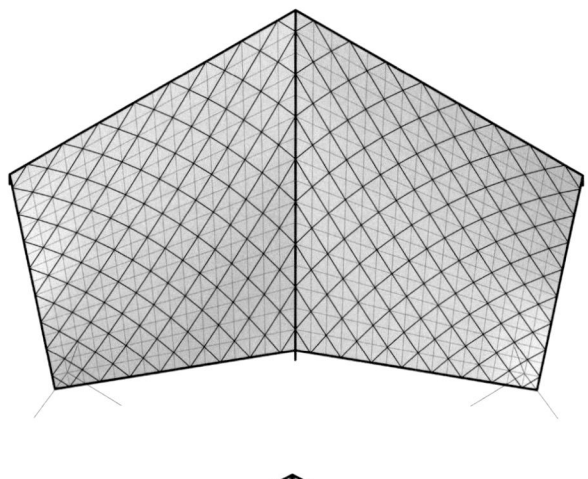

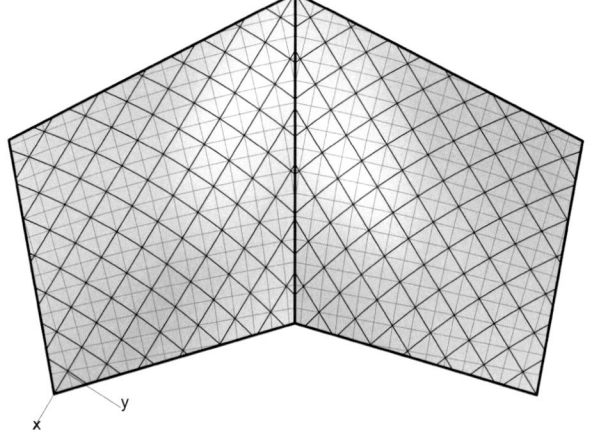

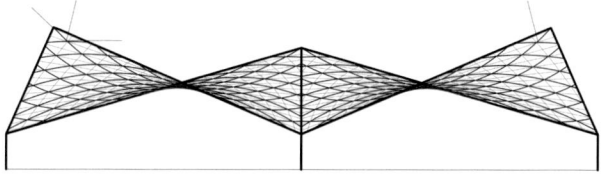

Bild 4.57   Reihung zweier Elemente mit geraden Rändern und drachenförmigem Grundriss
Lagerung in 3 Tiefpunkten

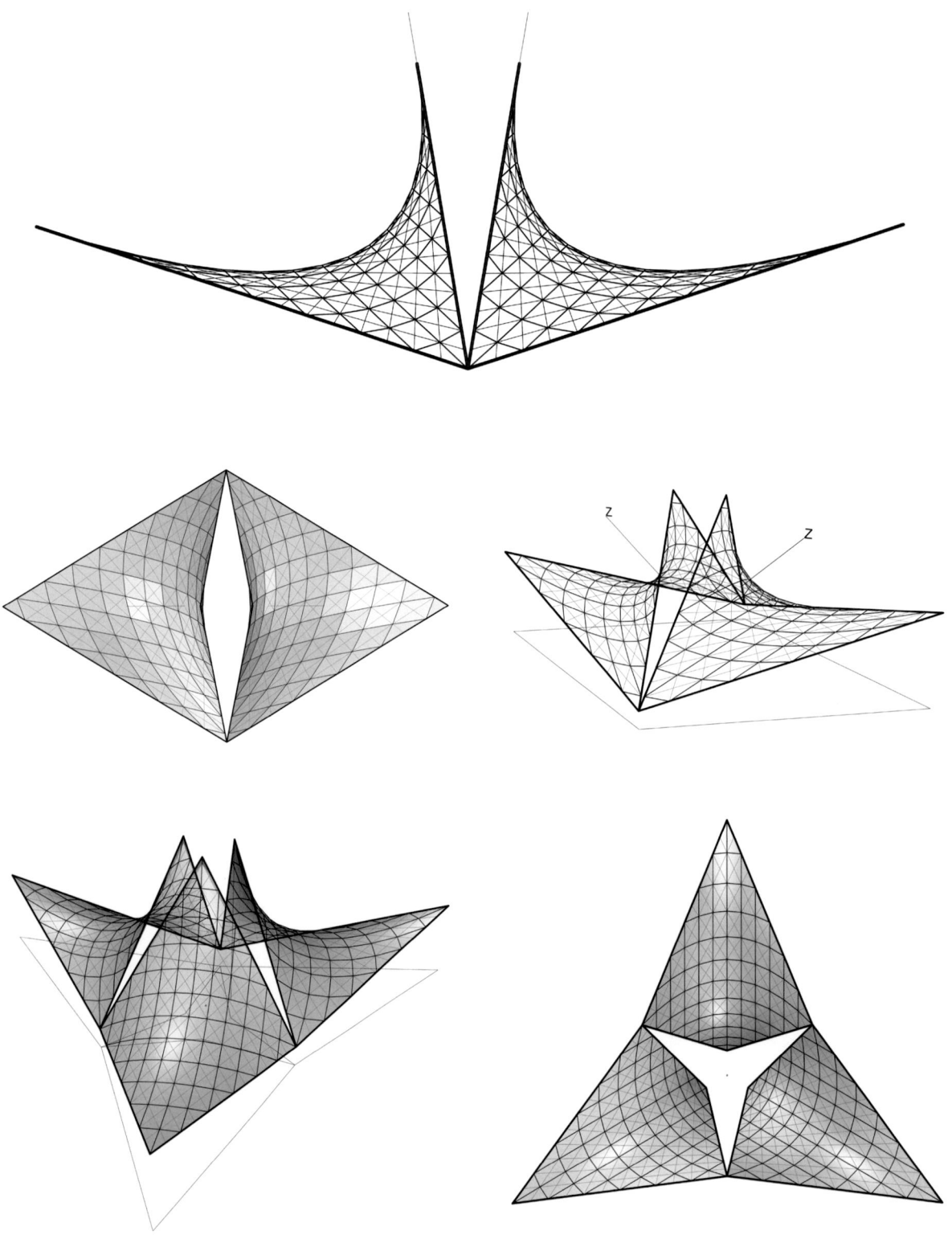

Bild 4.58 Reihung von zwei bzw. drei Hyparelementen mit geraden Rändern.
oben und Mitte: Form in Anlehnung an Kirche San Jose Obrero, Monterrey, Mexiko. 1959/1960, *Felix Candela*
unten: Form in Anlehnung an Kirche San Vicente de Paul, Mexiko, 1959–1960, *Felix Candela*.

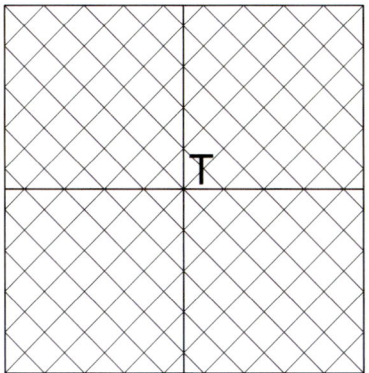
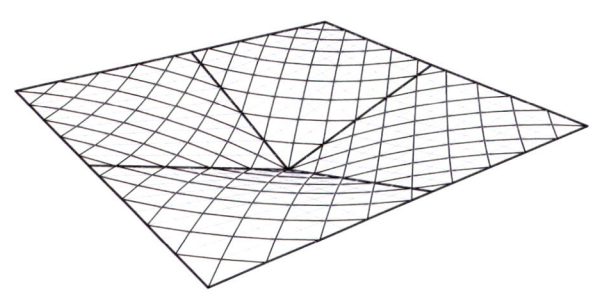

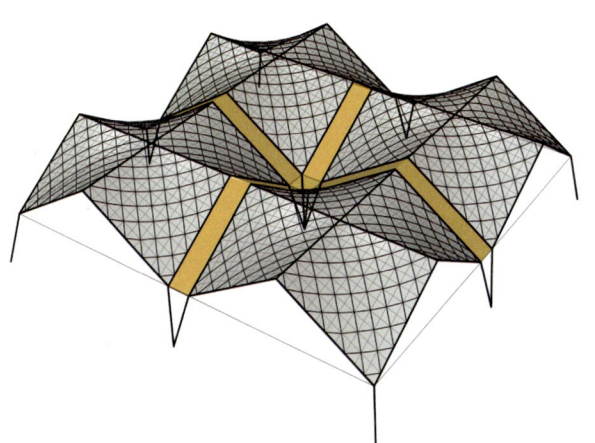

Bild 4.59   Reihung von vier Elementen mit rechteckigem Grundriss.
oben und Mitte: Schirm mit zentrischer Stützung
unten: Form in Anlehnung an das Herdez Lagergebäude, Mexiko, *Felix Candela*
Konstruktion des Netzes mit Hilfe der geraden Erzeugenden.
Stützung in den Tiefpunkten (T)

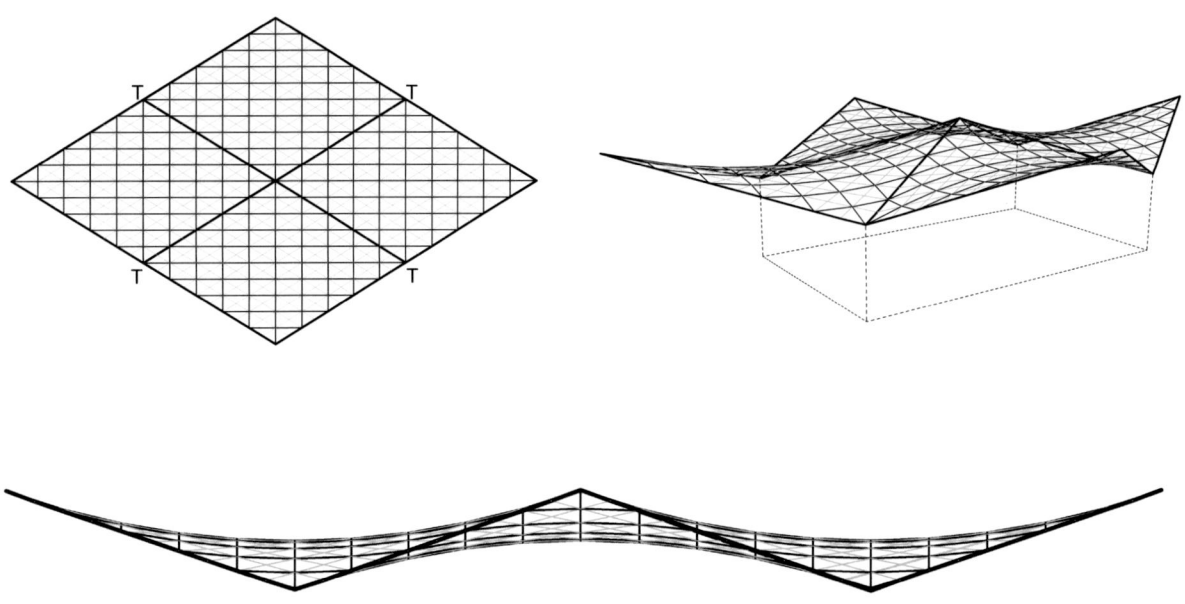

Bild 4.60 Reihung von vier gleichen Elementen mit rautenförmigem Grundriss.
Stützung in vier Tiefpunkten (T).
Konstruktion des Netzes mit Hilfe der geraden Erzeugenden.

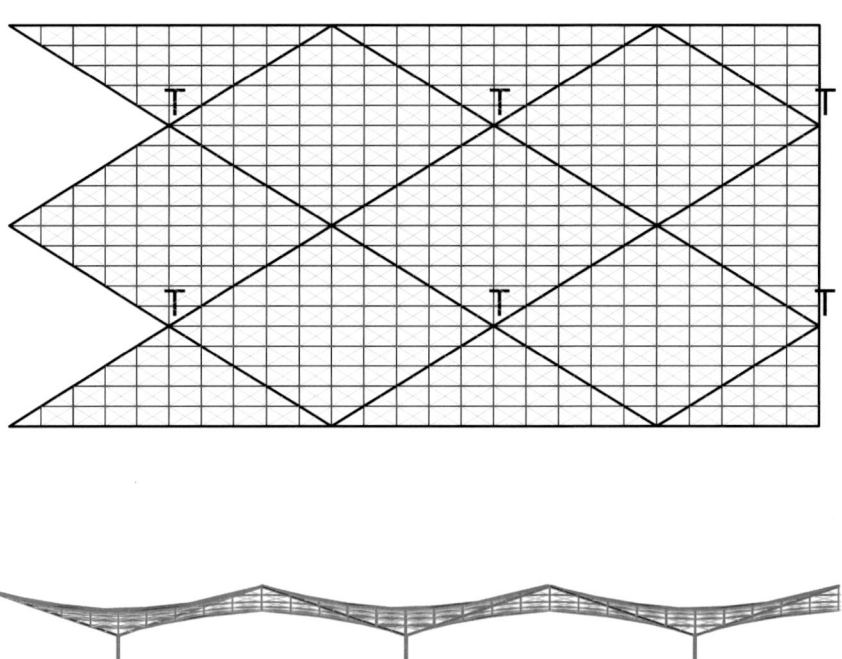

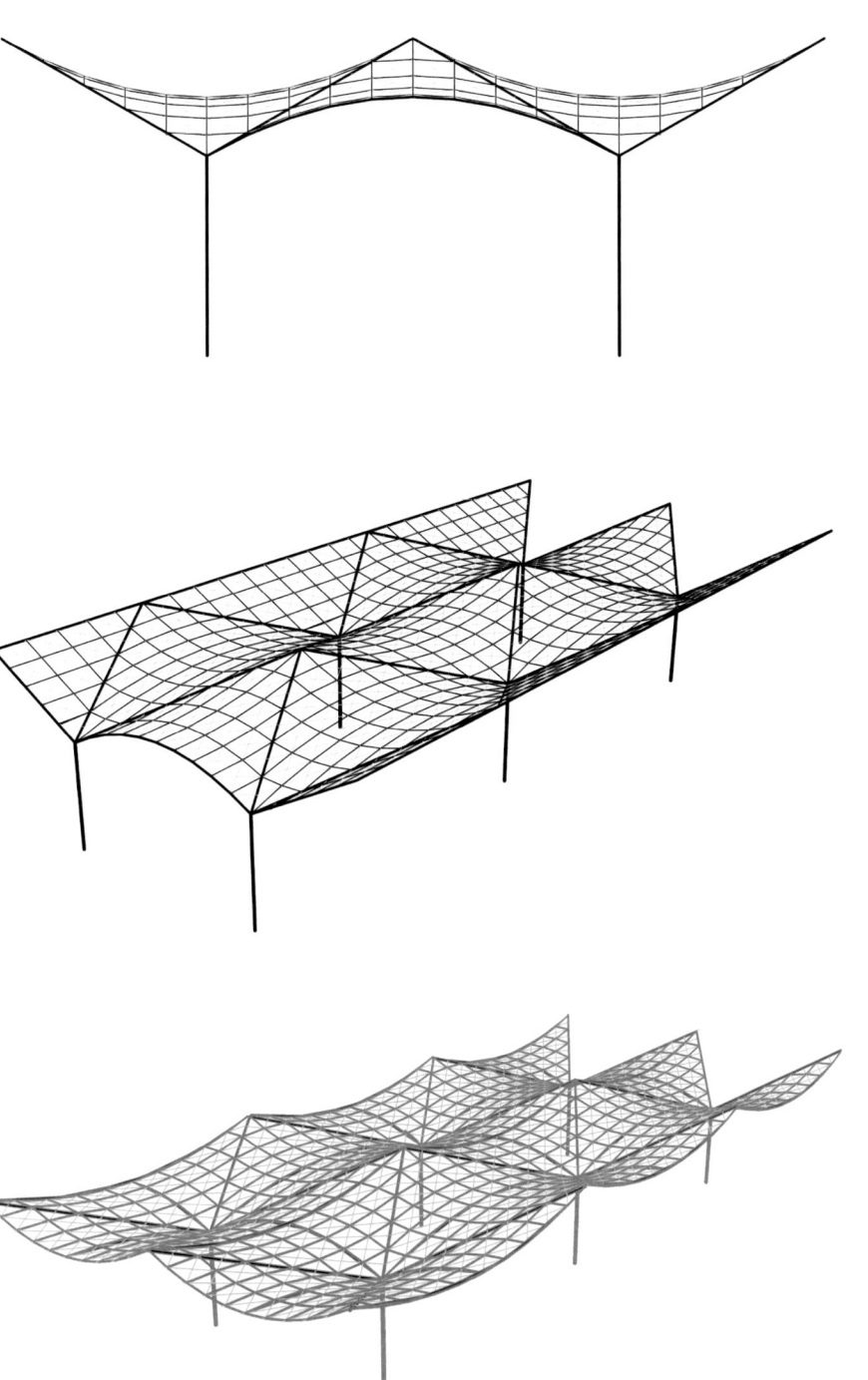

Bild 4.61 Reihung von Elementen mit rautenförmigem Grundriss.
Stützung in den Tiefpunkten.
Längsrand gerade (Mitte) oder geschwungen (unten).
Konstruktion des Netzes mit Hilfe der geraden Erzeugenden.

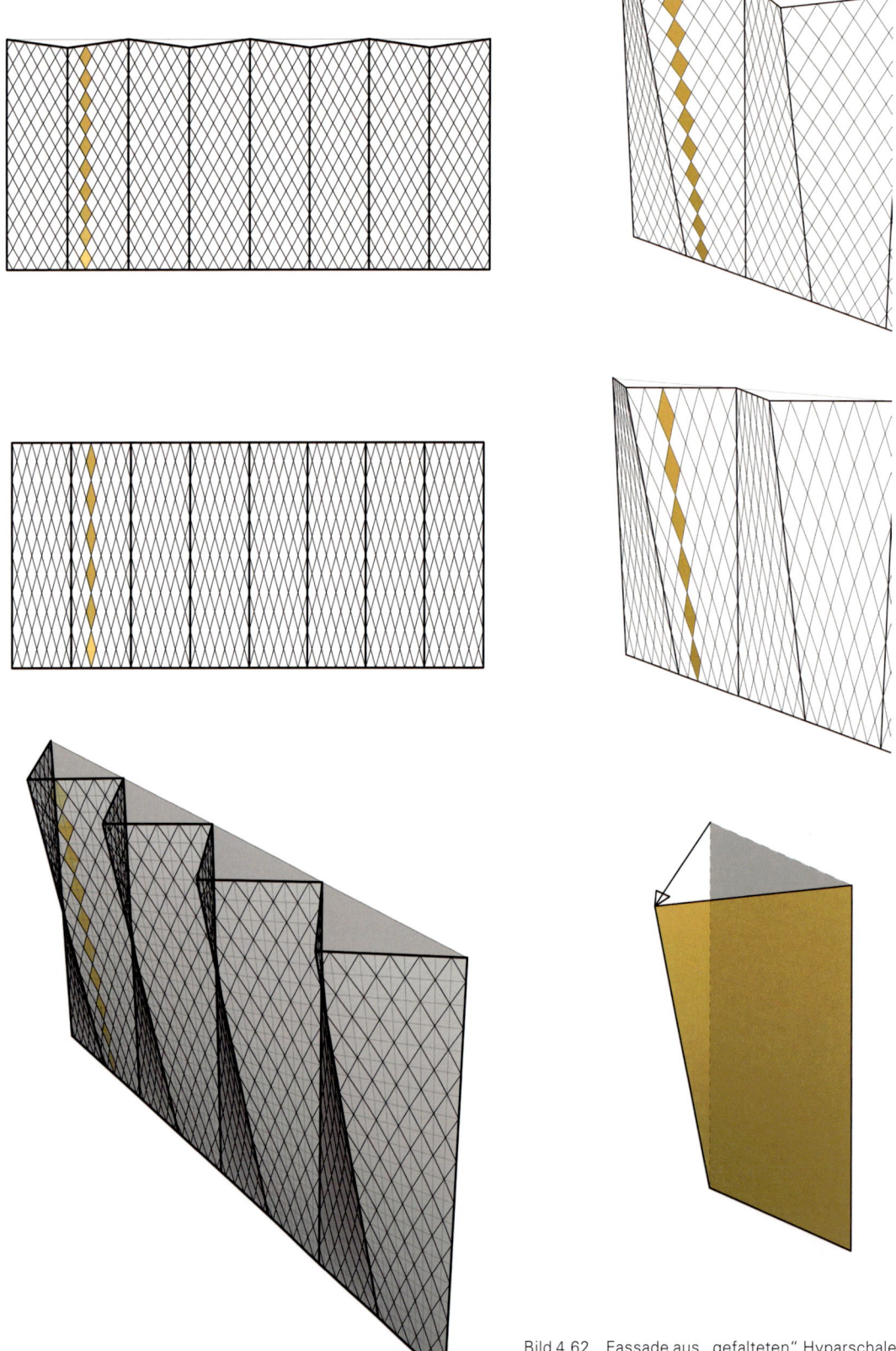

Bild 4.62 Fassade aus „gefalteten" Hyparschalen mit ebenen Viereckmaschen
Unterschiedliche Maschenformen sind möglich (oben und mittig)

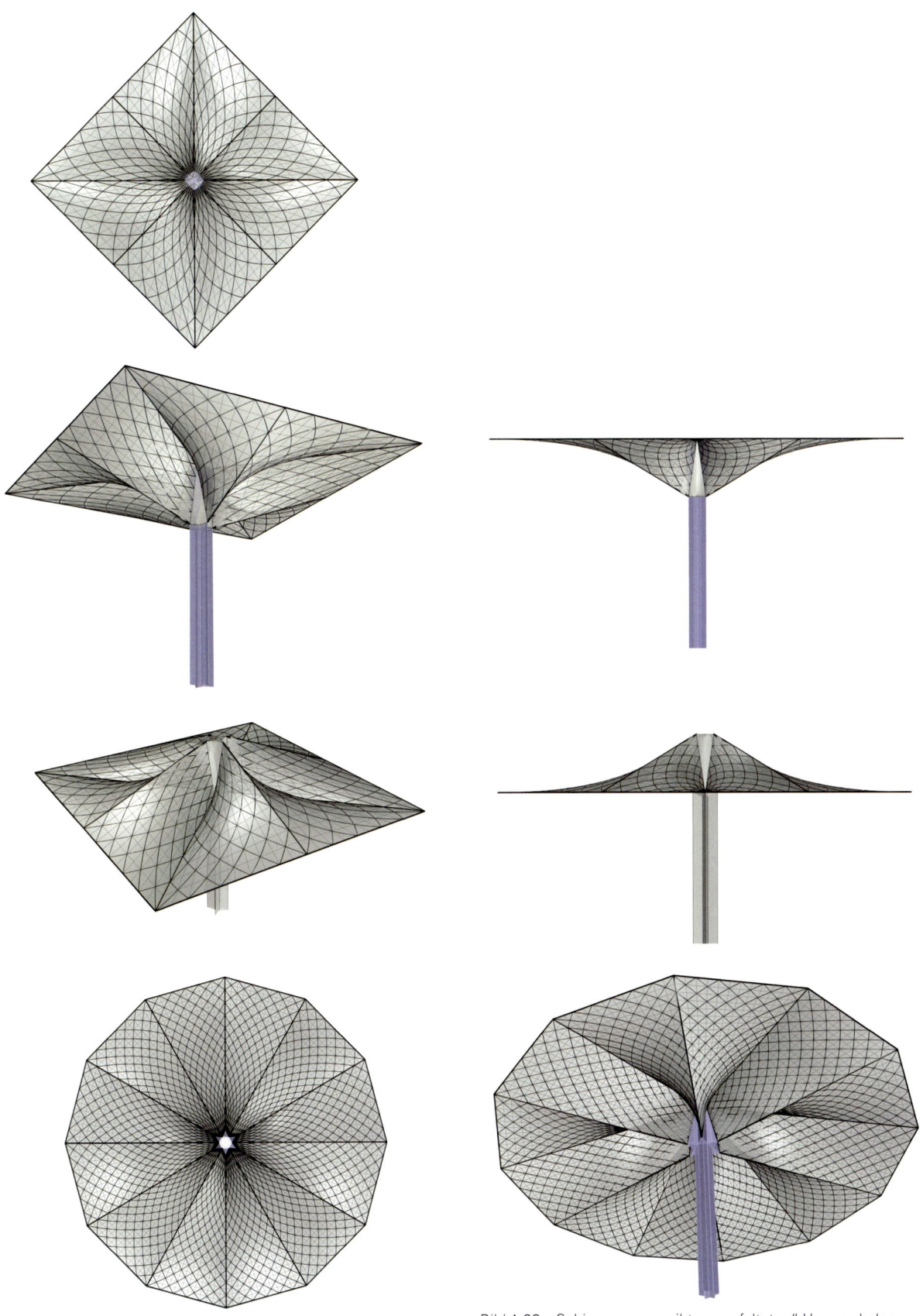

Bild 4.63 Schirme aus gereihten „gefalteten" Hyparschalen mit ebenen Viereckmaschen
Form in Anlehnung an die La Candelaria U-Bahn Station, Mexiko City, 1968, *Felix Candela*

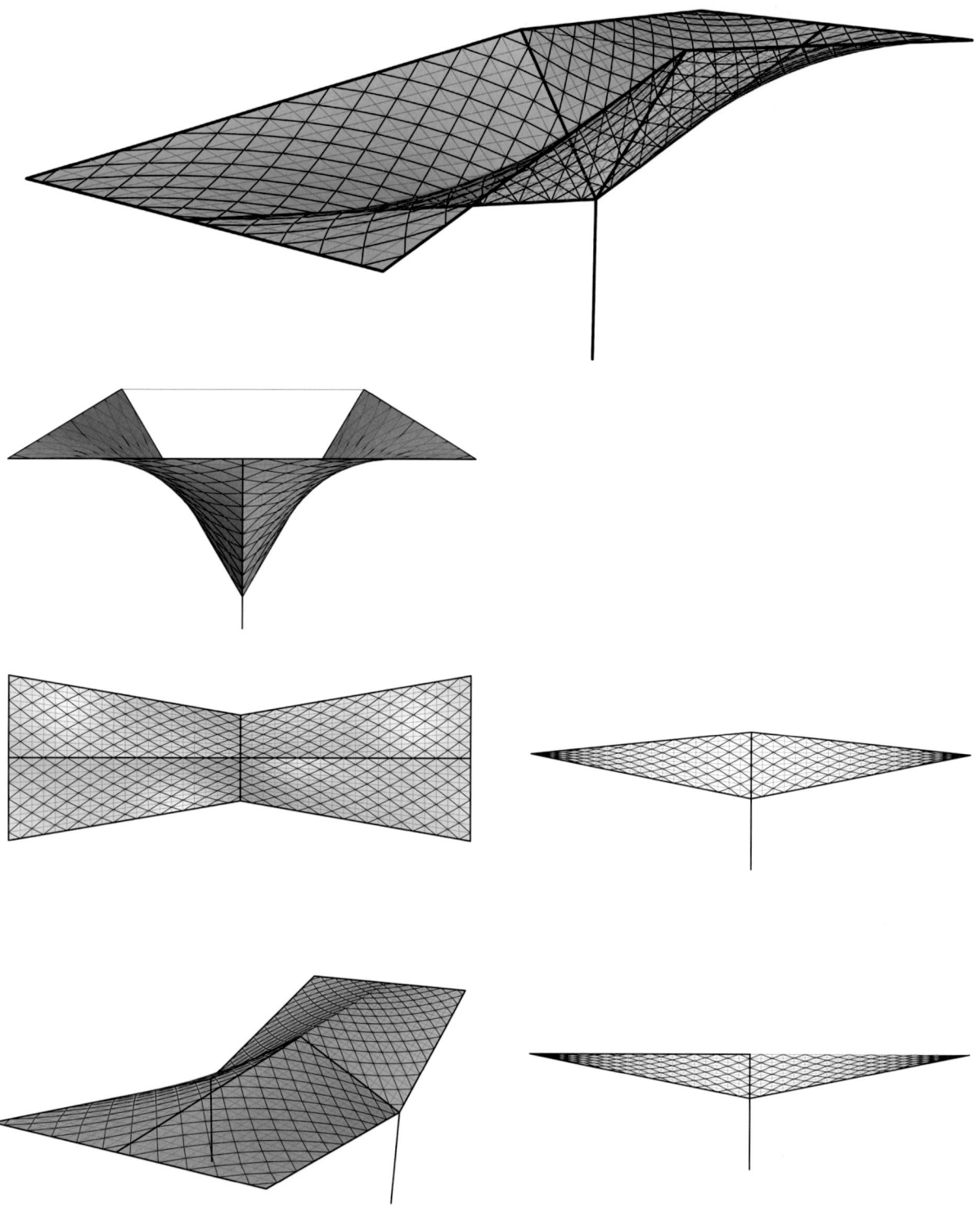

Bild 4.64 Kragträger aus vier „gefalteten" Hyparschalen mit geraden Rändern.
Form in Anlehnung an Aceros de Mexico Factory, Monterrey, Mexiko, 1957–1958, *Felix Candela*
Konstruktion des Netzes aus ebenen Viereckmaschen mit Hilfe der geraden Erzeugenden. Die Diagonalen sind daher gerade und die Maschenweite ist unterschiedlich. Es entstehen keine unschöne Zwickel am Rand.

Hyparflächen mit gekrümmten Rändern können ebenfalls auf vielfältige Weise aneinandergereiht werden.

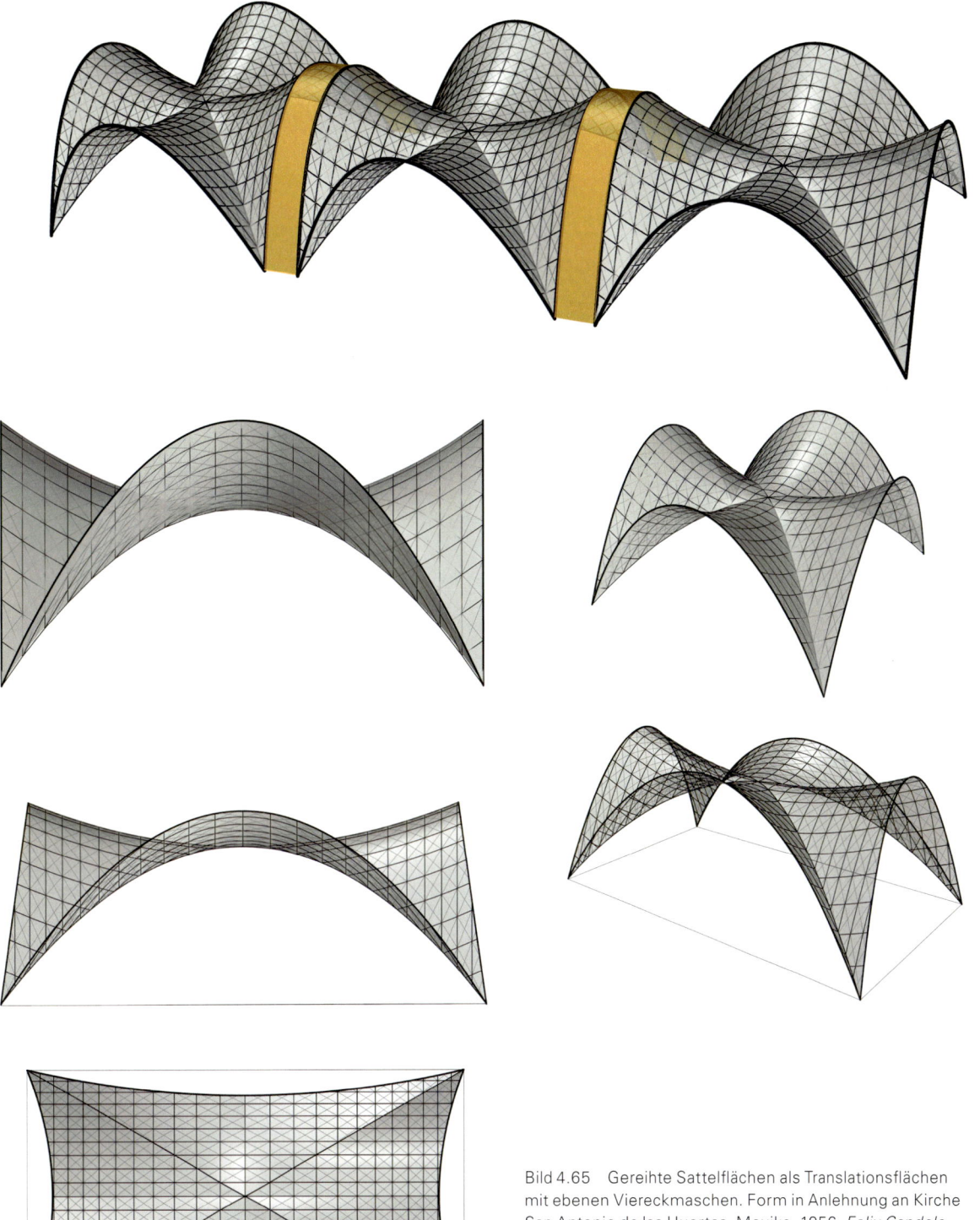

Bild 4.65 Gereihte Sattelflächen als Translationsflächen mit ebenen Viereckmaschen. Form in Anlehnung an Kirche San Antonio de las Huertas, Mexiko, 1956, *Felix Candela* Kehle als Schnittkurve mit vertikalen Ebenen. Freie Ränder als Schnittkurve mit senkrechten bzw. nach innen geneigten Ebenen. Die Netzstäbe treffen sich in der Kehle in einem Punkt. Es entstehen unterschiedliche Maschenweiten. Ein gleichmaschiges Netz ist möglich. Dann treffen sich die Netzstäbe in der Kehle nicht mehr in einem Punkt.

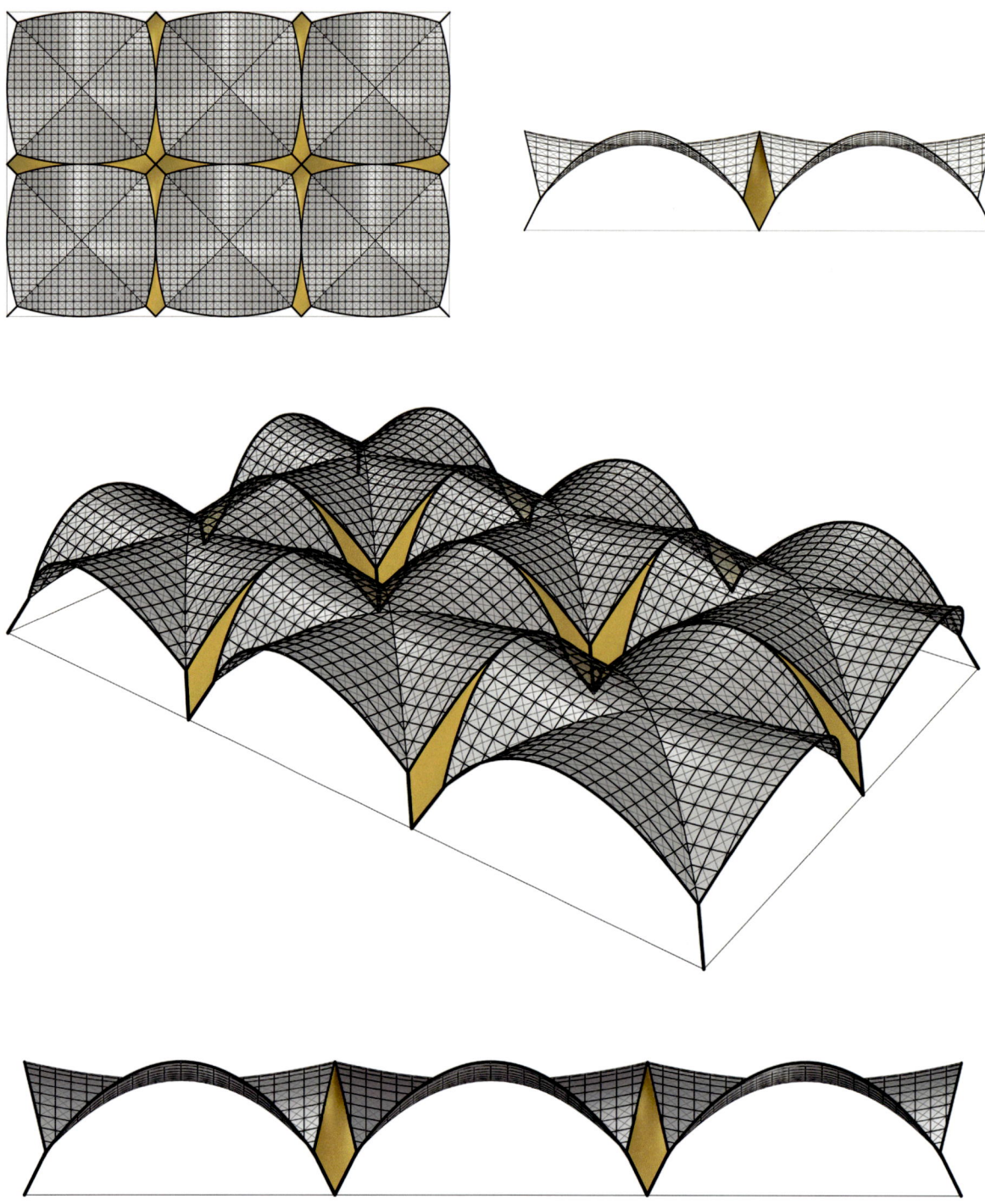

Bild 4.66 Gereihte Sattelflächen als Translationsflächen mit ebenen Viereckmaschen.
Form in Anlehnung an die Bacardi Rum Factory, Mexiko, 1960, *Felix Candela*
Kehle als Schnittkurve mit vertikalen Ebenen.
Freie Ränder als Schnittkurve mit nach außen geneigten Ebenen.

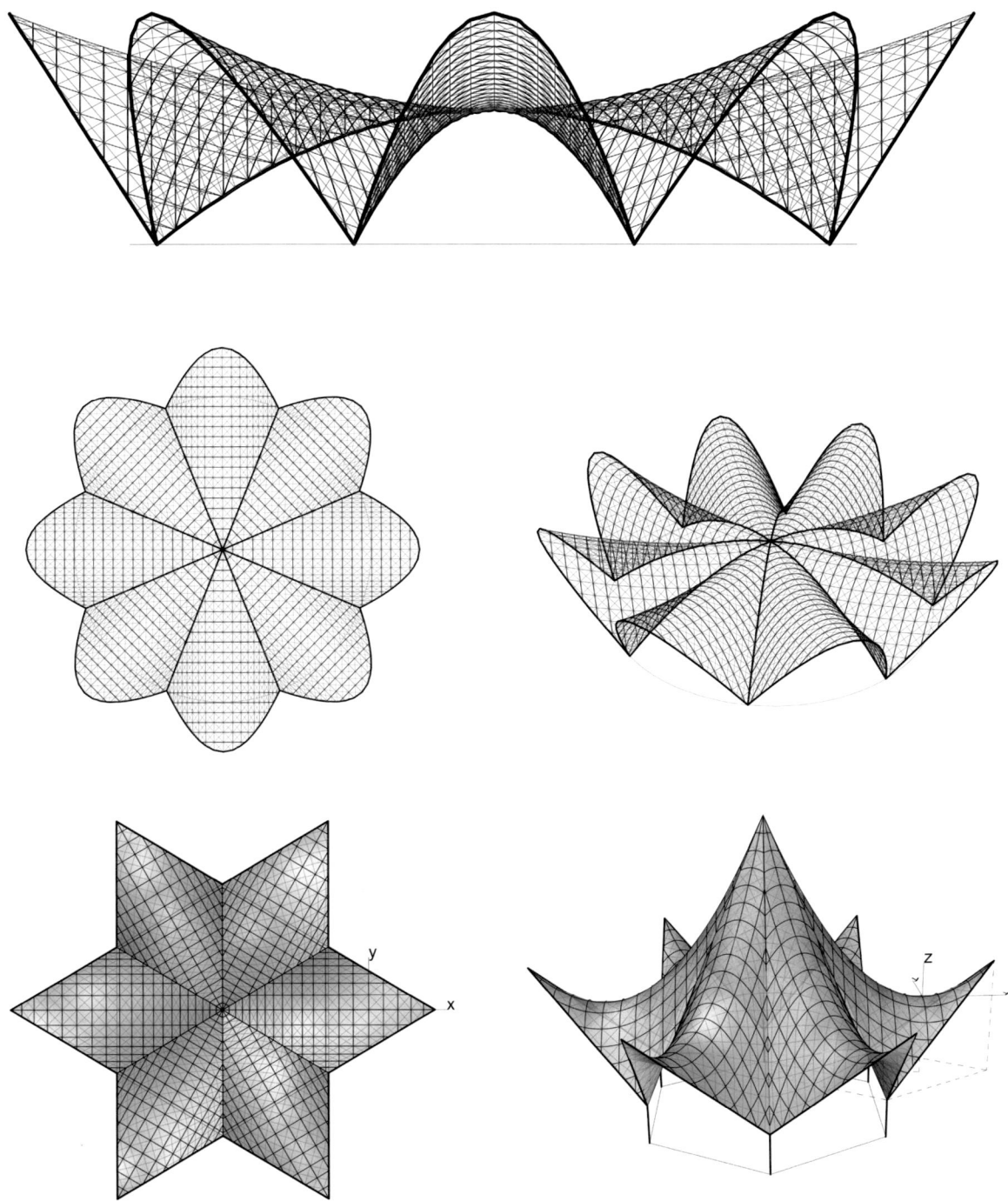

Bild 4.67 Zentrisch gereihte Sattelflächen mit ebenen Viereckmaschen
oben und mittig: Schale aus acht Hypar Ausschnitten.
Form in Anlehnung an das Xochimilco Restaurant, Mexiko Stadt, 1957–1958, *Felix Candela*, bzw. an die Glasfaserbetonschale der Bundesgartenschau Stuttgart, 1977, schlaich bergermann und partner
Kehle als Schnittkurve mit vertikalen Ebenen, freier Rand als Schnittkurve mit nach außen geneigter Ebene. Konstruktion des Netzes als Translationsfläche mit parabelförmiger Leitlinie und parabelförmiger Erzeugenden.
unten: Schale aus sechs Hyparschalen mit geraden Rändern.
Form in Anlehnung an die Synagoge Guatemala City, 1959–1960, *Felix Candela*
Konstruktion des Netzes als Translationsfläche mit ebenen, gleichseitigen Viereckmaschen.

4.5.7 Entwässerung „ebener" Flächen

Falls aus architektonischen Gründen eine möglichst horizontale Fläche geschaffen werden soll, können flache Hyparflächen vorteilhaft eingesetzt werden. Dazu kann man die zu entwässernde Fläche in vier Teile aufteilen und den Schnittpunkt T um das notwendige Maß absenken. Dadurch entstehen vier Vierecke mit geraden Rändern, welche als flache Hyparflächen nach Abschnitt 4.52 oder 4.53 ausgebildet werden können.

Wählt man die geraden Erzeugenden des Hypar direkt als Stabnetz (Bild 4.68 links), verwinden sich die Maschen zwar, aber die Konstruktion vereinfacht sich erheblich. Wegen des geringen Stichs der Absenkung in T ist die Verwindung der Glasscheibe jedoch gering und üblicherweise innerhalb des zulässigen Wertes (siehe Abschn. 5.2) und das Stabnetz kann aus geraden Stäben hergestellt werden.

Für größere Absenkungen können die Verwindungen zu groß werden, so dass das Stabnetz diagonal und parabelförmigen verlaufen muß (Bild 4.68 rechts), wodurch ebene Vierecke entstehen.

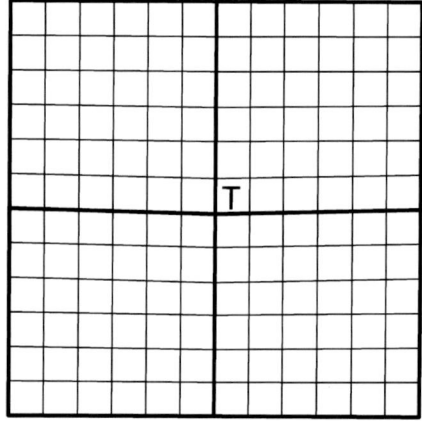

Stabnetz mit leicht verwundenen Maschen

Stabnetz aus ebenen Maschen

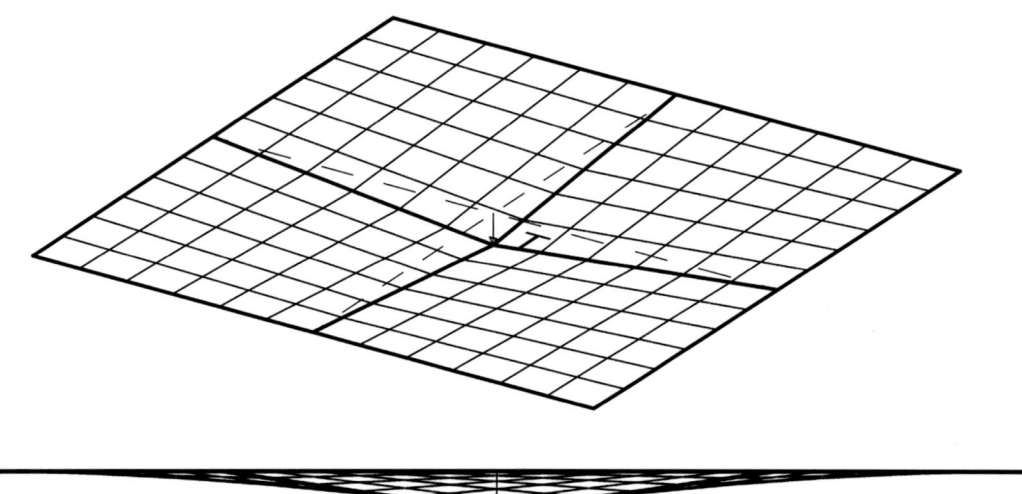

Bild 4.68 „Ebene" Flächen können mit Hilfe flacher Hypar-Flächen entwässert werden
oben links: Stabnetz basiert auf Regelfläche (leicht verwundene Maschen)
oben rechts: Stabnetz basiert auf Translationsfläche (ebene Maschen)
Mitte und unten: die ebene Fläche wird in T abgesenkt

4.6 „Schiefe" Translation

Im Abschnitt 4.1 wurde erläutert, dass das Geometrieprinzip für Translationsflächen mit ebenen Maschen auch dann gilt, wenn Erzeugende und Leitlinie beliebige Raumkurven darstellen. Hier wird der Sonderfall behandelt, dass die Erzeugende und Leitkurve zwar ebene Kurven darstellen, deren Ebenen jedoch nicht senkrecht, sondern schief zueinender stehen. Dies wird hier als „schiefe" Translation bezeichnet. Lediglich am Paraboloid und am hyperbolischen Paraboloid wird die Erzeugung von ebenen Maschen durch „schiefe" Translation näher erläutert.

Das Paraboloid

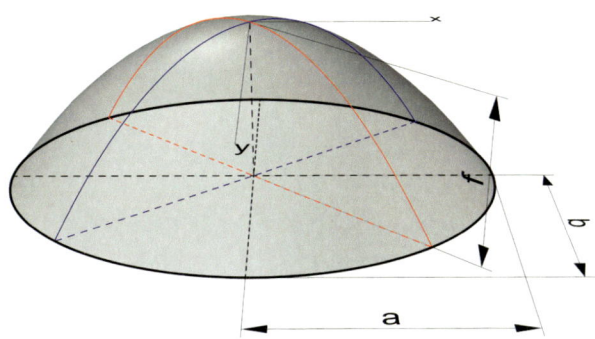

Schneidet man das reguläre Paraboloid
$$z = \frac{f}{a^2} \cdot x^2 + \frac{f}{b^2} \cdot y^2$$
mit der zur z-Achse parallelen Ebene $y = m_1 \cdot x + c_1$
ergibt sich als Schnittkurve
$$f \cdot \left(\frac{1}{a^2} + \frac{m_1^2}{b^2} \right) \cdot x^2 + 2 \cdot \frac{f \cdot m_1 \cdot c_1}{b^2} \cdot x + f \cdot \frac{c_1^2}{b^2} = z$$

Dies stellt wegen $\bar{a} \cdot x^2 + \bar{b} \cdot x + \bar{c} = z$ eine Parabel
mit dem Scheitel $\left\{ -\frac{\bar{b}}{2\bar{a}} \bigg| \frac{4\bar{a}\bar{c} - \bar{b}^2}{4\bar{a}} \right\}$ dar, wobei

$\bar{a} = f \cdot \left(\frac{1}{a^2} + \frac{m_1^2}{b^2} \right)$, $\bar{b} = 2 \cdot \frac{f \cdot m_1 \cdot c_1}{b^2}$, $\bar{c} = f \cdot \frac{c_1^2}{b^2}$

Für den Scheitel der schiefen Parabel gilt:
$$x_0 = -\frac{\bar{b}}{2\bar{a}} = \frac{-m_1 \cdot c_1}{\frac{b^2}{a^2} + m_1^2},$$

$$y_0 = m_1 \cdot x_0 + c_1 = c_1 \cdot \left\{ \frac{-m_1^2}{\frac{b^2}{a^2} + m_1^2} + 1 \right\}$$

Der Scheitel der schiefen Parabeln gibt die Richtung der Leitlinie der schiefen Translation. Die Grundrissgerade des Scheitelverlaufs hat die Steigung m_2:
$$m_2 = \frac{y_0}{x_0} = -\frac{b^2}{m_1 \cdot a^2}$$

Daraus folgt für die Grundrisskurve der
Erzeugenden: $y = m_1 \cdot x + c_1$ \hfill (29)
und für die Grundrisskurve der Leitlinie
$$y = -\frac{b^2}{a^2} \cdot \frac{1}{m_1} \cdot x + c_2 \hfill (30)$$
mit $m_1 = \tan \alpha$ als Steigung der Grundrissgeraden der Erzeugenden.
Für $c_1 = c_2 = 0$ erhält man die Grundrisslinien der Erzeugenden bzw. Leitlinie im Ursprung.

Erkenntnis (Bild 4.69):

Ein reguläres Paraboloid $z = \frac{f}{a^2} \cdot x^2 + \frac{f}{b^2} \cdot y^2$
kann auch durch schiefe Translation zweier Parabeln erzeugt werden. Die Richtung der Erzeugenden muß jedoch in einem vorgegebenen Verhältnis zur Richtung der Leitlinie stehen.
Zur Steigung der Grundrissgeraden der Erzeugenden $m_1 = \tan(\alpha_1)$ gehört die Steigung der Grundrissgeraden der Leitlinie
$$m_2 = -\frac{b^2}{a^2} \cdot \frac{1}{m_1} = \tan(\alpha_2)$$

Da m_1 beliebig gewählt werden kann, ist es möglich, ein und dasselbe Paraboloid mit beliebig vielen ebenen Vierecknetzen unterschiedlicher Gestalt zu belegen.

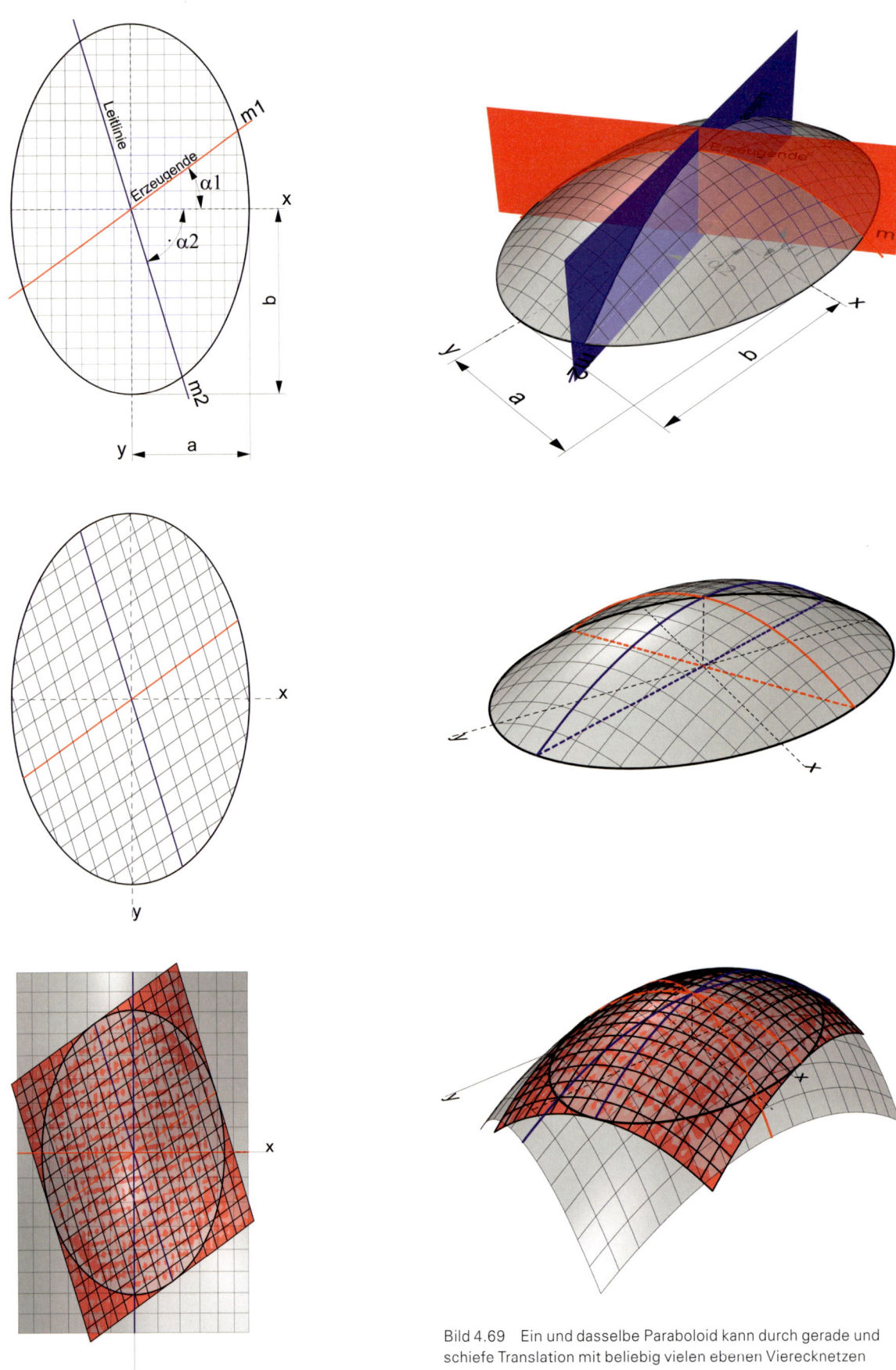

Bild 4.69 Ein und dasselbe Paraboloid kann durch gerade und schiefe Translation mit beliebig vielen ebenen Vierecknetzen unterschiedlicher Gestalt belegt werden

Wählt man m_1 und m_2 bzw. den Winkel φ zwischen den Grundrissgeraden der Erzeugenden und Leitlinie beliebig, dann entsteht durch Translation ebenfalls ein Paraboloid, jedoch mit veränderten Hauptachsenrichtungen x', y' und veränderten Halbachsen a, b der Grundrissellipse.

Zur Ermittlung der sich einstellenden Hauptachsen des Paraboloids legt man vorteilhaft die Erzeugende in die x-Richtung.

Dann lautet die Gleichung der Erzeugenden:

$$z = \frac{x^2}{e_1^2} \cdot f$$

Wählt man für die Grundrissgeraden der Leitlinie eine beliebige Steigung $m_2 = \tan(\varphi)$, dann kann die Neigung und Größe der Hauptachsen der Grundrissellipse einfach ermittelt werden:

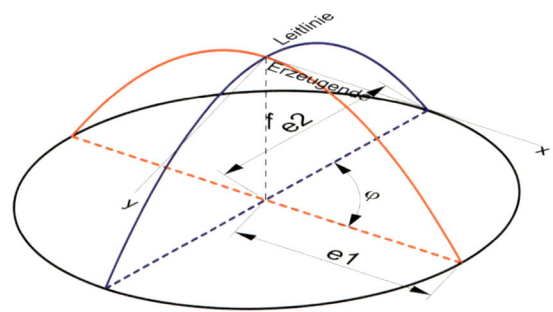

Schiefe Leitlinie im x, y, z System:

$$z = \frac{x^2}{e_2^2 \cdot \cos^2 \varphi} \cdot f, \quad y = x \cdot \tan \varphi$$

Ordinate z im Punkt P(x, y):

Erzeugende $z_x = \dfrac{\left(x - \dfrac{y}{\tan\varphi}\right)^2}{a^2} \cdot f$

Leitlinie $z_y = \dfrac{\left(\dfrac{y}{\tan\varphi}\right)^2}{b^2 \cdot \cos^2\varphi} \cdot f = \dfrac{y^2}{b^2 \cdot \sin^2\varphi} \cdot f$

$$z = z_x + z_y = \frac{\left(x - \dfrac{y}{\tan\varphi}\right)^2}{e_1^2} \cdot f + \frac{y^2}{e_2^2 \cdot \sin^2\varphi} \cdot f = z(x, y)$$

Gleichung Paraboloid

Grundrisskurve für z = f:
$$\frac{\left(x - \dfrac{y}{\tan\varphi}\right)^2}{e_1^2} + \frac{y^2}{e_2^2 \cdot \sin^2\varphi} = 1$$

$$a_1 \cdot x^2 - a_2 \cdot xy + a_3 \cdot y^2 = 1 \quad (31)$$

Gleichung der Grundrissellipse im x, y, z System mit

$$a_1 = \frac{1}{e_1^2}, \quad a_2 = \frac{2}{e_1^2 \cdot \tan\varphi}, \quad a_3 = \frac{e_1^2 + e_2^2 \cdot \cos^2\varphi}{e_1^2 \cdot e_2^2 \cdot \sin^2\varphi} \quad (32)$$

Transformation der Grundrissellipse ins Hauptsystem x́, ý, ź

x = x́ cos β - ý sin β

y = x́ sin β + ý cos β in Gleichung (31) eingesetzt ergibt die Gleichung der Grundrissellipse im Hauptsystem x́, ý. Der Neigungswinkel der Hauptachse β ergibt sich aus der Bedingung, dass alle Terme mit x́ · ý verschwinden müssen. Daraus folgt:

$$\tan 2\beta = \frac{a_2}{a_3 - a_1} \quad (33)$$

β Neigungswinkel der Hauptachse

Damit lautet die Gleichung der Grundrissellipse im Hauptsystem x́, ý, ź:

$$x́^2 (a_1 \cdot \cos^2\beta - a_2 \cdot \sin\beta \cdot \cos\beta + a_3 \cdot \sin^2\beta)$$
$$+ ý^2 (a_1 \cdot \sin^2\beta + a_2 \cdot \sin\beta \cdot \cos\beta + a_3 \cdot \cos^2\beta) = 1$$

Daraus folgen die Hauptachsen a, b der Grundrissellipse zu:

$$a = \sqrt{\frac{1}{a_1 \cdot \cos^2\beta - a_2 \cdot \sin\beta \cdot \cos\beta + a_3 \cdot \sin^2\beta}}$$

$$a = \sqrt{\frac{-1}{a_1 \cdot \sin^2\beta - a_2 \cdot \sin\beta \cdot \cos\beta + a_3 \cdot \cos^2\beta}} \quad (34)$$

mit a_1, a_2, a_3 nach Gleichung (32)

Erkenntnis:
Man kann den Winkel φ zwischen den parabelförmigen Erzeugenden und Leitlinien beliebig wählen. Dann verläuft die Hauptachse des durch „schiefe" Translation erzeugten Paraboloids unter einem Winkel β zur Erzeugenden und besitzt die Hauptachsen a, b (Bilder 4.70 und 4.71).
Legt man die x- und y-Achse in Richtung der Hauptachsen, gelten die Gl. (29) und (30).

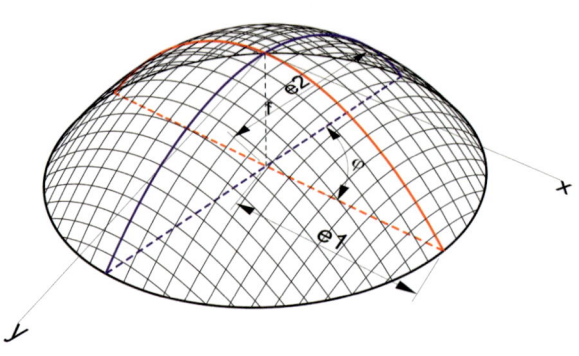
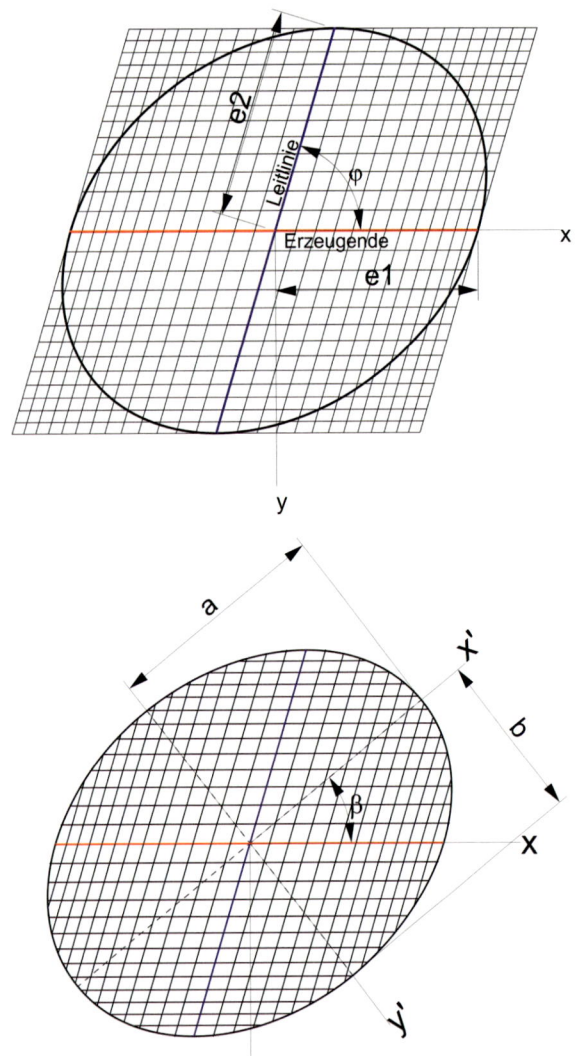

Bild 4.70 Für beliebige Winkel φ zwischen Leitlinie und Erzeugender erhält man ein zur Erzeugenden um den Winkel β geneigtes Paraboloid mit den Halbachsen a und b und der Stichhöhe f.

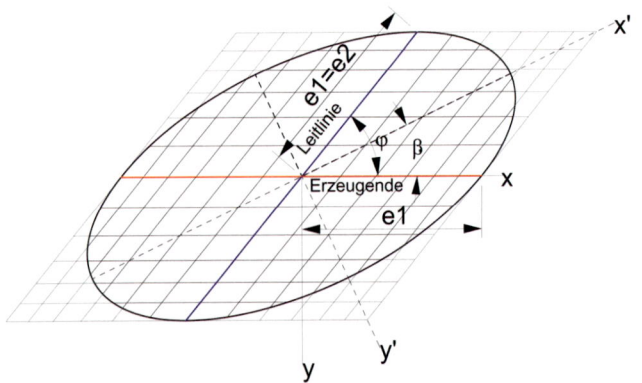
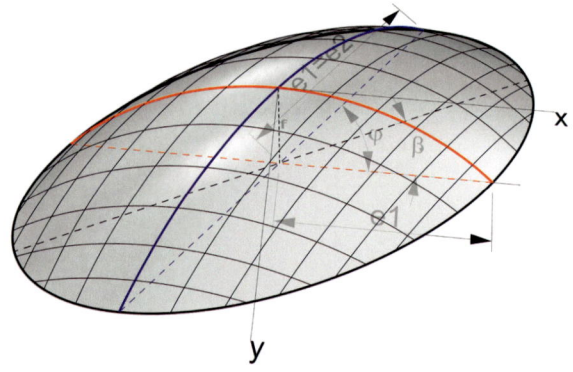

Bild 4.71 Sind Erzeugende und Leitlinie identische Parabeln (e1=e2), entsteht ein Paraboloid mit Hauptachsen in der Winkelhalbierenden ß = φ/2.

Hyperbolisches Paraboloid

Schneidet man das reguläre Hypar $\frac{x^2}{a^2} - \frac{y^2}{b^2} - z = 0$ mit der zur z-Achse parallelen Ebene $y = m_1 \cdot x + c_1$ ergibt sich als Schnittkurve

$$\left(\frac{1}{a^2} - \frac{m_1^2}{b^2}\right) \cdot x^2 - 2\frac{m_1 c_1}{b^2} \cdot x - \frac{c_1^2}{b^2} = z$$

Dies stellt wegen $\bar{a} \cdot x^2 + \bar{b} \cdot x + \bar{c} = z$ eine Parabel mit dem Scheitel $\left\{\frac{-\bar{b}}{2\bar{a}} \middle| \frac{4\bar{a}\bar{c} - \bar{b}^2}{4\bar{a}}\right\}$ dar,

wobei $\bar{a} = \left(\frac{1}{a^2} - \frac{m_1^2}{b^2}\right)$, $\bar{b} = -2\frac{m_1 c_1}{b^2}$, $\bar{c} = -\frac{c_1^2}{b^2}$

Daraus folgt für die Grundrisskurve der Erzeugenden: $y = m_1 \cdot x + c_1$ (35)
und für die Grundrisskurve der Leitlinie

$$y = \frac{b^2}{a^2} \cdot \frac{1}{m_1} \cdot x + c_1 \qquad (36)$$

mit $m_1 = \tan \alpha$ als Steigung der Grundrissgeraden der Erzeugenden.

In einer Projektionsebene rechtwinklig zur z-Achse erscheinen die zwei geraden Erzeugendenscharen als Parallelen.

Erkenntnis (Bild 4.72):

Ein reguläres Hypar $\frac{x^2}{a^2} - \frac{y^2}{b^2} = z$ kann auch durch schiefe Translation zweier Parabeln erzeugt werden.

Die Richtung der Erzeugenden muß jedoch in einem vorgegebenen Verhältnis zur Richtung der Leitlinie stehen.

Zur Steigung der Grundrissgeraden der Erzeugenden $m_1 = \tan(\alpha_1)$ gehört die Steigung der Grundrissgeraden der Leitlinie

$$m_2 = \frac{b^2}{a^2} \cdot \frac{1}{m_1} = \tan(\alpha_2)$$

Da m_1 beliebig gewählt werden kann, ist es möglich, ein und dasselbe hyperbolische Paraboloid mit beliebig vielen ebenen Vierecknetzen unterschiedlicher Gestalt zu belegen.

Leitlinie und Erzeugende ergeben sich einfach als Schnittkurve der zur z-Achse parallelen Flächen

$y = m_1 \cdot x$ und $y = \frac{b^2}{a^2} \cdot \frac{1}{m_1} \cdot x$ mit dem Hypar

$\frac{x^2}{a^2} - \frac{y^2}{b^2} - z = 0$

Bild 4.72 zeigt eine identische Hypar Fläche, die durch eine gerade (schwarz) und eine schiefe (rot) Translation zweier Parabeln erzeugt wurde. Man erkennt, dass durch entsprechende Translation ein und dieselbe Hyparfläche mit ebenen Vierecken unterschiedlichster Gestalt belegt werden kann.

In Bild 4.73 ist für ein zur y-Achse symmetrisches Hypar mit geraden Rändern die unterschiedliche Topologie ebener Viereckmaschen bei gerader und schiefer Translation dargestellt.

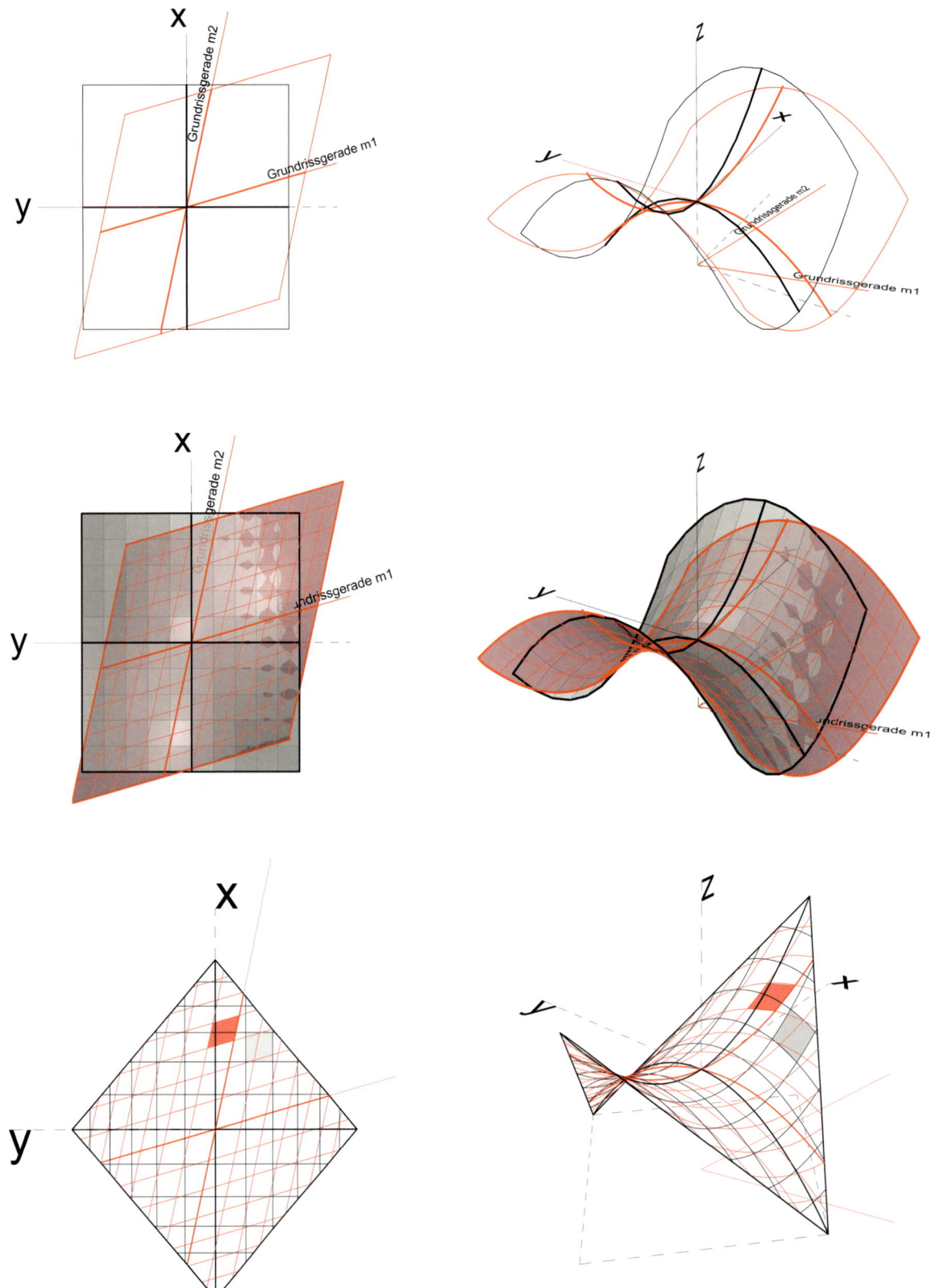

Bild 4.72   Ein und dasselbe Hyperbolische Paraboloid kann durch gerade und schiefe Translation mit beliebig vielen ebenen Vierecknetzen unterschiedlicher Gestalt belegt werden

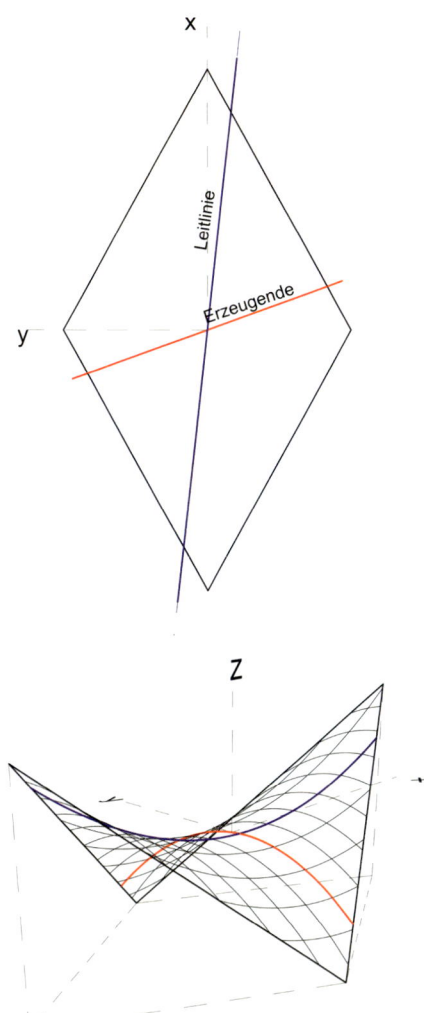

Nachfolgend wird untersucht, wie sich ein frei gewählter Winkel φ zwischen der Grundrissgeraden von Leitlinie und Erzeugender auf die Form des Hypars auswirkt. Legt man die Erzeugende in die Richtung der x-Achse und wählt eine beliebige Steigung $m_2 = \tan(\varphi)$ für die Leitlinie, dann kann die Neigung der Hauptachsen des regulären Hypars einfach ermittelt werden:

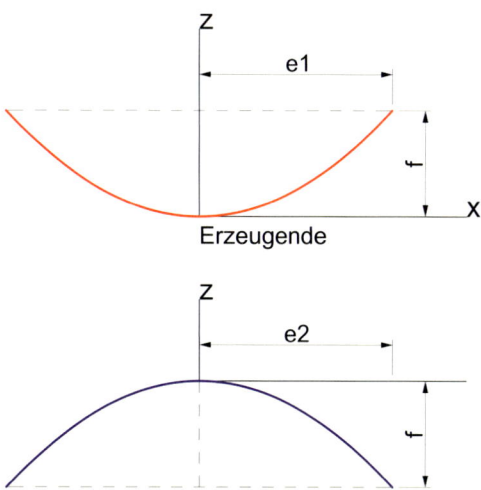

Erzeugende: $z = \dfrac{x^2}{e_1^2} \cdot f$

Schiefe Leitlinie im x, y, z System:
$z = \dfrac{x^2}{e_2^2 \cdot \cos^2\varphi} \cdot f, \quad y = x \cdot \tan\varphi$

Ordinate z im Punkt P(x, y):

Erzeugende $z_x = \dfrac{\left(x - \dfrac{y}{\tan\varphi}\right)^2}{a^2} \cdot f$

Leitlinie $z_y = -\dfrac{\left(\dfrac{y}{\tan\varphi}\right)^2}{b^2 \cdot \cos^2\varphi} \cdot f = -\dfrac{y^2}{b^2 \cdot \sin^2\varphi} \cdot f$

Hypar
$z = z_x + z_y = \dfrac{\left(x - \dfrac{y}{\tan\varphi}\right)^2}{e_1^2} \cdot f - \dfrac{y^2}{e_2^2 \cdot \sin^2\varphi} \cdot f = z(x, y)$

Grundrisskurve für $z = f$: $\dfrac{\left(x - \dfrac{y}{\tan\varphi}\right)^2}{e_1^2} - \dfrac{y^2}{e_2^2 \cdot \sin^2\varphi} = 1$

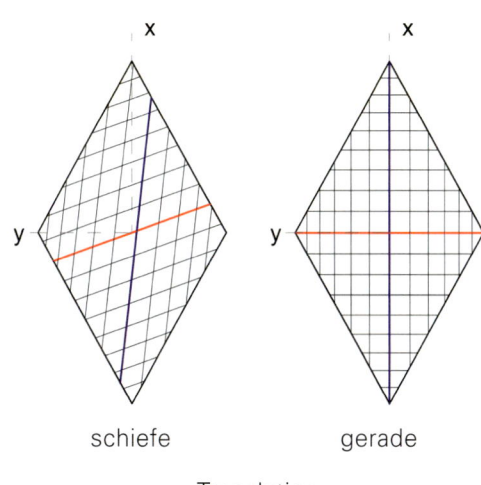

Bild 4.73 Unterschiedliche Topologie ebener Viereckmaschen bei gerader und schiefer Translation für ein zur y-Achse symmetrisches Hypar mit geraden Rändern

Daraus folgt nach einiger Umformung
$$a_1 \cdot x^2 - a_2 \cdot xy + a_3 \cdot y^2 = 1 \quad (37)$$
Gleichung der Grundrisskurve für $z = f$ im x, y, z System

mit $a_1 = \dfrac{1}{e_1^2}$, $a_2 = \dfrac{2}{e_1^2 \cdot \tan\varphi}$,

$$a_3 = \dfrac{-e_1^2 + e_2^2 \cdot \cos^2\varphi}{e_1^2 \cdot e_2^2 \cdot \sin^2\varphi} \quad (38)$$

Transformation der Grundrisskurve ins Hauptsystem x́, ý, ź

$x = x́ \cos\beta - ý \sin\beta$

$y = x́ \sin\beta + ý \cos\beta$ in Gleichung (37) eingesetzt ergibt die Gleichung der Grundrisskurve im Hauptsystem x́, ý. Der Neigungswinkel der Hauptachse β ergibt sich aus der Bedingung, dass alle Terme mit x́ · ý verschwinden müssen. Daraus folgt:

$$\tan 2\beta = \dfrac{a_2}{a_3 - a_1} \quad (39)$$

β Neigungswinkel der Hauptachse

Damit lautet die Gleichung der Grundrisskurve (Hyperbel) im Hauptsystem x́, ý, ź für $z = f$:

$x́^2 (a_1 \cdot \cos^2\beta - a_2 \cdot \sin\beta \cdot \cos\beta + a_3 \cdot \sin^2\beta)$
$+ ý^2 (a_1 \cdot \sin^2\beta + a_2 \cdot \sin\beta \cdot \cos\beta + a_3 \cdot \cos^2\beta) = 1$

Daraus folgen die Hauptachsen a, b der Hyperbel
$\dfrac{x^2}{a^2} - \dfrac{y^2}{b^2} = 1$ zu:

$$a = \sqrt{\dfrac{1}{a_1 \cdot \cos^2\beta - a_2 \cdot \sin\beta \cdot \cos\beta + a_3 \cdot \sin^2\beta}}$$

$$a = \sqrt{\dfrac{-1}{a_1 \cdot \sin^2\beta - a_2 \cdot \sin\beta \cdot \cos\beta + a_3 \cdot \cos^2\beta}} \quad (40)$$

mit a_1, a_2, a_3 nach Gleichung (38)

Die Gleichung der Grundrisskurve im Hauptsystem x́, ý, ź für $ź = 0$ ergibt die Asymptote $y = \pm\dfrac{b}{a} \cdot x$ an den Hyperbeln. Sie gibt die Richtung der geraden Erzeugenden des Hypars im Grundriss an.
Die Richtung der geraden Erzeugenden des regulären Hypars schließen im Grundriss mit der x́-Achse des Hauptsystems den Winkel $\pm \delta$ ein (Bild 4.75).

$$\delta_1 = \arctan\left(\dfrac{b}{a}\right), \quad \delta_2 = -\delta_1 \quad (41)$$

Erkenntnis:
Man kann den Winkel φ zwischen den parabelförmigen Erzeugenden und Leitlinien beliebig wählen. Dann verläuft die Hauptachse des durch schiefe Translation entstehenden regulären Hypars unter einem Winkel β zur Erzeugenden und besitzt die Hauptachsen a, b (Bilder 4.74 und 4.76).
Die Richtung der Asymptoten ± δ gibt die Richtung der geraden Erzeugenden im Grundriss des regulären Hypars an (Bild 4.75).
Legt man die x- und y-Achse in Richtung der Hauptachsen, gelten Gl. (35) und (36).

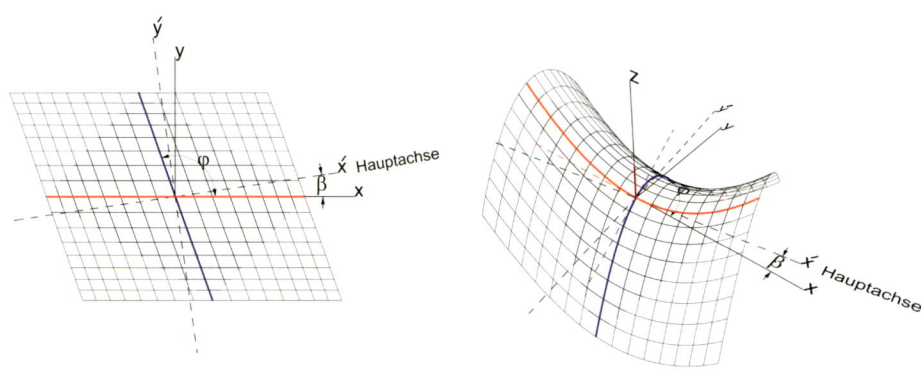

Bild 4.74 Für beliebige Winkel φ zwischen Leitlinie und Erzeugender erhält man ein zur Erzeugenden um den Winkel β geneigtes reguläres Hypar mit den Halbachsen a und b nach Gl. (39) und (40).

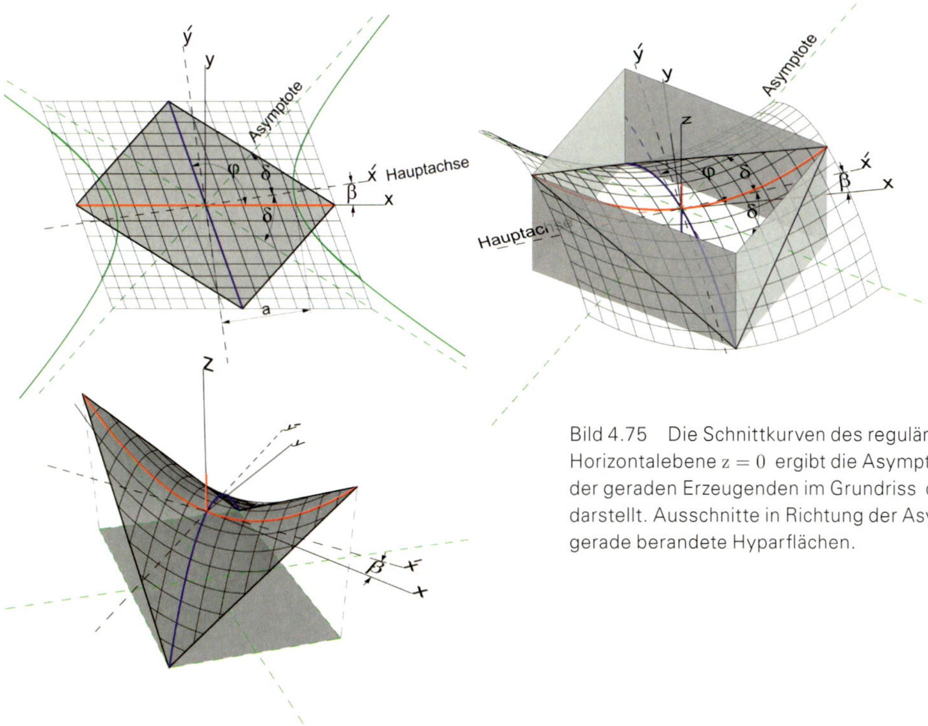

Bild 4.75 Die Schnittkurven des regulären Hypars mit der Horizontalebene $z = 0$ ergibt die Asymptote, welche die Richtung der geraden Erzeugenden im Grundriss des regulären Hypars darstellt. Ausschnitte in Richtung der Asymptoten ergeben gerade berandete Hyparflächen.

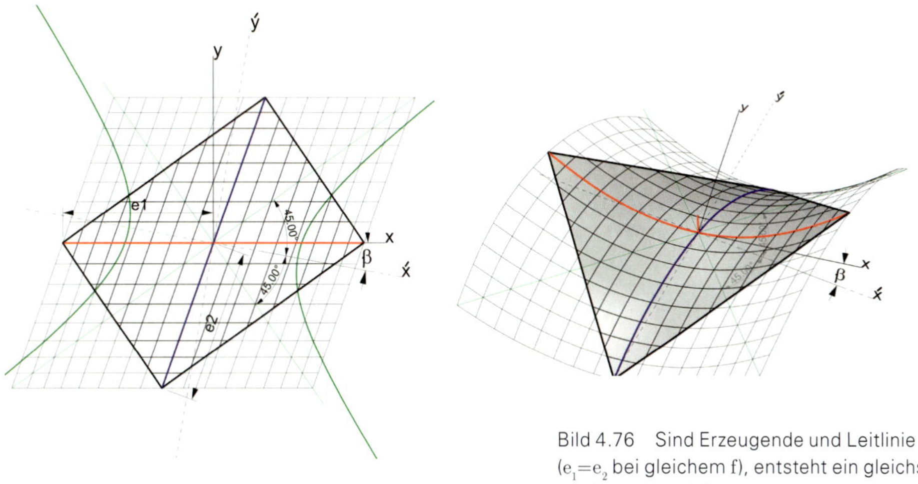

Bild 4.76 Sind Erzeugende und Leitlinie identische Parabeln ($e_1 = e_2$ bei gleichem f), entsteht ein gleichseitiges Hypar (a=b) mit $\delta_1 = -\delta_2 = 45°$

4.7 Geometrieprinzip für Streck-Trans-Flächen

4.7.1 Zur Streckung räumlicher Kurven

Eine dreidimensionale (3D-)Streckung ist eine zentrische Streckung, bei der alle Strecken im Verhältnis des Streckfaktors λ vergrößert oder verkleinert werden. Gestreckte Kurven sind der ursprünglichen Kurve ähnlich und haben die λ-fache Länge. Eine Verschiebung des Streckzentrums bewirkt bei gleichem Streckfaktor λ lediglich eine Translation der gestreckten Kurve.

Bild 4.77 zeigt eine räumliche Kurve (gestrichelt), die vom Streckzentrum 1 und 2 aus mit dem Faktor $\lambda = 1.3$ gestreckt wurde. Beide gestreckte Kurven sind trotz unterschiedlicher Streckpunkte identisch und lediglich gegeneinander verschoben. Unterschiedliche Streckfaktoren λ führen zu ähnlichen Kurven. Stellt die ursprüngliche Kurve eine diskretisierte Profilkurve (Polygon) dar, dann erzeugt eine 3D-Streckung mit dem Streckfaktor λ eine neue Profilkurve mit λ-fach gestreckten aber parallelen Kurvensegmenten. Eine 3D-Streckung mit anschließender Translation führt also zu ebenen Vierecken (siehe dazu Abschnitt 4.7.2).

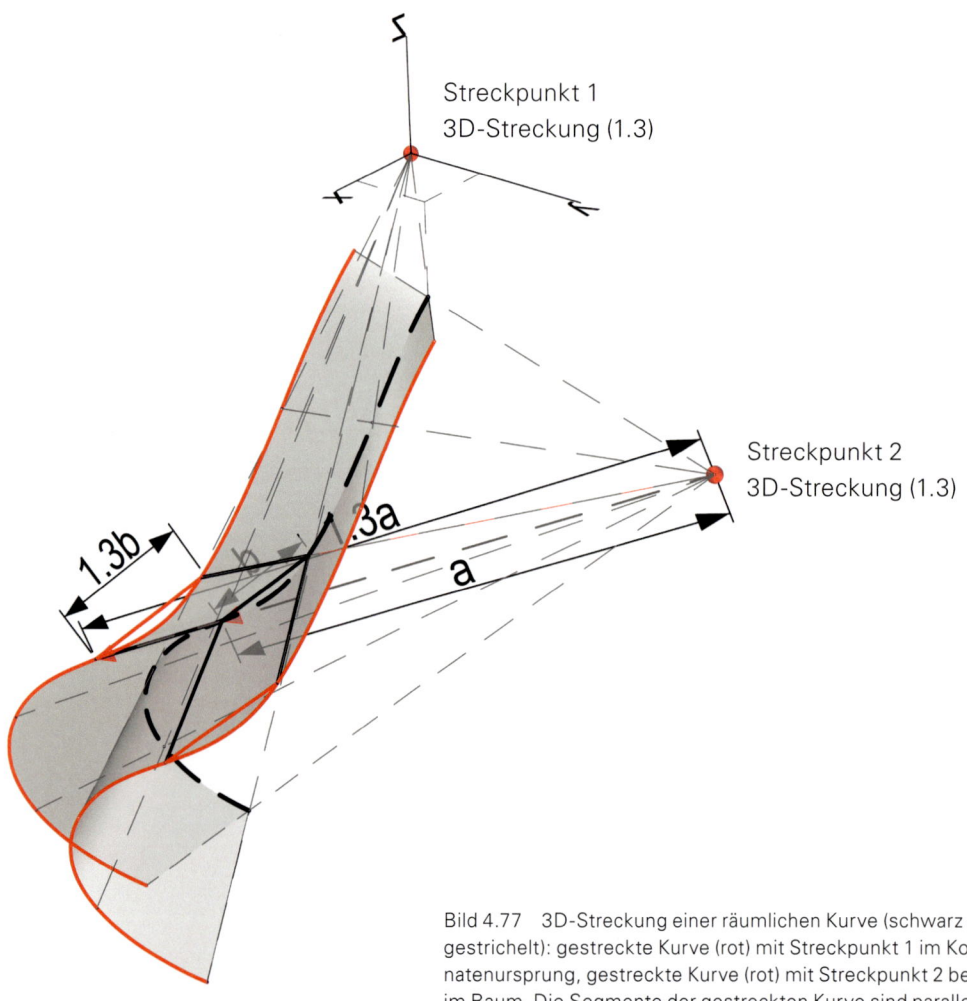

Bild 4.77 3D-Streckung einer räumlichen Kurve (schwarz gestrichelt): gestreckte Kurve (rot) mit Streckpunkt 1 im Koordinatenursprung, gestreckte Kurve (rot) mit Streckpunkt 2 beliebig im Raum. Die Segmente der gestreckten Kurve sind parallel zur ursprünglichen Kurve.

Bei einer 1D-Streckung, beispielsweise in x-Richtung, bleibt y und z unverändert und nur die vom Streckpunkt aus gemessene x-Koordinate wird mit dem Faktor λ gestreckt (Bild 4.78). Die Segmente der 1D gestreckten Kurve sind nicht parallel und die einzelnen Segmentlängen sind mit unterschiedlichen Faktoren gestreckt. Eine 1D-Streckung mit anschließender Translation führt daher nicht zu ebenen Vierecken (siehe dazu Abschnitt 4.7.2).

Das oben Gesagte gilt auch für eine 2D-Streckung, wenn beispielsweise in x- und z-Richtung gestreckt wird und y unverändert bleibt (Bild 4.78).

Man kann allerdings mit einer 1D-Streckung und anschließender Rotation eine Fläche aus ebenen Vierecken erzeugen, falls die Kurve eben ist und die Rotationsachse in der Kurvenebene liegt, wie im Abschnitt 4.3.2 gezeigt.

Die 2D-Streckung einer ebenen Kurve in deren Ebene ist gleichbedeutend mit einer 3D-Streckung.

Erkenntnis:

Nur die 3D gestreckten räumlichen Kurven sind ähnlich zur ursprünglichen Kurve. Ähnliche Kurven besitzen parallele Segmente.

1D und auch 2D gestreckte räumliche Kurven sind nicht mehr ähnlich zur ursprünglichen Kurve und entsprechende Segmente sind daher nicht mehr parallel.

Die 2D-Streckung einer ebenen Kurve ist jedoch gleichbedeutend einer 3D-Streckung.

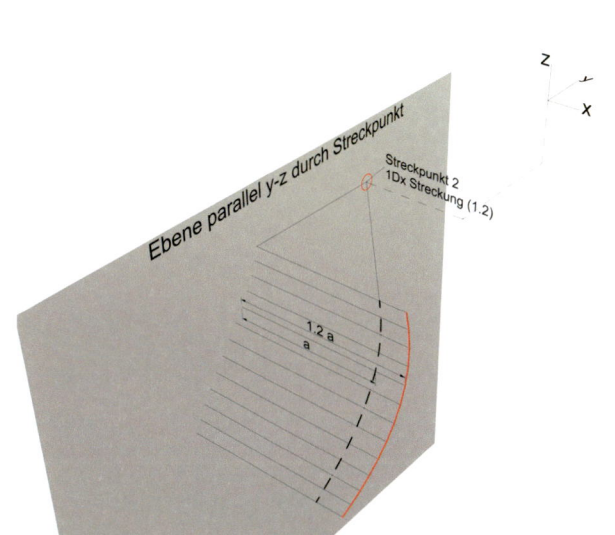
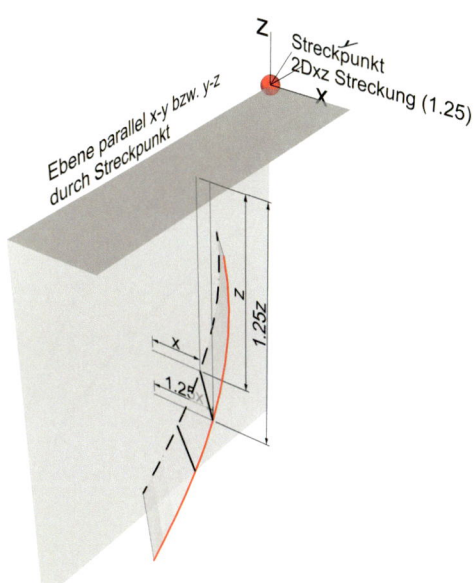

Bild 4.78 1D- und 2D-Streckung einer räumlichen Kurve
links: 1D-Streckung in x-Richtung
rechts: 2D-Streckung in x- und z-Richtung

4.7.2 Streck-Trans-Flächen

Zwei parallele Vektoren spannen im Raum stets eine ebene Viereckfläche auf.

Man kann, wie in Bild 4.79 dargestellt, durch Parallelverschiebung der Querkanten bei gleichzeitiger Längenänderung eine neue Maschenreihe aus ebenen Vierecken – quasi von Hand – erzeugen, wobei die frei wählbare Länge des neuen Querkantenvektors die Form der neuen Profilkurve bestimmt. Als Profilkurve kann eine beliebige, nicht zwingend ebene Raumkurve gewählt werden. Die neue Profilkurve ist der vorhergehenden nicht mehr ähnlich.

Die nächste Maschenreihe wird nach demselben Prinzip gebildet, wobei die Form der neuen Profilkurve von den Querkantenlängen abhängt. Auf diese Weise wird eine Maschenreihe an die andere gesetzt. Nahezu beliebige Formen mit ebenen trapezförmigen Maschen sind so möglich. Die Netzgenerierung auf diese Weise ist jedoch umständlich und das entstehende Stabnetz kann sehr inhomogen und gestalterisch unbefriedigend sein.

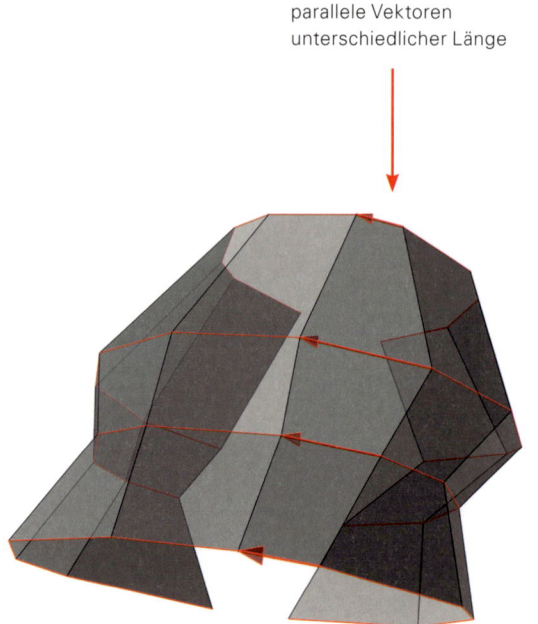

parallele Vektoren unterschiedlicher Länge

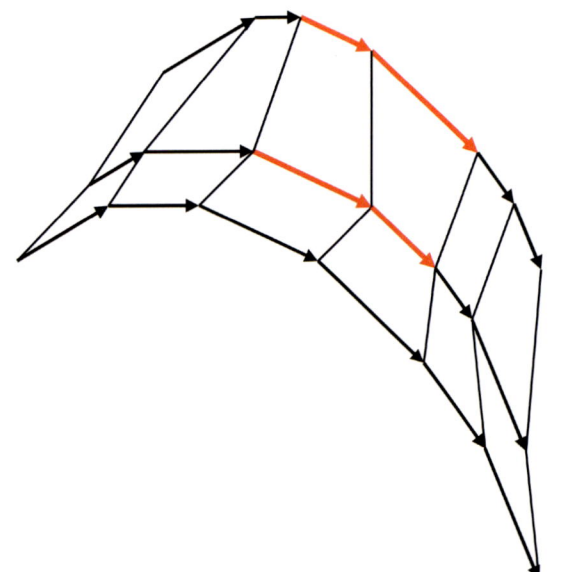

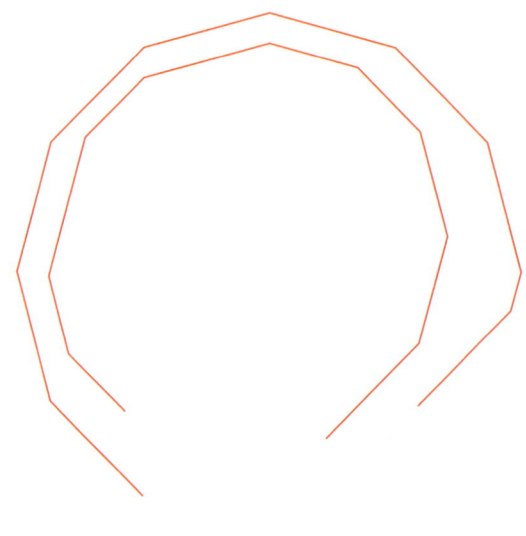

Bild 4.79   Parallelverschiebung der Querkanten.
Die Querkantenlänge wird von Masche zu Masche willkürlich gewählt.

Um homogene Strukturen zu erreichen, können die parallelen Querkantenvektoren aus analytischen Kurven entwickelt werden, beispielsweise durch zentrische 3D-Streckung. Bei ebenen Kurven entspricht dies einer 2D-Streckung.

Parallele Querkanten können anstatt durch Streckung auch durch Parallelverschiebung im gleichen Abstand erzeugt werden (äquidistante Profilkurve). Die Querkanten treffen sich dann auf der Winkelhalbierenden, allerdings nur bei ebenen Profilkurven.

Eine Verschiebung des Streckzentrums bewirkt neben der zentrischen Streckung lediglich eine Translation der gestreckten Profilkurve. Siehe dazu auch Abschnitt 4.7.1.

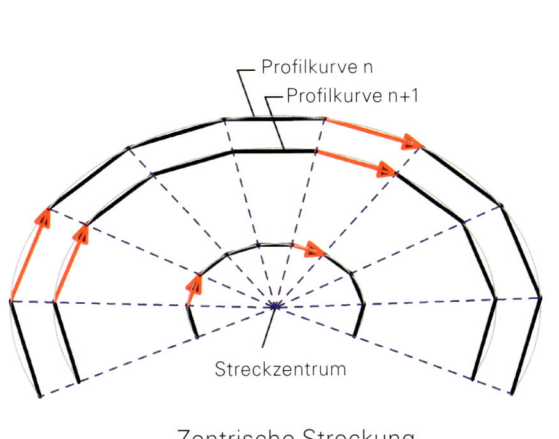

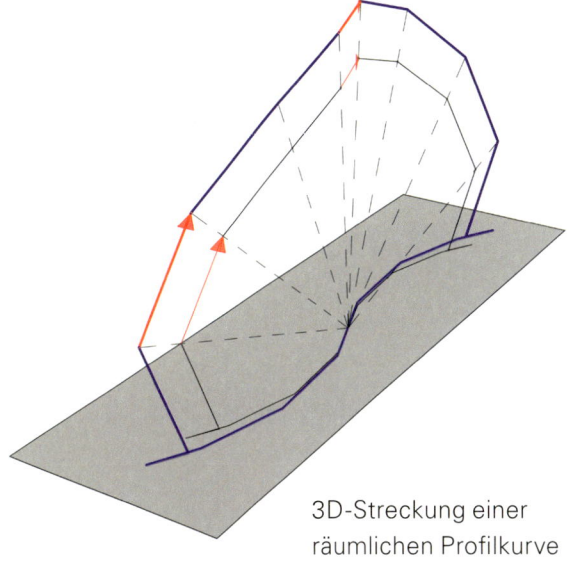

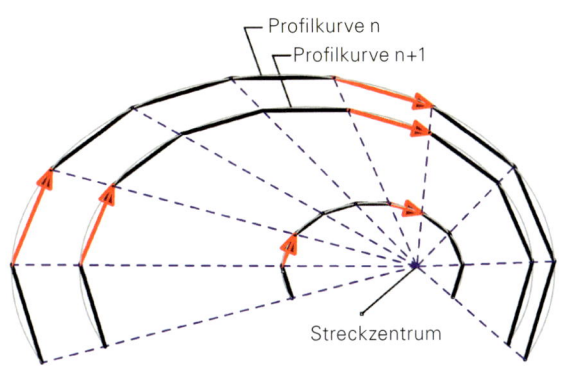

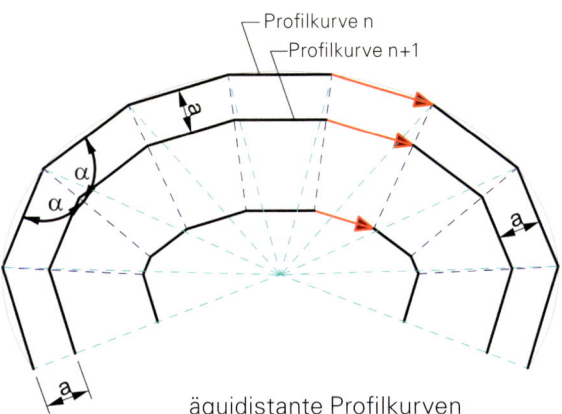

Bild 4.80   Erzeugung paralleler Querkanten:
oben links: 2D-Streckung einer ebenen Profilkurve
oben rechts: 3D-Streckung einer räumlichen Profilkurve
unten links: Verschiebung Streckzentrum bewirkt lediglich Translation der Profilkurve
unten rechts: äquidistante Profilkurven treffen sich in der Winkelhalbierenden

Wird eine beliebige Profilkurve gestreckt (Bild 4.80), entsteht eine neue mit parallelen Kanten. Eine Streckung bewirkt, dass die Länge eines jeden Querkantenvektors der Profilkurve um den gleichen Faktor λ verlängert bzw. verkürzt wird und die gleiche Richtung beibehält. Aus der n-ten Profilkurve entsteht so eine ähnliche n+1-te, die dann an eine beliebige Stelle – allerdings ohne sie zu drehen – räumlich verschoben wird (Bild 4.81). Die Verbindungslinien der Anfangs- und Endpunkte der zugehörigen Querkantenvektoren ergeben die Längskanten.

Die nächste Maschenreihe wird nach demselben Prinzip gebildet, wobei die Form der neuen Profilkurve vom gewählten Streckfaktor abhängt. Auf diese Weise wird eine Maschenreihe an die andere gesetzt.

Die so erzeugten Flächen werden hier Streck-Trans-Flächen genannt.

Um homogene Strukturen zu erreichen, können analytische Kurven, beispielsweise Kreise, Ellipsen, Hyperbeln oder Polynome in ein n-Eck gleichmäßig eingeteilt (gleiche Querkantenlängen) und zentrisch gestreckt werden. Werden die so erzeugten diskretisierten Profilkurven entlang einer analytischen Raumkurve (Leitlinie) verschoben und wird der Verschiebungsweg dem Streckfaktor angepasst, können homogene Flächen geschaffen werden mit gleichlangen Längskanten und gleichlangen Querkanten innerhalb einer Maschenreihe.

Bild 4.81 zeigt eine doppeltgekrümmte Fläche mit ebenen Viereckmaschen, die durch Streckung von Ellipsen und Verschiebung der gestreckten Profilkurven entlang einer räumlich gekrümmten Leitlinie entsteht.

Die Leitlinie kann an beliebiger Stelle angesetzt werden. Wird dieselbe Leitlinie, wie in Bild 4.82 gezeigt, nicht im Streckzentrum, sondern am Rand der Erzeugenden angesetzt, ergibt sich eine stark veränderte Fläche aus ebenen Vierecken.

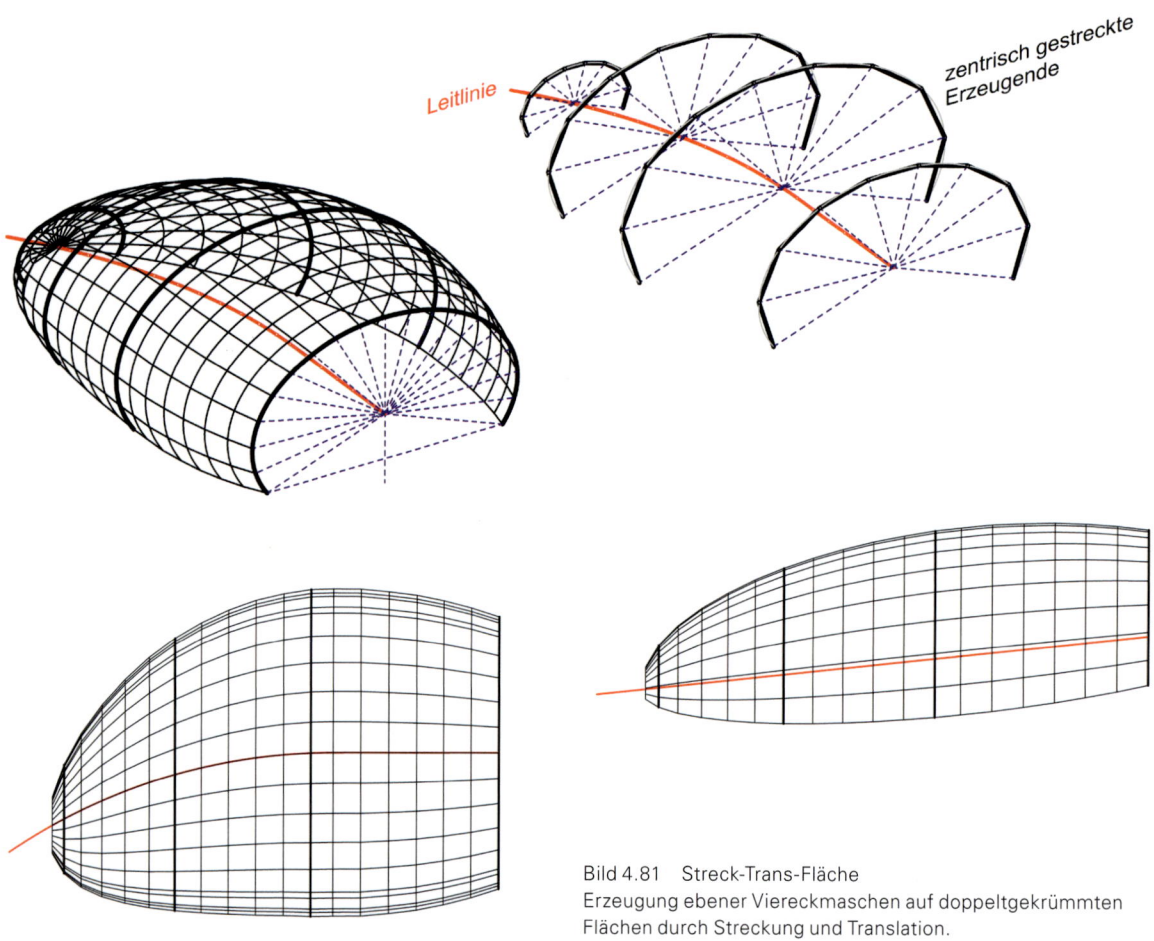

Bild 4.81 Streck-Trans-Fläche
Erzeugung ebener Viereckmaschen auf doppeltgekrümmten Flächen durch Streckung und Translation.

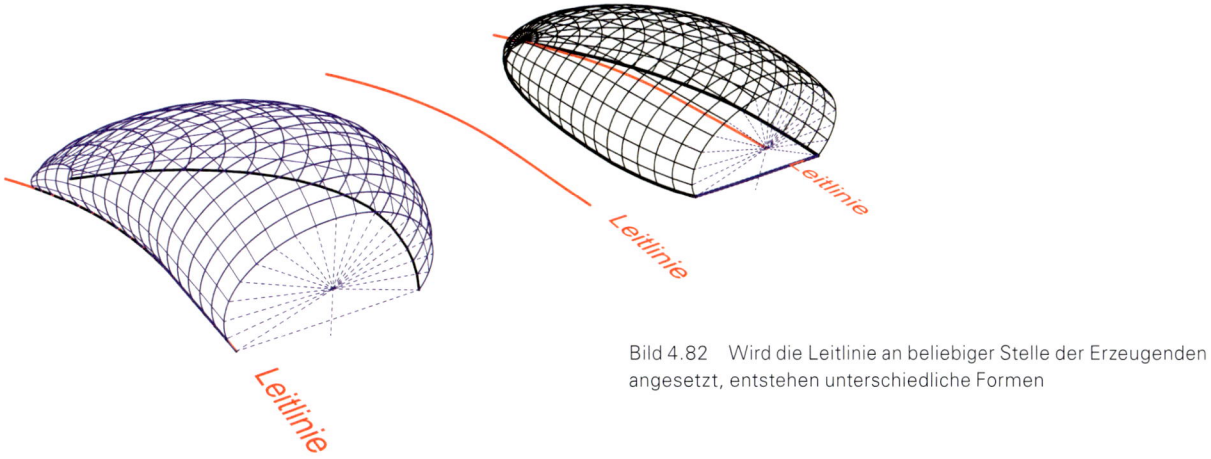

Bild 4.82 Wird die Leitlinie an beliebiger Stelle der Erzeugenden angesetzt, entstehen unterschiedliche Formen

a) gerade Leitlinie

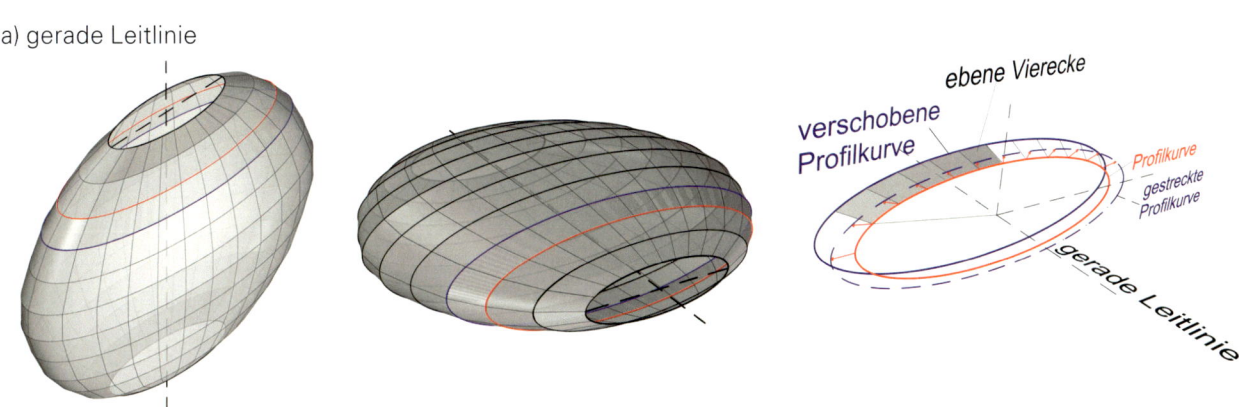

b) Erzeugende wie bei a) jedoch mit räumlich gekrümmter Leitlinie

c) gekrümmte Leitlinie

d) gerade Leitlinie

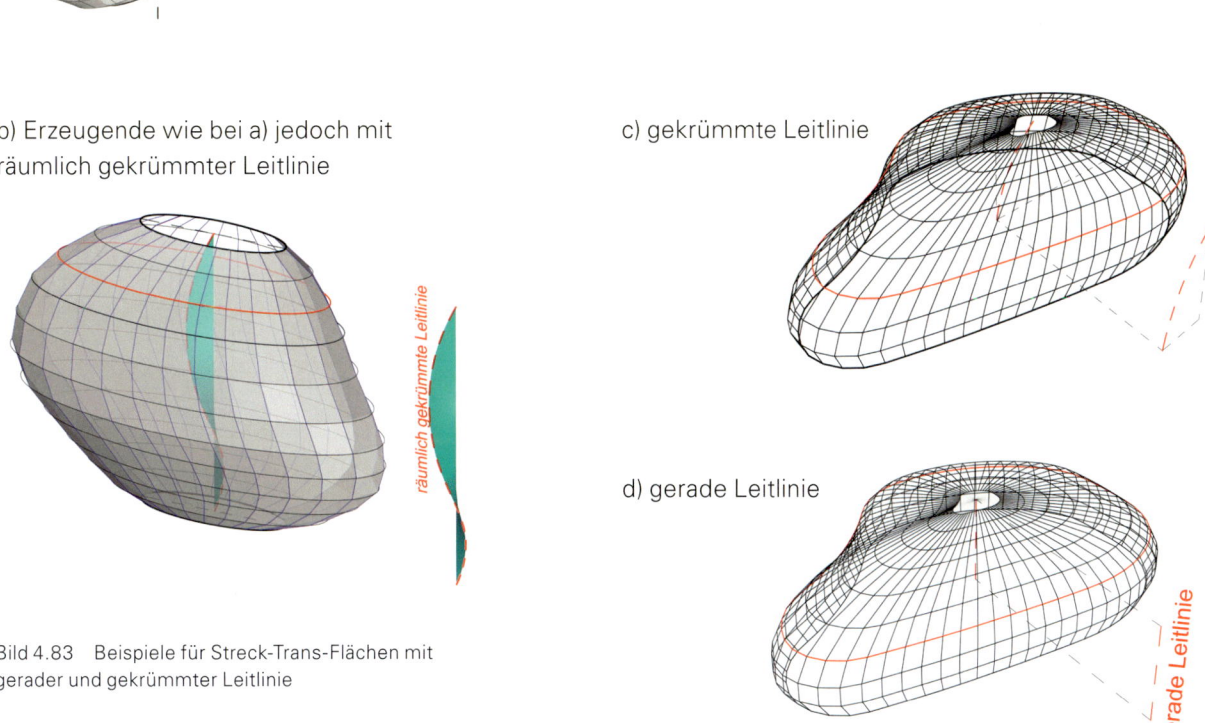

Bild 4.83 Beispiele für Streck-Trans-Flächen mit gerader und gekrümmter Leitlinie

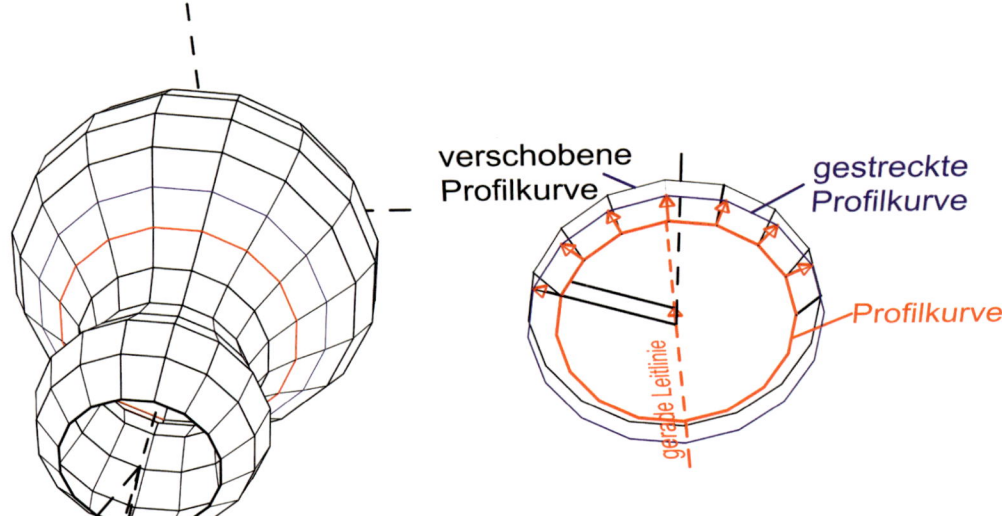

Bild 4.84 Rotationsfläche als Sonderfall einer Streck-Trans-Fläche

Werden die Profilkurven aus einem Kreis (bzw. dessen Diskretisierung in ein n-Eck) mit Streckzentrum im Kreismittelpunkt erzeugt und entlang einer geraden Leitlinie verschoben, entsteht als Sonderfall die Rotationsfläche (Bild 4.84).

Bild 4.85 zeigt, wie zwischen zwei nichtparallele Begrenzungen (siehe [44]) ein ebenes Vierecknetz durch Wahl des Streckpunktes eingepasst werden kann. Um Maschenzwickel zu vermeiden, wird die ebene Querschnittkurve so zweidimensional gestreckt, dass Anfangs- und Endpunkt der gestreckten Querschnittkurve mit dem zugehörigen Dachrand übereinstimmt (Bild 4.85 links). Der Abstand des Streckpunktes vom Dachrand ergibt sich zu $x = \dfrac{a \cdot B}{(a+c)}$ und der Streckfaktor zu $\lambda = \dfrac{B}{b}$, wobei B die neue und $b = B - (a+c)$ die alte Breite ist.

Man erzielt das gleiche Ergebnis auch einfacher, indem man z.B. das Streckzentrum in den Randpunkt der Erzeugenden legt und eine zentrische Streckung mit dem Streckfaktor $\lambda = \dfrac{B}{b}$ wählt (Bild 4.85 rechts). Die gestreckte Erzeugende muss dann an die entsprechende Stelle verschoben werden.

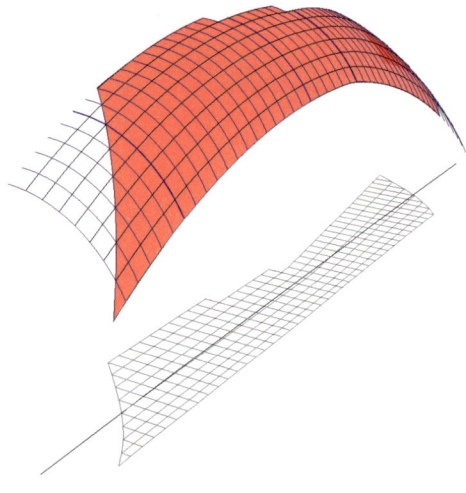

Bild 4.85 Durch Streckung der Querschnittskurve kann zwischen zwei nichtparallelen Begrenzungen ein Netz zwickelfrei eingepasst werden

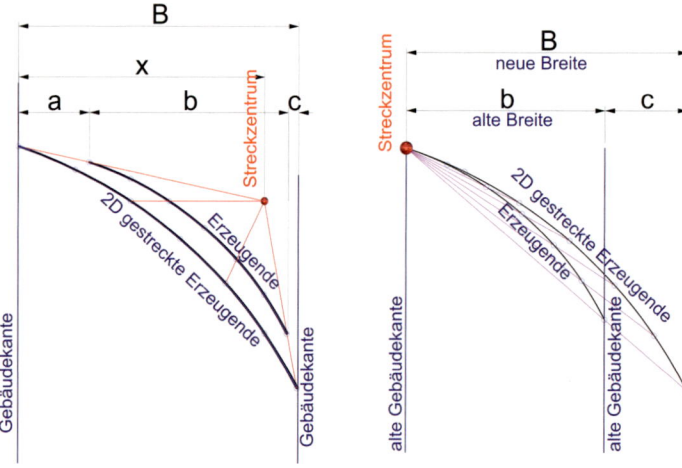

Die Plaza Überdachung von Ernst & Young in Luxemburg ist von vier geneigten Bögen berandet.
Um ein harmonisches Stabnetz aus ebenen Viereckmaschen und ohne störende Maschenzwickel am Rand zu erhalten, wurde eine Streck-Trans-Fläche konstruiert. Die Erzeugende wurde dazu entlang eines Randes (Leitlinie) verschoben und anschließend mit dem Faktor $\lambda = \dfrac{B}{b}$ zweidimensional gestreckt. Wegen der geringen Krümmung wird auf Diagonalseile verzichtet und jeder zweite Querstab mit einem Zugband versehen (Bild 4.86).

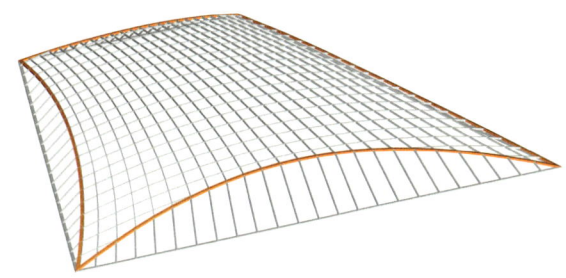

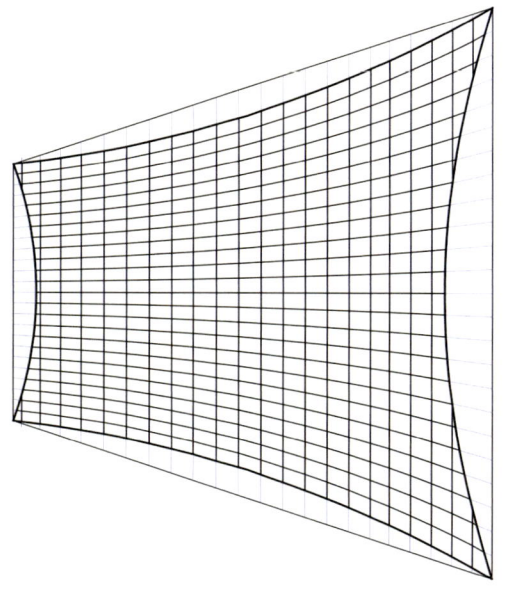

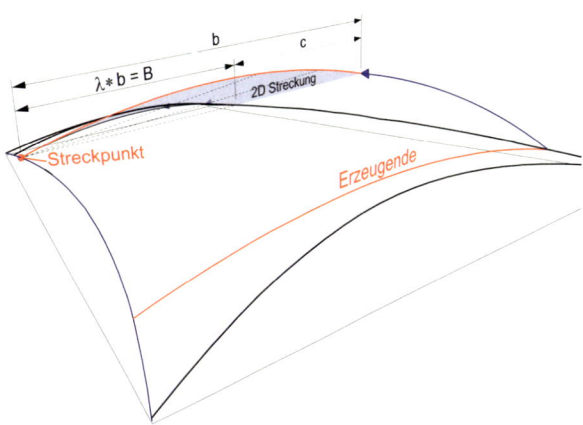

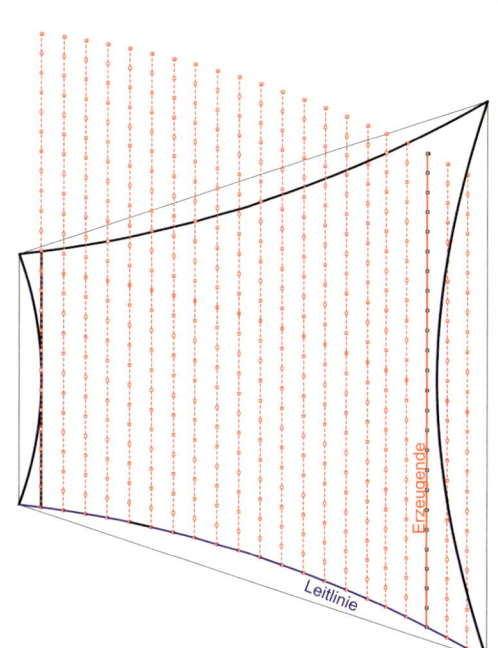

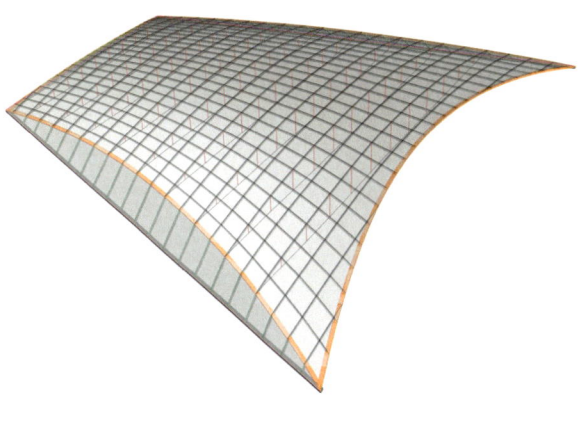

Bild 4.86 Konstruktion eines zwickelfreien Stabnetzes mit ebenen Viereckscheiben zwischen zwei gekrümmte Ränder durch Translation und Streckung

Bild 4.87 zeigt ein weiteres Beispiel einer Streck-Trans-Fläche. Zunächst wurde eine räumliche Erzeugende entlang einer räumlichen Leitlinie verschoben. Dann wurde jede Erzeugende mit einem individuellen Streckfaktor $\lambda = B/b$ zentrisch gestreckt.

Man kann auch nur Teilbereiche einer Querschnittkurve (Erzeugenden) strecken. In Bild 4.88 wurde nur der mittlere Teil der Querschnittkurve gestreckt und die neue Kurve entlang einer Leitlinie verschoben.
Die ausgesuchten Beispiele dieses Abschnitts zeigen, welche Vielfalt von Formen mit einfachen geometrischen Mitteln geschaffen werden können, die sich mit ebenen Vierecken belegen lassen.

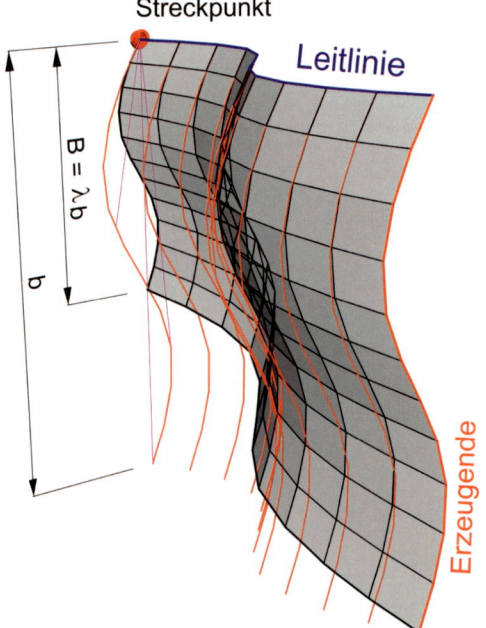
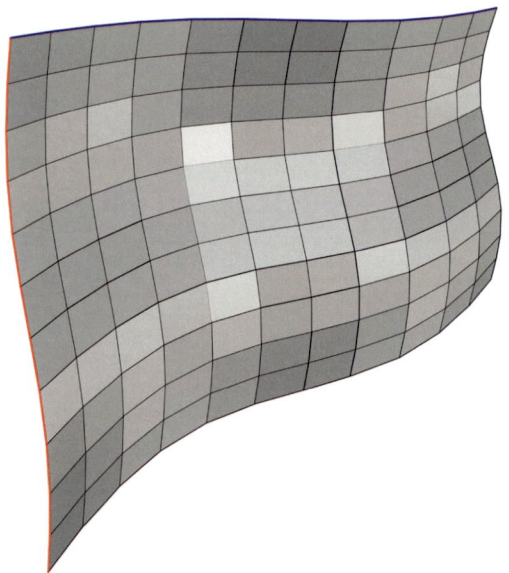

Bild 4.87 Glasskulptur als Streck-Trans-Fläche

Erkenntnis:

Durch zentrische 3D-Streckung mit dem Faktor λ wird eine beliebige räumliche Kurve (bzw. ein Polygon) ähnlich abgebildet.

Die Segmente des Polygons haben die λ-fache Länge und sind parallel zu den ursprünglichen Segmenten.

Die Verbindung der Polygonpunkte eines beliebig im Raum verschobenen gestreckten Polygons mit den ursprünglichen Polygonpunkten führt zu ebenen Vierecken.

Die so erzeugten Flächen werden hier Streck-Trans-Flächen genannt.

Das Prinzip ist auch auf Teilbereiche einer räumlichen Kurve (Polygon) anwendbar.

Im ebenen Fall wird aus der 3D-Streckung eine 2D-Streckung.

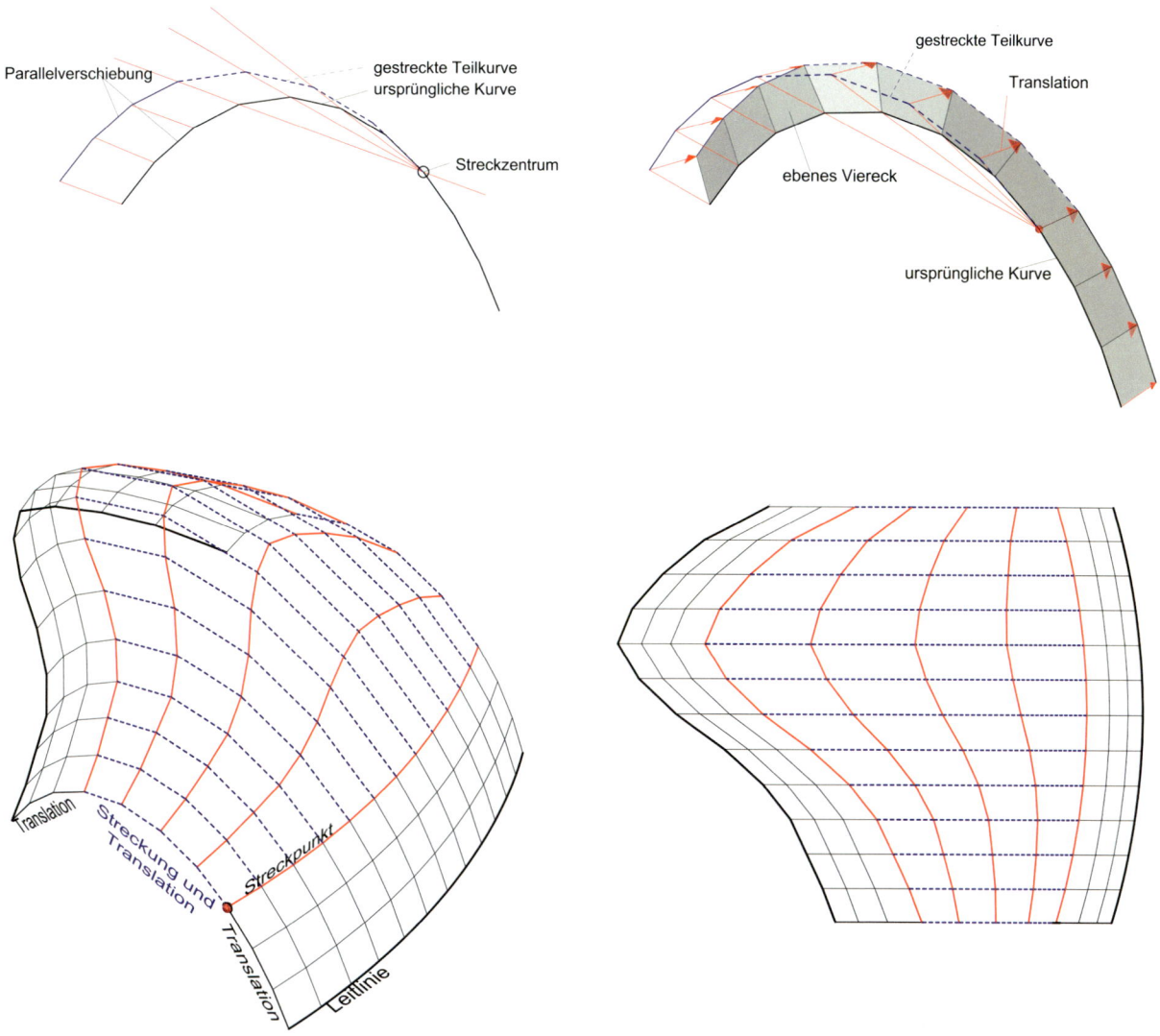

Bild 4.88 Streckung von Teilbereichen einer Querschnittskurve

4.8 Lamellenkuppeln mit ebenen Viereckmaschen

Als Lamellenkuppel bezeichnet man üblicherweise Kuppeln mit radialsymmetrisch angeordneten rauten- bzw. drachenförmigen Maschen. Die Begrenzungslinien der rautenförmigen Felder nennt man Lamellen. Die Knoten liegen üblicherweise auf der Kugeloberfläche und die rautenförmigen Maschen sind nicht eben (Bild 4.89). Meist wird die Tragstruktur mit der Dachdeckung oder mit in die Dachdeckung integrierten Horizontalringen ausgesteift, welche steife Dreiecke in der Fläche erzeugen.

Auch die Zollinger Tonnen gelten als Lamellenkonstruktion (siehe Abschnitt 4.2.3).

Lamellenkuppeln mit ebenen Rauten können einfach konstruiert werden.

Das Konstruktionsprinzip basiert wie bei der Translation darauf, dass zwei parallele Vektoren eine Ebene aufspannen. Ausgehend von n beliebig langen und beliebig geneigten räumlichen Ursprungsgeraden (Vektoren), die sich in einem Punkt schneiden, wird der Vektor 2 an den Endpunkt des Vektors 1 verschoben, dann der Vektor 3 an den Endpunkt des Vektors 2 usw. bis man schließlich alle n Vektoren entsprechend vektoriell verschoben und dadurch eine Schleife verbunden hat (Bild 4.90). Da sich die Ausgangsgeraden in einem Punkt schneiden, treffen sich auch alle Schleifen in einem Punkt.

Alle gleichfarbigen Vektoren in Bild 4.90 sind parallel, so dass diese ein ebenes Viereck aufspannen.

Die ebenen Vierecke erhält man durch Verbindung der entsprechenden Polygonpunkte der Schleifen (Bild 4.90). Auch die rechtsdrehenden Schleifen werden nach demselben Prinzip gebildet. Die entstehende Fläche ist in Bild 4.91 dargestellt.

Alle Vierecke des so konstruierten Lamellenkörpers sind eben und es treten n unterschiedliche Stablängen mit einer 2n-fachen Wiederholung auf. Zwei Schleifen sind stets mit demselben Vektor verbunden.

Wegen der willkürlichen Wahl der n Ursprungsgeraden ist die Fläche entsprechend unregelmäßig geformt.

Der resultierende Vektor aus den Ursprungsgeraden (Ursprungsvektoren) bildet die „Achse" und verbindet die obere und untere Spitze des Körpers.

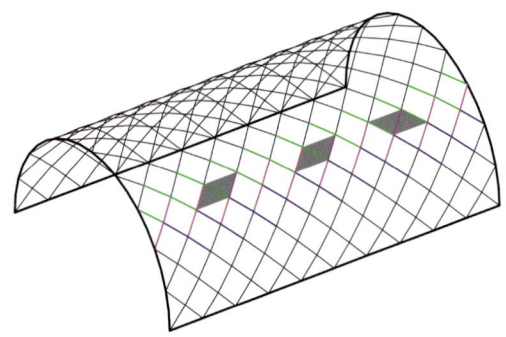

Bild 4.89 Lamellenkuppeln mit verwundenen Vierecken

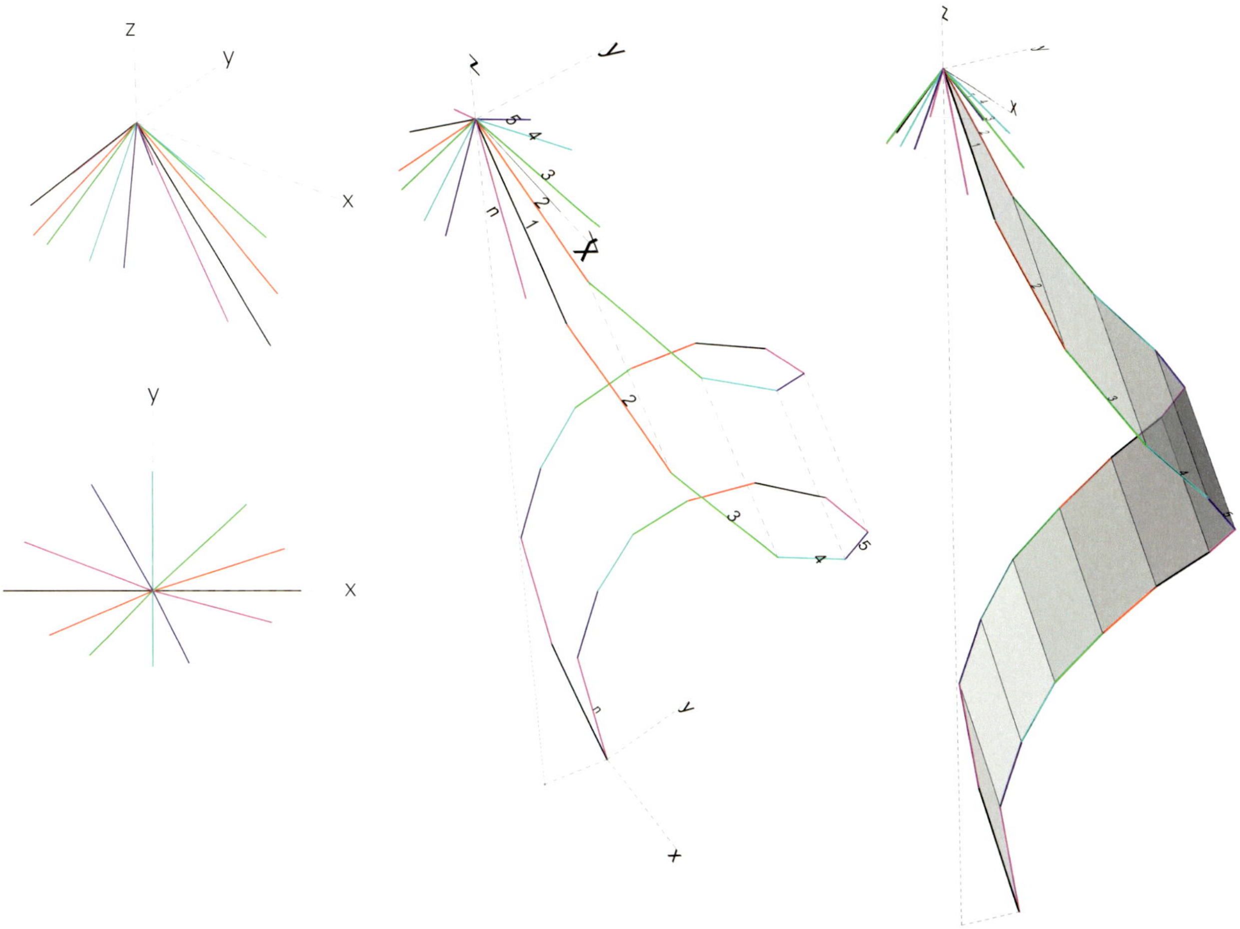

Bild 4.90 Allgemeines Konstruktionsprinzip für Lamellenkuppeln mit ebenen Vierecken

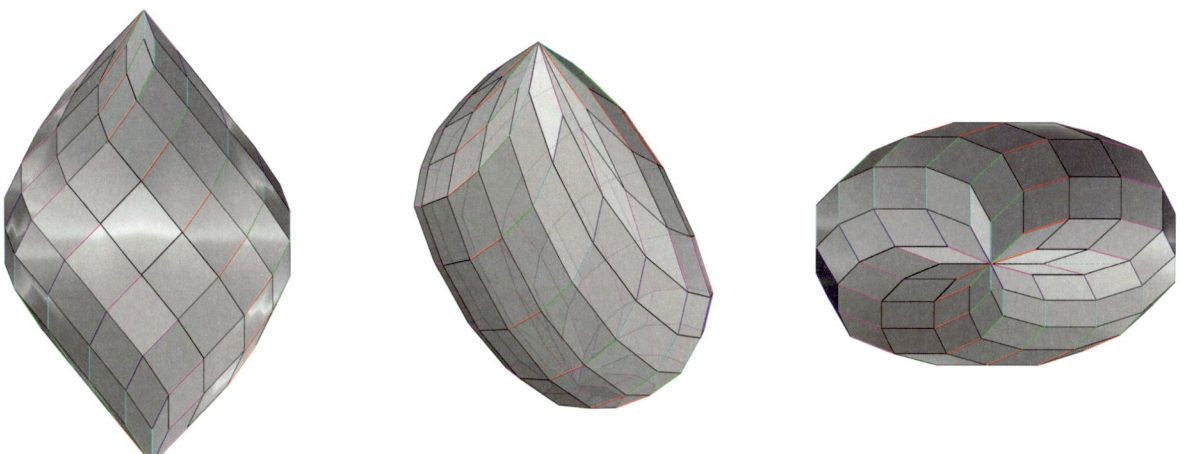

Bild 4.91 Lamellenfläche mit ebenen Vierecken, konstruiert mit 12 beliebigen Ursprungsgeraden

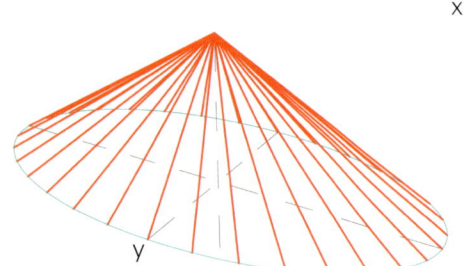

Ursprungsgeraden auf einem geraden elliptischen Kegel

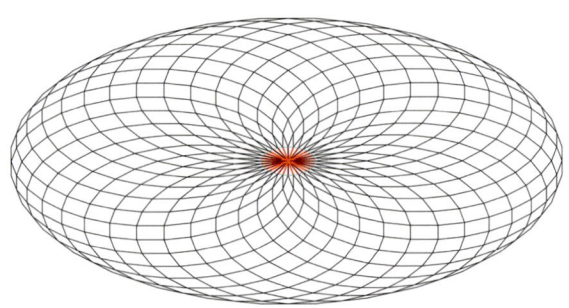

Bild 4.92 Lamellenfläche mit ebenen Vierecken, konstruiert mit 32 Ursprungsgeraden auf einem geraden elliptischen Kegel

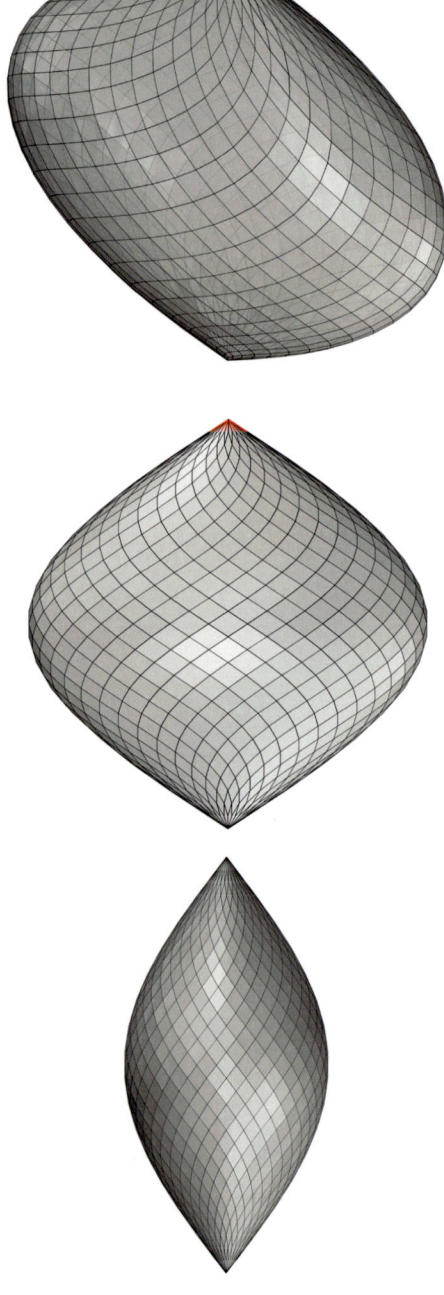

Um regelmäßige Flächen zu erhalten, bietet es sich an, die Ursprungsgeraden regulär anzuordnen. Wählt man beispielsweise Ursprungsgeraden, die in einem geraden elliptischen Kegel liegen, erhält man die in Bild 4.92 dargestellte homogene Lamellenfläche. Die Winkel zwischen den Ursprungsgeraden wurden unterschiedlich gewählt.

Geht man von einem schiefen elliptischen Kegel aus, entsteht eine in der Ansicht schiefe Fläche.

4.8.1 Die reguläre Lamellenfläche

Wählt man Ursprungsgeraden, die auf einem geraden Kreiskegel liegen und untereinander denselben Winkel und gleiche Längen haben, ergibt sich die in Bild 4.93 dargestellte rotationssymmetrische Lamellenfläche mit ebenen Rauten. Eine Raute ist ein ebenes Viereck bei dem alle vier Seiten gleich lang sind. Alle Stäbe sind also gleich lang und besitzen die Länge s.

Mit der Länge der Ursprungsgeraden s und deren Anzahl n, sowie den Längen der Halbachsen a und c ergeben sich die Eckdaten dieser Lamellenfläche zu [20]:

$$\alpha = \arctan\frac{2c}{\pi \cdot a}, \quad a = \frac{s \cdot \cos(\alpha)}{\sin\frac{\pi}{n}},$$

$$c = \frac{n \cdot s}{2} \cdot \sin\alpha = \frac{\pi \cdot a}{2}\tan\alpha \quad (42)$$

für $a = c$ folgt $\alpha = 32{,}47°$

Die Umrisskurve wird beschrieben mit

$$y = a \cdot \sin\left(\frac{\pi}{2c} \cdot z\right) \quad (43)$$

Die Koordinaten der Punkte $P0\ (0,0,0)$, $P_1 \ldots P_i \ldots P_n$ der ersten Schleife ergeben sich zu

$$x_i = x_{i-1} + s \cdot \cos(\alpha) \cdot \cos\left(\frac{2\pi}{n} \cdot (i-1)\right) \quad (44)$$

$$y_i = y_{i-1} + s \cdot \cos(\alpha) \cdot \sin\left(\frac{2\pi}{n} \cdot (i-1)\right)$$

$$z_i = i \cdot s \cdot \sin(\alpha)$$

Alle anderen Schleifen ergeben sich durch Rotation und Spiegelung.

Erkenntnis:
Eine Lamellenkuppel mit ebenen Viereckmaschen lässt sich mit n beliebig langen und beliebig geneigten Ursprungsgeraden (Vektoren), die sich in einem Punkt schneiden, durch entsprechendes Aneinandersetzen der Vektoren einfach konstruieren.

Liegen die Ursprungsgeraden auf einem geraden Kreiskegel und schließen diese untereinander denselben Winkel ein, entsteht die reguläre Lamellenfläche.
In dieser steuert
– **die Neigung der Ursprungsgeraden α die Gestalt des Körpers (gestreckt/gestaucht),**
– **die Stablänge s und Anzahl der Ursprungsgeraden n die Größe der Oberfläche,**
– **die Anzahl der Ursprungsgeraden n die Rauheit der Oberfläche.**

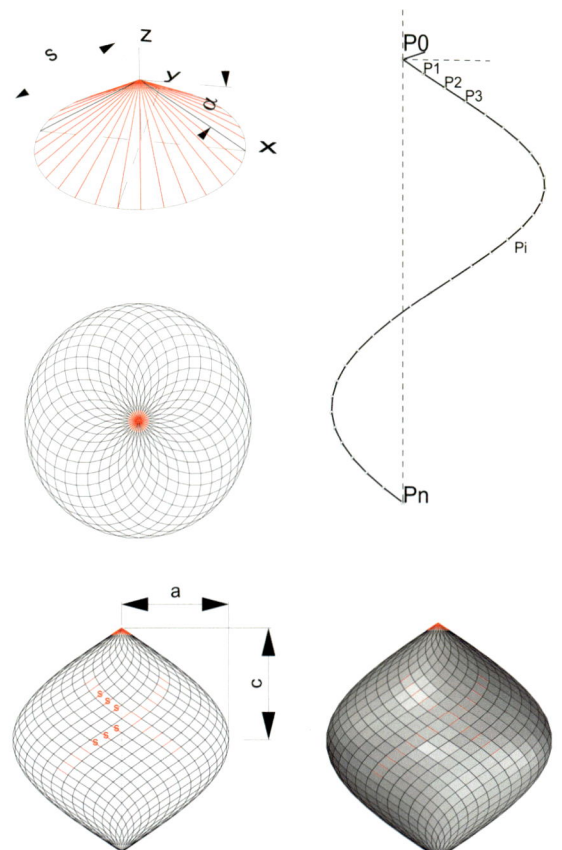

Bild 4.93 (rechts) Reguläre Lamellenfläche mit ebenen Rauten, konstruiert mit 32 Ursprungsgeraden auf einem geraden Kreiskegel mit $\alpha = 32{,}47°$

4.8.2 Ausschnitte aus Lamellenflächen

Aus der Lamellenfläche können durch Aus- und Abschnitte unterschiedliche Formen mit ebenen Vierecken gewonnen werden.

In Bild 4.94 werden beispielhaft Ausschnitte aus der regulären Lamellenfläche gezeigt. Bis auf die Randzwickel besteht die Fläche aus ebenen Rauten. Vertikalschnitte führen zu ovalen und Horizontalschnitte zu kreisförmigen Grundrisskurven.

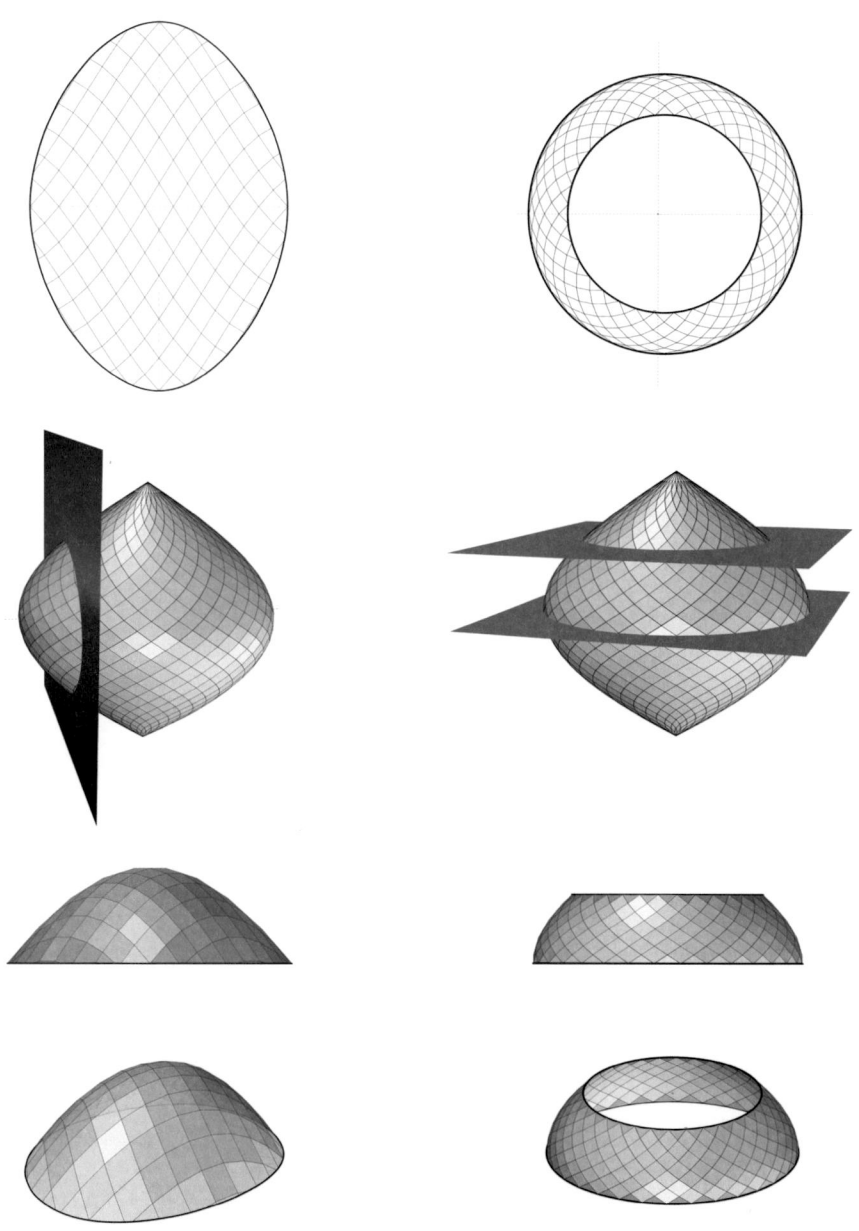

Bild 4.94 Ausschnitte aus der regulären Lamellenfläche, alle Maschen sind eben und haben gleich lange Seiten

4.9 Streckung doppelt gekrümmter Flächen aus ebenen Viereckmaschen

Wird ein ebenes viereckiges Flächenelement 1D oder 2D oder 3D mit dem Streckfaktor λ (hier in Bild λ = 2) gestreckt, entsteht wieder ein ebenes viereckiges Element. Bild 4.95 zeigt eine 1D-Streckung in x-Richtung und in z-Richtung, eine 2D-Streckung in x- und z-Richtung sowie eine 3D-Streckung.

Bei der 1D- und 2D-Streckung ist das gestreckte Flächenelement nicht mehr parallel zum Ausgangselement und die Elementseiten haben unterschiedliche Längen und Maschenwinkel, aber das Element bleibt eben.

Bei der 3D-Streckung werden alle Elementseiten bei gleichbleibendem Maschenwinkel mit λ gestreckt und das Element ist parallel zum Ausgangselement, bleibt eben und hat den λ^2-fachen Flächeninhalt.

Mit diesen Erkenntnissen können sämtliche doppeltgekrümmte Flächen mit ebenen Vierecken durch beliebige eindimensionale (1D), zweidimensionale (2D) und dreidimensionale (3D) Skalierung in eine Vielzahl von doppelt gekrümmten Flächen mit ebenen Vierecken verwandelt werden.

Die Streck-Trans-Fläche in Bild 4.81 kann beispielsweise durch Streckung in die in Bild 4.96 dargestellten Flächen verwandelt werden.

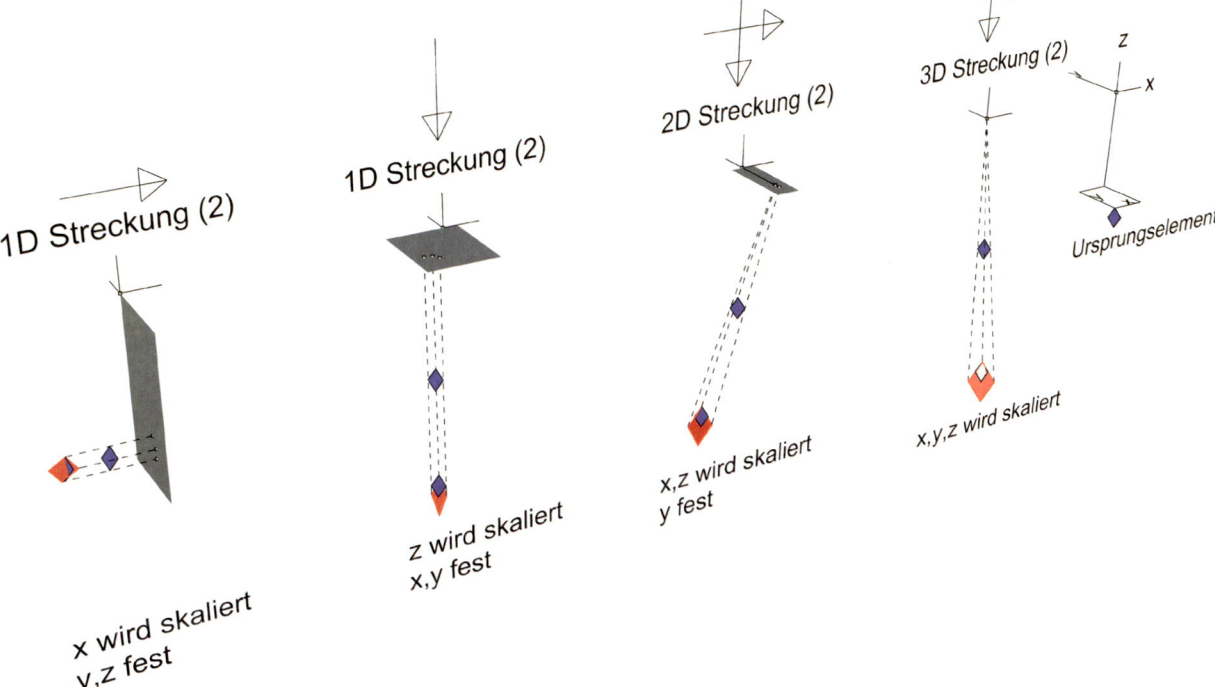

Bild 4.95   1D-, 2D- und 3D-Streckung eines ebenen Flächenelements. Das gestreckte Element ist ebenfalls eben.

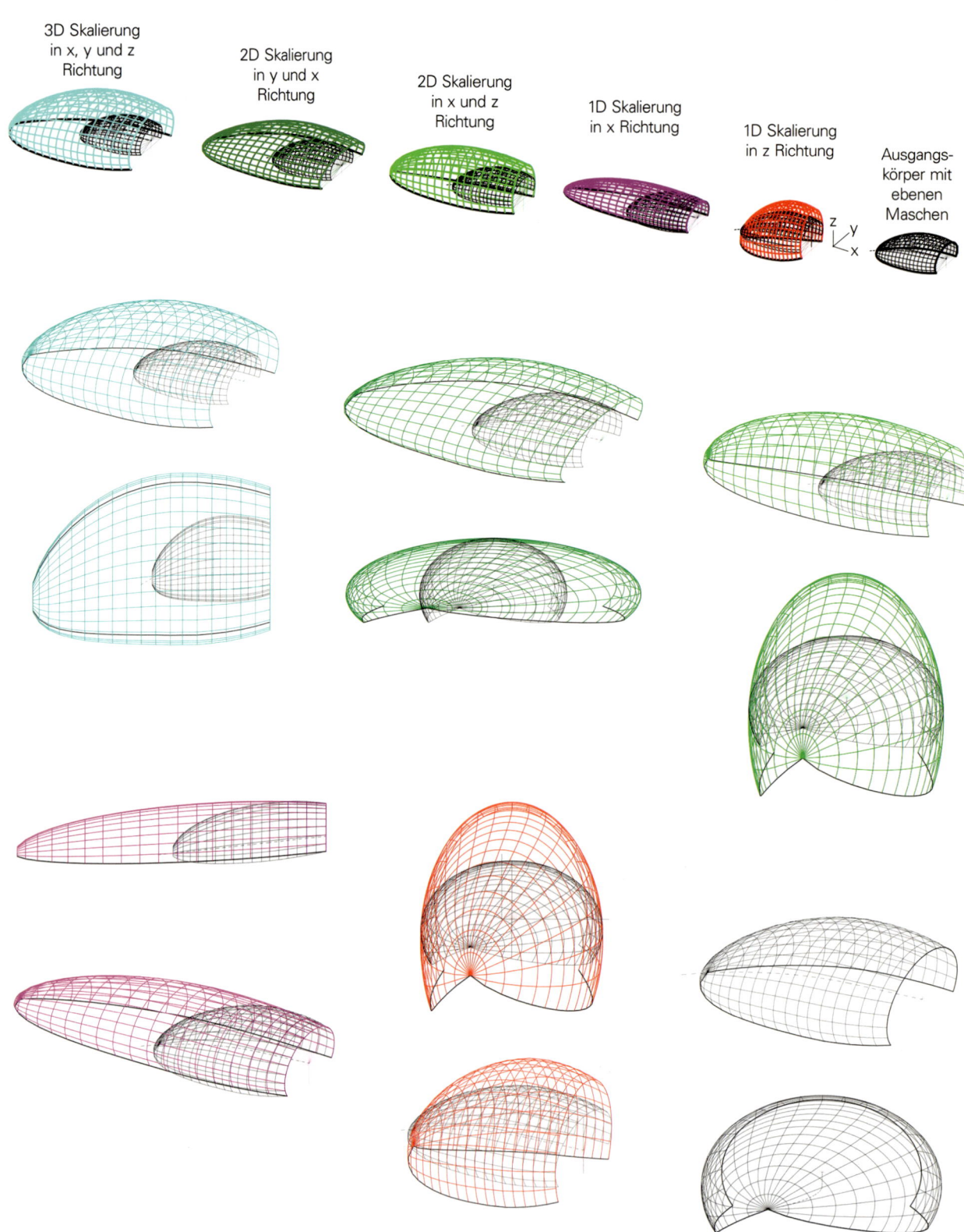

Bild 4.96 Erzeugung einer Vielzahl von doppelt gekrümmten Flächen mit ebenen Vierecken durch 1D- (rot), 2D- (grün) und 3D-Streckung (hellblau) ein und derselben Form (dunkelblau)

Als weiteres Beispiel wird die reguläre Lamellenfläche mit ebenen Rauten (siehe Abschnitt 4.8.1) 1D, 2D und 3D gestreckt. Nur die 3D-Streckung liefert ebene Rauten. Bei allen anderen Streckungen werden aus den Rauten ebene Vierecke (Bild 4.97).

Erkenntnis:
Bei einer eindimensionalen (1D), zweidimensionalen (2D) oder dreidimensionalen Streckung (3D) einer räumlichen Fläche aus ebenen Vierecken bleibt die Ebenheit der Viereckelemente erhalten. Bei der 3D-Streckung bleiben außerdem die Netzwinkel erhalten, nicht jedoch bei der 1D- und 2D-Streckung.

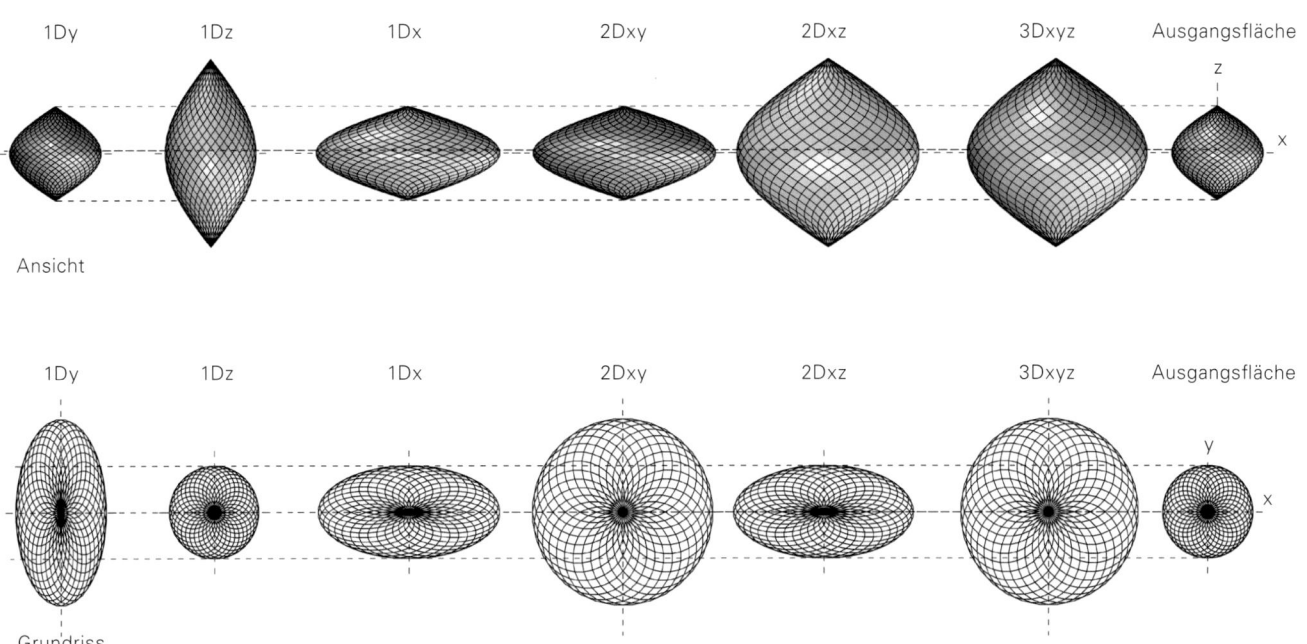

Bild 4.97 Unterschiedlich gestreckte Lamellenflächen:
1Dx/1Dy/1Dz = eindimensionale Streckung in x-/y-/z-Richtung
2Dxy/2Dxz/2Dyz = zweidimensionale Streckung in xy-/xz-/yz-Richtung
3Dxyz = dreidimensionale Streckung

4.10 Anwendung Geometrieprinzip für räumliche Blechkonstruktionen

Die im Kapitel 4 erläuterten geometrischen Verfahren können vorteilhaft auf die Herstellung räumlich gekrümmter Blechkonstruktionen angewendet werden, denn in vielen Fällen lassen sich diese in stückweise ebene Teilflächen diskretisieren.
Als Beispiel seien Blechträger oder Rinnen entlang freigeformter Dächer genannt.

a) Zur Streckung diskreter räumlicher Kurven
Die zentrische Streckung einer räumlichen Kurve erzeugt eine neue räumliche Kurve mit parallelen Querkanten. Beide Kurven schließen somit ebene Viereckflächen ein, die von Längskanten begrenzt werden, welche den Zentralstrahlen folgen (Bild 4.98).
Der räumlich gekrümmte und verwundene Blechstreifen kann daher aus einem ebenen Blech gewonnen werden, das lediglich an den Längskanten gekantet wird.

b) Beispiel räumlich gekrümmte Rinne (Bild 4.99)
Wird die im Bild 4.99 dargestellte Randkurve und die gestreckte Kurve in vertikaler Richtung verschoben (Translation), erhält man eine räumliche Rinne aus lauter ebenen Teilflächen, die sich leicht aus ebenen Blechen zusammensetzen lässt.

c) Beispiel Blechträger (Bild 4.100)
Die Binder des tonnenförmigen Nord-Süd-Daches am Hauptbahnhof Berlin verlaufen schräg zum Glasdach. Die Längsstäbe des Stabnetzes und somit auch der Oberflansch des Binders folgen der Tonne. Daher verwindet sich der Oberflansch bezüglich der Binderachse (Bild 4.100 unten) und seine Abwicklung verläuft leicht s-förmig. Er kann jedoch, ohne ihn zu verwinden, nur durch Knicken eines ebenen Bleches entlang der schräg verlaufenden Längskanten einfach gefertigt werden.

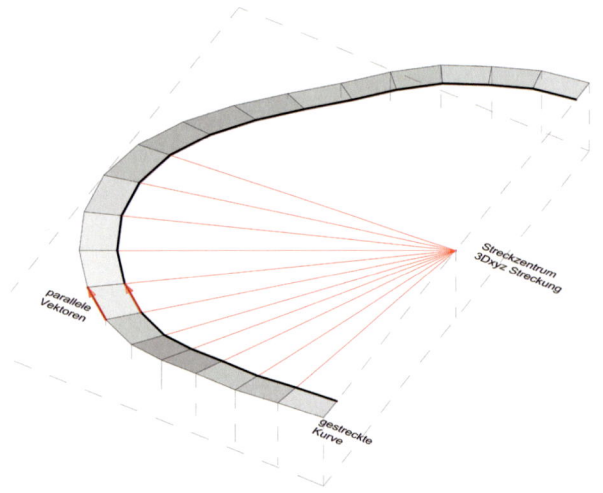

Bild 4.98 3D-Streckung einer räumlichen Kurve erzeugt ebene Vierecke

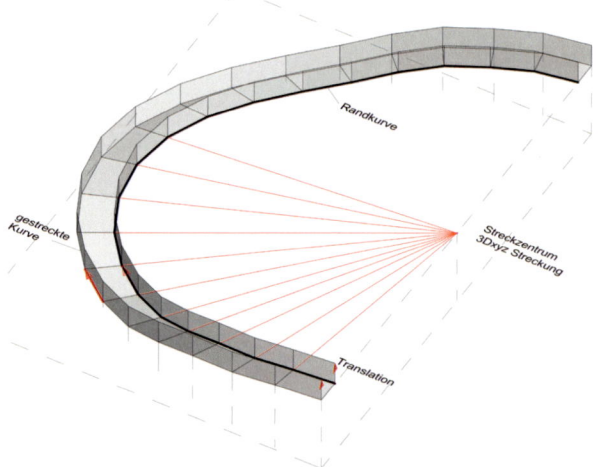

Bild 4.99 Durch vertikale Translation der gestreckten Kurve wird ein räumliches U aus ebenen Vierecken geschaffen.

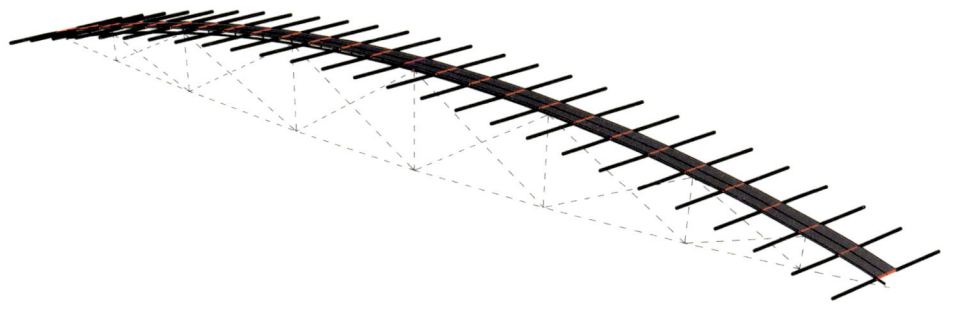

abgewickelter Flansch

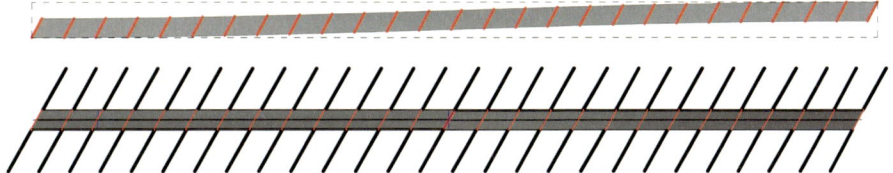

Schnitte senkrecht zur Binderachse

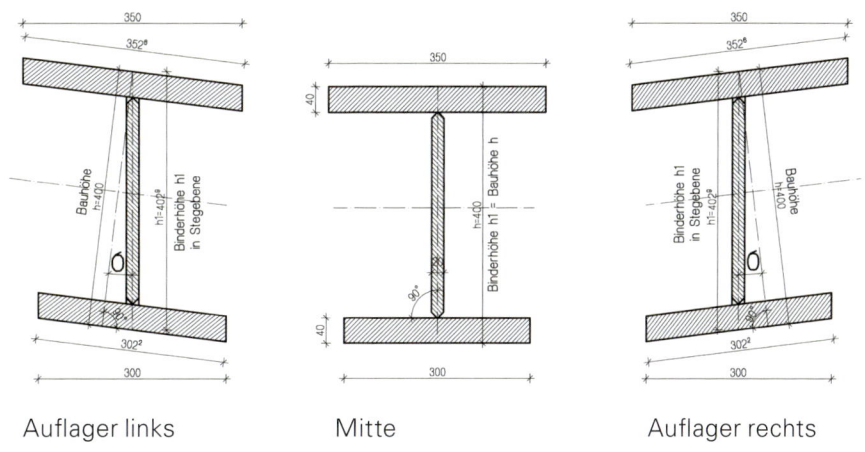

Auflager links   Mitte   Auflager rechts

Bild 4.100 Die Flansche des verwundenen Trägers können aus ebenen viereckigen Blechen zusammengesetzt werden

4.11 Anwendung Geometrieprinzip für Schalungen im Betonbau

Betonschalen machen von der Möglichkeit des frei geformten Betons optimalen Gebrauch und sind daher beste Beispiele materialgerechten Bauens. Heute sind sie fast verschwunden mit der Begründung, sie seien zu teuer. Wesentlichen Anteil daran haben sicherlich die aufwendigen doppelt gekrümmten Schalungen. Vereinzelt wurden Pneus als Schalung für Zementklinkersilos und Imax-Kuppeln eingesetzt, so richtig durchgesetzt haben sie sich aber bis heute noch nicht. Eine günstige Herstellung der Schalung ist daher der Schlüssel für wirtschaftliche Betonschalen.

In den Abschnitten 4.1 bis 4.9 wurden geometrische Prinzipien erläutert, wie man doppelt gekrümmten Flächen mit ebenen Vierecken belegen kann. Diese Prinzipien können auch auf die Herstellung von Schalungen für doppelt gekrümmte Betonschalen angewendet werden, denn eine Schalung aus ebenen Elementen kann gegenüber einer kontinuierlich gekrümmten Schalung wirtschaftliche Vorteile bringen.

Nahezu jede freie Form kann mit ebenen Schalelementen unterschiedlicher Größe belegt werden. Als einfaches Beispiel soll nachfolgend die Sporthalle Halstenbek dienen.

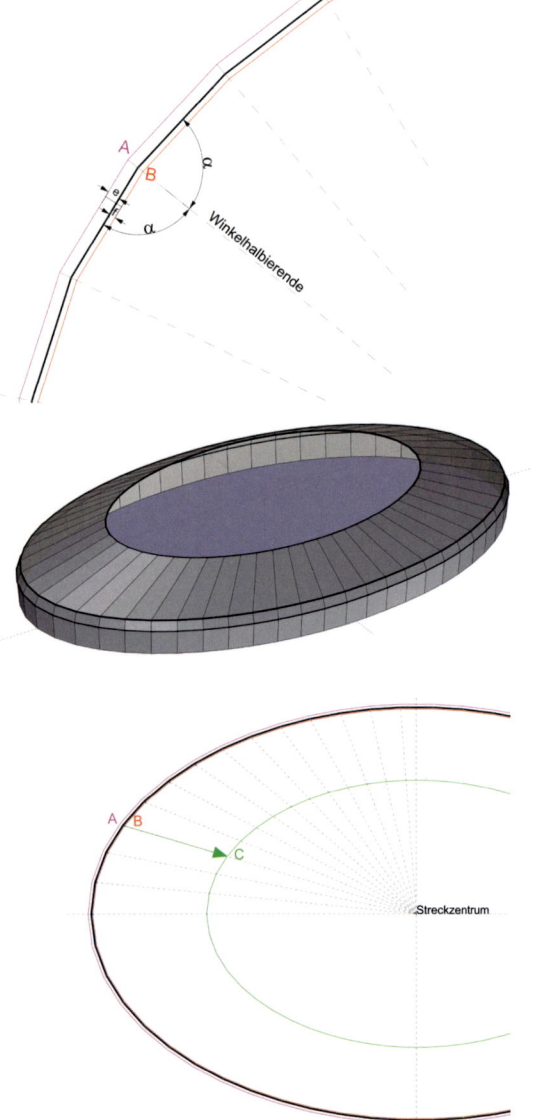
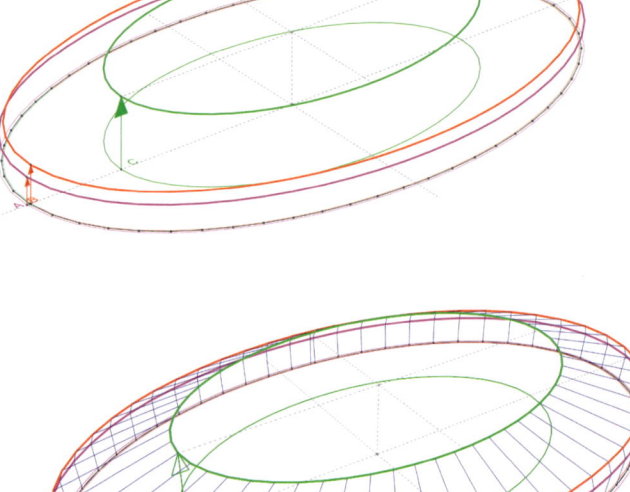

Bild 4.101   Erzeugung ebener Schalflächen für den dreidimensionalen elliptischen Baukörper der Sporthalle Halstenbek

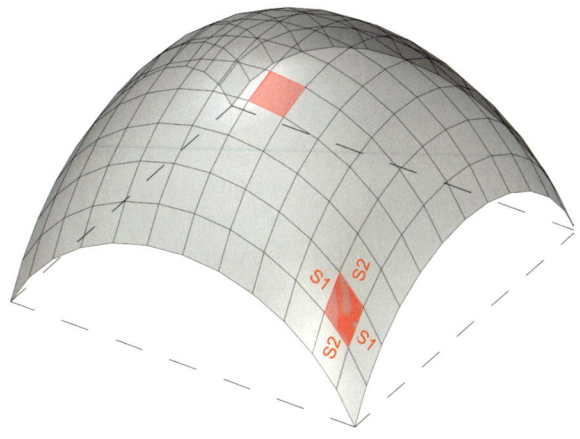

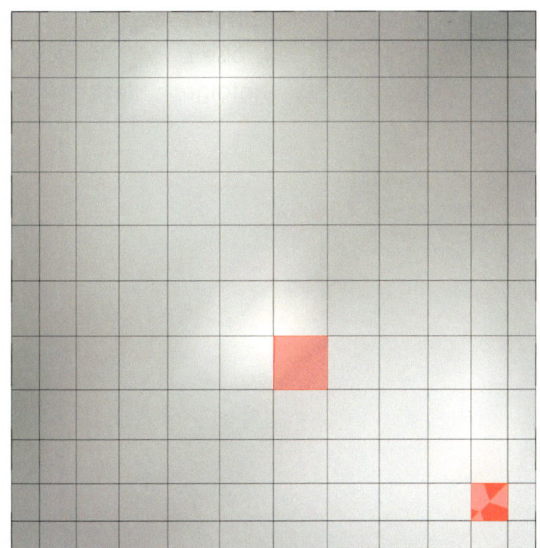

Ausgehend von der diskretisierten elliptischen Grundrisskurve (Polygon) wurden die Kurven A und B als äquidistante Kurven (s. Abschn 4.7.2) erzeugt und entsprechend der gewünschten Geometrie vertikal nach oben verschoben. Die Kurve C wurde durch zentrische Streckung der Kurve B gewonnen und ebenfalls vertikal nach oben verschoben. Damit sind alle Kanten des dreidimensionalen Körpers festgelegt. Die Verbindungslinien der entsprechenden Polygonpunkte ergeben dann die ebenen Schalflächen (Bild 4.101).

Schalungsmodul für Translationsflächen

Sehr große Einsparungen bei den Schalungskosten können erwartet werden, wenn man sich auf Translationsflächen beschränkt. Diese können bekanntlich mit lauter gleichartigen ebenen Maschen (als Raute $s_1 = s_2$, bzw. Parallelogramm $s_1 \neq s_2$) belegt werden, bei denen sich lediglich der Maschenwinkel α ändert, nicht jedoch die Seitenlängen s_i (Bild 4.102).

Man kann also eine doppelt gekrümmte Fläche aus einem einzigen ebenen viereckigen vorgefertigten Modul herstellen, das sich lediglich wie ein Scherengitter verschieben lässt.

Verleiht man dem ebenen viereckigen Modul noch die Eigenschaft sich geringfügig zu verwinden, können selbst frei geformte Flächen mit ein und demselben Modul geschaffen werden.

Ein Schalungsmodul kann daher aus einem ebenen Quadrat oder Rechteck bestehen, dessen Eckpunkte verdrehbar miteinander verbunden sind und der mit ebenen Planken (Holz, Metall o.ä.) beplankt wird, die mit dem Rahmen ebenfalls drehbar verbunden sind und je nach maximal auftretendem Maschenwinkel α einen Zwischenraum aufweisen (Bild 4.103).

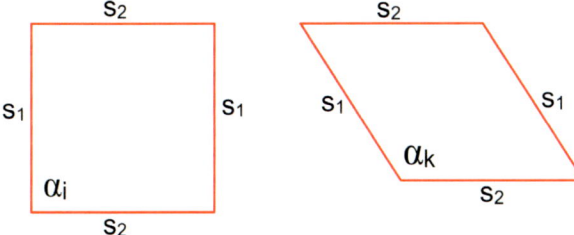

Bild 4.102 Translationsflächen bestehen aus ebenen Vierecken mit gleichen ($s_1 = s_2$) oder ungleichen (s_1, s_2) Seitenlängen. Nur der Maschenwinkel α ändert sich, die Seitenlängen bleiben alle gleich.

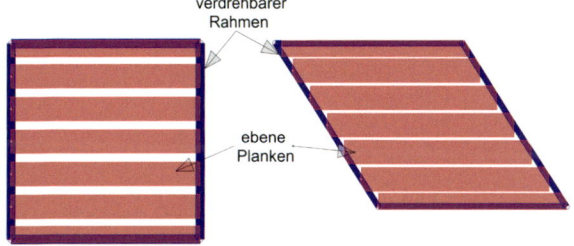

Bild 4.103 Prinzipskizze des Schalungsmoduls für Translationsflächen, das sich wie ein Scherengitter verschieben und so den veränderlichen Maschenwinkeln anpassen kann

Dieses Element lässt sich wie ein Scherengitter verschieben, so dass mit einem einzigen Elementtyp sämtliche Maschenwinkel α einstellbar sind.

Dadurch kann eine doppelt gekrümmte Fläche mit ein und demselben Modul hergestellt werden. Die dreidimensionale Fläche wird facettenartig angenähert. Sind die Vierecke verwunden, wird aus dem ebenen Viereck eine Hyparfläche. Die Modulgrösse kann je nach Bedarf verschieden gross gewählt werden.

Für die beschriebene Methode wurde in 2008 das Patent DE102008045760A1: „Modulares Bauelement für die Erstellung doppelt gekrümmter oder freier Tragwerksformen" eingereicht, das aber seit 2012 nicht mehr gehalten wird [21].

An Stelle des scherengitterartigen Schalelements kann man auch individuell zugeschnittene Spanplatten o.ä. verwenden, die von teleskopierbaren Baustützen mit eingesetztem verdrehbarem Spezialkopf getragen werden (Bild 4.104).

Frei geformte und kontinuierlich gekrümmte Schalung

Soll die Schalung kontinuierlich gekrümmt sein, können 3D gefräste Elemente aus kunststoffbeschichteten EPS Hartschaumplatten (z.B. Styrodur) oder Holz auf die zuvor beschriebene Schalung aus ebenen Viereckmodulen aufgeklebt werden.

Einsparungen können erwartet werden, wenn man mit einfachen horizontalen Schaltischen die Schalenform grob nachfährt und die Differenz zur Schalenfläche mit 3D gefrästen EPS Hartschaumplatten ausfüllt (Bild 4.105). Die Schaltische können aus gleichen Rechtecken bestehen, so dass sich die Tische nur in der Länge der Schalungsstützen unterscheiden. Ist das Hartschaumvolumen zu groß, kann auf den Schaltisch ein individuelles, geneigtes ebenes Schalelement aufgeständert werden.

In Zukunft sind als Schalhaut auch doppelt gekrümmte Kunststoffplatten denkbar, die mit 3D Druckern hergestellt werden.

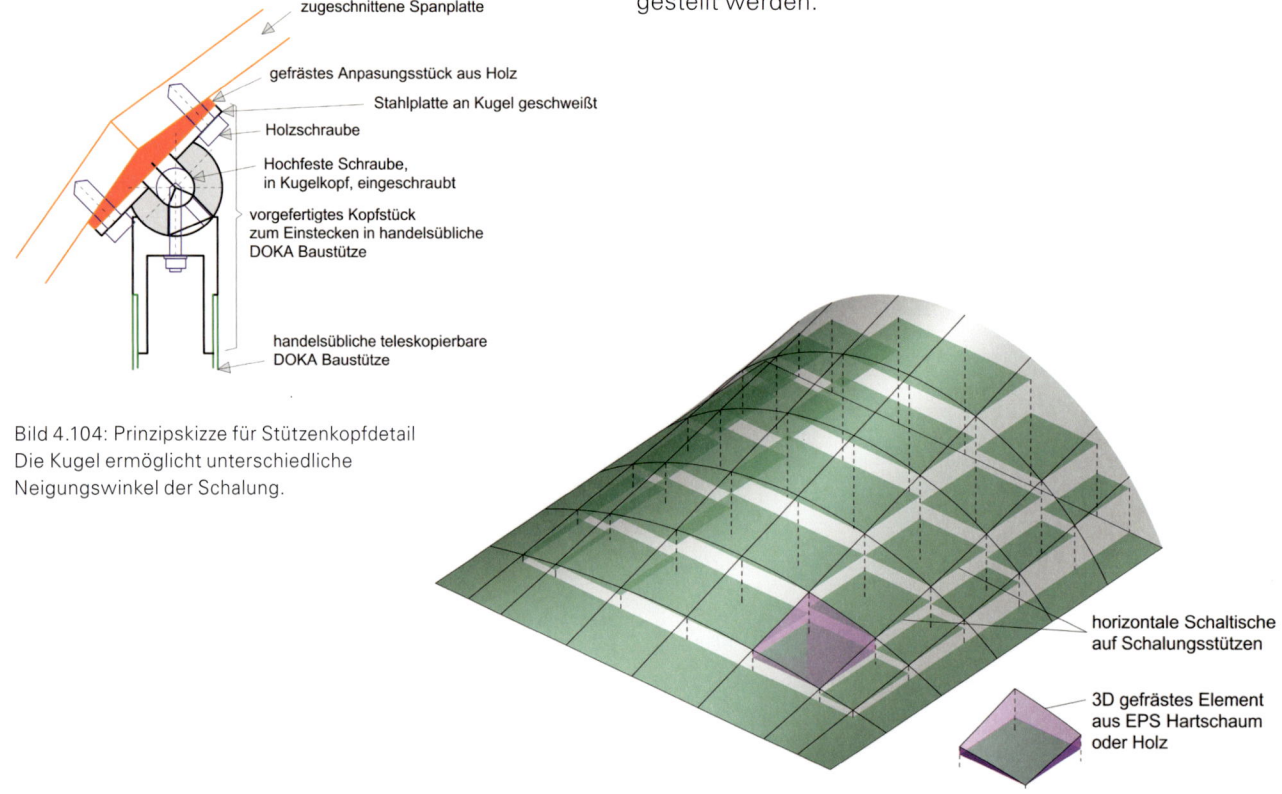

Bild 4.104: Prinzipskizze für Stützenkopfdetail
Die Kugel ermöglicht unterschiedliche Neigungswinkel der Schalung.

Bild 4.105 Prinzipskizze einer freigeformten Schalung mit 3D gefrästen Elementen
Elemente können aus kunststoffbeschichtetem EPS Hartschaum oder Holz bestehen

Eine eher konventionelle Methode zur Herstellung freigeformter kontinuierlicher Schalflächen besteht aus querlaufenden hölzernen Fachwerkträgern, deren gerader Obergurt nur grob der Dachfläche folgt. Die exakte Geometrie wird mit entsprechend zugeschnittenen Bohlen erreicht, die auf dem Obergurt aufsatteln (Bild 4.106). Darauf werden in Längsrichtung biegsame Bretter befestigt, die abgeschliffen werden können, um eventuell auftretende Versätze der gebogenen und verwundenen Schalbretter zu beseitigen. Die oberste Schalhaut kann aus flexiblen Kunststoffplatten (Bild 4.106) oder Betoplanplatten bestehen, um eine glatte Betonoberfläche zu erreichen.

Mit Rüttelbeton können Schalenneigungen bis maximal 35° ohne obere Schalung hergestellt werden. Für steilere Neigungen benötigt man eine obere Schalung, die beispielsweise aus Betonfertigteilen, aus dünnen Glasfaserbeton-Fertigteilen (beispielsweise der Fa. Rieder Smart Elements GmbH) oder aus dünnen textilbewehrten Faserverbundbauteilen auf Betonbasis (beispielsweise der Fa. B&T Bau & Technologie GmbH) – mit oder ohne Wärmedämmung – bestehen kann, welche die bleibende Schalenoberfläche bildet.

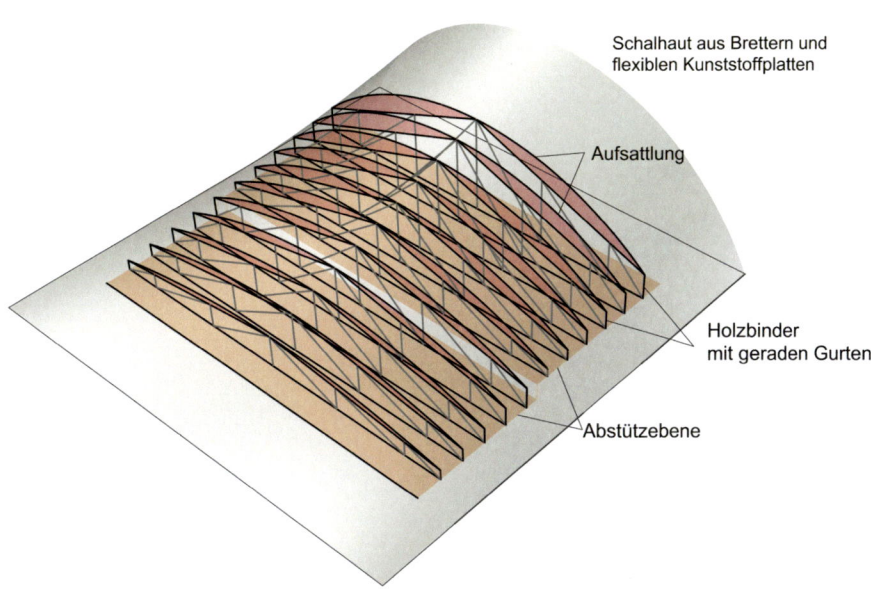

Bild 4.106   Prinzipskizze einer konventionellen freigeformten Schalung und Blick auf Schalhaut

5 Freigeformte Netzkuppeln

Die Gestalt von freigeformten Netzkuppeln wird nicht mit geschlossenen mathematischen Beziehungen oder mit den zuvor dargelegten Geometrieprinzipien beschrieben, sondern numerisch in digitaler Form bzw. mit komplexen mathematischen Prozeduren (NURBS-Flächen), die inzwischen in vielen CAD-Programmen implementiert sind.

Auf den Entwurf von Netzen auf diesen Flächen wird in diesem Abschnitt nicht näher eingegangen. Lediglich auf das Subdivisions-Verfahren sei kurz hingewiesen. Es ist eine häufig angewendete Prozedur zur Netzerzeugung auf fließenden freien Formen. Ein anfänglich sehr grobes Polygonnetz, das die angestrebte Topologie (Dreieck- oder Vierecknetz etc.) beschreibt, wird mit einem speziellen Subdivisions-Algorithmus Schritt für Schritt so weit verfeinert, bis es in Größe und Form dem angestrebten Stabnetz entspricht (siehe Bild 5.7). Zur Beschreibung der anfänglichen prinzipiellen Netzeinteilung können die einfachen Geometrieprinzipien des Kapitels 4 hilfreich sein.

Weitergehende Informationen zur Netzgenerierung sind in den Kapiteln 6 und 9 und im Buch Architectural Geometry [12] von *Prof. Pottmann* et al. zu finden. Es gibt derzeit handelsübliche komplexe Programme, die auf vorgegebenen freien Formen Strukturen aus dreieckigen, viereckigen und polygonalen Maschen erzeugen und geometrische Optimierungen hinsichtlich Maschenweite, Ebenheit der Masche, Homogenität der Netze, Minimierung der Abweichung von der Ausgangsgeometrie etc. durchführen und Zusatzbedingungen wie Netzanpassung entlang von Rändern und Falten und vorgegebene maximale und minimale Stablängen und Netzwinkel einhalten können.

Generell können alle freien Formen mit einem Dreieck- oder Vierecknetz versehen werden, deren Knotenpunkte direkt auf der vorgegebenen Fläche liegen. Die Viereckmaschen sind dann meist verwunden und können nicht mit ebenen viereckigen Elementen eingedeckt werden, was ein wirtschaftliches Problem darstellt (Bilder 5.1 und 5.2).

Skulpturale Flächen sind meist statisch nicht optimiert. Sind Abweichungen von der skulpturalen Form zulässig, ist eine Formfindung aus statischen, wirtschaftlichen und fertigungstechnischen Gründen ratsam. Dazu gibt es unterschiedliche Vorgehensweisen, die in den Kapiteln 6 und 9 näher erläutert werden. Die statische Optimierung ist üblicherweise mit einer geometrischen Optimierung verknüpft.

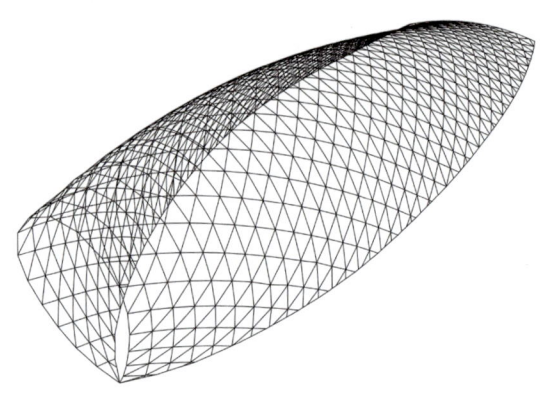

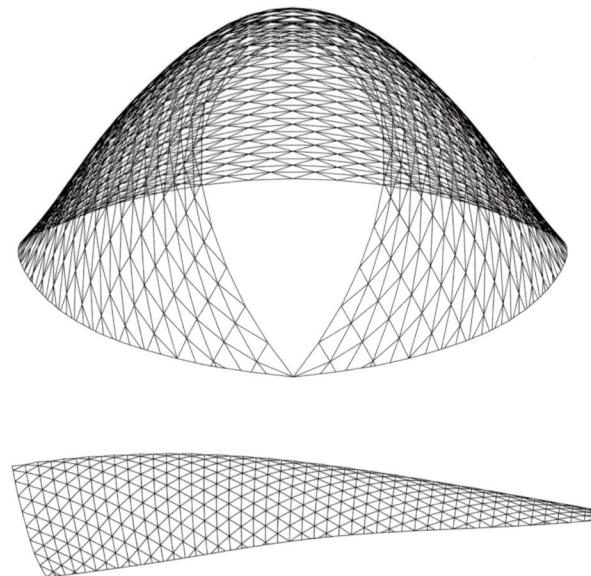

Bild 5.1 Dreiecknetz auf einer freien Form am Beispiel Pariser Platz 3, Berlin. Alle Dreiecke sind hier gleichschenklig. Lauter gleichseitige Dreiecke sind nicht möglich

5.1 Netzkuppeln mit ebenen Viereckmaschen auf freien Formen

Ebene Vierecknetze auf freien Formen bieten wegen der einfacheren Herstellung wirtschaftliche Vorteile, sie zu entwerfen ist jedoch viel schwieriger, wenn auch dafür leistungsfähige Werkzeuge zur Verfügung stehen (z. B EVOLUTE tools). Die entstehenden Netze können allerdings sehr inhomogen und gestalterisch unbefriedigend sein (Bild 5.3).

Erlaubt man gewisse Abweichungen von der Ausgangsfläche, können architektonisch sehr ansprechende homogene Strukturen mit ebenen Maschen erzeugt werden. Mit den EVOLUTE tools können beispielsweise ebene Vierecknetze auf freien Formen erzeugt werden, bei denen der Abstand der Knotenpunkte von der Ausgangsfläche minimiert ist, die diskrete Fläche sich also bestmöglich anschmiegt.

Hierauf soll hier jedoch nicht näher eingegangen werden.

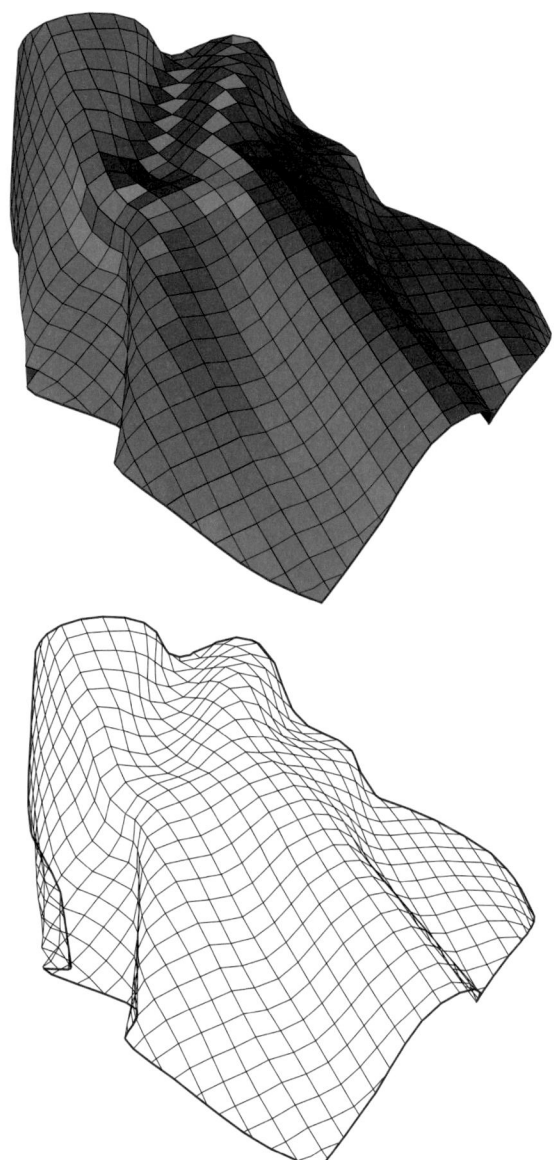

Bild 5.2   Gleichmaschiges Vierecknetz auf freier Form; Alle Stäbe sind gleich lang, die Maschen sind jedoch verwunden

Bild 5.3   Ebene Viereckmaschen auf freier Form, erzeugt durch „Subdivision" und Verebnung. Die Maschen sind unterschiedlich und können zu Dreiecken „entarten" bzw. aus mehr als vier Knotenstäben bestehen.

5.2 Netzkuppeln mit verwundenen Viereckmaschen

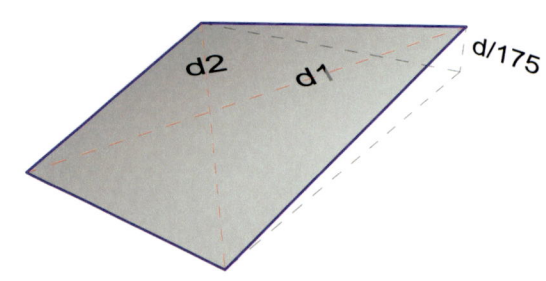

Lässt man bestimmte, auf die Eindeckung abgestimmte Abweichungen von der Ebenheit zu, können fließende und homogene Netze auch auf vielen freien Formen erzeugt werden.

Bild 5.4   Der Grenzwert der Scheibenverwindung für Isoliergläser kann vorerst zu d/175 angenommen werden.

Die zulässige Verwindung w von Isoliergläsern kann vorerst nach [22] zu d/175 angegeben werden, wobei d die gemittelte Länge der Diagonalen d1, d2 ist (siehe Bild 5.4).

$$w < d/175 \qquad (45)$$

Kritisch sind hier nicht die dabei auftretenden Glasspannungen, sondern die Beanspruchungen des Randverbundes und dessen Dichtigkeit. Der zulässige Verwindungswert sollte jedoch vorab mit dem Glashersteller oder der Glasbaufirma abgestimmt werden, da er momentan noch nicht geregelt ist.

Das von *F. O. Gehry* geplante IAC Headquarter in New York wird von einer Glasfassade aus gebogenen und geknickten Flächen eingehüllt (Bild 5.6). Die geschosshohen ebenen Isoliergläser mit Abmessungen 3,7 × 1,5 m wurden auf die verwundenen Stahlrahmen kalt aufgedrückt (kalt gebogen). Die auftretende Verwindung wurde mit der Glasbaufirma abgesprochen und war größer als der oben angegebene Grenzwert.

Für Monogläser oder VSG Scheiben mit pvb-Zwischenfolien sind wesentlich größere Verwindungen möglich. Bereits in 1988 wurden für die Netzkuppel in Hamburg

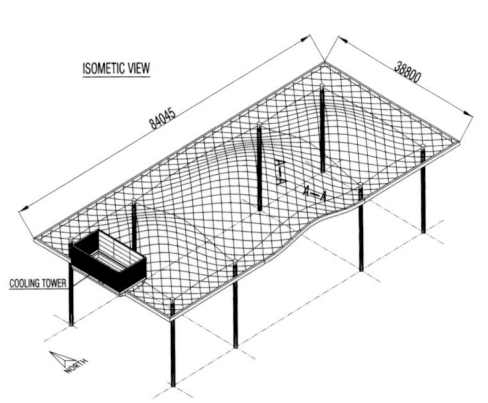

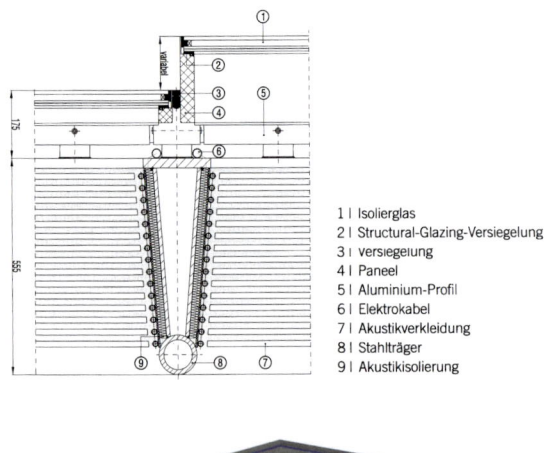

1 | Isolierglas
2 | Structural-Glazing-Versiegelung
3 | Versiegelung
4 | Paneel
5 | Aluminium-Profil
6 | Elektrokabel
7 | Akustikverkleidung
8 | Stahlträger
9 | Akustikisolierung

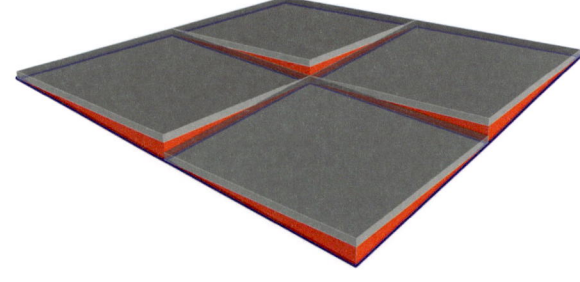

Bild 5.5   Innenhofüberdachung Portrait Gallery, Washington DC
Verwundene Tragstruktur mit geschuppter ebener Isolierverglasung (Foster/Gartner)

(Abschnitt 3.2) in Teilbereichen der kuppelförmigen Übergangszone die ebenen VSG Scheiben kalt gebogen. In 1993 wurden von schlaich bergermann und partner die gespannten Seilnetzfassaden entwickelt, die unter Windlast auch nur mit einer Verwindung der Glasscheiben funktionieren. Die zulässige Verwindung ergibt sich aus dem rechnerischen Nachweis der Glasspannungen für alle auftretenden Lastfälle unter Beachtung der Verwindung.

Bei VSG Gläsern sind die zeit- und temperaturabhängigen Spannungsumlagerungen infolge des plastischen Verhaltens der Zwischenfolie zu beachten. Ferner muss die Fugendichtung so ausgebildet sein, dass sie den Randverformungen schadlos folgen kann. Als Anhaltswert kann von einer Verwindung von max. d/50 bis d/90 ausgegangen werden. Ein rechnerischer Nachweis der Glasspannungen ist jedoch unabdingbar.

Überschreitet die Maschenverwindung den für die Eindeckung zulässigen Wert, können warm gebogene Gläser oder eine gesteppte Verglasung vorgesehen werden.

Für die Kuppel in Neckarsulm (Abschnitt 3.2) hat schlaich bergermann und partner 1989 sphärisch gebogene Isoliergläser verwendet, da der Isolierglashersteller die auftretende Verwindung von max. 20 mm bei einer Maschenweite von 100 cm nicht akzeptierte. Sphärisch warm gebogene Gläser bleiben aus wirtschaftlichen Gründen nur Sonderfällen vorbehalten.

Für die Innenhofüberdachung der Portrait Gallery in Washington DC gewann Foster + Partners 2004 den ersten Preis mit einer diagonal orientierten Struktur aus verwundenen Vierecken. schlaich bergermann und partner erhielt zusammen mit James Carpenter den zweiten Preis mit einer ähnlich geformten Netzkuppel, die als Translationsfläche entworfen wurde und daher aus ebenen Vierecken bestand, die sich einfach mit ebenen Isoliergläsern hätten eindecken lassen.

Die Verglasung der verwundenen Viereckstruktur mit ebenen Isolierglasscheiben erwies sich als sehr aufwändig. Jede Scheibe muss an zwei Rändern mit keilförmigen Abstandhaltern (rot im Bild 5.5) auf den tragenden Profilen gelagert und die Abtreppung der Gläser muss mit keilförmigen Deckblechen abgedichtet werden.

Bild 5.6 Das IAC Headquarter in New York mit geschosshohen verwundenen Isoliergläsern

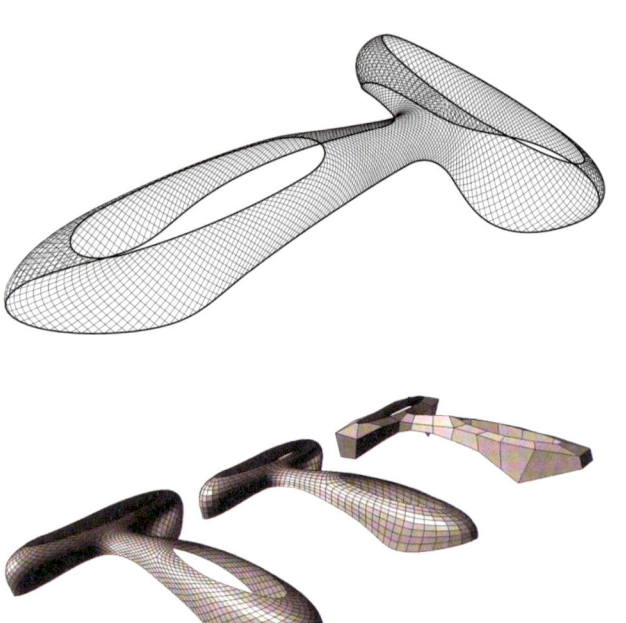

Bild 5.7   Yas Viceroy Hotel in Abu Dhabi (2008)
Die aufgeständerte Verglasung erlaubte eine fließende, homogene Struktur aus verwundenen Viereckmaschen

Beim Yas Viceroy Hotel (vormals Yas Racetrack Hotel) in Abu Dhabi [53], [54] wurde in 2008 das viereckige Stabnetz nicht direkt verglast, sondern die Glaselemente wurden mit offenen Fugen aufgeständert. Dadurch entfiel der Zwang zu ebenen Vierecken, und das Netz konnte mit verwundenen Vierecken der vorgegebenen Fläche exakt folgen und diagonal orientiert werden.

Mit der Forderung, dass alle Maschen am Rand ohne Zwickel sauber enden, wurde dann unter Mitwirkung der Universität Wien, *Prof. Pottmann*, [12] mit Hilfe des Subdivision-Verfahrens eine geometrische Netzoptimierung auf der vorgegebenen Fläche bei Einhaltung minimaler und maximaler Stablängen und Maschenwinkel durchgeführt. Das Ergebnis war schlussendlich ein fließendes homogenes Vierecknetz ohne geometrische Diskontinuitäten (Bild 5.7).

Bei direkter Verglasung wird die Profilachse der Gitterstäbe senkrecht zur Außenhülle gewählt, was auf Freiformflächen zu unterschiedlichen Stabverdrehungen in den Knoten führt. Insbesondere bei hohen Profilen führt das zu einem großen Versatz der Profilkanten

 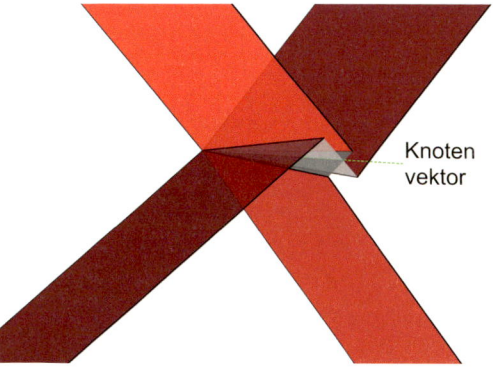

Bild 5.8   Differenzdrehwinkel der Stäbe am Knoten

im Knoten und erschwert die Herstellung der Knotenverbindungen, mit negativen Auswirkungen auf die Kosten, Tragfähigkeit und Ästhetik (Bild 5.8).
Die aufgeständerte Verglasung erlaubt es, die Stäbe individuell zu verdrehen. Dadurch kann die Differenz der Stabdrehwinkel im Knoten minimiert werden. Mit Hilfe eines EVOLUTE tools von *Prof. Pottman* konnte unter der Bedingung, dass sich ein Stab um max. ± 5° gegenüber der Flächennormalen verdrehen darf, der maximale Differenzdrehwinkel im Knoten nach vielen Iterationen auf ± 2° begrenzt werden. Dies entspricht mehr als einer Halbierung des nicht optimierten Winkel von ± 4.5° und wirkte sich sehr positiv auf die Kosten, Tragfähigkeit und Ästhetik aus.

5.3 Kombination von ebenen Viereck- und Dreieckmaschen

Um Kosten zu sparen, mehr Transparenz zu schaffen und weniger Stäbe und Glasfugen zu erhalten, kann es vorteilhaft sein, die freie Form mit einer Mischung aus ebenen Viereck- und Dreieckmaschen zu versehen. EVOLUTE GmbH bietet auch dafür Hilfsmittel an.

a) Beispiel:
Glasdach der Messe Mailand [50], [51], [52]
Als das Glasdach für die nachfolgend dargestellte Trade Fair in Milano in 2003 geplant wurde, waren die heute verfügbaren leistungsfähigen Vernetzungstools noch nicht allgemein verfügbar, und die Vermaschung erfolgte daher vorwiegend ‚von Hand'.
Bild 5.9 zeigt die 1300 m lange und 32–41 m breite Überdachung der zentralen Verbindungsachse der einzelnen Messebereiche.

Die vom Architekten *M. Fuksas* entwickelte strukturlose Fläche (Bild 5.9) ist bereichsweise eben, in anderen Bereichen beliebig sowohl ein- oder zweiachsig als auch gleich- oder gegensinnig gekrümmt. Sie liegt im Regelfall auf Baumstützen auf, berührt aber teilweise auch über sog. Vulkane und Halbvulkane den Boden.
In den flachen und annähernd ebenen Bereichen wurde eine aus architektonischen Gründen diagonal orientierte möglichst ebene Viereckstruktur gewählt. Im Übergang zu den stärker gekrümmten Bereichen überschritten die Verwindungen der Viereckmaschen allmählich die für ebene Gläser zulässigen Werte, sodass hier eine Teilung in Dreieckmaschen erforderlich wurde, siehe Bilder 5.11, 5.12. Das diagonal orientierte Vierecknetz stellt die Hauptstruktur dar, die sich in den trichterförmigen Bereichen, den sog. Vulkanen, helixförmig fortsetzt.

Bild 5.9   Glasdach Messe Mailand (2003)

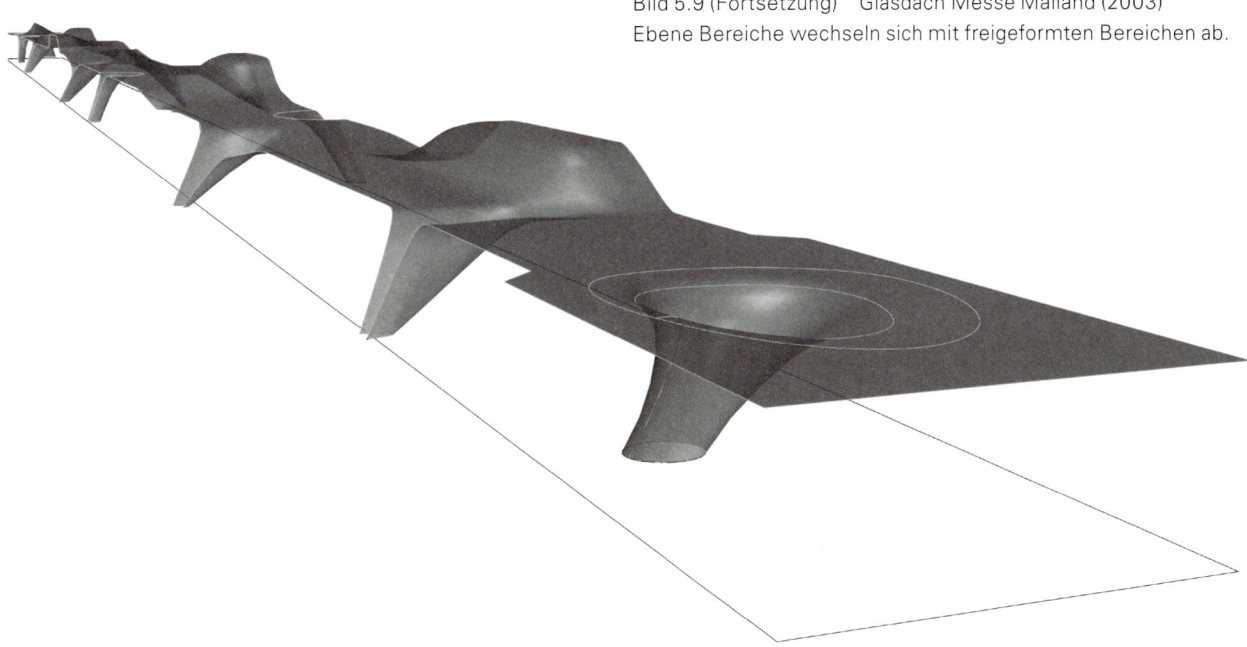

Bild 5.9 (Fortsetzung)   Glasdach Messe Mailand (2003)
Ebene Bereiche wechseln sich mit freigeformten Bereichen ab.

Die von Hand ausgeführte Netzentwicklung für die unsymmetrischen Vulkane ist relativ kompliziert und gelingt nur, wenn man vorab überlegt, wie die Diagonalstruktur in der Ebene prinzipiell in eine helixförmige überführt werden kann.

Bild 5.10 zeigt prinzipiell, wie eine ebene Viereckstruktur in die Spiralstruktur eines Kegelstumpfes übergehen kann. Lediglich die vier blau dargestellten Hauptachsen, welche die Quadranten in der Ebene begrenzen, können nicht spiralförmig im Kegelstumpf weitergeführt werden. Sie enden am oberen Rand des Kegelstumpfes in einem Knoten, an dem fünf anstatt vier Stäben anschließen (braun dargestellt), während alle übrigen Stäbe wie beispielhaft im Bild 5.10 für eine Richtung eines Quadranten (rot dargestellt), im Kegelstumpf fließend weitergeführt werden können und viereckige Maschen bilden. Die Aufteilung der verwundenen Viereckmaschen in dreieckige erfolgt im Kegelstumpf durch vertikal verlaufende Diagonalen, die im ebenen Bereich kontinuierlich weitergeführt werden können, bis schließlich die Maschenverwindung die zulässigen Werte nicht mehr überschreitet.

Nach diesem Prinzip wurde das Netz im frei geformten Trichterbereich „von Hand" festgelegt, wobei auf der vom Architekten festgelegten Fläche konstruiert wurde.

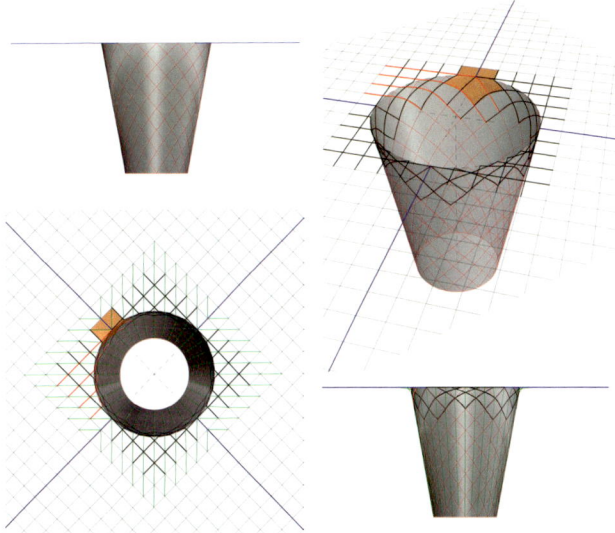

Bild 5.10   Prinzipielle Überführung eines horizontales Vierecknetzes in ein spiralförmiges.
oben: Nur die 4 Hauptachsenstäbe enden am Rand. Alle übrigen können fließend weitergeführt werden.
unten: Auch die Diagonalen (grün) können kontinuierlich weitergeführt werden

Das Netz des Trichters und das umliegende Netz sollte optisch eine vergleichbare Dichte haben und die Grenzwinkel der Maschen müssen eingehalten werden. Nach mehreren Iterationsschritten ergab sich das im Bild 5.11 dargestellte Netz. Die Fünferknoten (ohne Diagonalanschlüsse) in den vier Quadranten sind deutlich erkennbar.

Heute würde man für derartige Netzgenerierungen CAD Hilfsmittel verwenden, die beispielsweise auf dem ‚Subdivision'-Verfahren aufbauen, aber zur Festlegung der Topologie ähnliche Überlegungen und prinzipielle Festlegungen erfordern.
Bild 5.12 zeigt einen Dachabschnitt mit Halbvulkan.

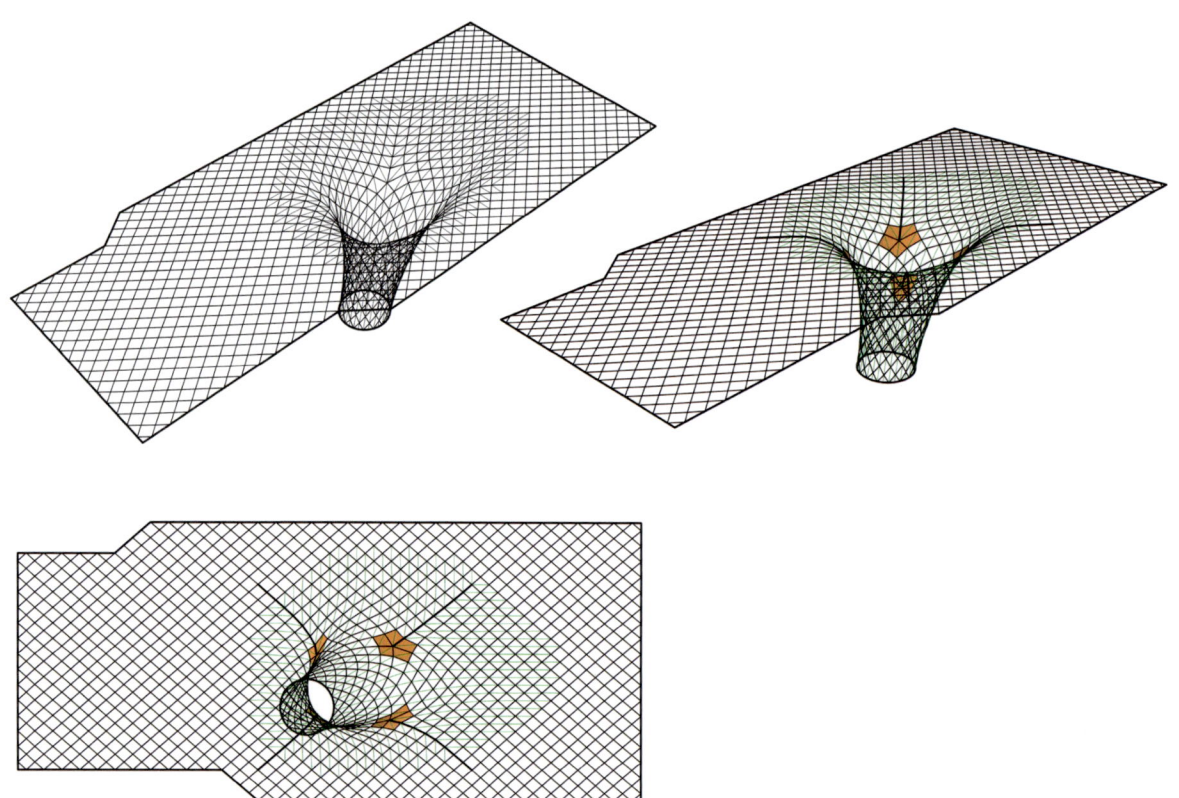

Bild 5.11   Überführung des diagonal orientierten ebenen Vierecknetzes in ein Dreiecknetz am Beispiel eines frei geformten Trichters (Vulkan).

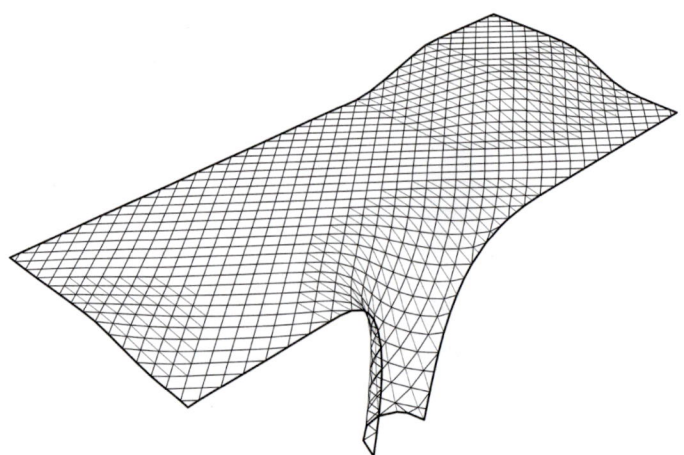

Bild 5.12   Überführung des diagonal orientierten ebenen Vierecknetzes in ein Dreiecknetz in den doppelt gekrümmten Bereichen

b) Beispiel:
Aufteilung in Primär- und Sekundärstruktur

Im Abschnitt 4.5 wurde gezeigt, dass ein verwundenes Viereck eine Hyparfläche aufspannt, die mit ebenen Viereckmaschen belegt werden kann (Bild 5.13 oben rechts).

Jede Freiformfläche kann ferner mit einem Vierecknetz belegt werden, dessen Maschen verwunden sind und das sogar auch gleichmaschig sein kann (Bild 5.13 Mitte).

Stellt das Vierecknetz eine großmaschige Primärstruktur dar und werden die verwundenen Megavierecke mit einer Sekundärstruktur versehen, die der Hyparfläche folgt, besteht die gesamte Fläche aus ebenen Vierecken und Dreiecken (Bild 5.13 unten). Nur die Ecken der Megavierecke liegen auf der Ausgangsfläche, nicht jedoch die hyparförmigen Füllflächen.

Entlang der Megavierecke treffen sich die Füllflächen in einem Knick. Die dabei auftretende Facettierung kann gestalterisch erwünscht sein.

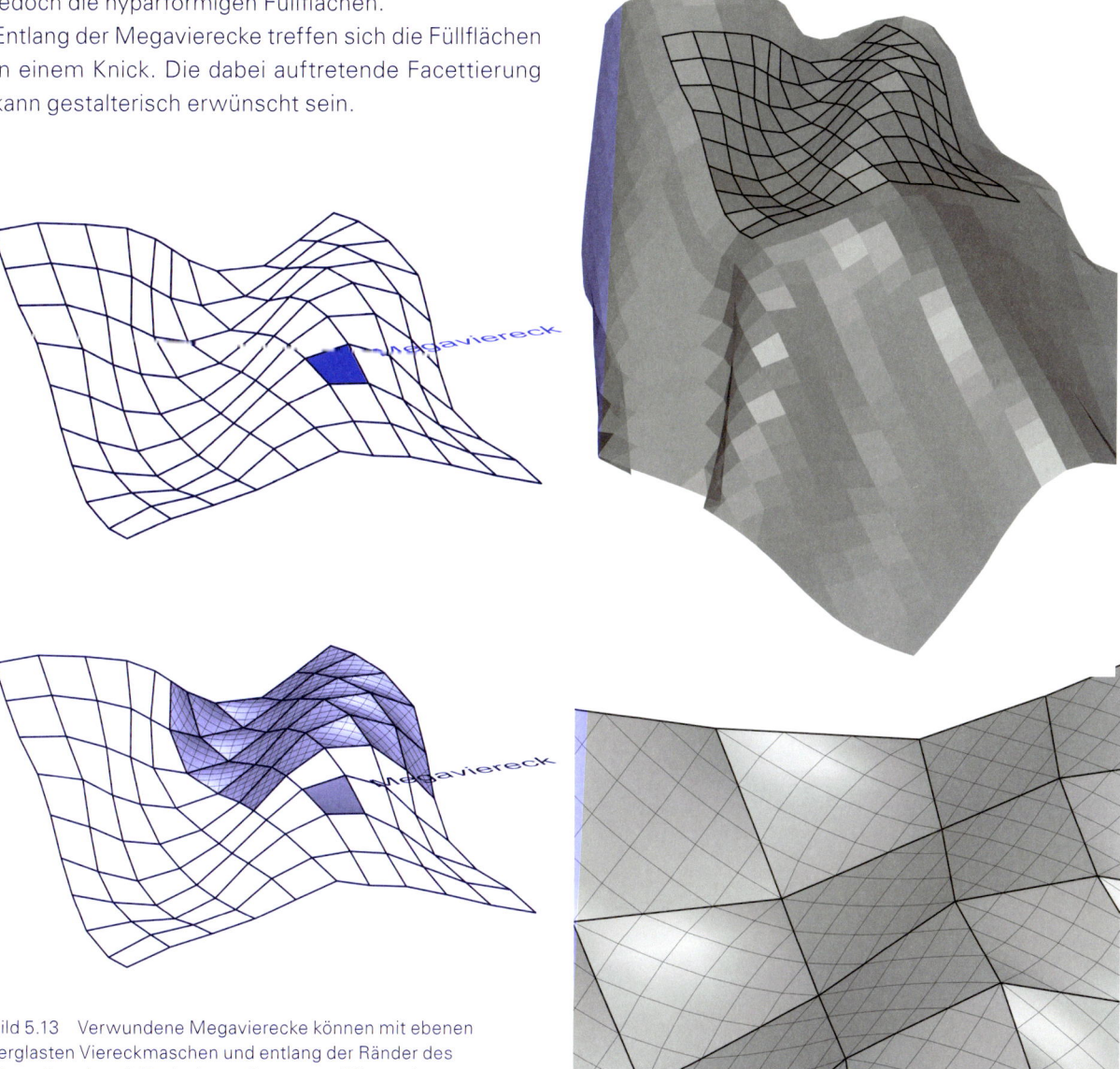

Bild 5.13 Verwundene Megavierecke können mit ebenen verglasten Viereckmaschen und entlang der Ränder des Megavierecks mit Dreieckmaschen ausgefüllt werden

Für tonnenförmige Dächer (Bild 5.14 links) bietet sich eine diagonal orientierte Primärstruktur an, deren Füllflächen dann eine ringförmige Sekundärstruktur aufweisen. Wählt man für die Primärstruktur kräftige und für die Sekundärstruktur möglichst filigrane Profile, ergibt sich eine spannungsreiche Netzstruktur aus ebenen Vierecken mit Dreiecken entlang der Megavierecke.

Für Kuppeln (Bild 5.14, rechts) bietet sich beispielsweise eine spiralförmige Primärstruktur aus verwundenen Megavierecken mit hyparförmigen Füllflächen und radial- und ringförmig orientiertem Sekundärnetz an. Die Trennung in Primär- und Sekundärstruktur kann auch Vorteile bei der Montage bieten, indem zunächst die Primärstruktur erstellt und dann die vorgefertigte Sekundärstruktur eingehängt wird.

In Bild 5.15 ist die Primär- und Sekundärstruktur einer freigeformte Innenhofüberdachung mit Impluvium dargestellt.

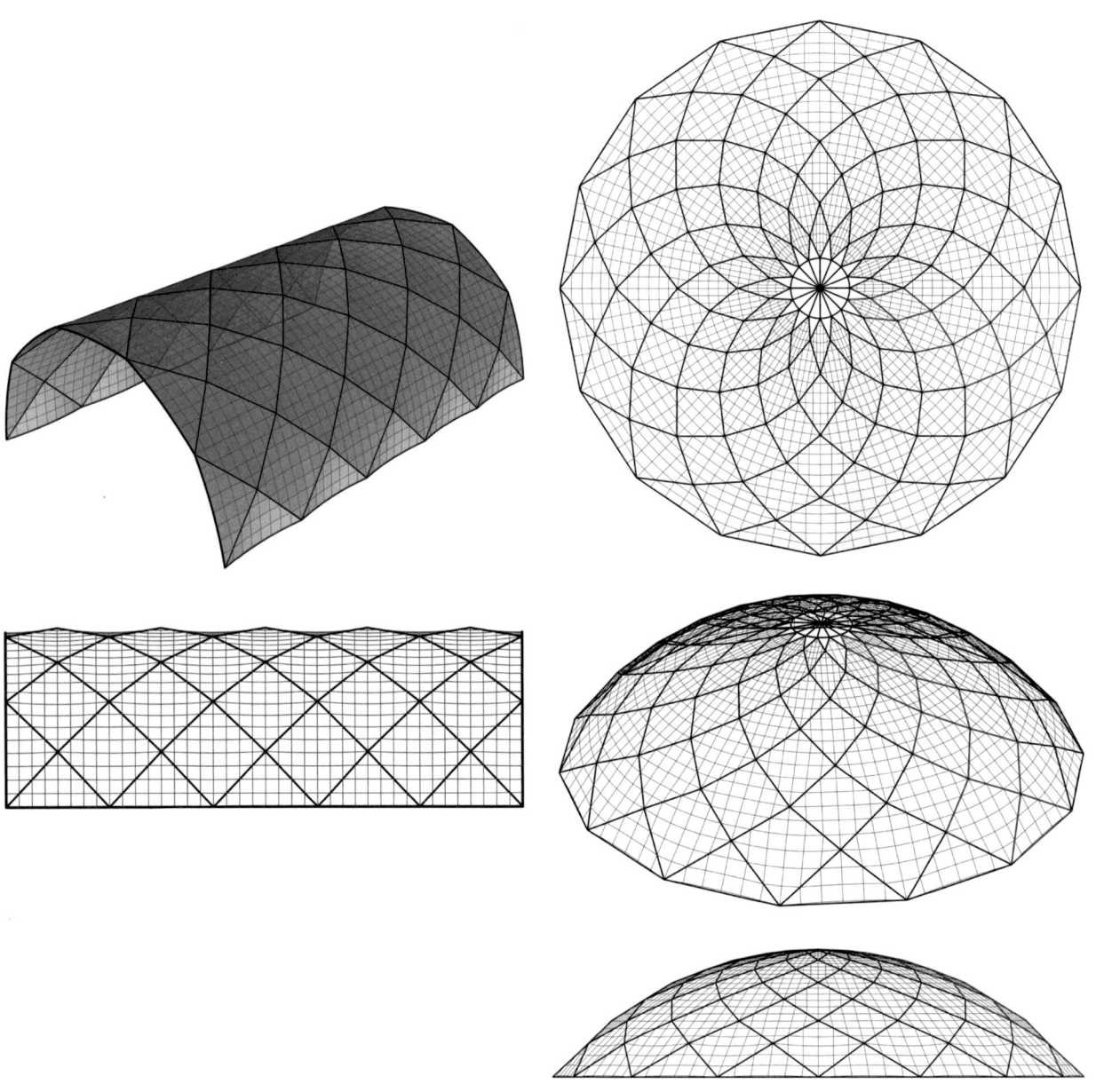

Bild 5.14 Primärstruktur aus verwundenen Vierecken und Sekundärstruktur aus ebenen Vierecken und Dreiecken am Beispiel einer Tonne und einer Kuppel.

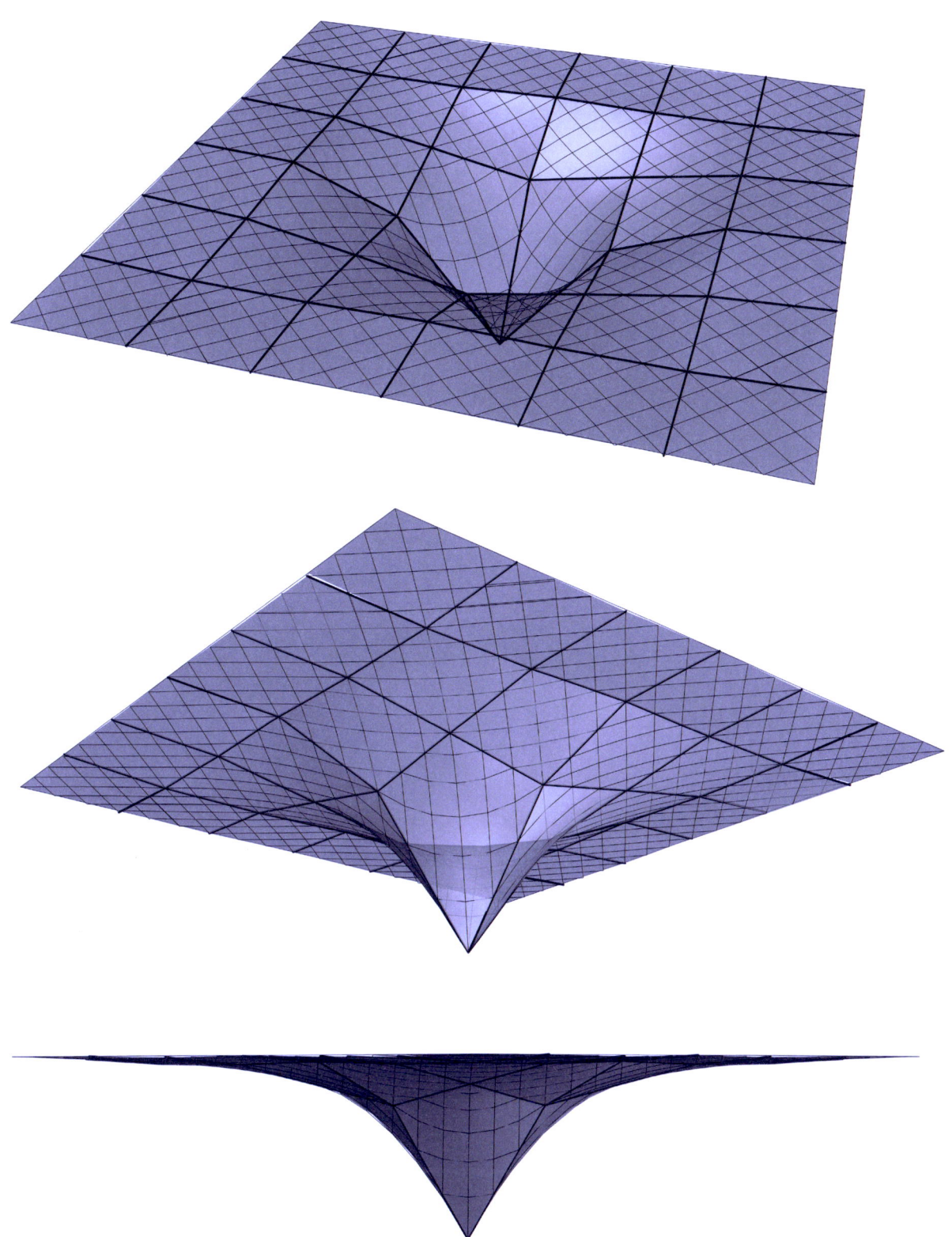

Bild 5.15 Innenhofüberdachung mit zentraler Stützung.
Die Primärstruktur aus verwundenen Vierecken wird von einer
Sekundärstruktur aus ebenen Vierecken und Dreiecken ausgefüllt.

6 Formfindung und Optimierung von Netzkuppeln

6 Formfindung und Optimierung von Netzkuppeln

Ingenieure sollten stets bestrebt sein, mit minimalem Aufwand an Material ein maximales Ergebnis zu erreichen. Mit einer wirtschaftlichen Bemessung der Bauteile wird das nur zum Teil erreicht. Viel effektiver ist es, das gesamte Tragwerk einer Optimierung zu unterziehen. Für verglaste Konstruktionen mit größtmöglicher Transparenz und Leichtigkeit kommt man um eine statische und geometrische Optimierung des Gesamttragwerkes nicht herum, wobei die statische Optimierung immer mit einer geometrischen Optimierung verknüpft ist.

In Kapitel 4 wurde die Generierung von geometrisch „exakten" Strukturen auf doppelt gekrümmten Flächen erläutert, die vor allem ästhetische und herstellungstechnische Kriterien erfüllen. Mit dieser rein geometrischen Methode wird üblicherweise das statische Optimum nicht erreicht.

Membrangerecht gestützte Schalen können im Gegensatz zum Bogen unterschiedliche Flächenlasten momentenfrei abtragen, allerdings bei recht unterschiedlicher Kräfteverteilung in der Fläche. Wie die gebauten Beispiele in Kapitel 8 zeigen, wurde für diese geometrisch definierten Strukturen in vielen Fällen aus ästhetischen Gründen oder zu Gunsten der einfacheren Herstellung auf eine nachgeschaltete Formfindung verzichtet, weil bei vernünftig gewählter Form die Optimierung der Kräfteverteilung nur noch geringe Einsparungen gebracht hätte.

Treten in der gewählten oder vorgegebenen doppelt gekrümmten Form unter Belastung große Biegemomente oder Verformungen auf, ist eine Formfindungsberechnung aus Gründen der Wirtschaftlichkeit und in besonderen Fällen auch aus Gründen der Machbarkeit [siehe 50] unabdingbar. Dabei erfolgt die Formfindung am FE-Netz, so dass es sich nun nicht mehr um geometrisch ‚exakte' Geometrien handelt.

Die Formfindung dient nicht nur der statischen Optimierung, sondern sie ist insbesondere für das Entwerfen möglicher und machbarer Formen bei komplizierten Randbedingungen unverzichtbar.

Eine vielfach angewandte ingenieurmäßige Methode zur statischen Optimierung ist die Formfindung am Hängemodell (Abschnitt 6.1). Bei Vernachlässigung der Ausrichtung der Tragstruktur kann die Formfindung vorteilhaft mit zweiachsigen Membranelementen erfol-+gen (Abschnitt 6.2).

Neuere Methoden verknüpfen die Formoptimierung mit der Topologieoptimierung und ermöglichen so eine ästhetische und wirtschaftliche Lösung für die zunehmend komplexen Formen. Sie verwenden zur Steuerung des Formfindungsprozesses nicht nur statische Bedingungen, sondern auch geometrische Bedingungen wie Stablänge, Maschenwinkel, Stabverdrehung etc. und basieren meist auf der Force Density Methode (Kraftdichtemethode) oder der Dynamischen Relaxation (Abschnitt 6.3).

Eine ganzheitliche Optimierung wird mit der komplexen Verknüpfung der Tragwerksberechnung (Finite Element Methode) mit dem Computer Aided Geometry Design (CAGD) erreicht, wobei mathematisch formulierte Optimierungsziele die Iterationen steuern (Abschnitt 6.4).

Diese zuvor genannten vier unterschiedlichen Vorgehensweisen werden nachfolgend beispielhaft erläutert.

6.1 Formfindung mit Hängemodell

Formfindung am Beispiel des Glasdaches „Odeon" in München

Der rechteckförmige Grundriss des Innenhofes mit kreisförmigem Abschluss (Bild 6.1) sollte mit einer gewölbten, fließenden Form stützenfrei überspannt werden. Der unregelmäßige Grundriss legte ein Schalentragwerk aus Dreieckmaschen nahe, das sich ringsum auf den in einer horizontalen Ebene liegenden Rand des Innenhofes abstützt. Der Stich des gewölbten freigeformten Daches wurde vom Denkmalamt auf 2,80 m begrenzt.

Mit Hilfe des CAD-Programms Rhino wurde eine fließende freie Form kreiert, welche durch den vorgegebenen Rand geht und den Stich einhält. Dann wurde ein ebenes Dreiecksnetz aus gleichseitigen Dreiecken auf die Freiformfläche projiziert. Wegen des geringen Stiches der Kuppel verzerren sich die Dreiecke nur wenig und es entstehen Dreiecke nahe 60° mit geringfügig unterschiedlichen Seitenlängen.

Dieses rein geometrische Verfahren führt nicht zu einer Schale mit geringen Biegemomenten und einer homogenen Verteilung der Normalkräfte im Stabnetz. Mit Hilfe einer Formfindungsberechnung am Hängemodell mit gelenkig verbundenen Elementen wurde daher die Geometrie des Dreiecknetzes statisch optimiert.

Eine Berechnung mit der wirklichen Dehnsteifigkeit führt nicht zum Ziel, da sich bei einem Dreiecknetz – im Gegensatz zum Vierecknetz – die Form und damit die Verteilung der Normalkräfte im Stabnetz praktisch nicht ändert.

Daher werden die Netzstäbe durch momentenfreie, vorgespannte Seile mit verringerter Dehnsteifigkeit ersetzt und das Tragwerk unter Eigenlast geometrisch nichtlinear berechnet. Die Seilvorspannung dient dabei der Spannungs- und Formkontrolle.

Im ersten Schritt wird eine homogene Vorspannung zusammen mit der Eigenlast aufgebracht und als Ergebnis lediglich die z-Komponente der Knotenkoordinaten für den nächsten Rechenschritt übernommen. In den nachfolgenden Iterationsschritten wird der Spannungszustand und die Kuppelform durch Variation der Seilvorspannung sowohl in Größe und Verteilung ‚von Hand' optimiert, bis sich ein möglichst homogener Spannungszustand bei zufriedenstellender Kuppelform ergibt (Bild 6.2).

Diese ingenieurmäßige, nicht automatisierte Methode verlangt ein fundiertes Wissen zum Tragverhalten. Dafür ist sie aber keine „Black box".

Der Formfindung schließt sich dann eine statische Berechnung für das Stabnetz mit realen Stabsteifigkeiten und Beulformen nach Theorie II. Ordnung für sämtliche einwirkenden Lasten an.

Dank der statischen Optimierung war es möglich, die ca. 24 m breite und ca. 32 m lange Kuppel aus rechteckigen Stäben mit Querschnitten von lediglich 50 × 70 mm bis 50 × 90 mm zu bauen (Bild 6.3).

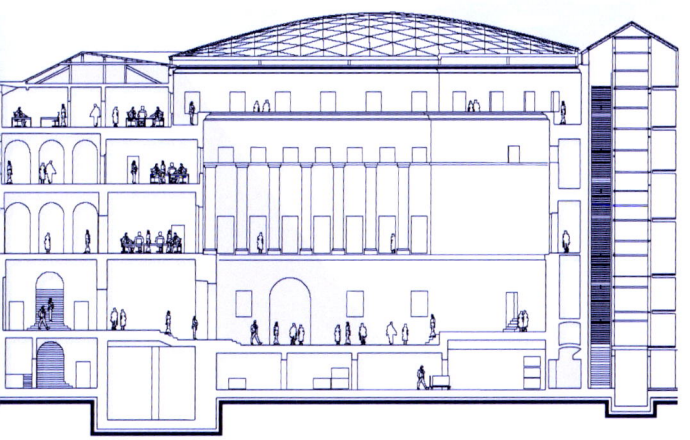 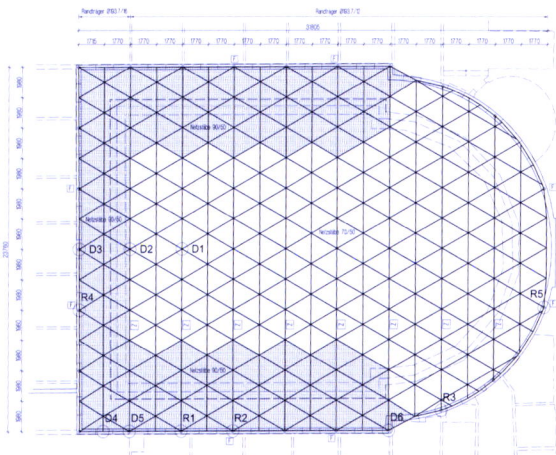

Bild 6.1   Innenhofüberdachung ODEON, München, 24 × 32 m, Stich 2,8 m

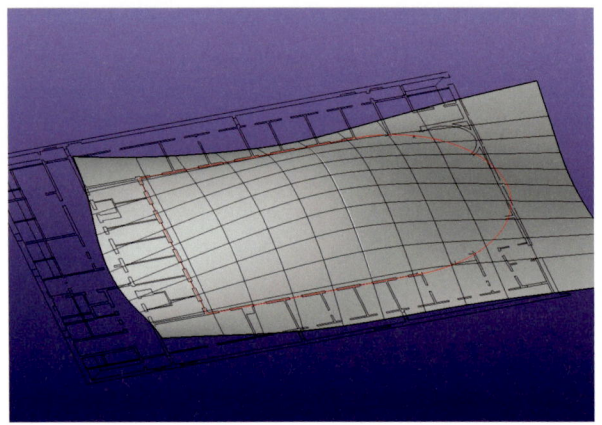
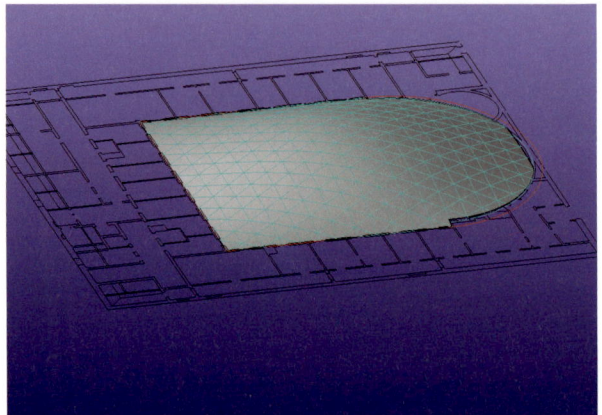
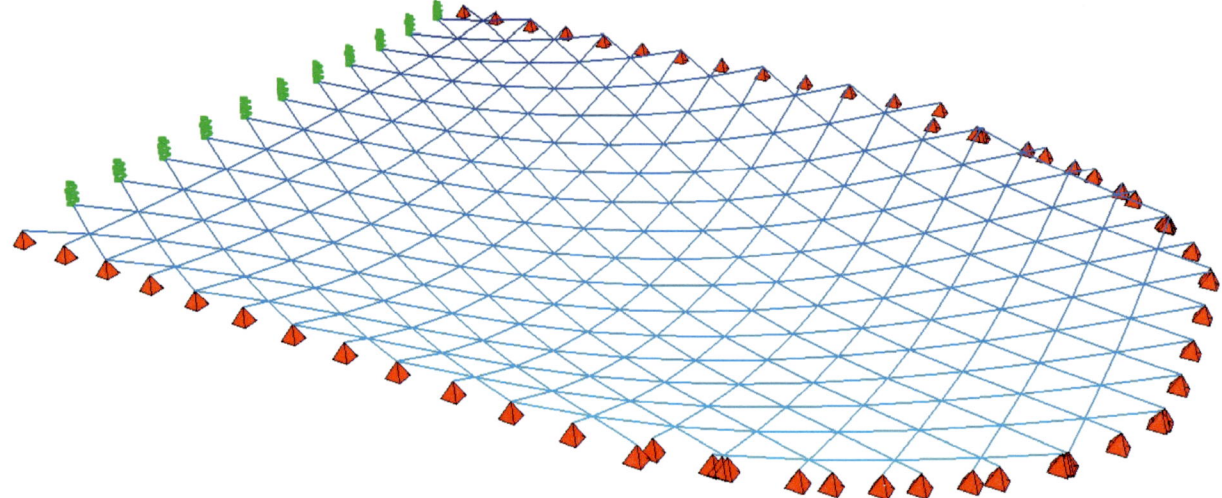

Bild 6.2 Entwurfsstadien;
oben links: Generierung einer fließende Form (Nurbs-Fläche);
oben rechts: Projektion eines ebenen Dreiecknetzes auf Nurbs-Fläche;
unten: Formfindung am Hängemodell aus Seilen

Bild 6.3 Innenhofüberdachung ODEON, München, 2007

6.2 Formfindung mit Membranelement

Formfindung am Beispiel der Innenhofüberdachung für das Rathaus in Madrid

Eine Membran trägt Lasten nur mit Normalkräften ab. Biegemomente und Querkräfte treten nicht auf. Das Finite Element Netz der Membran berücksichtigt nicht die Orientierung des Stabnetzes.

Die Formfindungsberechnung erfolgt für eine vorgespannte „Gummihaut" mit verringerter Dehnsteifigkeit, wobei das System eben eingegeben und mit dem negativen Eigengewicht (oder konstantem Innendruck) belastet wird. Mit unterschiedlichen Vorspannungszuständen lassen sich unterschiedliche Formen und Spannungsverteilungen erzielen. Die Vorspannung kann isotrop, orthotrop oder auch bereichsweise unterschiedlich eingegeben werden.

Für diese Art der Formfindungsberechnung stehen handelsübliche Rechenprogramme zur Verfügung.

Der Innenhof des historischen Rathauses von Madrid mit seinem sehr unregelmäßigen Grundriss wurde in 2009 mit einer gewölbten, fließenden Form stützenfrei überspannt. Der unregelmäßige Grundriss mit einer Länge von ca. 98 m und einer Breite zwischen 14 m und 45 m legte ein Schalentragwerk aus Dreieckmaschen nahe, das sich ringsum auf den in einer horizontalen Ebene liegenden Rand des Innenhofes abstützt (Bild 6.4).

Bild 6.4 Rathaus von Madrid mit fertiggestellter Innenhofüberdachung (2009)

Mit Hilfe des Sofistik-Programms für Membrantragwerke wurde eine Gummihautformfindung durchgeführt und mit unterschiedlichen Vorspannungszuständen die gewünschte Form eingestellt. Dann wurde ein ebenes Dreiecksnetz aus gleichseitigen Dreiecken auf die Freiformfläche projiziert. Dabei verzerren sich die Dreiecke, insbesondere am Rand und wegen der komplizierten Grundrissform besonders an den Ecken und müssen bereichsweise von Hand korrigiert werden (Bild 6.5).

Die Gummihautberechnung berücksichtigt nicht die Ausrichtung des Stabnetzes und liefert daher nur näherungsweise die optimale Form.

Anschließend wird eine statische Berechnung für das Stabnetz mit realen Stabsteifigkeiten und Beulformen nach Theorie II. Ordnung für sämtliche einwirkenden Lasten durchgeführt.

Dank der statischen Optimierung konnte das Glasdach aus rechteckigen Hohlprofilen mit Abmessungen zwischen 80 × 140 mm und 80 × 80 mm hergestellt werden.

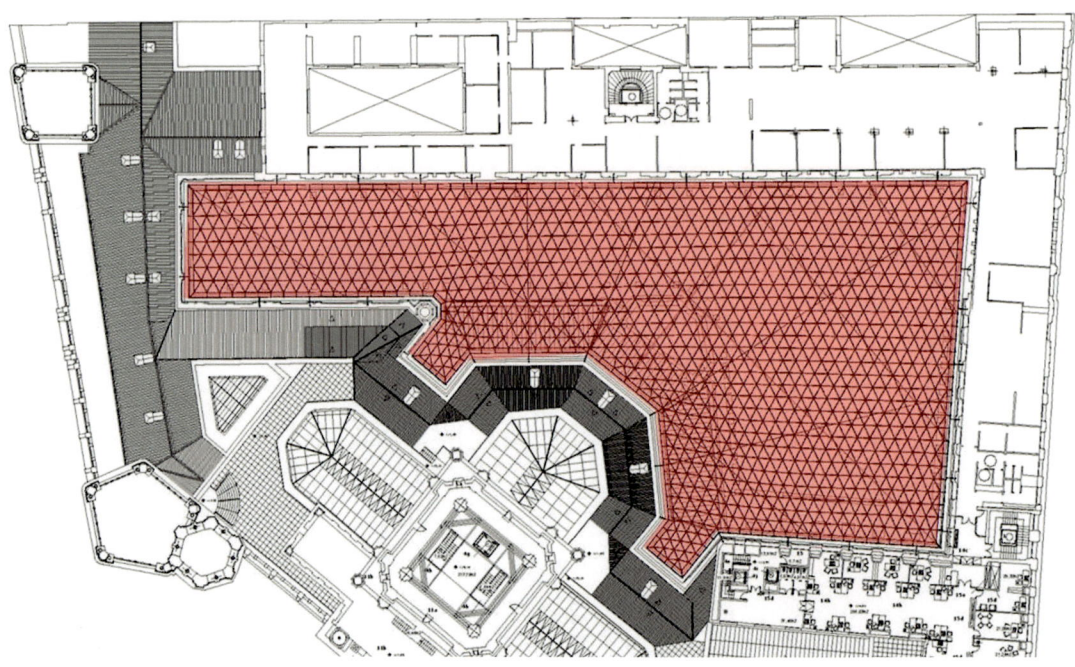

Bild 6.4 (Fortsetzung)   Rathaus von Madrid; unregelmäßiger Grundriss des Innenhofes

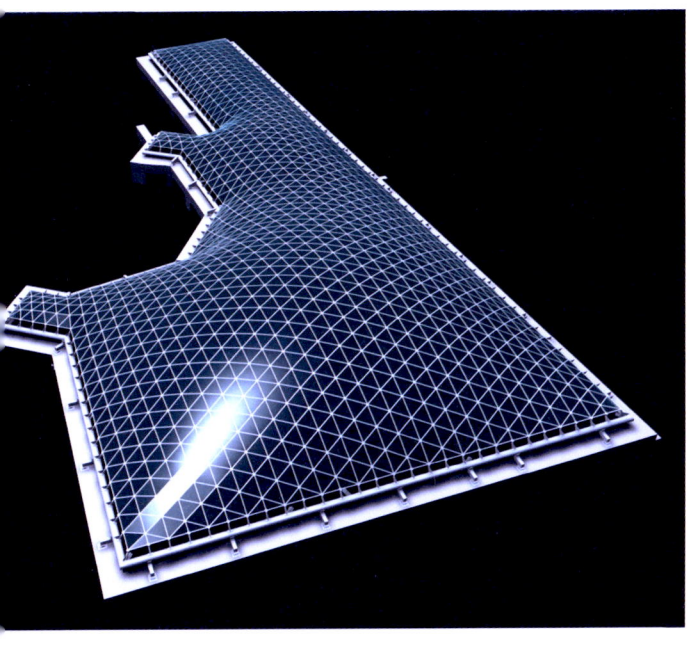

Bild 6.5
links: Formgefundene Membranfläche, das Stabnetz wurde durch Projektion eines ebenen Dreiecknetzes auf die Membranfläche gewonnen;
unten: fertiggestelltes Glasdach

6.3 Formfindung auf Basis der Dynamischen Relaxation und der Kraftdichtemethode

Hiroki Tamai

Moderne Formfindungsprogramme berücksichtigen die Wechselwirkung zwischen den inneren Kräften, der Geometrie und Topologie des Tragwerkes. Je nach Vorgabe von Parametern (z.B. Kraftdichte) erhält man eine von vielen möglichen Gleichgewichtsformen. Nachfolgend werden zwei gebräuchliche Methoden zur Formfindung kurz erläutert, ohne auf die mathematische Formulierung näher einzugehen.
Eine gute Übersicht ist in [23] zu finden, ergänzende Aspekte in [30].

Dynamische Relaxation

Die Programme auf der Basis der Dynamischen Relaxation basieren auf direkter numerischer Integration, üblicherweise mit an das Formfindungsproblem angepassten mathematischen Algorithmen [24], [25].
Um möglichst rasch eine Gleichgewichtsform zu erhalten, wird die bewegte Struktur beim Erreichen der maximalen kinetischen Energie angehalten und darauf basierend eine neue Zeitintegration durchgeführt. Dieses Verfahren wird oft auch als kinetische Dämpfung bezeichnet.
Bei speziellen Formfindungsproblemen, wie beispielsweise bei vorgegebenen Normalkräften, können die konstitutiven Gleichungen auch vom Anwender angepasst werden. Die numerischen Stabilität erfordert eine hohe Anzahl an Zeitschritt-Iterationen, was mit den neuen, leistungsfähigen Computern allerdings kein Hindernis mehr darstellt. In letzter Zeit ist die Methode der Dynamischen Relaxation als software plug-in erhältlich, auch für CAD Programme, wie beispielsweise Rhino. Damit ist die Formfindungsmethode auf Basis der dynamischen Relaxation nicht nur auf Insider beschränkt.

Bild 6.6 Freigeformte Glasdächer, Resultat der Formfindungsberechnung. Arim Commercial Center, Israel

Kraftdichtemethode

Die Kraftdichtemethode (Force Density Method) ist wegen der eleganten Linearisierung der in hohem Maße nichtlinearen Prozesse bei der Findung des Gleichgewichtszustandes bei der Formfindung weit verbreitet. Die Linearisierung (durch Einführung der Kraftdichte = Kraft im Stab/Stablänge) machte diese Methode schnell und stabil, und führte schon früh, als die Leistungsfähigkeit von Computern noch stark begrenzt war, zu einer weiten Verbreitung. Ein weiterer Vorteil der Methode besteht darin, dass die angenommene Anfangsgeometrie keinen Einfluss auf die lineare Lösung und damit auf das Endresultat hat.

Die Kraftdichtemethode wurde für die Planung des Zeltdaches in München erstmals von *Prof. K. Linkwitz* und *H.-J. Schek* entwickelt [26], [27] und später auch für Membrane weiterentwickelt.

Es ist momentan die am häufigsten angewendete Methode zur Formfindung.

Sie wurde in jüngster Zeit für allgemeine Systeme erweitert, beispielsweise für Tensegrity Strukturen.

Hiroki Tamai [28], Mitarbeiter im Büro schlaich bergermann und partner, entwickelte ein Formfindungsprogramm basierend auf der Kraftdichtemethode mit graphischer und interaktiver Benutzeroberfläche. Es enthält Optimierungs-Algorithmen, um spezielle geometrische Randbedingungen bei der Formfindung zu berücksichtigen.

Zwei Projekte, die der Autor zusammen mit *Hiroki Tamai* nahezu gleichzeitig bearbeitete, waren der Anlass zur Weiterentwicklung des Formfindungsprogramms bis zur Anwendungsreife. Für das Arim Commercial Center in Kfar Saba, Israel, wurden wir vom Architekten *Moshe Tzur* für die Planung von insgesamt sechs Glasdächern beauftragt, zwei davon frei geformt (Bild 6.6 links).

Für die Firma Waagner-Biro machten wir die Angebotsbearbeitung für das frei geformte verglaste Dach des Renaissance Hotels in Bahrain, dessen Form vom Architekten grob vorgegeben war (Bild 6.6 rechts). Den Auftrag zum Bau und zur Planung erhielt schließlich Lindner Steel & Glass.

Bild 6.6 (Fortsetzung)   Freigeformte Glasdächer, Resultat der Formfindungsberechnung. Renaissance Hotel Bahrain, VAE

Mit Hilfe des Formfindungsprogramms, bei Verwendung neuester graphischer Interface Technologie und erprobter Optimierungs-Algorithmen, konnten verschiedene momentenfreie Gleichgewichtsformen schnell gefunden werden, welche die vorgegebene freie Form gut annäherten [28], [29].

Mit der Kraftdichte Methode kann man mit einem sehr simplen Modell starten, in dem lediglich die Topologie und die Randbedingungen definiert werden. Die Anfangsgeometrie kann sogar eben sein (Bild 6.7). Im vorliegenden Fall wurde ein Dreiecknetz gewählt, weil die freie Form nur mit dreieckigen ebenen Gläsern eingedeckt werden kann. Die unterschiedlich gefärbten Stäbe im Bild 6.8 repräsentieren Gruppen mit unterschiedlicher Kraftdichte. Die Stabgruppen und zugehörigen Kraftdichten sollten so gewählt werden, dass auf der gefundenen Fläche eine homogene Dreieckstruktur entsteht. Falls möglich, sollten die Stabgruppen klein gewählt werden, damit die gewünschte Form möglichst gut interaktiv angenähert werden kann.

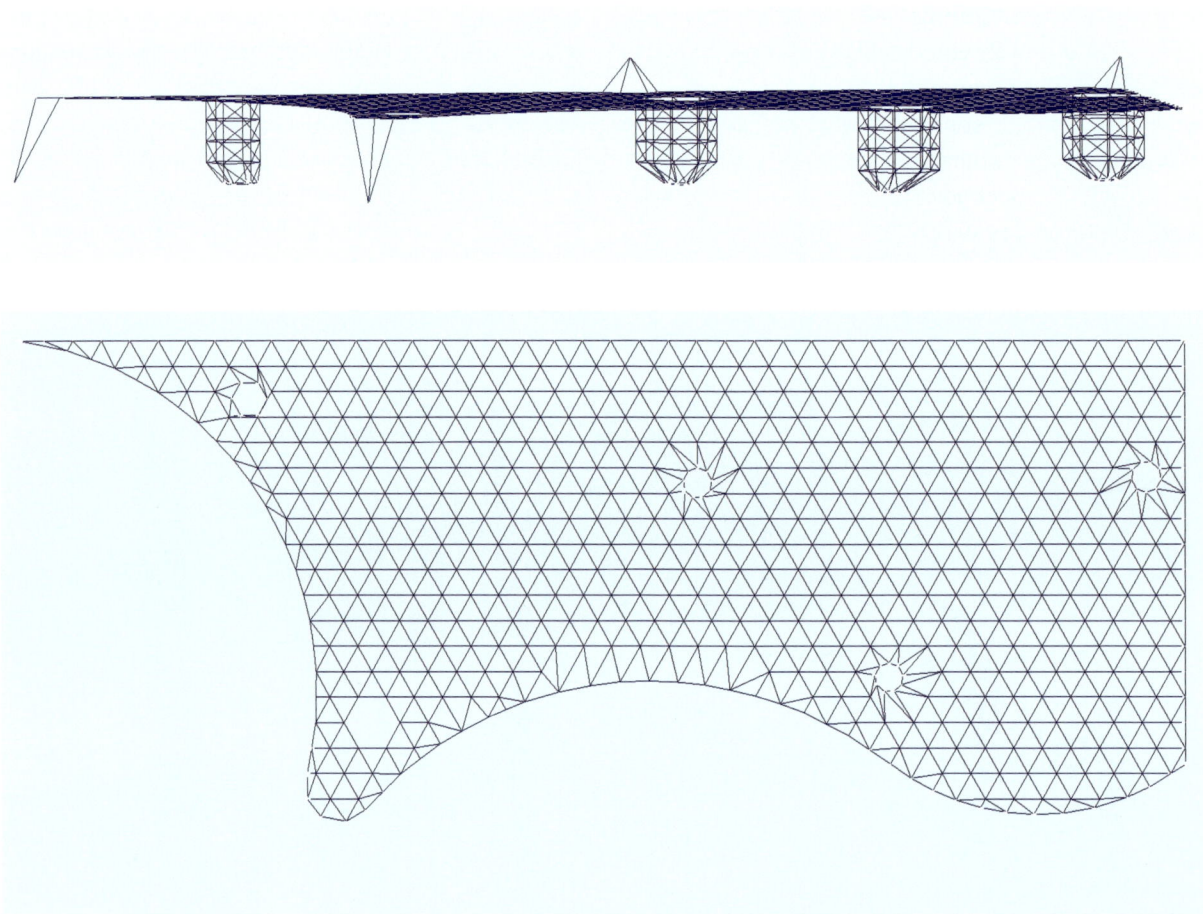

Bild 6.7 Simples Anfangsmodell mit festgelegter Topologie und fixierten Randbedingungen für das Renaissance Hotel in Bahrain

Wie in Bild 6.8 erkennbar, kann auf eine oder mehrere Stabgruppen gleichzeitig zugegriffen und die zugehörigen Kraftdichten durch Drehen eines Stellrades in der graphischen Benutzeroberfläche kontinuierlich verändert werden. Dank der effizienten linearen Berechnung wird die Gleichgewichtsfigur auf dem Bildschirm mit dem Drehen des Stellrades gleichzeitig angezeigt.

In jedem Rechenschritt wird die gewählte Topologie beibehalten, nur die Winkel und Seitenlängen der Dreieckstruktur verändern sich und führen zu einer homogenen Struktur, die immer im Gleichgewicht mit der vorgegebenen Eigenlast steht (Bild 6.9).

Bild 6.11 zeigt die gefundene Gleichgewichtsform und die Abweichung von der gewünschten Form zeigt Bild 6.10.

Beim Projekt Arim Commercial Center war die Form der Schale nur grob vorgegeben und konnte daher statisch optimiert werden, nicht nur im Hinblick auf Momentenfreiheit, sondern insbesondere auch im Hinblick auf einen optimalen Fluss der Normalkräfte. Die endgültige Gleichgewichtsfigur war daher das Ergebnis einer an das wirkliche Tragverhalten optimal angepassten Kraftdichteverteilung.

Falls wie beim Projekt Renaissance Hotel die vom Architekten vorgegebene Form möglichst einzuhalten ist, dann besteht die Formfindung aus der Suche nach einem optimalen Satz von Kraftdichteparametern, mit denen die gewünschte Geometrie durch eine momentenfreie Gleichgewichtsform der vorgesehenen Topologie angenähert wird. Es ist darauf zu achten, dass die Kraftdichteverteilung mit der Normalkraftverteilung in der Kuppel annähernd korrespondiert.

Die Methoden zur Formfindung werden kontinuierlich weiterentwickelt.

Dies wird dazu führen, dass Formfindungsmethoden künftig nicht nur von Spezialisten angewendet werden, sondern zunehmend auch einem größeren Kreis von Anwendern zur Verfügung stehen.

Das Finden der richtigen Form ist unabdingbar für effiziente und transparente Strukturen, egal ob zug - oder druckbeansprucht und daher von großer wirtschaftlicher und architektonischer Bedeutung.

Man kann daher auf die weitere Entwicklung der Formfindungsmethoden für freie Formen gespannt sein, sei es durch gleichzeitige Optimierung der Stablängen, Knotenwinkel etc. und der Topologie bei verbesserter Benutzerfreundlichkeit.

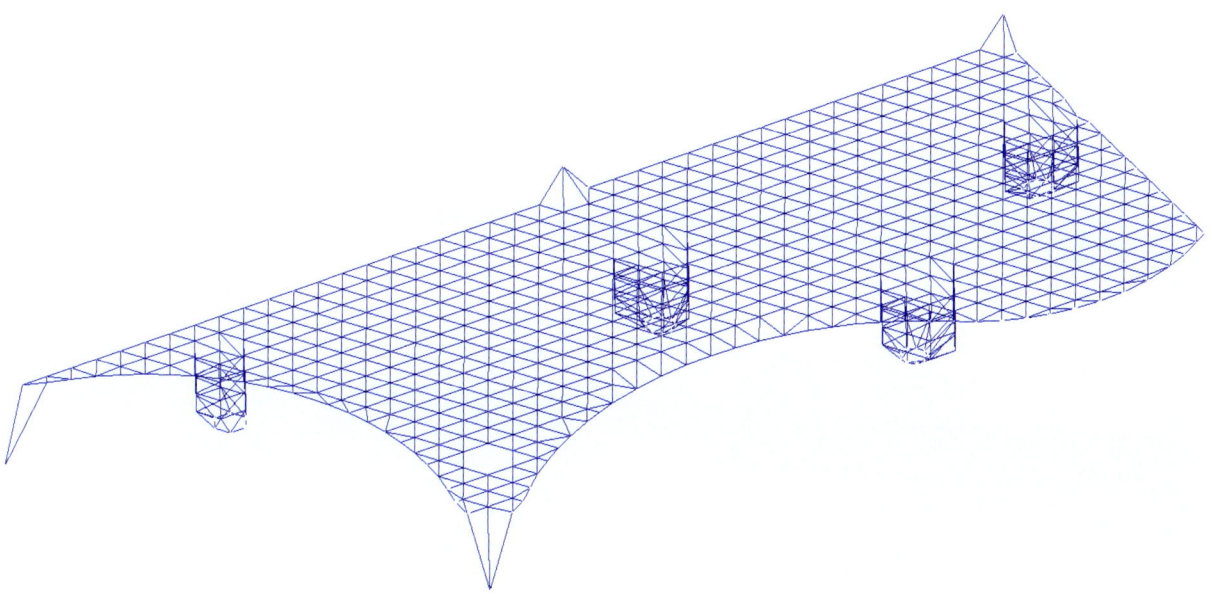

Bild 6.7 (Fortsetzung) Simples Anfangsmodell mit festgelegter Topologie und fixierten Randbedingungen für das Renaissance Hotel in Bahrain

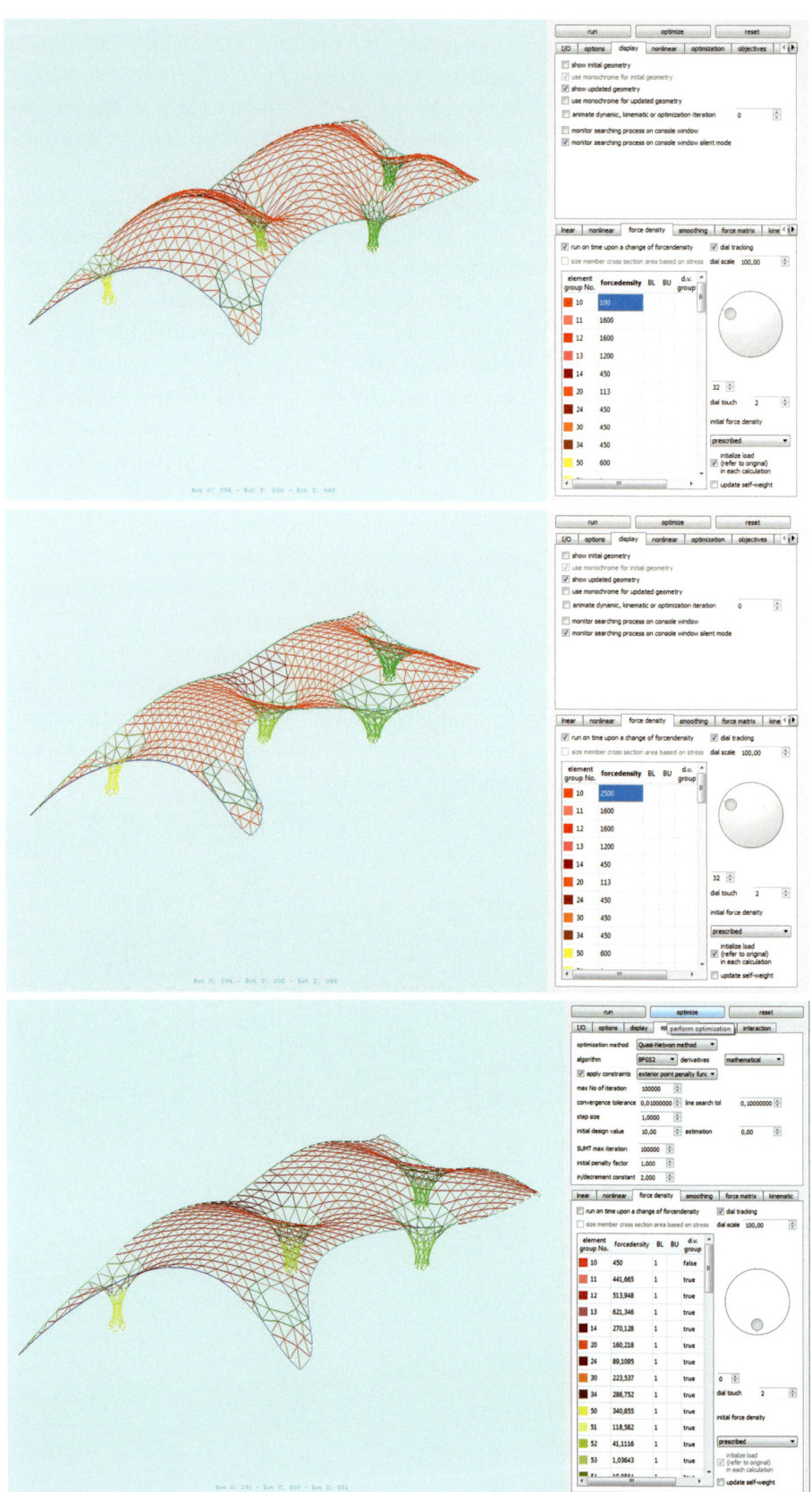

Bild 6.8 In jeder einzelnen Elementgruppe kann mit dem Stellrad die Kraftdichte interaktiv verändert werden. Schlechte Wahl der Kraftdichte (oben und mittig); optimierte Kraftdichte (unten)

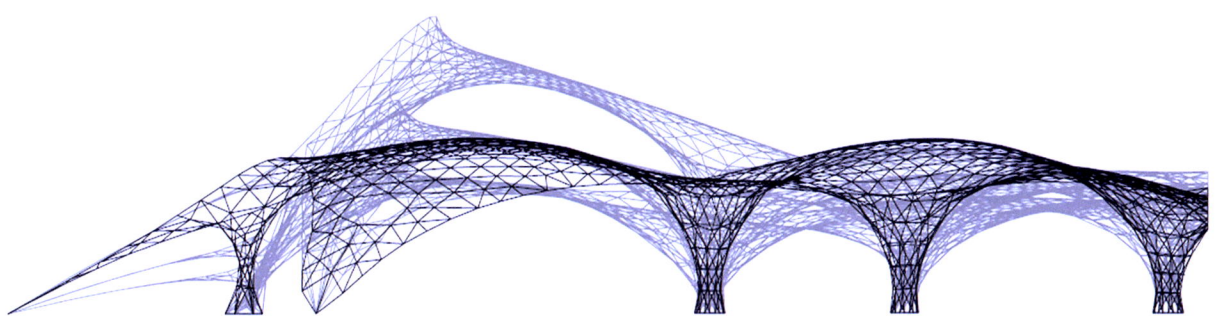

Bild 6.9 Form mit anfänglicher Kraftdichte und optimierter Kraftdichte;
hellgrau: erste Stufe der Optimierung;
schwarz: Form nach einigen Optimierungsstufen

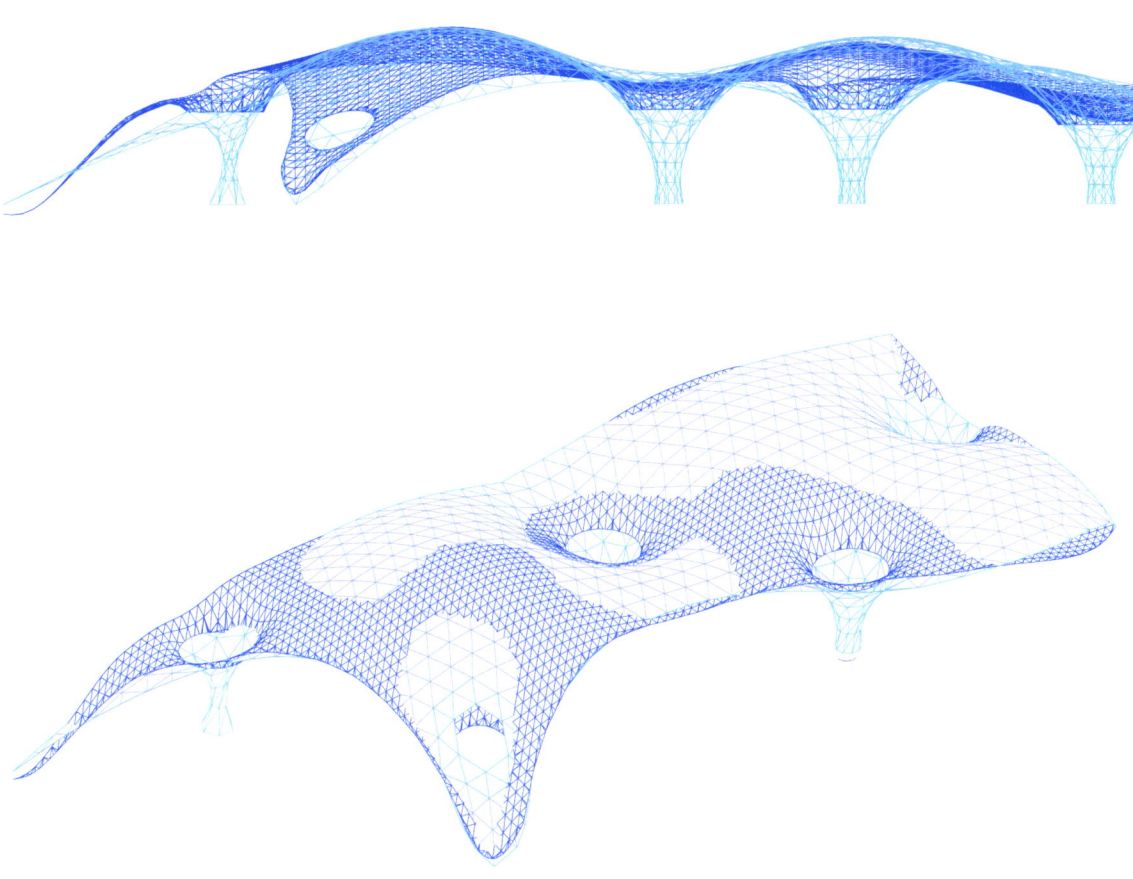

Bild 6.10 Vergleich gewünschte Form und angenäherte optimierte Gleichgewichtsform;
hellblau: gewünschte Form;
dunkelblau: optimierte Gleichgewichtsform

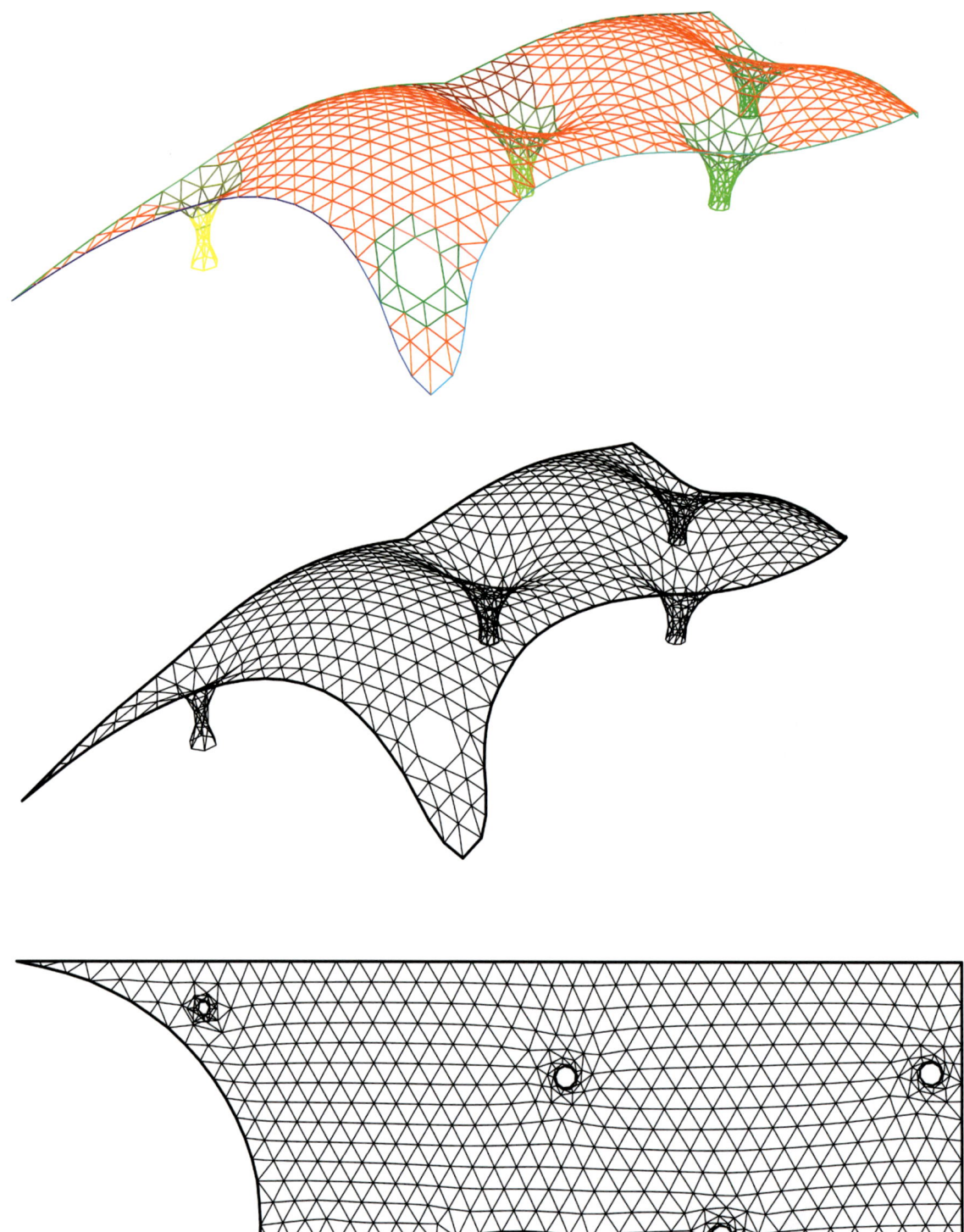

Bild 6.11 Formgefundene Dreieckstruktur, momentenfrei für vorgegebene Eigenlast

6.4 Holistische „Formfindung" mittels Formoptimierung

Daniel Gebreiter

Architektur bildet sich aus dem Dialog verschiedener Disziplinen mit jeweils besonderen Zielsetzungen. Dieser Diskurs führt oft bewusst zu Strukturen, die nicht notwendigerweise die effizientesten Tragwerke darstellen. Gestalterische wie technische Voraussetzungen müssen in Einklang gebracht werden mit den Formen rechnerisch gefundener oder frei gewählter Geometrie. Die klassischen Formfindungsmethoden bieten oftmals ein zu eingeschränktes Repertoire, um die architektonisch gewünschten Entwurfsparameter und die durch Herstellung oder Bauart bedingten Randbedingungen abzubilden.

Formfindung
Die klassische Anwendung der Formfindung ist begrenzt auf die Findung von Tragwerken die nur durch reine Zug- und Druckbeanspruchung der Bauteile im Gleichgewicht sind. Diese Einschränkung widersetzt sich dem Wunsch zur Formgebung durch freie Festlegung von Zielsetzungen, Wahl der Entwurfsparameter und Achtung von Randbedingungen.

Des Weiteren gilt eine Formfindung jeweils nur für einen dominanten Lastfall, zumeist Eigengewicht. Veränderte Anforderungen, beispielsweise durch Schnee- oder asymmetrische Windlasten, können nicht berücksichtigt werden.

Schlussendlich beschreiben formgefundene Tragwerke im Regelfall Freiformflächen oder Netze, welche schwierig herzustellen sind. Zwar gab es in den letzten Jahren erheblichen Fortschritt, Freiformflächen erst im Nachhinein neu in einzelne Bauteile zu unterteilen, doch gehen solche Methoden meist mit einer Veränderung der Topologie einher. Die eleganten Resultate direkter Formfindungstechniken werden durch diese Veränderung der Topologie entkräftet. Bild 6.12 zeigt Gleichgewichtszustände zweier unterschiedlich vernetzter quadratischer Flächen unter umgekehrtem Eigengewicht. Die vorausgehende Topologiegebundenheit sowie die Einschränkung, Gleichgewichtszustände in nur druck- und zugbeanspruchten Elementen abzubilden, beschränkt den Anwendungsbereich klassischer Formfindungsmethoden, trotz ihrer mathematischen Eleganz, sehr stark.

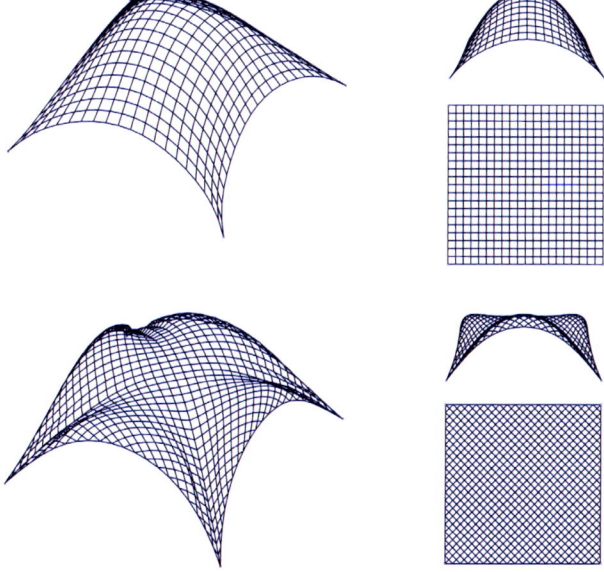

Bild 6.12 Topologieabhängigkeit von Formfindungsverfahren: unterschiedliche Gleichgewichtszustände einer orthogonal bzw. diagonal vernetzten Fläche unter umgekehrtem Eigengewicht

Formoptimierung

Formoptimierung hebt die einseitige Zielsetzung klassischer Formfindungsalgorithmen auf und stellt sich dem Bestreben nach holistischer Formgenerierung. Sie nimmt die oben benannten Bausteine des klassischen Entwurfsprozesses auf: Zielsetzung, Wahl und Steuerung von Entwurfsparametern und Randbedingungen. Diese Bestandteile entsprechen jenen der mathematischen Optimierung. Durch Kopplung beider Disziplinen ermöglicht die Formoptimierung genau die vom Entwerfenden gewählten Entwurfsparameter direkt zu übernehmen und das Tragwerk in deren Rahmen auf Leichtigkeit oder beliebig gewählte andere Zielsetzungen hin zu optimieren [30].

Bei der Formoptimierung wird ein Funktional F(x) unter Einhaltung gewählter Randbedingungen C minimiert. Veränderungen der Parameter x beeinflussen die Form der Struktur. Die Parameter können zudem Grenzen unterliegen, die den Suchraum der Optimierung einschränken.
Ein einfaches Beispiel wäre die Minimierung der Länge (F) einer Kette unter Eigengewicht durch Veränderung ihres Stichs (x), jedoch so, dass die Normalkraft in ihren Gliedern einen gewissen Wert nicht überschreitet (C).

Formoptimierung bezieht sich auf jenen Teil der Optimierung, wo die Parameter die Form der Struktur beeinflussen. Sie sucht Geometrien, welche ein jeweils gewähltes, mathematisch gefasstes Energiefunktional, innerhalb gewählter Randbedingungen, minimieren [31].

Zielsetzung

Dieses Funktional kann die mathematische Definition von Biegemomenten oder einfach Eigengewicht darstellen, jedoch auch geometrische oder gebäudetechnisch relevante Kriterien umfassen. Bei Netzschalen ist die Minimierung der Dehnenergie ein beliebtes Kriterium, weil sie mit der Maximierung der Steifigkeit einhergeht.

Während der Minimierung werden jene Lösungen verworfen, welche gewählte Randbedingungen nicht einhalten. Solche Randbedingungen beschränken beispielsweise den statischen Ausnutzungsgrad der Stäbe oder begrenzen die Verwindung von Netzflächen.

Vereinfacht kann Formoptimierung, wie hier eingesetzt, als Verallgemeinerung einfacherer Formfindungsmethoden angesehen werden, deren Beschränkung auf vereinfachte statische Modelle aufgehoben wird. Zielfunktionen, wenn statisch, werden direkt am detaillierten Finite-Elemente-Modell ermittelt.

Parametrisierung

Neben der Wahl des Zielfunktionals F ist die Wahl der Parameter x wesentlich für eine erfolgreiche Optimierung. Die Parametrisierung des Problems schränkt mathematisch den Suchraum, architektonisch den zulässigen Formenkanon, im Vorhinein ein. Das entspricht, grob gesprochen, der vom Designer vorgenommenen Auswahl der Gebäude- oder Tragwerkstypologie.

Subdivision

Für Schalen oder Gitterschalen eignen sich Parametrisierungen anhand von NURBS oder subdivision surfaces. Beide Methoden setzen auf grobmaschige Kontrollnetze, die kontinuierlich verfeinert werden, um anhand weniger Eingangsparameter glatte Oberflächen zu erstellen [32].

Dank dieser Algorithmen können anhand nur weniger Punkte im Grobnetz krümmungsstetige Oberflächen samt Ableitungen definiert werden. In der architektonischen Anwendung führen die iterativ unterteilenden Subdivision-Schritte zu einer diskreten Unterteilung in Netze, die direkt als Stabnetzwerk einer Gitterschale oder als Finite Elemente genutzt werden können.
Die Subdivision-Methode wirkt wie ein Laplace-Glätter, der hochfrequentes „Zerknittern" der Oberfläche, welches gegebenenfalls statische Vorteile brächte, jedoch ästhetisch und fertigungstechnisch meist unerwünscht ist, unterbindet.

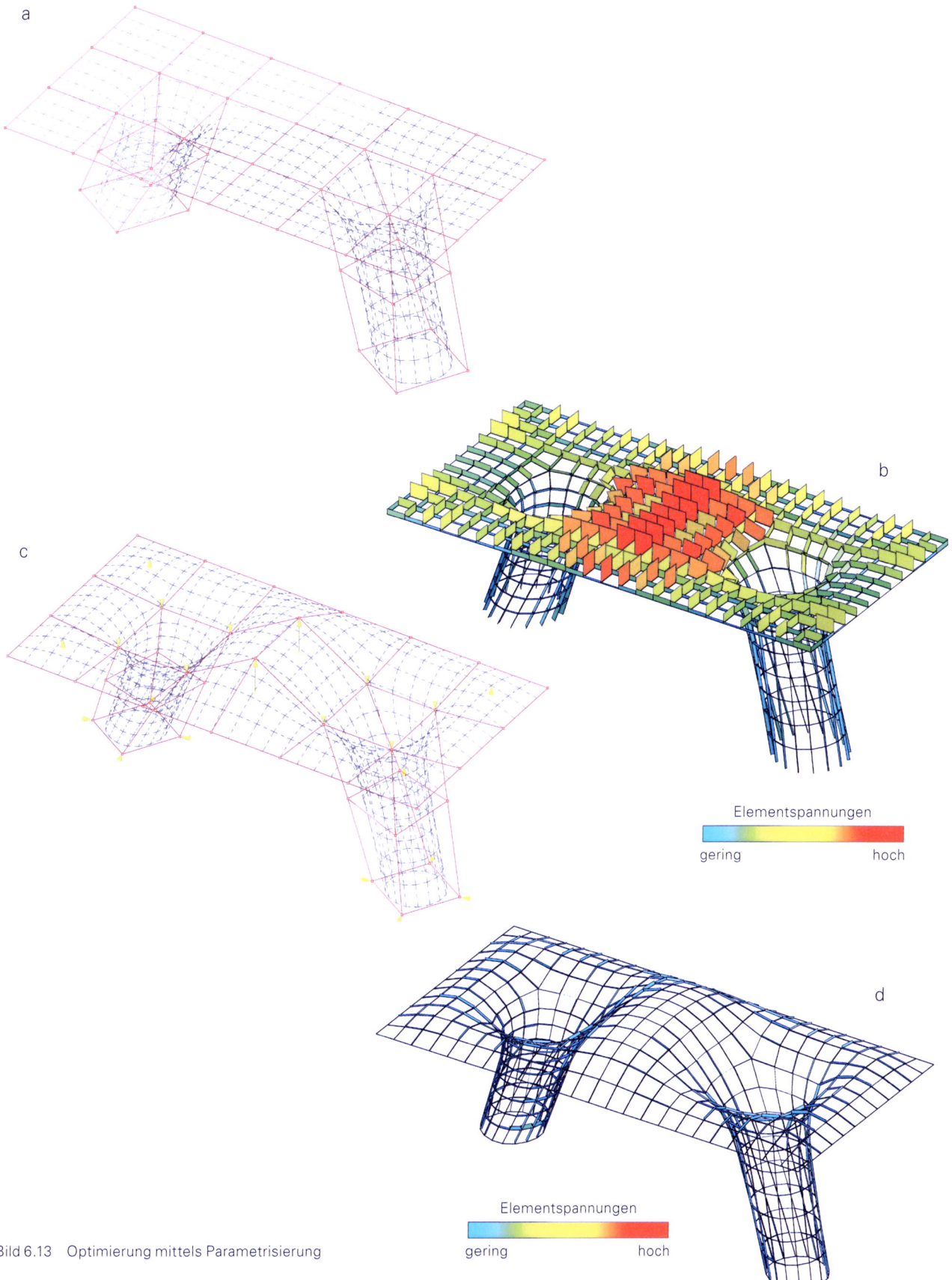

Bild 6.13 Optimierung mittels Parametrisierung

Bild 6.13 zeigt diesen Vorgang anhand einer Überdachung, die sich aus zwei geneigten, ineinander verschmelzenden Zylindern bildet. Ein Grobnetz wird verfeinert und geglättet. Die Geometrie des feinen Netzes ist abhängig vom gröberen Kontrollnetz (Bild 6.13a). Das feine Netz wird direkt in ein parametrisches Finite-Elemente-Modell übersetzt. Die ermittelten Spannungen im Netz unter Eigengewicht sind aufgrund der Geometrie sehr hoch (Bild 6.13b). Der Optimierer verändert die Kontrollknoten des Grobnetzes innerhalb gesetzter Grenzen (nämlich der zulässigen Bauhöhe) (Bild 6.13c), bis eine Geometrie gefunden ist, in der Spannungen und damit assoziierte Biegemomente minimiert, jedoch nicht zwingend ausgelöscht sind (Bild 6.13d).

Geometrische Veränderungen am Kontrollnetz einer subdivision surface oder einer NURBS-Fläche wirken sich nur lokal im Umkreis von zwei weiteren Kontrollpunkten aus. Die Übergänge in die anschließenden, unveränderten Bereiche bleiben krümmungsstetig. Das erlaubt die Segmentierung in unterschiedliche Teilbereiche und Wiederzusammenführen der Oberfläche, die jeweils mit lokalen Zielsetzungen optimiert werden können. Bild 6.14 zeigt die Veränderung einer NURBS-Kurve (links), die sich stets krümmungsstetig an den unveränderten benachbarten Teil (rechts) anschmiegt.

Topologieunabhängigkeit und Neuvernetzung

Die Parametrisierung des Systems ist im Optimierungsverfahren nicht zwingend an die Topologie des Tragwerks gebunden. Zwar besteht die Invalidierung des Optimierungsergebnisses bei Veränderungen der Topologie, z. B. durch Neuvernetzung der Oberfläche, fort. Dennoch lässt sich die neue Topologie in Abhängigkeit der bestehenden definieren und sich ausgehend von der bereits optimierten Geometrie anhand der bisherigen Parametrisierung weiter optimieren.

Bild 6.15 zeigt diesen Vorgang am schon vorangehend gezeigten Beispiel der Trichter. Im ersten Optimierungsprozess (Bild 6.13) wurde die Geometrie stark verändert. Die Flächen der neuen Form sind stark verwunden (Bild 6.15a). Die Oberfläche wird weiter unterteilt, bleibt aber abhängig von der ursprünglichen Kontrollknotengeometrie. Diese unterteilte Fläche wird entlang der Hauptkrümmungslinien segmentiert (Bild 6.15b), und neu vernetzt. Bei dieser Unterteilung entsteht ein Netz mit fast ebenen Einzelflächen (Bild 6.15c). Das bestehende Kontrollnetz und das neue, davon abhängige Netz werden jetzt variiert, bis die Spannungen in den Stäben, unter Einhaltung von Randbedingungen auf die Verwindung der Flächen, minimiert sind (Bild 6.15d).

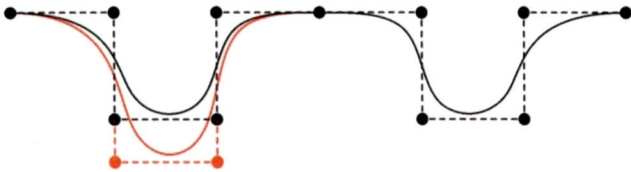

Bild 6.14   Lokale Veränderung der Kontrollpunkte und nahtloses Einfügen in angrenzende Teile

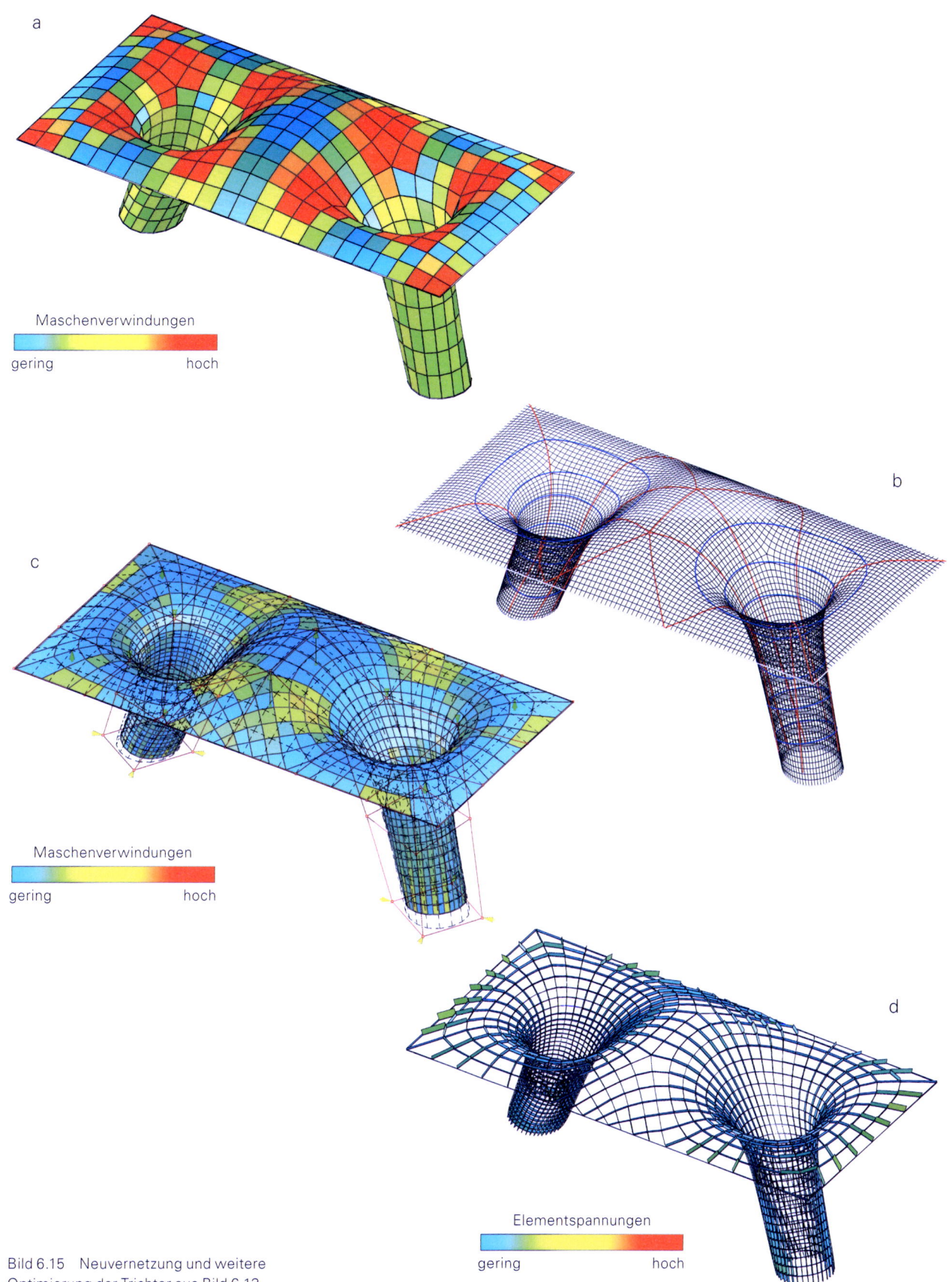

Bild 6.15 Neuvernetzung und weitere Optimierung der Trichter aus Bild 6.13

Konvergenz

Erst die mit der Parametrisierung einhergehende Reduktion der Freiheitsgrade auf die Koordinaten des Grobnetzes ermöglicht die numerische Lösung ohne die Notwendigkeit eines Supercomputers. Die Laufzeit der Formoptimierung ist ein Vielfaches im Vergleich zur klassischen Formfindung, da bei jedem Optimierungsschritt das komplette Finite-Elemente-Modell neu berechnet werden muss. Eine kluge Wahl der Ziele, Parameter und Randbedingungen ist daher essentiell und kann die Möglichkeit zu Konvergenz, ebenso wie die Laufzeit, entscheidend prägen.

Unterschiedliche Algorithmen können zur Lösung eines Problems herangezogen werden. Während deren Auflistung im Detail den Rahmen dieses Buches übersteigt, verhalten sie sich sehr unterschiedlich in ihrem Konvergenzverhalten und damit assoziierter Laufzeit. Ebenso können nicht alle Verfahren Randbedingungen oder Parametergrenzen berücksichtigen. Die Laufzeit der Optimierung ist proportional zur Anzahl der Parameter sowie zur Dauer der Finite-Elemente-Berechnung.

Implementierung

Eine von schlaich bergermann und partner entwickelte bidirektionale Schnittstelle zwischen dem parametrischen Modellierer Grasshopper und dem Finite-Elemente-Programm Sofistik ermöglicht die Optimierung direkt am vorhandenen, parametrischen Geometriemodell.
Jede beliebige Parametrisierung in Grasshopper kann herangezogen werden, um wiederum beliebige von Sofistik errechnete Ergebnisse zu minimieren oder als Randbedingung einzusetzen.
Sie ermöglicht das Erstellen von Sofistik-Modellen und Zuweisen von Elementeigenschaften wie Material, Querschnittstypen, Kopplungen oder Auflagerbedingungen direkt in Grasshopper. Die im geometrischen Modell vorhandene topologische Information wird genutzt, um schnell und intuitiv Elementzuweisungen zu ermöglichen. Sofortiges graphisches Feedback erleichtert die Zuweisung.

Variable Eigenschaften, wie die Ausrichtung der lokalen Koordinatensysteme der Stäbe, reagieren parametrisch auf Veränderungen in der Grundgeometrie. Durch die elementweise Definition des Modells in Grasshopper lässt sich ein zeitaufwändiges und fehleranfälliges Vernetzen beim Export nach Sofistik gänzlich umgehen. Die sofortige Anpassung des statischen Modells auf veränderte Parameter ist wesentlich für die automatisierte Optimierung.

Fallstudie: Jinji Lake Mall

Für die Jinji Lake Mall, eines der künftig größten Einkaufszentren Chinas in Suzhou hat schlaich bergermann und partner eine 35.000 m² große freigeformte Netzschale geplant. Die Herausforderung bestand darin, auf dem 400 m langen Komplex aus vier statisch unabhängigen Gebäuden ein fugenloses Dach in Form von Phoenix-Schwingen zu realisieren, das großen Relativverschiebungen aus Temperatur- und Erdbebeneinwirkungen standhält (Bild 6.16, rechts). Eine aufgrund ihrer Flexibilität vorteilhafte regelmäßige Viereckstruktur wurde mittels eigens entwickelter Modellierungsmethoden gefunden. Dieser digitale Entwurfsprozess ermöglichte die gekoppelte Optimierung von Netz und Tragwerk hin zu einer zugleich harmonischen und filigranen Struktur [33].

Der geometrischen Entwicklung von Form, der statischen Analyse sowie ihrer mathematischen Optimierung lag ein vereinheitlichter digitaler Arbeitsablauf zugrunde. Subdivision surface modelling stand im Mittelpunkt dieses automatisierten Prozesses, auf dessen Basis geometrische wie statische Kriterien in einem Zuge optimiert werden. Subdivision surfaces ermöglichen die Beschreibung von Freiformflächen durch einfache Vorgabe eines grob aufgelösten Steuernetzes (Bild 6.16, links).

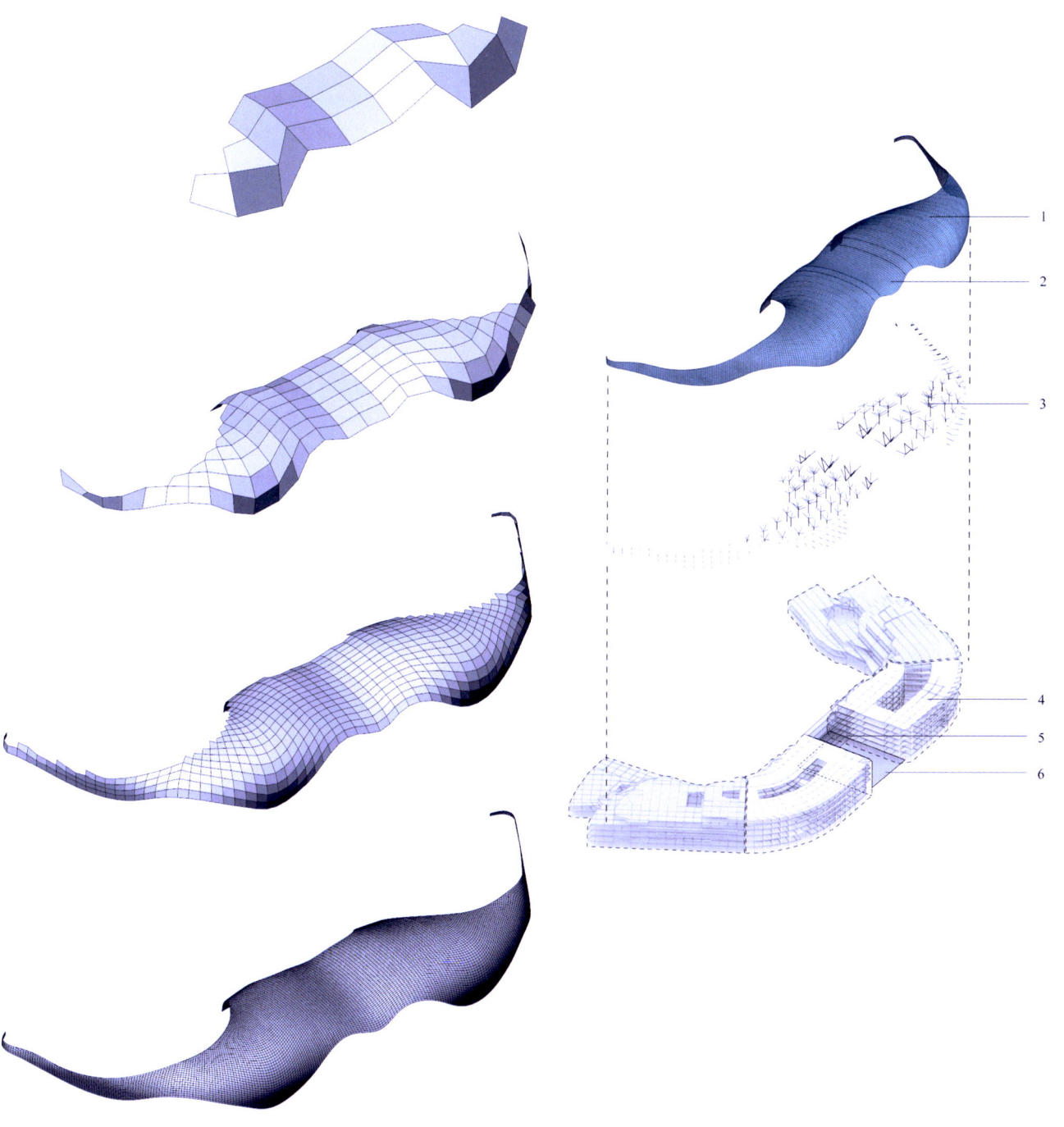

Bild 6.16 Die Gitterschale der Jinji Lake Mall;
links: Konstruktion anhand subdivision surfaces;
rechts: Lagerung auf vier unabhängigen Gebäuden und
zentrales, frei überspanntes Atrium

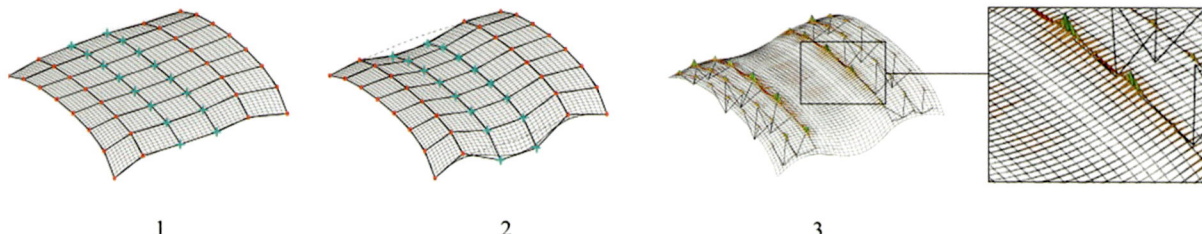

Bild 6.17 Formfindungsprozess über dem zentralen Atrium. 1. Topologische Abhängigkeiten werden definiert, 2. Grobnetzkoordinaten werden numerisch optimiert, 3. Biegemomente im optimierten Netz. Spitzen ergeben sich an den Berührungspunkten der Baumstützen, doch die Hängeform ist fast frei von Biegemomenten. Rechts: Vergrößerung der Hängeform und Stützenanschlüsse.

Für die Jinji Lake Mall waren die Punktkoordinaten des Grobnetzes die wichtigsten Optimierungsparameter. In einem computergesteuerten Prozess wurden diese Koordinaten iterativ angepasst, bis statische und geometrische Kriterien, die am abhängigen, hoch aufgelösten FE-Modell ermittelt wurden, optimal waren – bei gleichzeitiger Berücksichtigung klar gesetzter Randbedingungen zur zulässigen Verwindung der Netzflächen und Stablängen.

Der subdivision surfaces Algorithmus gewährleistete einerseits, dass sich die Netzknoten des Daches auf einer krümmungsstetigen Oberfläche befanden. Zugleich konnten durch ihn die Anzahl der Optimierungsparameter und die damit assoziierte Rechenzeit reduziert werden.

Diese Herangehensweise ermöglichte zudem die Isolierung eines bestimmten Dachabschnittes, dessen lokale Optimierung sowie das darauf folgende nahtlose Einfügen in die anschließenden Abschnitte. So konnten Optimierungskriterien bereichsspezifisch definiert werden und von geometrischer wie statischer Natur sein, oder beides. Eine biegemomentfreie Hängeform wurde über dem Atrium gefunden (Bild 6.17), ohne dass die Übergänge zu den benachbarten Bereichen manuell überarbeitet werden mussten (Bild 6.18). An den Seiten wurde die Krümmung lokal reduziert, bis die Maschenverwindung innerhalb der Herstellertoleranz lag – nicht allein für die Anfangsgeometrie, sondern für die ungünstigen Verformungen über alle Lastfälle gerechnet.

Erkentnis:

Formoptimierung ermöglicht das Versehen eines Entwurfs mit mathematischer Rigorosität, auch wenn die Anforderungen jenen der klassischen Formfindung widersprechen. Sie eröffnet dem Entwerfenden ein breiteres Spektrum an Möglichkeiten, innerhalb von ihm gewählter Randbedingungen zu agieren. Die freie Wahl von Zielsetzungen und Grenzen verlagern jedoch auch mehr Verantwortung an den Ingenieur und Gestalter, diese kompetent und sinnvoll zu bestimmen und einzusetzen.

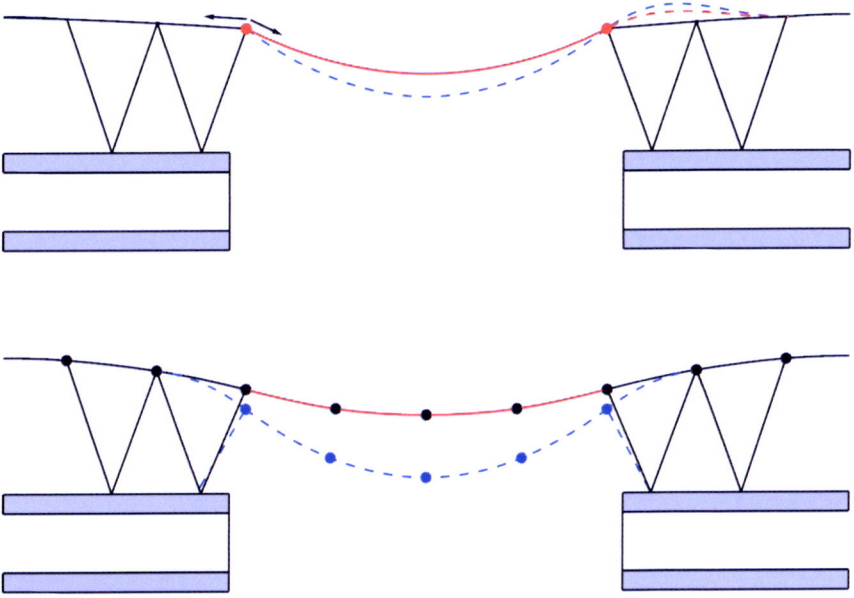

Bild 6.18 Schematische Darstellung der Hängeform im Atriumbereich. Oben: Klassische Formfindung des Mittelteils produziert Knicke an den Stützpunkten, die manuell ausgebügelt werden müssen. Unten: Formoptimierung mittels Grobnetz erzeugt zwingend krümmungsstetige Übergänge

7 Zur Statik von Netzkuppeln

7 Zur Statik von Netzkuppeln

Auf die Berechnung von Netzkuppeln wird hier nicht erschöpfend eingegangen. Nur die wesentlichen und über die üblichen Nachweise hinausgehenden Schritte werden erwähnt.

7.1 Nachweis Verglasung

In den meisten Fällen wirkt die Verglasung in Netzkuppeln nur ausfachend, das heißt, sie erfährt lediglich Beanspruchungen aus ihrem Eigengewicht und den auf sie entfallenden Querlasten.

Neben den üblichen Nachweisen zur Tragfähigkeit und Gebrauchstauglichkeit ist eine ausreichende Resttragfähigkeit nachzuweisen. Diese ist erbracht, wenn für einen bestimmten Zerstörungszustand und unter definierten äußeren Lasten für einen vorgegebenen Zeitraum die Standsicherheit nachgewiesen wird. Dies kann durch Versuche oder Berechnung oder in einfachen Fällen durch Einhaltung konstruktiver Vorgaben geschehen. Glasspannungen aus planmäßigen Scheibenverwindungen müssen beim Nachweis der Tragfähigkeit beachtet werden.
Wird die Verglasung zu Reinigungszwecken betreten, sind neben zusätzlichen Anforderungen an das Reinigungspersonal wie Seil- und Rutschsicherung auch rechnerische Tragfähigkeitsnachweise der Glastafel für eine statische Ersatzlast von 1,5 kN sowie ein Stoßversuch (GS Bau 18) zur Simulierung eines Sturzes nötig. Nähere Angaben sind den aktuellen Vorschriften zu entnehmen.

In Deutschland sind die Bemessungs- und Konstruktionsregeln für Glas in der neuen, teils noch im Entwurfstadium stehenden DIN 18008 geregelt. Sie ersetzt das alte Sicherheitskonzept mit globalen Sicherheitsfaktoren durch das neue mit Teilsicherheitsbeiwerten.

Für den *Nachweis der linienförmig gelagerten Horizontalverglasungen* gilt DIN 18008 Teil 1 und 2 (alt: Technische Regel TRLV).

Für den *Nachweis der punktförmig gelagerten Horizontalverglasungen* gilt DIN 18008 Teil 1 und 3 (alt: Technische Regel TRPV).

Für den *Nachweis der für Reinigungszwecke betretbaren Horizontalverglasungen* gilt DIN 18008 Teil 1 und 6 (alt: GS Bau 18).

Für Verglasungen, die von der eingeführten DIN 18008 oder den entsprechenden Technischen Regeln stark abweichen und für die keine allgemeine bauaufsichtliche Zulassung oder kein allgemeines bauaufsichtliches Prüfzeugnis vorliegt bzw. die stark davon abweichen, muss eine Zustimmung im Einzelfall (ZiE) bei der Obersten Bauaufsichtsbehörde des jeweiligen Bundeslandes beantragt werden. Entsprechende Merkblätter sind zu beachten.

7.2 Nachweis Tragwerk

Für die Lastannahmen gelten die einschlägigen Normen. Weicht die Form der Schale von den genormten Fällen stark ab oder beeinflusst die umgebende Bebauung die Windverhältnisse, sind Windkanaluntersuchungen für verschiedene Windrichtungen nötig. Mit dem Windgutachter sollte die Art der Versuchsauswertung im Hinblick auf die in der Statik anzusetzenden Lastfälle vorab abgestimmt werden.

Für die filigranen Stabschalen sind die nichtlinearen Systemantworten, die anzusetzenden Imperfektionsformen und die Imperfektionsempfindlichkeit von zentraler Bedeutung. Unterschiedliche Windlasten auf die Glasscheiben (lokal) und die Baukonstruktion (global) sind zu beachten.

Die wirklichkeitsnahe Knotensteifigkeit ist je nach Art der Knotenverbindung zu beachten. Zur Berücksichtigung bieten sich Federmodelle an. In Sonderfällen können Versuche oder umfangreiche Detailuntersuchungen mit FE Modellen nötig werden.

Handelt es sich um eine Netzkuppel mit Diagonalseilen, die exzentrisch an die Knotenunterseite geklemmt sind, sollte die Exzentrizität durch Definition einer zweiten Knotenebene für den Seilanschluss berücksichtigt

werden. Vergleichsrechnungen an ausgewählten Netzkuppeln haben ergeben, dass sich die Exzentrizität günstig auf das Tragverhalten auswirken kann [34].
Es ist ferner darauf zu achten, dass das verwendete Stabelement geeignet ist, das lokale Verformungs- und Beulverhalten richtig zu erfassen. Bei manchen Programmen muss dazu beispielsweise ein Stab mit mindestens drei bis vier finiten Stabelementen abgebildet werden.

Das derzeit übliche Vorgehen beim Nachweis der Beulsicherheit wird nachfolgend skizziert:

– Beuleigenformen
Ermittlung der Beuleigenformen für maßgebende Lastfälle mittels Eigenwertanalyse. Dies kann mit den derzeit kommerziell verfügbaren Softwaretools erfolgen.
Neben dem globalen Beulen kann auch das Einzelstabknicken in beiden Richtungen und das Durchschlagen eines oder mehrerer Knoten auftreten.

– Imperfektionsansatz
Als Imperfektionsform wird näherungsweise die skalierte erste Beuleigenform verwendet. Die Imperfektionsamplitude wird durch Skalierung der Beuleigenformen gewonnen. Für den Skalierungswert gibt es derzeit noch keine Normenregelung. Sind die Eigenformen räumlich getrennt, können die dazu affinen Imperfektionsformen getrennt untersucht werden. Sind Eigenformen räumlich nicht getrennt, sollten die affinen Imperfektionsformen kombiniert untersucht werden. Der Beteiligungswert der Imperfektionsform kann mit Hilfe der zugehörigen kritischen Lasten abgeschätzt werden.

– Ermittlung der kritischen Last durch geometrisch nichtlineare Analyse am imperfekten System durch Laststeigerung beispielsweise am Lastfall $1{,}35 \cdot g + 1{,}5 \cdot s$. Ein geringer Laststeigerungsfaktor weist auf hohe Zusatzbeanspruchungen infolge Nichtlinearität hin und sollte zu einer erhöhten Vorsicht führen.

– Geometrisch nichtlineare Analyse des imperfekten Tragwerkes für sämtliche Lastfälle mit Nachweis der Vergleichsspannungen. Bei ausgeprägter geometrischer Nichtlinearität kann es aus numerischen Gründen notwendig sein, die Last inkrementell bis zur Bemessungslast zu steigern.
Die Berechnung sollte unter Berücksichtigung der globalen und lokalen Imperfektion erfolgen. In Einzelfällen kann nur die globale Imperfektion angesetzt und das Einzelstabknicken (lokale Imperfektion) in einer Nachlaufberechnung überprüft werden.

– Die angesetzte Imperfektion muss neben der äußeren Imperfektion (Geometrieabweichungen) auch die inneren Imperfektionen (Eigenspannungen durch Walzen, Schweißen etc.) wie auch Einflüsse aus dem Sicherheitskonzept erfassen.
Die Imperfektionsamplituden können in Anlehnung an EN 1993-1-1 und EN 1993-1-6 anhand der Ausdehnung der Beulform l angenommen werden zu $e_{0,d} \approx l/250$, in kritischen Fällen bis zu $e_{0,d} \approx l/60$.
Der Anteil der äußeren Imperfektion beträgt lediglich 1/3 bis 1/2 von $e_{0,d}$

Anmerkung zum richtigen Umgang mit der EDV

Die oben erwähnten Untersuchungen sind nur mit einer leistungsstarken Soft- und Hardware und nur mit Ingenieuren möglich, die mit den Programmen vertraut und mit deren Umgang erfahren sind. Trotzdem sind die Grundlagen der eingesetzten Software für die meisten Anwender eine black box.
Umso wichtiger ist es daher, dass das Tragverhalten solch komplexer Strukturen mit einfachen Überschlagsrechnungen begleitet wird, um das wesentliche Tragverhalten zu verstehen und zu optimieren.
Die genaue Berechnung sollte die Überschlagsberechnung bestätigen und bei größeren Abweichungen muß die Ursache gesucht werden, wobei die Ursachen außer fehlerhafter Modellbildung auch fehlerhafte Eingaben von Lasten, Steifigkeiten und Lagerbedingungen sein können.
Erst nach dieser Plausibilitätsbetrachtung sollte man der black box vertrauen und deren unschlagbare Fähigkeit zur Untersuchung aller möglichen Lastfälle und insbesondere zur Durchführung von Sensitivitätsanalysen oder Parametervariationen voll ausnützen.
Um die Kräfte im Tragwerk abschätzen zu können, sind in den verschiedenen Kapiteln einfache Beziehungen angegeben. Meist handelt es sich um die einfach zu ermittelnden Membrankräfte.

8 Ausgeführte Beispiele

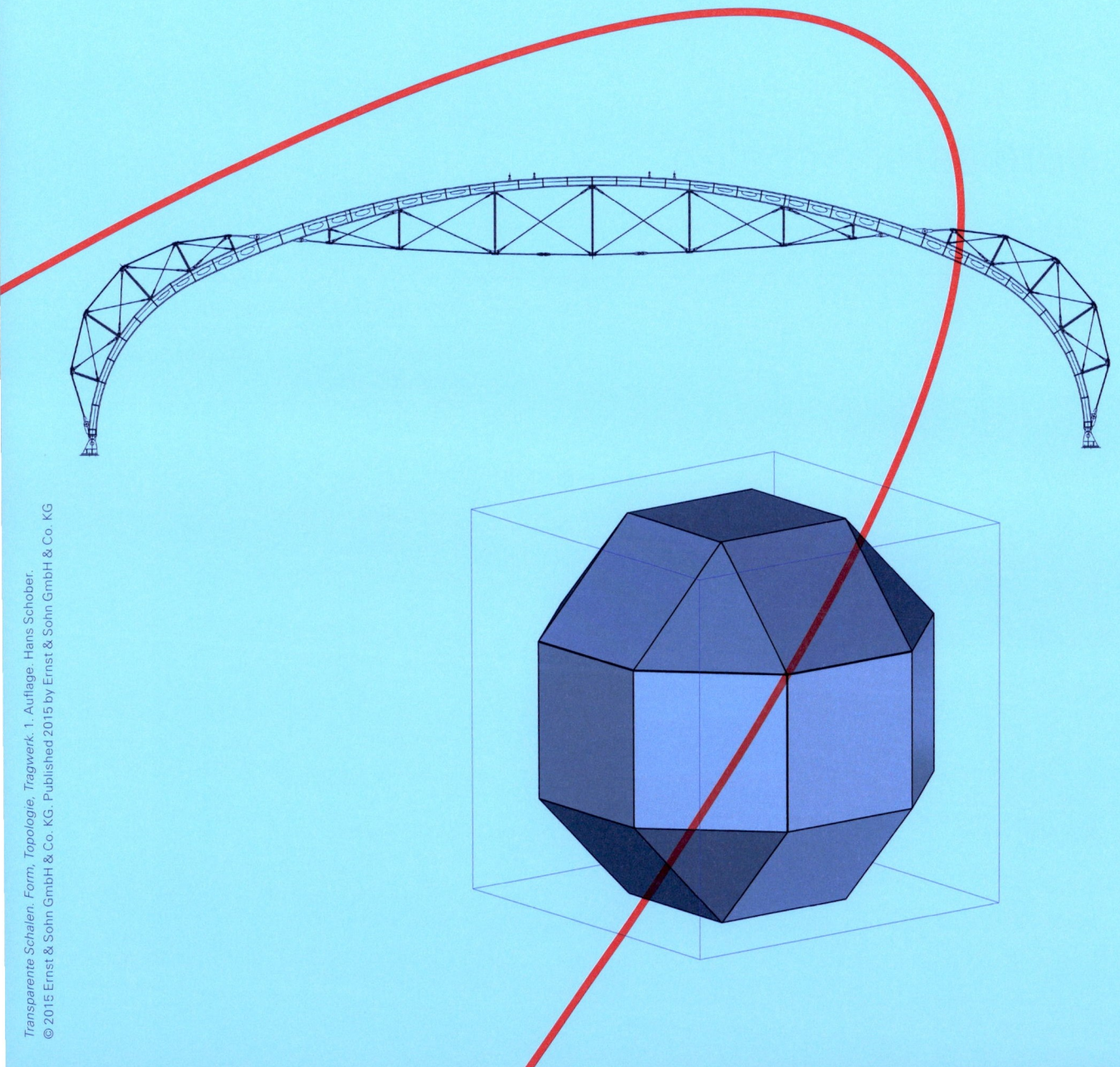

8 Ausgeführte Beispiele

Es werden ausgewählte Beispiele verglaster Schalen dokumentiert, die im Ingenieurbüro schlaich bergerman und partner bearbeitet wurden.

Die einschalige Bauweise erfordert wegen der Beulgefahr erfahrene Ingenieure und Unternehmen mit präziser CNC-Fertigung und sorgfältiger Montagetruppe, um die vorgegebenen Toleranzen einhalten zu können. Insbesondere bei geschraubten Knotenverbindungen wird die Form von der genauen Ablängung der einzelnen Stäbe bestimmt. Längenfehler wirken sich direkt auf die Schalengeometrie aus und können vor Ort nur schwer korrigiert werden.

In der folgenden Liste werden neben einem Foto mit Strukturplot ausgeführte Projekte mit Angaben zum Architekten, Baujahr, der ausführenden Firma und den wesentlichen Tragwerkdetails aufgeführt. Die meisten Projekte sind in verschiedenen Zeitschriften veröffentlicht.

Detaillierte Angaben zu den Knotenverbindungen und Seilverspannungen sind in den Abschnitten 8.2 und 4.2.2 zu finden.

8.1 Liste gebauter verglaster Schalen

Tragwerksplanung schlaich bergermann und partner

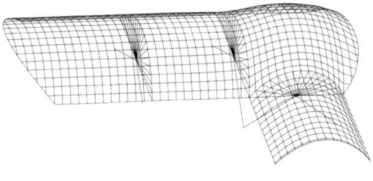

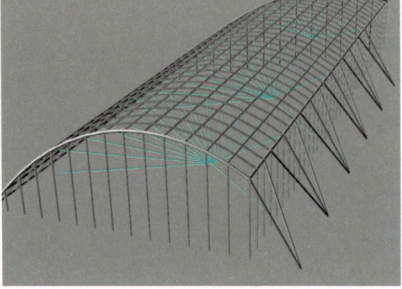

Tonnenartige Netzkuppeln

Projekt (Literaturhinweis)	Baujahr	Architekt
1) Museum für Hamburgische Geschichte, Hamburg Überdachung Innenhof (siehe Abschn. 3.2 und [1], [6], [7])	1989	von Gerkan Marg und Partner, Hamburg
2) Mineralbad Cannstatt, Bad Cannstatt, Überdachung Schwimmbecken (siehe [35])	1993, Sanierung 2011	Beck-Erlang und Partner, Stuttgart

Firma	Tragwerk/Spannweite	Verglasung	Maschenweite Stablänge	Diagonalseile Knotentyp	Netzstäbe
Helmut Fischer, Talheim	Tonne mit Übergangsbereich L-Innenhof 41,8 × 31,4 m Spannweite Tonnen l = 14 m / 17 m, Stich = 3,80/5,15 m, (Übergangsbereich 6,95 m) f/l = 0,28/0,29 Sonnenabstand 7 m Sonne Typ 1	Einfachverglasung VSG 6 + 4 mm, im Übergangsbereich kalt gebogen bzw. diagonal geteilt	Viereckmasche 1,17 × 1,17 m	Diagonalseile 2 × 5 mm Knotentyp 2 geschraubt	60 × 40 mm Vollprofil
Helmut Fischer, Talheim; Lacker, Waldachtal	Tonne, unsymmetrisch Spannweite Tonne 14,3 m Stich 5,1 m Sonnenabstand 10,6 m Sonne Typ 4	Isolierverglasung, Sanierung: Dreifachverglasung	Viereckmasche 1,06 × 1,06 – 1,5 m	Diagonalseile 2 × 6 mm Sanierung: keine Seile Knotentyp 7	60 × 40 mm Vollprofil Sanierung: Bogenstäbe 60 × 80 mm Längsstäbe 60 × 60 mm T-Profile

Projekt (Literaturhinweis)	Baujahr	Architekt
3) Industriepalast Leipzig, Überdachung Innenhof (2 Dächer) (siehe [10])	1994	
4) WTC Dresden, Überdachung Atrium (siehe [36])	1996	Nietz, Prasch, Sigl, Hamburg
5) Überdachung Bugis Street, Singapore, Überdachung Einkaufstraßen	1993	DP Architects, Singapore
6) Allee Center Leipzig, Dächer Einkaufszentrum	1996	von Gerkan Marg und Partner, Hamburg
7) Fernbahnhof Spandau, Berlin, Bahnsteigdächer (siehe [37])	1998	von Gerkan Marg und Partner, Hamburg

Firma	Tragwerk/Spannweite	Verglasung	Maschenweite Stablänge	Diagonalseile Knotentyp	Netzstäbe
Helmut Fischer, Talheim	Spannweite Hypar 1 max. 17 m Stich 3,2 m f/l = 0,18 Spannweite Hypar 2 max. 12 m Stich 2,5 m f/l = 0,21	Einfachverglasung	Viereckmasche 1,20 × 1,20 m	Diagonalseile 2 × 8 mm Knotentyp 2 geschraubt	60 × 40 mm Vollprofil
Helmut Fischer, Talheim	Tonne Spannweite 24,3 m Stich 4,4 m f/l = 0,18 Sonnenabstand 16,2 m Seilbinder Typ 9	Isolierverglasung ESG 8 mm LZR 12 mm VSG 12 mm	Viereckmasche 1,35 × 1,35 m	Diagonalseile 2 × 8 mm Knotentyp 6	Bogenstäbe 60 × 60 mm Längsstäbe 60 × 40 mm Vollprofil
Mero, Würzburg	3 Tonnen mit Übergangsbereich Spannweite Tonne 12,6 m Stich 3,1 m f/l = 0,25 Sonnenabstand 25 m, Sonne Typ 2	Einfachverglasung VSG 2 × 8 mm	Viereckmasche	Diagonalseile Knotentyp 15	60 × 40 mm Vollprofil
Mero, Würzburg	3 Tonnen: Spannweite 10,3 m Stich 2,1 m f/l = 0,20 Sonnenabstand 10 m Sonne Typ 7	Isolierverglasung	Viereckmasche 1,15 × 1,25 m	Diagonalseile 2 × 5 mm Knotentyp 8 geschraubt	60 × 60 mm Hohlprofile
Mero, Würzburg	Tonnen (Korbbogen) Spannweite l = 15–18 m Spannweite l = 9,7 m Stich f = 3,8 m Bogenträgerabstand 18 m	Einfachverglasung VSG 2 × 8 mm aus TVG	Viereckmasche 1,50 × 1,00 m bis 1,50 × 1,20 m	Diagonalseile 1 × 14 mm Knotentyp 5 geschraubt	60 × 60 mm Vollprofil

Projekt (Literaturhinweis)	Baujahr	Architekt
 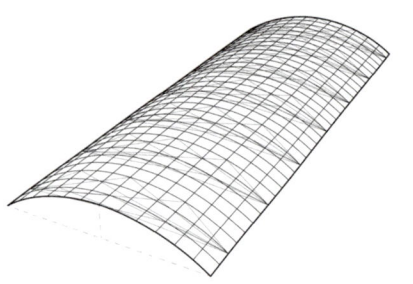 8) Friedrichstraße 60, Berlin, Überdachung Atrium	1999	Nietz, Prasch, Sigl, Hamburg
9) St. Annen 1, Hamburg, Überdachung Atrium	2001	
 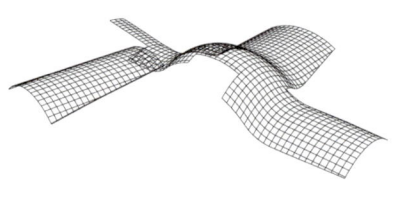 10) Bosch Areal, Stuttgart, Überdachung Fußgängerzone (siehe [39], [40])	2001	Prof. Ostertag, Stuttgart
 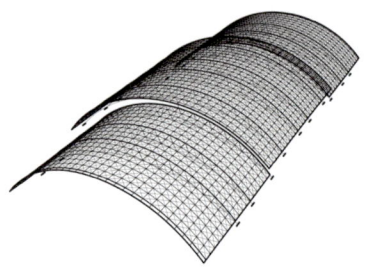 11) Überdachung Römische Badruine, Badenweiler (siehe [7], [38])	2001	Hochbauamt Freiburg
 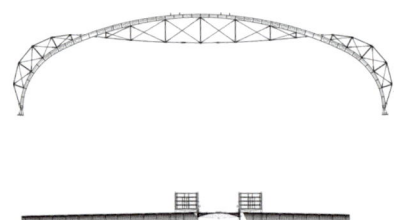 12) Hauptbahnhof Berlin, Bahnsteigdach (Ost-West-Dach) (siehe [7], [41], [42])	2002	von Gerkan Marg und Partner, Hamburg

Firma	Tragwerk/Spannweite	Verglasung	Maschenweite Stablänge	Diagonalseile Knotentyp	Netzstäbe
Mero, Würzburg	Tonne Spannweite l = 18,9 m Stich f = 3,0 m f/l = 0,16 Seilbinderabstand 7,5 m Typ 7	Einfachverglasung aufgeständert	Viereckmasche 1,50 × 1,50 m	Keine Diagonalseile Knoten geschweißt	ø = 89 mm, Rohre
Mero, Würzburg	Tonne Spannweite l = 18,3 m Stich f = 4,35 m f/l = 0,24 Sonnenabstand 12 m Sonne Typ 3	Isolierverglasung	Viereckmasche 1,10 × 1,20 m	Diagonalseile 2 × 6 mm Knotentyp 6 geschraubt	Bogenstäbe 60 × 60 mm Längsstäbe 40 × 60 mm Vollprofil
Mero, Würzburg	Translationsfläche Spannweite Tonnen 22,8/14,2/15,9 m Stich f = 4,25/2,64/3,09 m, f/l = 0,19 Sonnenabstand 7,5 m, Typ 2	Einfachverglasung	Viereckmasche 1,25 × 1,25 m	Diagonalseile 2 × 8 mm Knotentyp 15 geschweißt	60 × 60 mm Vollprofil
Josef Gartner, Gundelfingen	Tonne Spannweite l = 32,6/47,2 m Stich f = 6,48/13,1 m f/l = 0,20/0,28 Seilbinderabstand 5m, 7 m Typ 8	Einfachverglasung VSG 2 x 5 mm aus TVG	Viereckmasche 1,20 × 1,30 m	Diagonalseile 1 × 10 mm Knotentyp 5 jedoch geschweißt	Längsstäbe 60 × 60 mm Vollprofil Bogenstäbe 60 × 40mm Vollprofil
Mero, Würzburg	Tonnenförmig (Korbbogen) Spannweite l = 59–66 m Stich f = 14,6–16,4 m Seilbinderabstand 13 m Seilbinder Typ 11	Einfachverglasung Isolierverglasung	Viereckmasche 1,60 × 1,60 m	Diagonalseile 2 × 12 mm Knotentyp 21 geschweißt	60 × 145 mm bis 60 × 220 mm T-Profil

Projekt (Literaturhinweis)	Baujahr	Architekt
 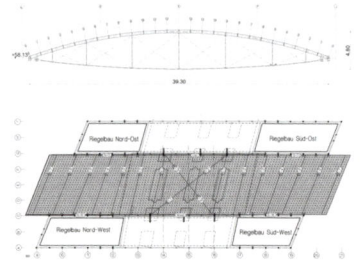 13) Hauptbahnhof Berlin, Nord-Süd-Dach (siehe [7], [41], [42], [43])	2002	von Gerkan Marg und Partner, Hamburg
 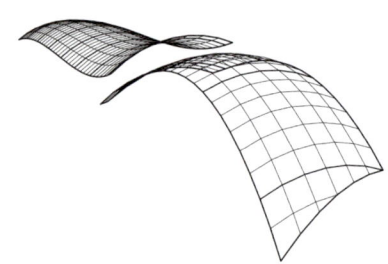 14) Cabot Circus Bristol, England, Überdachung Fußgängerzone (Planung schlaich bergermann und partner) (siehe [44])	2007	Chapman Taylor, London, England

Kuppelartige Netzkuppeln

Projekt	Baujahr	Architekt
 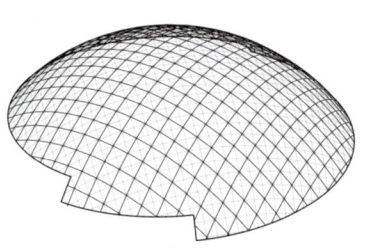 15) Aquatoll, Neckarsulm, Überdachung Schwimmbecken (siehe Abschnitt 3.2 und [1], [6], [7])	1989	Kohlmeier-Bechler, Stuttgart
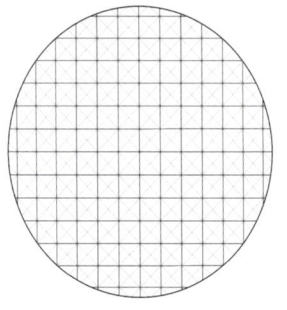 16) Fa. Zwick Roell, Ulm, Überdachung Atrium	1989	
 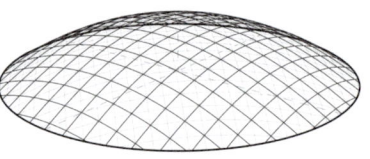 17) SI Centrum, Stuttgart, Überdachung Atrium	1996	

Firma	Tragwerk/Spannweite	Verglasung	Maschenweite Stablänge	Diagonalseile Knotentyp	Netzstäbe
Mero, Würzburg	Tonne Spannweite l = 40 m Stich f = 3,65 m f/l = 0,091 Seilbinderabstand 13 m Seilbinder Typ 10 mit Diagonalen	Einfachverglasung Isolierverglasung	Viereckmasche 1,51 × 1,53 m	Diagonalseile 2 × 12 mm Knotentyp 21 geschweißt	Längsstäbe 60 × 175 mm Querstäbe 60 × 145 mm T Profil
SH Structures LTD, North Yorkshire, England	Mehrere Tonnen Spannweite l = 10 m Stich f = 1,45 m Sonnenabstand 7,6 m Sonne Typ 2	Einfachverglasung VSG 2 × 8 mm	Viereckmasche 1,40 × 1,20 m bis 1,40 × 1,50 m	Diagonalseile 2 × 8 mm Knotentyp 15 geschweißt	60 × 40 mm Vollprofil ausgeführt: Hohlprofile 80 × 120 mm, ohne Sonne und ohne Diagonal- seile
Helmut Fischer, Talheim	Kugelkalotte R = 16,5 m kreisförmiger Grundriss Spannweite ø = 25 m Stich f = 5,75 m f/l = 0,23	Isolierverglasung sphärisch gekrümmt	Viereckmasche 1,00 × 1,00 m	Diagonalseile 2 × 5 mm Knotentyp 2 geschraubt	60 × 40 mm Vollprofil gebogen
Helmut Fischer, Talheim	Kuppel, Translation, kreisförmiger Grundriss Spannweite ø = 12,6 m Stich f = 1,27 m f/l = 0,10	Isolierverglasung 6 mm 12 mm LZW VSG 2 × 4 mm	Viereckmasche 1,0 × 1,0 m	Diagonalseile 2 × 6 mm Knotentyp 2 geschraubt	60 × 40 mm Vollprofil
Helmut Fischer, Talheim	Kuppel, Translation, kreisförmiger Grundriss Spannweite ø = 21,3 m Stich f = 3 m f/l = 0,14	Isolierverglasung	Viereckmasche 1,20 × 1,20 m	Diagonalseile 2 × 5 mm Knotentyp 2 geschraubt	60 × 40 mm Vollprofil

Projekt (Literaturhinweis)	Baujahr	Architekt
18) Atrium Kassel, Überdachung Atrium	1998	
19) Rhön Klinikum, Bad Neustadt, Glaskuppel der Psychosomatischen Klinik (siehe [10])	1993	W. Wilhelm
20) Libori Galerie, Paderborn, Überdachung Atrium	1994	Michael Lohmann, Paderborn
21) Rostocker Hof, Rostock, Überdachung Atrium (siehe [39])	1994	Schweger Architekten, Hamburg
22) Allee Center Leipzig, Überdachung Atrium	1996	von Gerkan Marg und Partner, Hamburg

Firma	Tragwerk/Spannweite	Verglasung	Maschenweite Stablänge	Diagonalseile Knotentyp	Netzstäbe
Helmut Fischer, Talheim	Kuppel, Translation, kreisförmiger Grundriss Spannweite ø = 12,35 m Stich f = 1,67 m f/l = 0,14	Isolierverglasung	Viereckmasche 1,20 × 1,20 m	Diagonalseile 2 × 5 mm Knotentyp 2 geschraubt	60 × 40 mm Vollprofil
Mero, Würzburg	Kuppel (Halbkugel) R = 16 m zentralsymmetrisch Spannweite l = 32 m Stich f = 16 m f/l = 0,5	Isolierverglasung Float 8 mm 12 mm LZW VSG 2 × 5 mm	Viereckmasche 2,00 × 2,40 m max.	Diagonalseile 1 × 8 mm Knotentyp 8 geschraubt	70 × 70 mm Hohlprofile
Helmut Fischer, Talheim	Kuppel, 28° geneigt, Translation elliptischer Grundriss ø = 27 m / 23,5 m Stich f = 3,8 m f/l = 0,14/0,16	Isolierverglasung	Viereckmasche 1,20 × 1,20 m	Diagonalseile 2 × 8 mm Knotentyp 2 geschraubt	60 × 40 mm Vollprofil
Helmut Fischer, Talheim	Kuppel, Translation, elliptischer Grundriss Spannweite l = 25/18 m Stich f = 3,5 m f/l = 0,14/0,19	Isolierverglasung 8 mm 12 mm LZW VSG 2 × 4 mm	Viereckmasche 1,20 × 1,20 m	Diagonalseile 2 × 5 mm Knotentyp 2 geschraubt	60 × 40 mm Vollprofile
Mero, Würzburg	Kuppel (Kugelkalotte) R = 27 m zentralsymmetrisch Spannweite l = 38,6 m Stich f = 8,1 m f/l = 0,21	Isolierverglasung	Viereckmasche 1,40 × 1,70 bis 1,20 × 0,52 m	Diagonalseile 2 × 5 mm Knotentyp 8 geschraubt	60 × 60 × 6,3 mm Hohlprofile

Projekt (Literaturhinweis)	Baujahr	Architekt
23) Messe Hannover, Eingang West	2000	Ackermann und Partner, München
24) Schubert Club Band Shell, St. Paul, Minnesota, USA (siehe [39], [57])	2001	James Carpenter, New York
25) Deutsches Historisches Museum Berlin, Schlüterhof, Überdachung Innenhof (siehe [7], [39])	2002	I. M. Pei, New York
26) Yas Mall, Abu Dhabi, Vereinigte Arabische Emirate Überdachung Atrium	2013	Aecom Abu Dhabi
27) Palais Bernheimer, München, Überdachung Atrium (siehe [10])	1992	

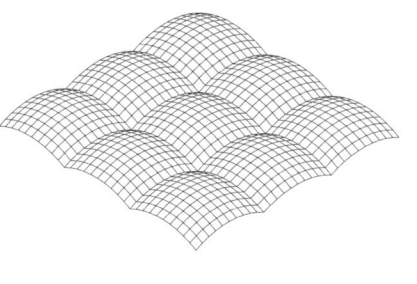

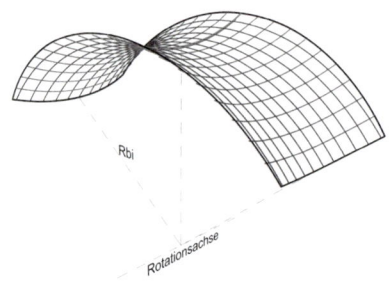

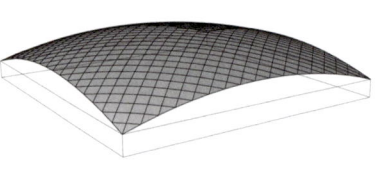

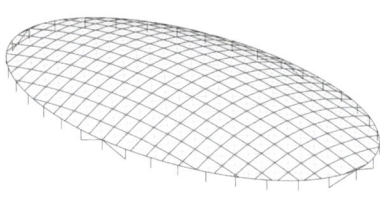

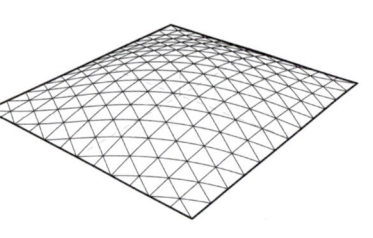

Firma	Tragwerk/Spannweite	Verglasung	Maschenweite Stablänge	Diagonalseile Knotentyp	Netzstäbe
Seele GmbH, Gersthofen	Kuppel, Translation, quadratischer Grundriss Spannweite l = 15 m × 15 m Stich f = 1,75 m f/l = 0,12 20 Einheiten	Einfachverglasung VSG 2 × 8 mm	Viereckmasche 1,26 × 1,26 m	Diagonalseile 2 × 8 mm Knotentyp 15	b = 60 mm, h = 55 mm, t = 20/25 mm T Profile
Tripyramid Structures, Westford, USA	Rotationsfläche (Torusausschnitt) Spannweite 14–15 m Stich f = 3,4 m f/l = 0,24	Einfachverglasung VSG 2 × 6 mm	Viereckmasche 0,80 × 0,80 m bis 0,80 × 1,00 m	Diagonalstäbe hochfest Durchmesser 8 mm Knotentyp 13 geschraubt	d = 40 mm Rohre
Mero, Würzburg	Kuppel, Translation quadratischer Grundriss Spannweite 41 × 41 m Stich f = 3,1 m f/l = 0,076	Isolierverglasung	Viereckmasche 1,75 × 1,75 m	Diagonalseile 1 × 20 mm Knotentyp 20 geschweißt	60 × 140 mm (60 × 155 mm) Hohlprofile
Affan Building Structures, Dubai	Kuppel, Translationsfläche mit elliptischem Grundriss Spannweite f/l = 29/52 m Stich f = 3,52 m f/l = 0,121/0,068	Isolierverglasung	Viereckmasche 2,18 × 2,15 m	Diagonalseile 1 × 14 mm Knotentyp 9 geschraubt	80 × 160 mm Hohlprofile
Helmut Fischer, Talheim	Dreieckiges Stabnetz max. Spannweite 15,4 m Stich f = 1,65 m f/l = 0,11	Isolierverglasung	Dreieckmasche 1,50 × 1,50 m	Knotentyp 12 geschraubt	40 × 60 mm Vollprofile

Projekt (Literaturhinweis)	Baujahr	Architekt
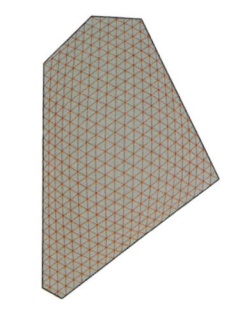 28) Flämischer Landtag, Brüssel, Belgien, Überdachung Sitzungssaal (siehe [45])	1994	Studiebureau Arrow, Brüssel, Belgien
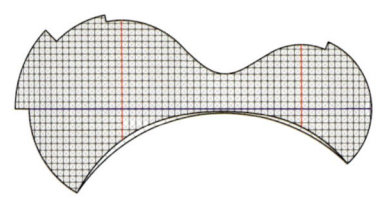 29) Flusspferdehaus Zoo Berlin, Überdachung Wasserbecken (siehe [7], [46])	1997	J. Gribl, München
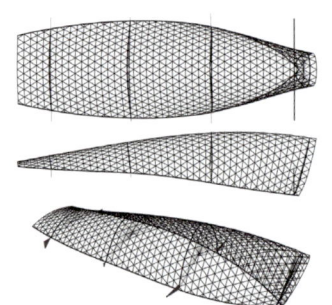 30) DZ Bank, Pariser Platz 3, Berlin, Überdachung Atrium (siehe [7], [47], [48])	1998	F. O. Gehry, Santa Monica, USA
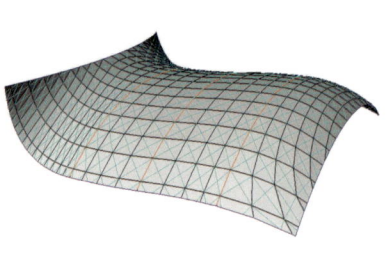 31) Uniqa Tower Wien, Österreich, Überdachung Atrium (siehe [49])	2004	Neumann + Partner, Wien, Österreich
 32) Messe Mailand, Italien, Überdachung Erschließungsachse (siehe [50], [51], [52])	2004	M. Fuksas Rom, Italien

Firma	Tragwerk/Spannweite	Verglasung	Maschenweite Stablänge	Diagonalseile Knotentyp	Netzstäbe
Helmut Fischer, Talheim	Dreieckiges Stabnetz max. Spannweite l = 20 m Stich f = 4,5 m f/l = 0,23	Isolierverglasung VSG 2 x 6 mm LZW 12mm VSG 2 x 4 mm	Dreieckmasche 1,50 – 1,60 m	Knotentyp 4 geschraubt	40 x 60 mm Vollprofile
Helmut Fischer, Talheim	Translationsfläche mit ebenen Viereckmaschen Kuppel 1: ø = 24 m, f = 4,95 m Kuppel 2: ø = 30 m, f = 6,65 m f/l = 0,22/0,20 Gesamtlänge ca. 60 m	Isolierverglasung ESG 6 mm LZW 12 mm VSG 2 x 4 mm	Viereckmasche 1,20 x 1,20 m	Diagonalseile 2 x 8 mm Knotentyp 2 gebaut: Diagonalseile 1 x 14 mm Knotentyp 4	60 x 40 mm Vollprofile gebaut: 40 x 40 mm Vollprofile
Josef Gartner, Gundelfingen	Dreieckiges Stabnetz aus Edelstahl Spannweite max. l = 20 m Sonnenabstand 16,5 m Sonne Typ 2	Isolierverglasung ESG 12 mm LZW 14 mm VSG 2 x 4 mm	Dreieckmasche 1,55 x 1,50 m bis 1,55 x 1,95 m	Knotentyp 12 geschraubt	40 x 60 mm Vollprofile Edelstahl
Mero, Würzburg	Streck-Trans-Fläche mit ebenen Viereckmaschen Spannweite 24,6 m Stich f = 4,5 m f/l = 0,18 Seilbinderabstand 13 m Seilbinder Typ 3	Isolierverglasung	Viereckmasche 1,30 x 1,60 m	Diagonalseile 2 x 8 mm Knotentyp 15 geschweißt	40 x 60 mm Vollprofile
Mero, Würzburg	Dreieckiges und viereckiges Stabnetz	Einfachverglasung VSG 2 x 8 mm Isolierverglasung ESG 8 mm LZW 16 mm TVG 2 x 6 mm	Viereckmasche 1,80 x 1,80 m Dreieckmasche 1,90–2,80 m	Knotentyp 11 geschraubt	60 x 160 mm bis 60 x 200 mm 60 x 80 mm bis 60 x 350 mm T-Profile

Projekt (Literaturhinweis)	Baujahr	Architekt
 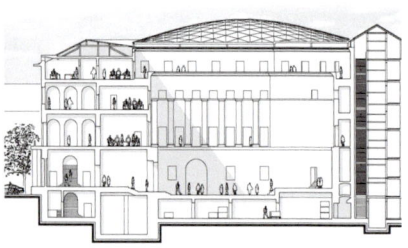 33) Cabot Circus Bristol, England, Überdachung Fußgängerzone (siehe [44])	2007	Chapman Taylor, London, England
 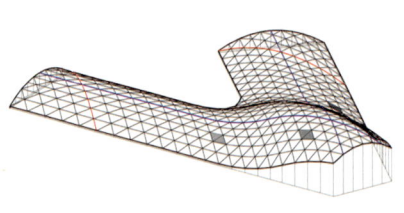 34) Odeon München, Überdachung Atrium	2007	Ackermann und Partner, München
 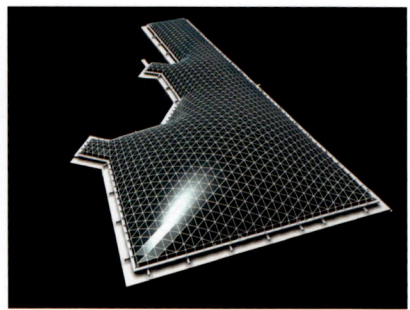 35) Paunsdorf Center, Leipzig, Überdachung Mall	2012	
 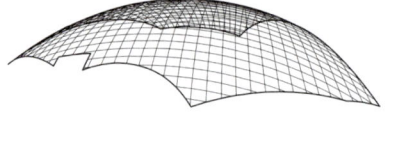 36) Rathaus Madrid, Spanien, Überdachung Innenhof (siehe [56])	2009	Arquimatica Madrid, Spanien
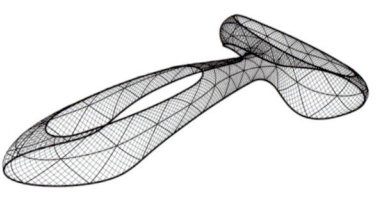 37) Yas Viceroy Hotel, Abu Dhabi, Vereinigte Arabische Emirate, Gebäudeumhüllung (siehe [53], [54])	2009	Asymptote architecture New York, USA

Firma	Tragwerk/Spannweite	Verglasung	Maschenweite Stablänge	Diagonalseile Knotentyp	Netzstäbe
SH Structures LTD, North Yorkshire, England	Kuppel, Streck-Trans-Fläche unregelmäßiger Grundriss Spannweite l = 40/60 m f/l = 0,19	Einfachverglasung	Viereckmasche 1,50 × 1,00 m bis 1,50 × 1,75 m	Diagonalseile 2 × 10 mm Knotentyp 15 geschweißt	60 × 80 mm Vollprofile ausgeführt: Hohlprofile 80 × 120 mm, ohne Diagonalseile
Müller Offenburg GmbH, Offenburg	Dreieckiges Stabnetz Spannweite l = 24/32 m Stich f = 2,8 m f/l = 0,11 Koppelseile d = 30 mm a = 4 m	Einfachverglasung 2 × 8mm VSG aus TVG	Dreieckmasche 1,90 – 2,10 m	Knotentyp 18 geschweißt	50 × 70 mm bis 50 × 90 mm Vollprofile
Roschmann Group Gersthofen	Tonnen mit Übergangsbereich Translationsfläche Tonnenspannweite 13 m Tonnenstich f = 2 m f/l = 0,15	Isolierverglasung	Rautenförmige ebene Viereckmasche mit Diagonalstab 1,50 – 2,20 m	Knotentyp 16 geschweißt	Hohlprofile Viereckmasche 50 × 90 mm, Diagonale 40 × 80 mm
Lanik, Cibeles - Dragados, Madrid, Spanien	Dreieckiges Stabnetz Spannweite 14/21/36/45 m Stich f = 4,4 – 6,2 m f/l = 0,17 – 0,21	Isolierverglasung	Dreieckmasche 1,80 – 2,10 m	Knotentyp 10 geschraubt	80 × 80 mm bis 80 × 120 mm Hohlprofile
Waagner-Biro, Wien, Österreich	Viereckmaschen mit Mega-Dreiecken Gesamtlänge 220 m Gesamtbreite 45 m Gesamthöhe 35 m	Einfachverglasung VSG 8 + 10 mm	Viereckmasche 3,20 × 2,90 m bis 1,60 × 1,20 m	Knotentyp 19 geschweißt	Stabnetz 100 × 250 mm Hohlprofile Mega-Dreiecke 200 × 500 mm

Projekt (Literaturhinweis)	Baujahr	Architekt
 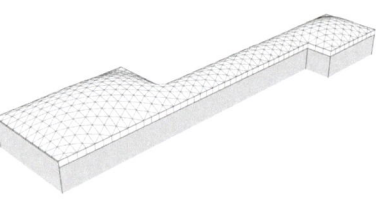 38) Einkaufszentrum Höfe am Brühl, Leipzig, Überdachung Mall	2012	Grüntuch Ernst Architekten, Berlin
 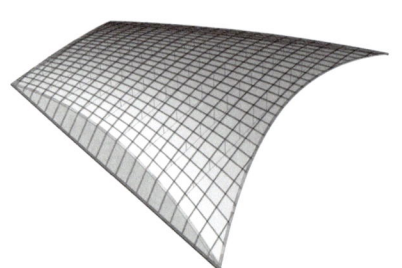 39) Überdachung Plaza Ernst & Young, Luxemburg	2014	Sauerbruch Hutton, Berlin

Skulptur als Streck-Trans-Fläche

Projekt	Baujahr	Architekt
 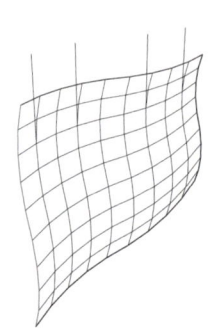 40) Bank of America Headquarter, Charlotte, USA	2005	James Carpenter, New York, USA

Firma	Tragwerk/Spannweite	Verglasung	Maschenweite Stablänge	Diagonalseile Knotentyp	Netzstäbe
Roschmann Group, Gersthofen	Dreieckiges Stabnetz Spannweite 20/7,7/16 m Stich f = 3,55/1,4/2,75 m f/l = 0,17/0,18/0,17	Isolierverglasung	Dreieckmasche 1,80 – 2,10 m	Knotentyp 4 geschraubt	70 x 50 mm bis 100 x 50 mm Vollprofile
Bellapart, Les Preses, Spanien	Flache Kuppel mit Seilbinder Streck-Trans-Fläche unregelmäßiger Grundriss Spannweite l = 18/40 m Länge 37m f /l = 0,065	Einfachverglasung	Viereckmasche 1,80 × 0,80 m bis 1,80 × 1,55 m	Knotentyp 16 geschweißt	80 × 140 mm Hohlprofile
Tripyramid Structures, Westford, USA	Streck-Trans-Fläche Tragendes Glas Zugstäbe in Glasfuge max. Spannweite 6 m	Einfachverglasung 12 mm ESG + 6 mm dichroitisches Float Glas	Viereckmasche 0,65 × 0,70 m bis 0,65 × 0,45 m	Knotentyp 22 Aluminium geschraubt	Hochfeste Stäbe in Glasfuge ø = 4,4 mm

8.2 Knotenverbindungen

8.2.1 Allgemeines

Zur Knotengeometrie

Die Netzgeometrie definiert üblicherweise die Stabachse, die Staboberkante oder die Glasoberkante. Bei direkter Verglasung mit ebenen Scheiben sind die Stäbe zwischen den Knoten gerade und sie treffen sich im Knoten mit unterschiedlichen Maschenwinkeln α_i, und unterschiedlichen Knickwinkeln (Vertikalwinkeln) β_i (Bild 8.1).

Bei kontinuierlicher Auflagerung der Verglasung bieten sich Rechteckquerschnitte an, die jedoch von Masche zu Masche so verdreht werden müssen, dass der Stab „gemittelt" zwischen den angrenzenden Maschenebenen liegt. Der Verdrehwinkel δ_i wird als Winkel zwischen der Stabnormalebene und der Ebene, die vom Knotenvektor und der Stabachse aufgespannt wird, angegeben. In den meisten Fällen ist der Stabdrehwinkel von Masche zu Masche unterschiedlich und die Stäbe treffen sich im Knoten mit unterschiedlichen Verdrehwinkeln δ_i, eine Erschwernis insbesondere bei der Herstellung eines Stabnetzes mit hohen Querschnitten (Bild 8.2).

Wird die Verglasung aufgeständert, dann kann der Verdrehwinkel optimiert werden, denn die Staborientierung muss nicht mehr zwischen den angrenzenden Maschenebenen ausgemittelt werden, was eine „freie" individuelle Stabverdrehung erlaubt. Beim Yas Viceroy Hotel konnte beispielsweise der Differenzdrehwinkel im Knoten von ± 4,5° auf ± 2° optimiert werden, was sich nicht nur auf die Tragfähigkeit und Kosten, sondern auch auf die Ästhetik günstig auswirkte (siehe auch Abschnitt 5.2).

Nur im Sonderfall eines conical mesh [12] treffen sich die Stäbe verdrehungsfrei am Knoten, das heißt, die Mittelflächen der Stäbe treffen sich in einer Linie, in der Knotenachse. Dies ist der Fall, wenn die vier benachbarten Glasscheiben einen gemeinsamen Kegel berühren. Dann gilt, dass die Summe der gegenüberliegenden Maschenwinkel gleich ist, also $\omega_1 + \omega_3 = \omega_2 + \omega_4$ (Bild 8.3). Alle Rotationsflächen sind ein Sonderfall dieses Maschentyps, siehe dazu Abschnitt 4.3.

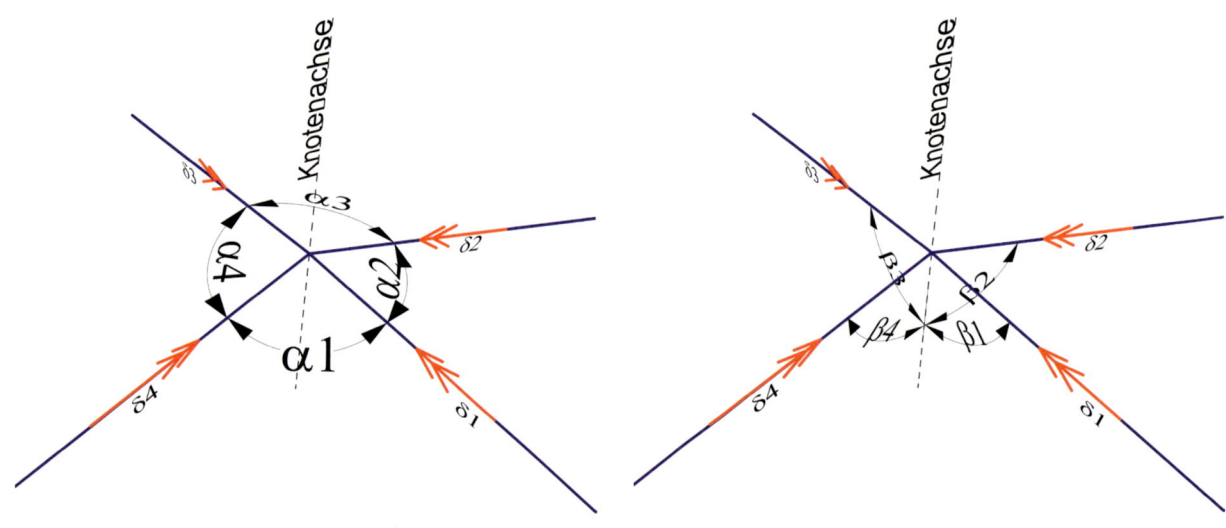

Bild 8.1 Geometrie am Knoten
links: Maschenwinkel und Stabdrehwinkel
rechts: Stabknickwinkel und Stabdrehwinkel

Knoten mit verdrehfreien Stabanschlüssen sind einfach und kostengünstig herzustellen. Die Bedeutung wächst mit zunehmender Querschnittshöhe der Stäbe, denn bei Ausrichtung der Querschnittsoberseite an der Netzgeometrie wächst der Versatz an der Querschnittsunterseite mit dem Differenzdrehwinkel am Knoten.

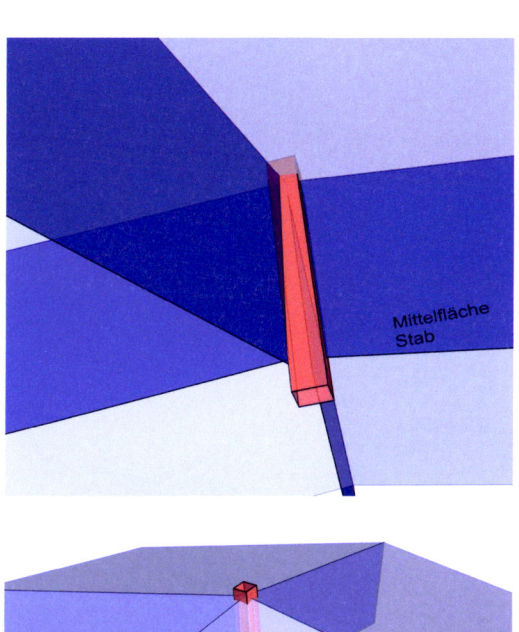

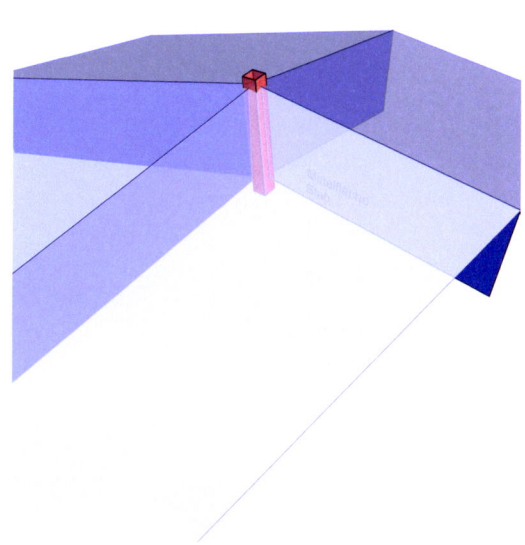

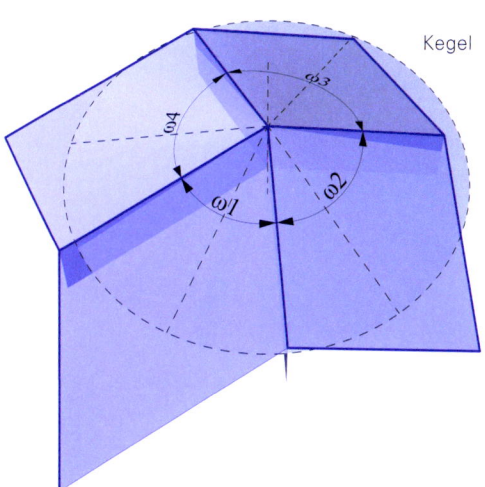

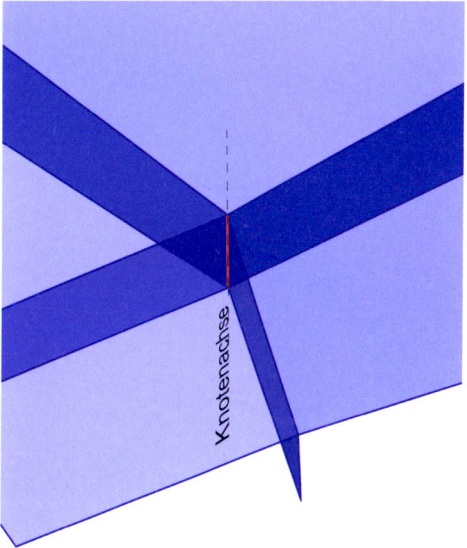

Bild 8.2   Üblicherweise treffen sich die Querschnittsachsen der Stäbe nicht in der Knotenachse;
oben: Knoten mit Differenzdrehwinkel der Stäbe,
unten: Knoten ohne Differenzdrehwinkel

Bild 8.3   Nur wenn die vier benachbarten ebenen Flächen einen gemeinsamen Kegel berühren, treffen sich die Stäbe verdrehungsfrei in der Knotenachse

Nutzung der speziellen Eigenschaften von Translationsflächen

Besteht eine Translationsfläche aus ebenen Erzeugenden und ebenen Leitlinien, dann erscheint das doppelt gekrümmte Stabnetz in Richtung dieser Ebenen als ein Rost aus geraden parallelen Linien. Der Gedanke liegt daher nahe, den Rost aus vertikal orientierten Stäben herzustellen, die sich nicht verdrehen. Dann könnte eine Richtung durchgehen und die querlaufenden Stäbe könnten dazwischen eingefügt werden. Dabei entstehen allerdings Höhenversätze am Übergang zum durchgehenden Profil (Bild 8.4 oben) und eine direkte Glasauflagerung würde komplizierte Auflagerprofile erfordern. Diese Variante ist daher nur bei flachen, wenig gekrümmten Flächen denkbar.

Mit Rohrprofilen können diese Probleme weitgehend vermieden werden, wobei sich eine Glasaufständerung zur Vermeidung von besonderen Auflagerprofilen anbietet. Da eine Translationsfläche aus identischen Erzeugenden und identischen Leitlinien besteht, könnten für eine Richtung gleichartig vorgebogene durchlaufende Rohre verwendet und in Querrichtung gleichartig vorgebogene Rohrstücke eingeschweißt werden (Bild 8.4).

Eine weitere Vereinfachung für die Herstellung des Stabnetzes wird erreicht, wenn man die Längs- und Querrohre gegeneinander versetzt, so dass beide ohne Stoß durchlaufen können. Teilt man den Rohrverbinder in zwei Teile und verbindet die Rohre mit einer

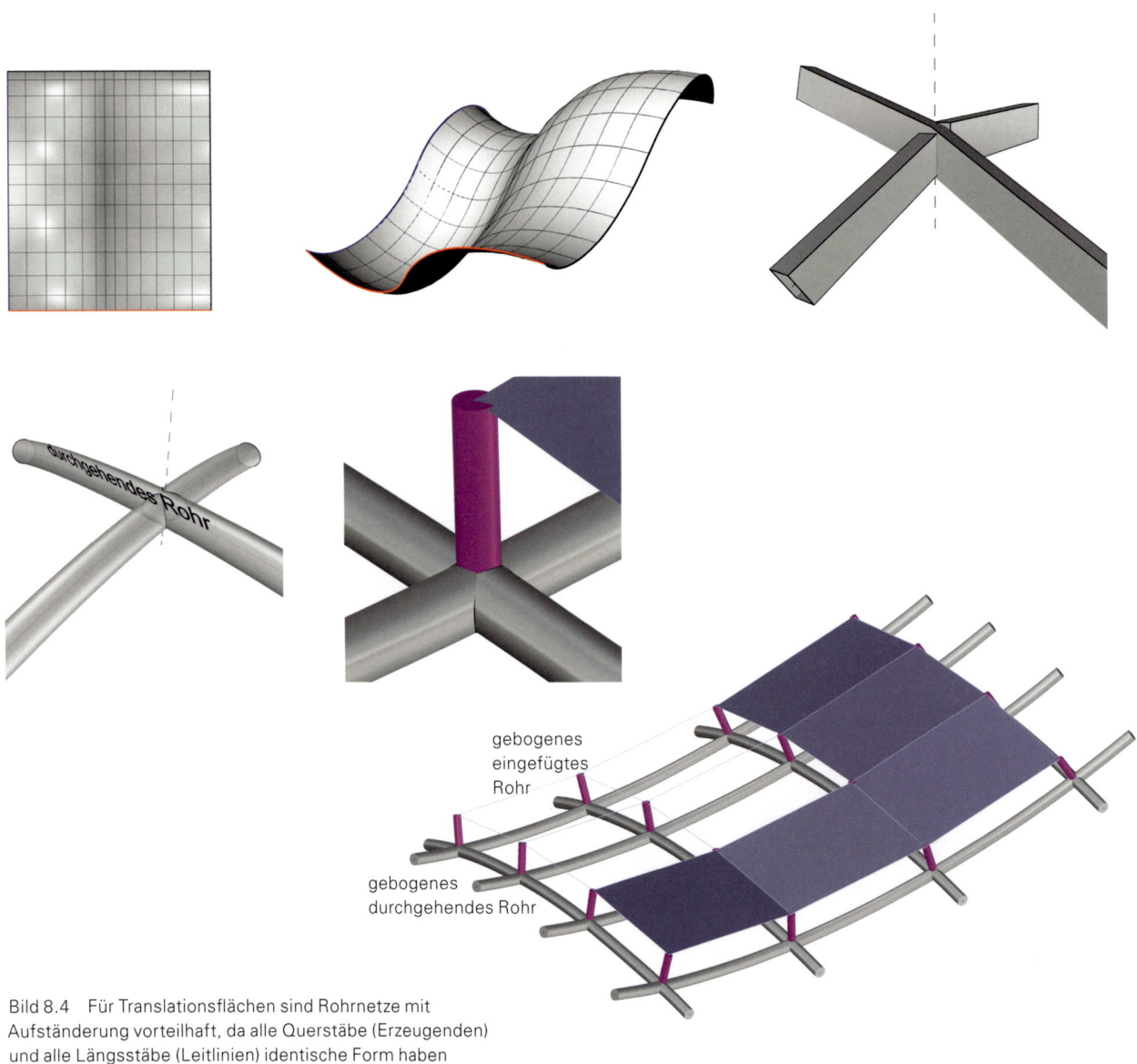

Bild 8.4   Für Translationsflächen sind Rohrnetze mit Aufständerung vorteilhaft, da alle Querstäbe (Erzeugenden) und alle Längsstäbe (Leitlinien) identische Form haben

Zentrumschraube, stellen sich die unterschiedlichen Maschenwinkel von selbst ein, da der Knoten drehbar ist (Bild 8.5). Die Rohrverbinder und die Aufständerungen sind alle gleich und werden mit den Rohren in der Werkstatt verschweißt bzw. verschraubt. Die gebogenen Längs- und Querrohre können in großen Längen in der Werkstatt vorgefertigt und auf der Baustelle einfach verschraubt werden. Damit die Rohrverbinder und Aufständerungen in einer Linie verlaufen, müssen die Knoten in Flächennormalenrichtung um einen konstanten Betrag d verschoben werden. Dazu konstruiert man eine Parallelfläche im Abstand d und projiziert in Normalenrichtung das Netz auf diese Fläche.

Bei dieser Projektion verändert sich allerdings der Flächentyp und die Offsetfläche ist keine exakte Translationsfläche mehr. Aus den ursprünglich ebenen und gleichartigen Leitlinien und Erzeugenden werden unterschiedliche räumliche Kurven, die man mit unterschiedlichen Kreissegmenten annähern kann. Da sich die ebenen und gleichartigen Leitlinien und Erzeugenden mit der Größe des Versatzmaßes d verändern, ist es vorteilhaft, d zu minimieren und das Translationsnetz in die obere Rohrlage zu legen. Die untere Rohrlage weicht dann nur geringfügig davon ab. Die Maschen in Glasebene sind dann je nach Größe der Aufständerung nicht mehr ganz eben, was aber in den meisten Fällen innerhalb der aufnehmbaren Verwindung liegt.

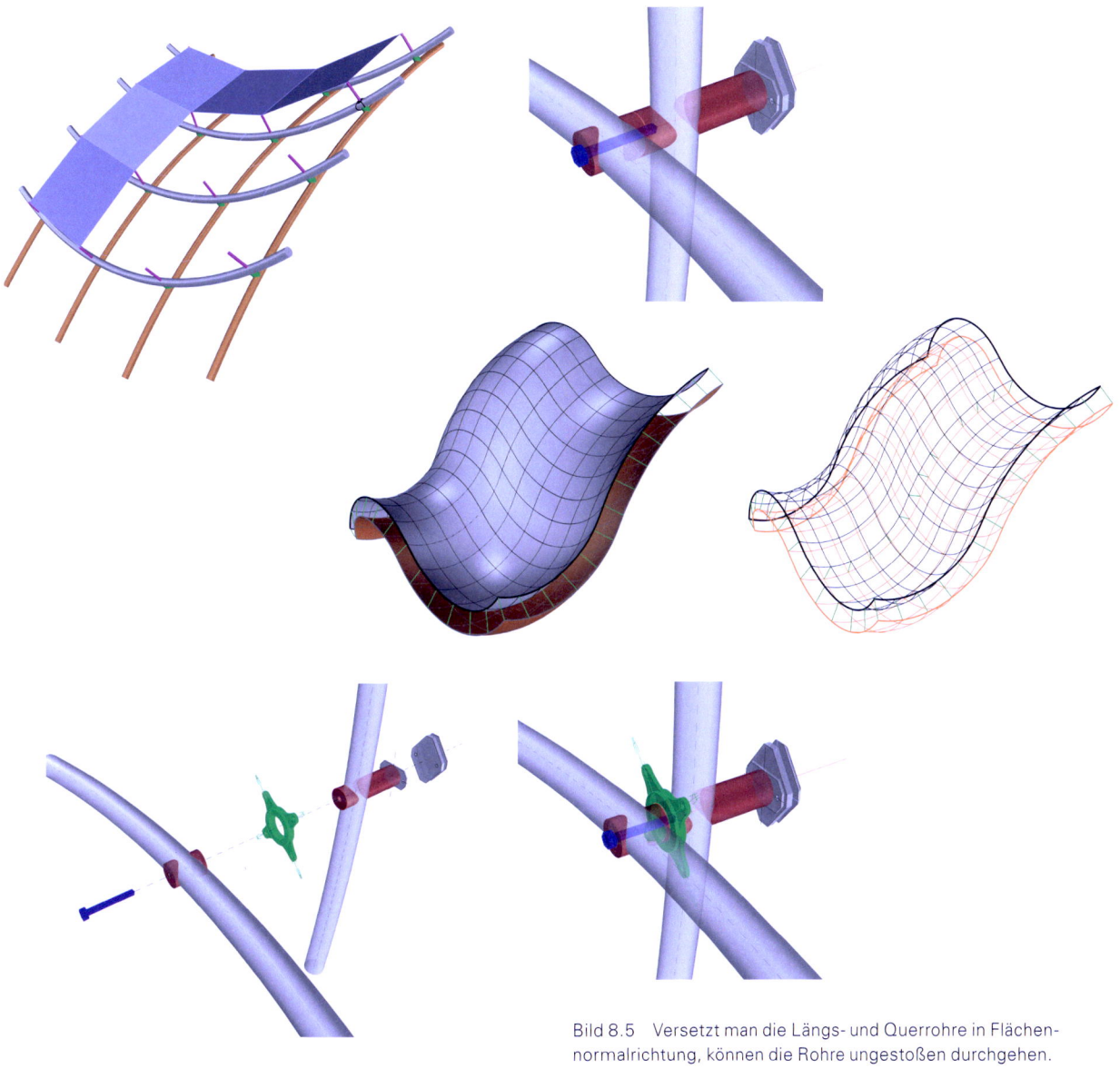

Bild 8.5   Versetzt man die Längs- und Querrohre in Flächennormalrichtung, können die Rohre ungestoßen durchgehen. Die geschraubte Rohrverbindung ist in jedem Knoten gleich.

Bezüglich der mathematischen Grundlagen zu Parallelflächen wird auf [12] verwiesen. Versetzt man das Translationsnetz nicht in Flächennormalrichtung, sondern einfach durch Translation, dann liegen die Rohrverbinder und Aufständerungen nicht in einer Linie, sondern versetzt und haben unterschiedliche Richtung.

Nutzung der speziellen Eigenschaften von Rotationsflächen

Wie in Abschitt 4.3 bereits erwähnt, treffen sich bei Rotations- oder gereihten Rotationsflächen die Stäbe im Knoten verdrehfrei, was die Fertigung direkt verglaster Stabnetze erheblich vereinfacht.

Eine weitere Vereinfachung ist möglich, wenn man Rohre wählt und diese in Flächennormalrichtung versetzt, so dass beide Stabrichtungen ungestoßen durchgehen können (Bild 8.5).

Der Vorteil gegenüber den Translationsflächen besteht darin, dass sich beim Versetzen in Flächennormalrichtung der Flächentyp nicht ändert. Die Rotationsfläche bleibt eine Rotationsfläche und alle Flächennormalen gehen durch die Rotationsachse.

Aus einer kreisförmigen Erzeugenden mit Radius R wird beispielsweise eine mit Radius $R_3 \pm d$ und in Ringrichtung verändert sich der Radius um d_i^*, wobei d_i^* in jedem Ring unterschiedlich ist. Nach dem Versetzen liegen die Erzeugenden in Ebenen, welche die Rotationsachse einschließen, und die Stäbe in Ringrichtung liegen in Ebenen senkrecht zu den Rotationsachsen (Bild 8.6).

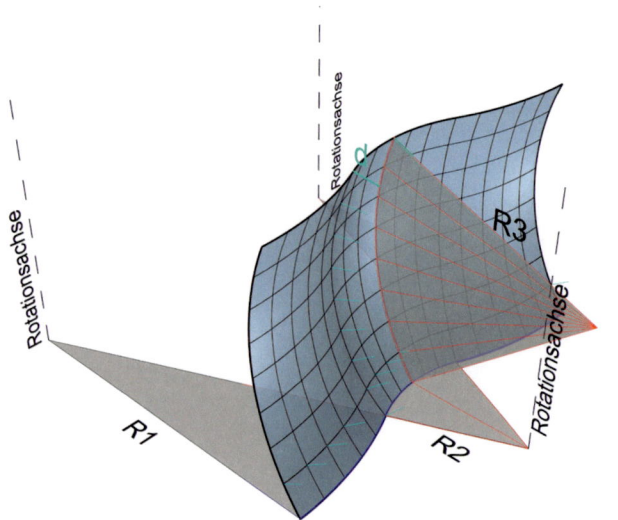
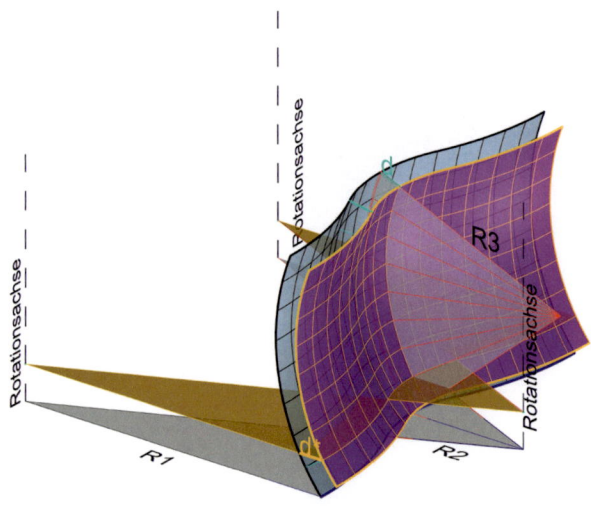

Bild 8.6 In Rotations- bzw. gereihten Rotationsflächen bleiben die versetzten Kurven eben.

Bild 8.7 zeigt ein gebautes Beispiel. Die Längsstäbe (Erzeugenden) wurden senkrecht zur Fläche um d versetzt. Sie wurden alle mit dem gleichen Radius $R_1 + d$ vorgebogen und im Werk in voller Länge vorgefertigt. Jeder Bogenstab wurde mit einem unterschiedlichen Radius R_{bi} vorgebogen und ebenfalls im Werk in voller Länge vorgefertigt. Auf der Baustelle erfolgte dann die Verschraubung mit einer Zentrumschraube von oben.

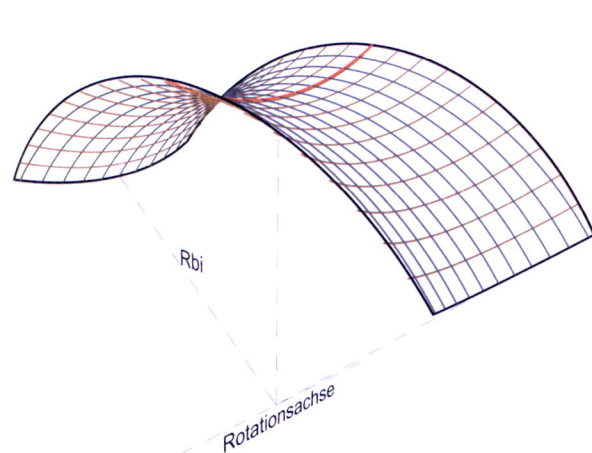

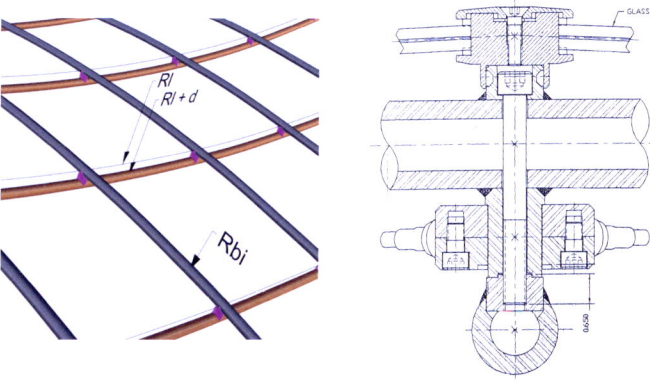

Bild 8.7 Schubert Club Band Shell, Minnesota, USA [57]
Das Netz besteht aus Rohren $\varnothing = 40$ mm. Die Bogen- und Längsstäbe sind versetzt und laufen als Kreissegmente durch. Sie sind im Knoten mit einer Zentrumschraube verbunden.

8.2.2 Geschraubte Knoten

a) Mero Knoten für Raumfachwerke (Knotentyp 1)

Der bereits vor ca. 65 Jahren von *Max Mengeringhausen* [55] entwickelte Mero-Knoten erlaubt bis zu 18 räumliche nicht biegesteife Schraubanschlüsse und ist daher besonders für Raumfachwerke geeignet. Die klassische Knotengeometrie basiert auf dem Hexaeder, dessen Kanten so abgeschrägt sind, dass ein 26-Flächner aus 18 gleichen Quadraten und acht gleichseitigen Dreiecken entsteht (Bild 8.8).

In den kugelförmigen Knoten sind Gewinde eingeschnitten, in welche eine Zentrumschraube durch Drehung der Schlüsselmuffe am Ende des Rohres eingeschraubt wird, wodurch ein druck- und zugfester Anschluss entsteht.

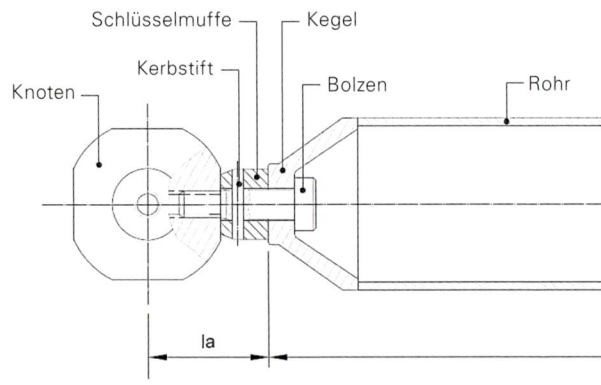

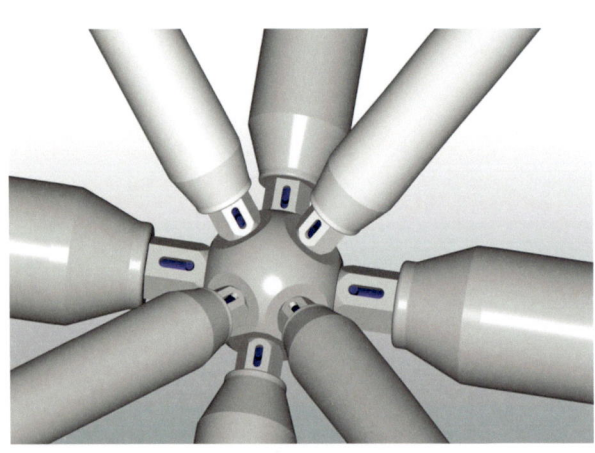

Bild 8.8   Mero Knoten für Raumfachwerke

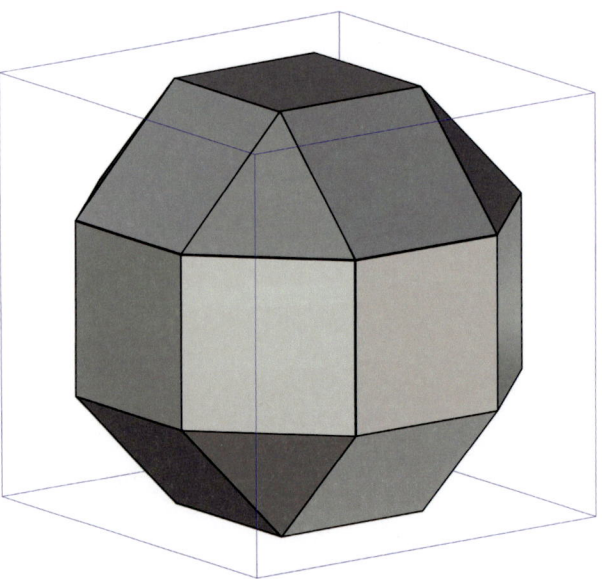

Umkreisradius Kugel = 1.3989 × s
s = Kantenlänge

b) Klassischer Netzkuppelknoten (Knotentyp 2)

Der 1988 entwickelte Netzkuppelknoten für Viereckmaschen besteht aus zwei sich kreuzende Laschen, die mit einer Zentrumschraube drehbar verbunden sind und dadurch beliebige Maschenwinkel bei der Montage zulassen (Bild 8.9). Die Zentrumschraube besteht aus einem hochfesten Material mit Gewinde an beiden Enden. Die ausgeklinkten Stäbe werden mit zwei oder mehreren hochfesten Schrauben an die Laschen angeschlossen, wobei eine Schraube mit Passung und die anderen mit einem an den horizontalen Knickwinkel im Knoten – der üblicherweise sehr gering ist – angepassten Langloch in Querrichtung versehen ist. Wird ein vergrößertes Lochspiel vorgesehen, muss die Verbindung gleitfest ausgebildet werden.

Knickwinkel senkrecht zur Fläche und Knotendrehwinkel werden in den Laschen berücksichtigt, so dass alle Stäbe gleich sein können. Die Maschenwinkel stellen sich dank der drehbaren Knoten bei der Montage automatisch ein.

Diese Verbindung ist wegen der Schwächung im Knoten für große Spannweiten nicht geeignet.

Die Seilklemme kann dreiteilig ausgeführt werden, denn die Diagonalseile schneiden sich beim gleichmaschigen Stabnetz immer im nahezu gleichen Winkel. Doppelseile haben den Vorteil, dass die Klemme mit nur einer hochfesten Zentrumschraube vorgespannt werden kann.

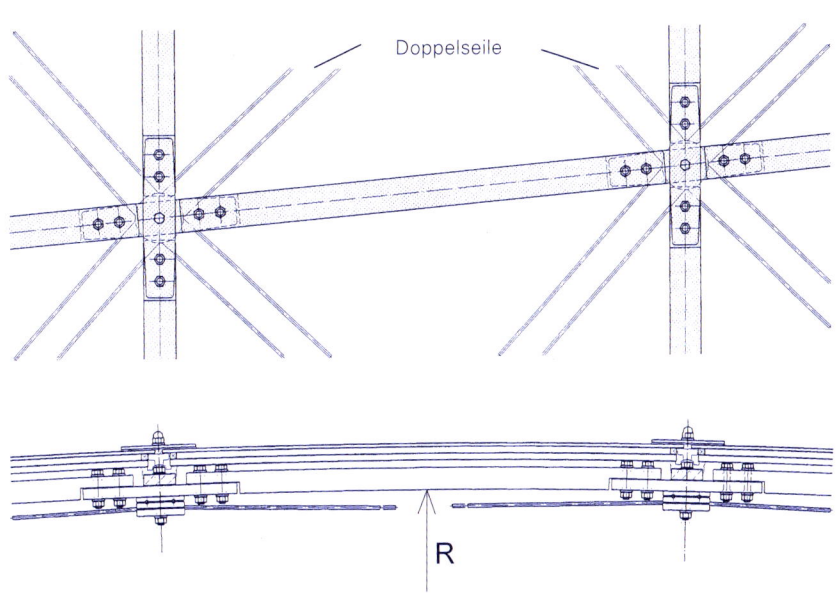

Massiver Rechteckquerschnitt 60 × 40 mm

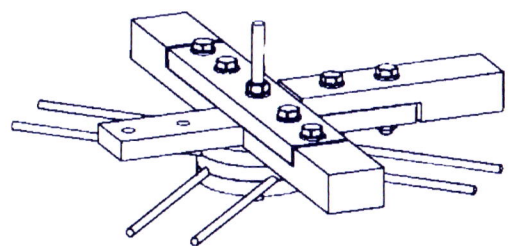

Bild 8.9 Klassischer Netzkuppelknoten

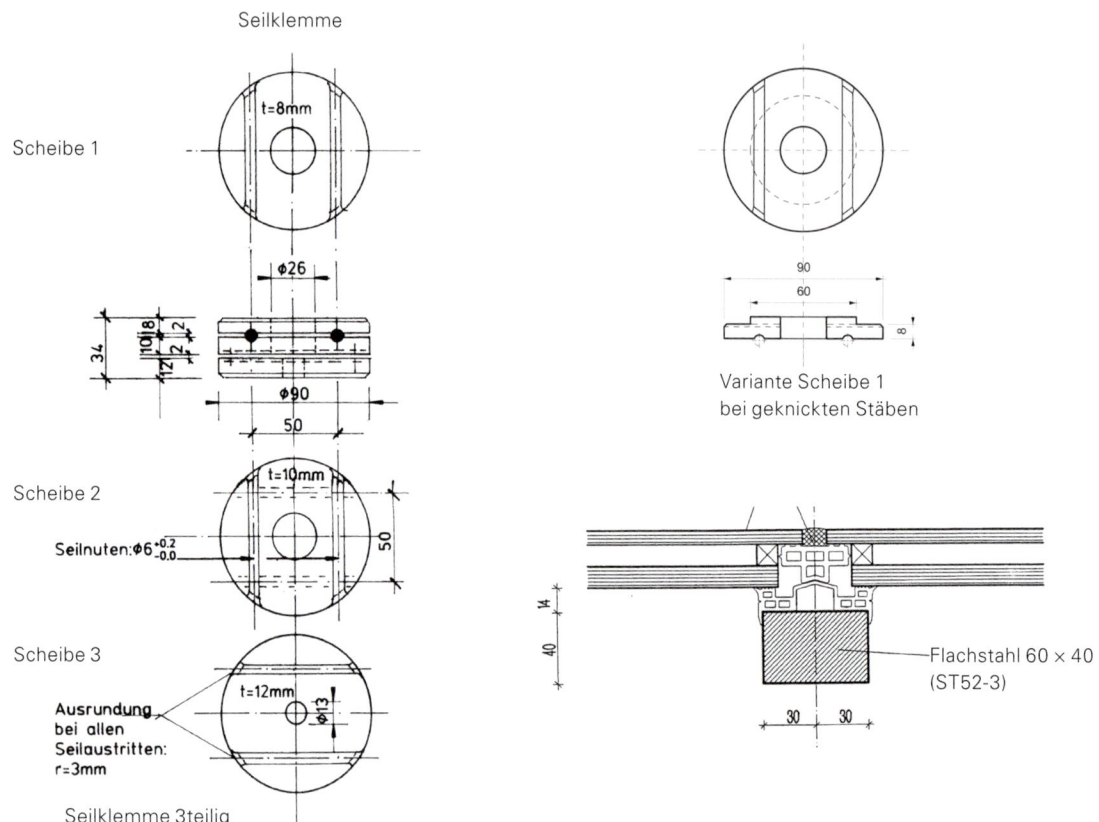

Bild 8.9 (Fortsetzung) Klassischer Netzkuppelknoten

c) Netzkuppelknoten mit zentrischem Anschluss (Knotentyp 3)

Diese Laschenverbindung wurde durch Anordnung von zwei außenliegenden und einer innenliegenden Lasche zentriert (Bild 8.10). Dadurch ergibt sich eine wesentlich höhere Biegesteifigkeit im Knoten gegenüber der klassischen Verbindung, aber nur dann, wenn die Verbindung unverschieblich ist. Schon bei sehr geringen Gleitungen in der Anschlussfuge fällt die Biegesteifigkeit sehr stark ab, da das Eigenträgheitsmoment der beiden äußeren Laschen wesentlich geringer ist als der Steiner Anteil.

Die recht flache Kuppel in Halstenbek wurde 1997 an einen unerfahrenen, billigsten Bieter trotz Einspruch von schlaich bergermann und partner vergeben. Die fehlende Erfahrung und Sorgfalt führte zweimal zum Beulen der Schale, verursacht durch große geometrische Imperfektionen und durch Knotenverbindungen, die Gleitungen in der Anschlussfuge zuließen.

Wegen der starken Abhängigkeit der Knotensteifigkeit von der sorgfältigen Herstellung und Montage wurde dieser Knoten bei anderen Projekten nicht mehr verwendet.

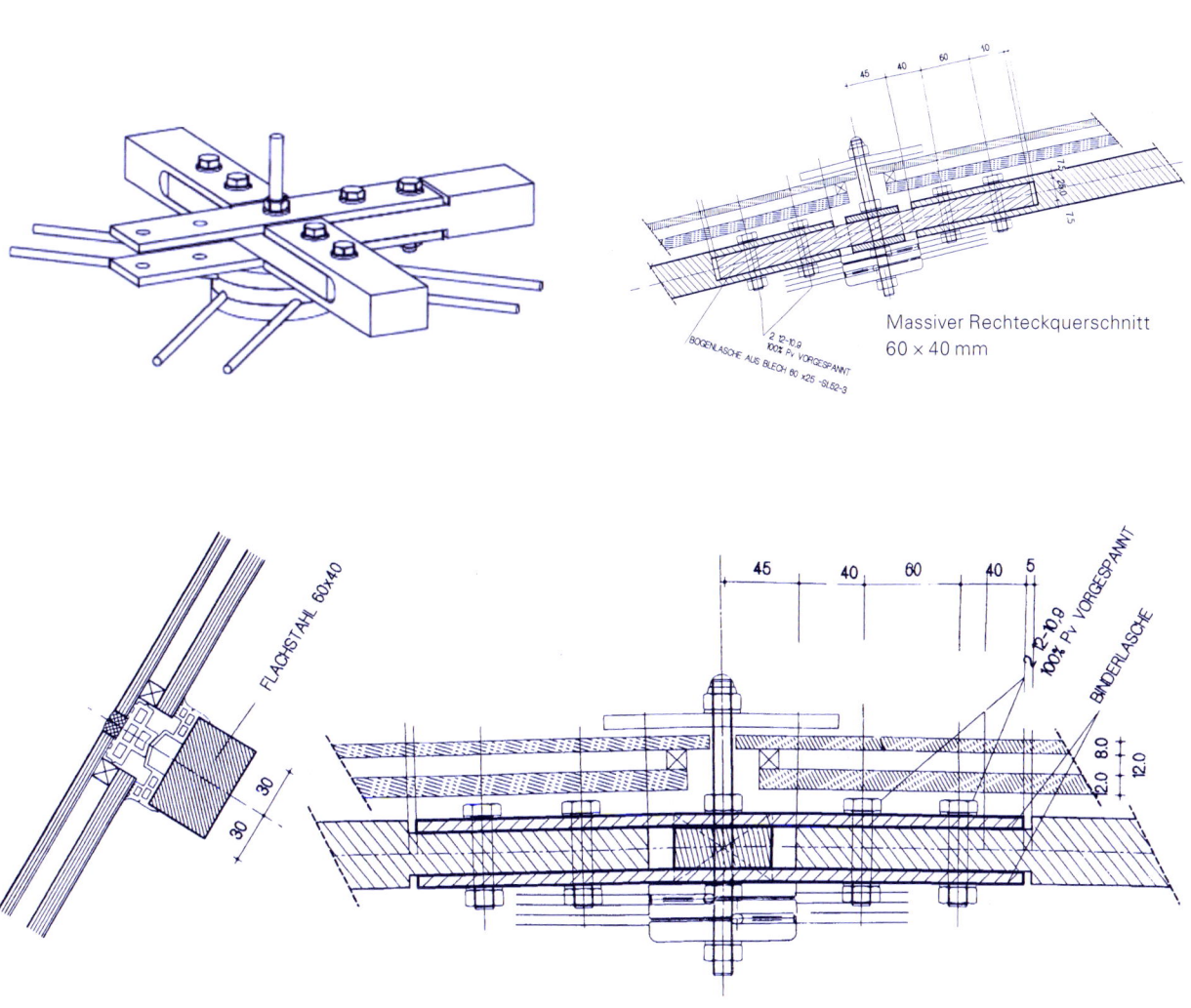

Bild 8.10 Netzkuppelknoten mit zentrischem Anschluss (Knotenverbindung Sporthalle Halstenbek)

d) Netzkuppelknoten der Fa. Fischer/Roschmann (Knotentyp 4)

Die ausgeklinkten Stabenden werden entsprechend der Kuppelgeometrie 3D gefräst und passgenau zusammengefügt. Der Stoß erfolgt über Kontakt und eine Verschraubung mit zwei kreisrunden Deckeln (Bild 8.11).

Für ausreichende Tragfähigkeit des Knotens ist eine sehr hohe Passgenauigkeit unabdingbar, denn bei Druck bzw. Biegedruck erfolgt die Kraftübertragung über Kontakt zwischen den Stäben und den Deckeln und bei Zug bzw. Biegezug fällt der Druckkontakt bereichsweise aus und die Schrauben werden auf Scheren aktiviert. Die Knotentragfähigkeit muss experimentell bestimmt werden.

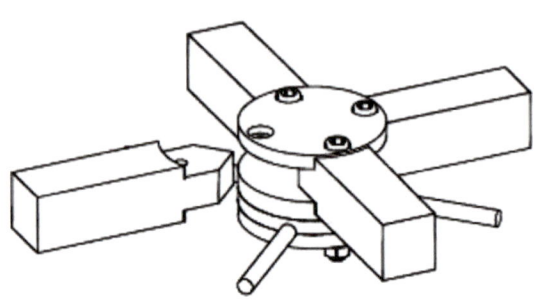

Massiver Rechteckquerschnitt 40 × 60, 50 × 80 – 100 mm

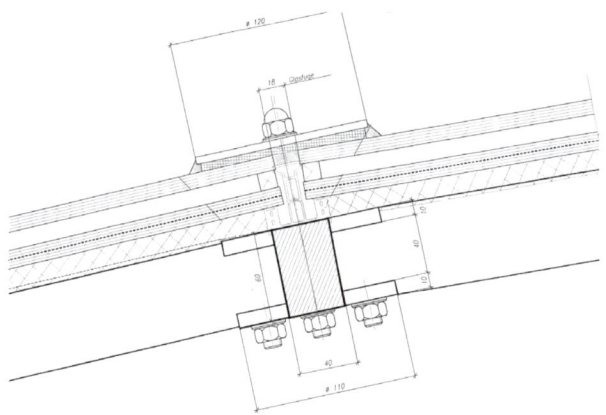

Bild 8.11 Knoten Einkaufszentrum Höfe am Brühl, Leipzig (Nr. 38 in Tabelle 8.1)

e) Netzkuppelknoten für das Bahnsteigdach Berlin Spandau (Knotentyp 5)

Bei den tonnenförmigen Bahnsteigdächern laufen die geraden Längsstäbe ungestoßen durch und die gegabelten Bogenstäbe wurden mit einer am Längsstab angeschweißten Lasche verschraubt (Bild 8.12). Der Schraubanschluss muß zur Aktivierung der vollen Biegesteifigkeit (Steiner Anteil) minimale Lochspiele haben oder gleitfest ausgebildet werden. Die Seildifferenzkräfte werden über am Längsstab angeschweisste Gewindehülsen auf das Stabnetz übertragen.

Bei der Überdachung der Römischen Badruine in Badenweiler laufen die geraden Längsstäbe ebenfalls durch, die Bogenstäbe sind jedoch an die Längsstäbe angeschweißt (Foto oben rechts).

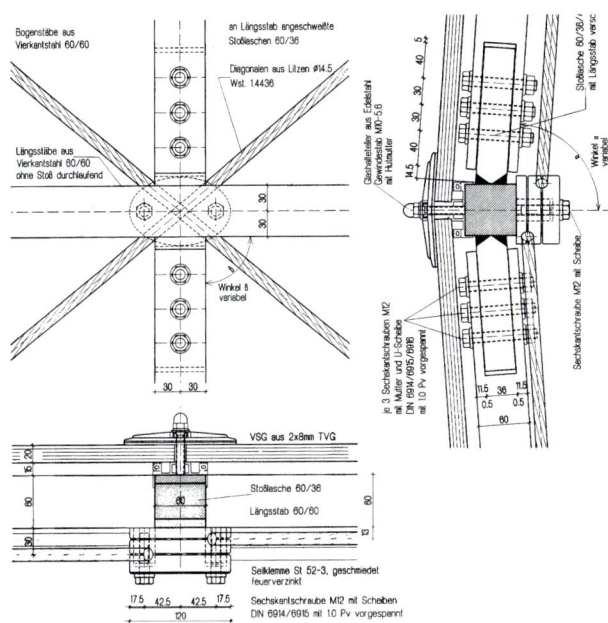

Massive Rechteckquerschnitte 60 × 60 mm

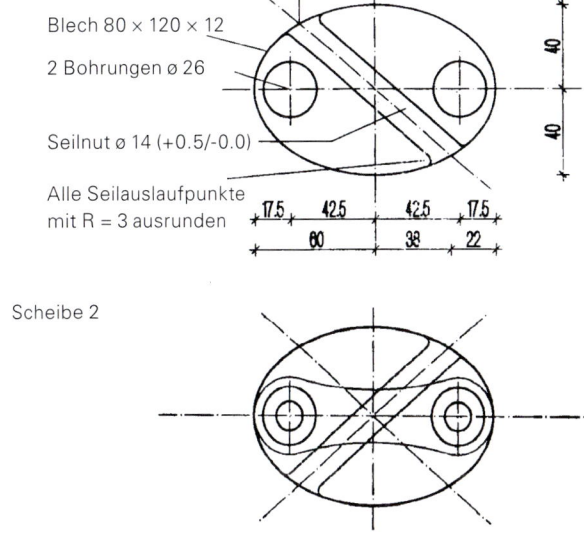

Seilklemme

Scheibe 2

Bild 8.12   Knoten Bahnsteigdach Berlin Spandau
(Nr. 7 in Tabelle 8.1)

f) Netzkuppelknoten für das Glasdach WTC Dresden (Knotentyp 6)

In diesem tonnenförmigen Dach traten die größten Beanspruchungen in Bogenrichtung auf. Daher laufen die Bogenstäbe ungestoßen durch und die ausgeklinkten Längsstäbe wurden mit der am Bogen angeschweißten Lasche verschraubt (Bild 8.13).
Die Seildifferenzkräfte werden von der Klemme zum Stab über eine angeschweißte Gewindehülse übertragen.

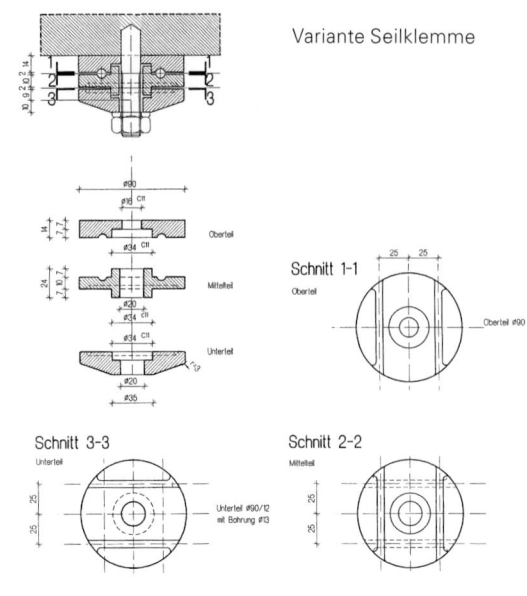

Variante Seilklemme

Schnitt 1-1

Schnitt 3-3

Schnitt 2-2

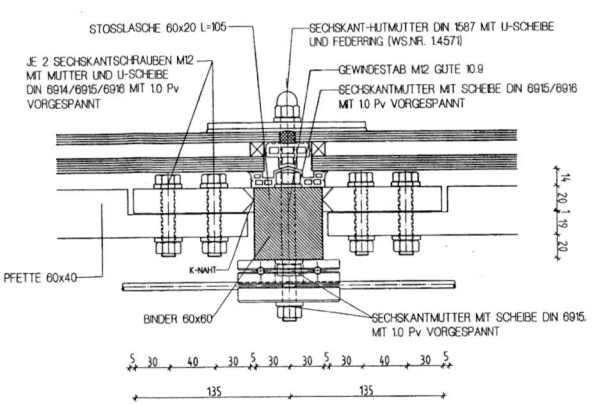

Massiver Rechteckquerschnitt 60 × 60 mm

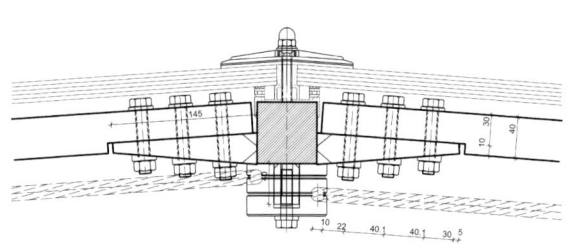

Verstärkter Anschluss

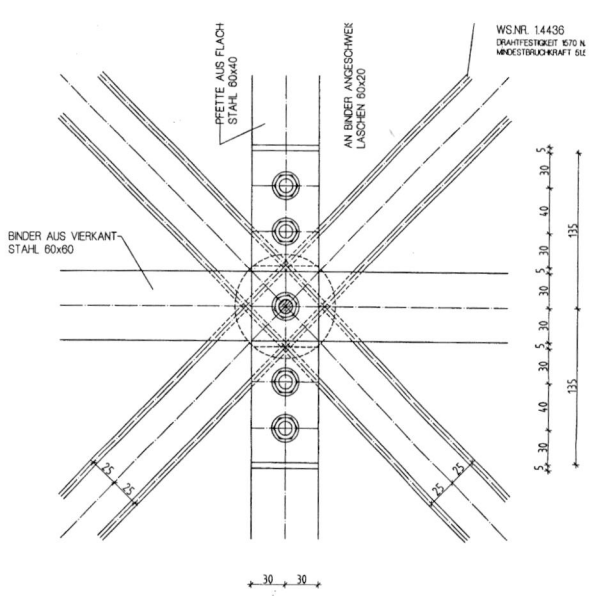

Bild 8.13 Knoten WTC Dresden
(Nr. 4 in Tabelle 8.1)

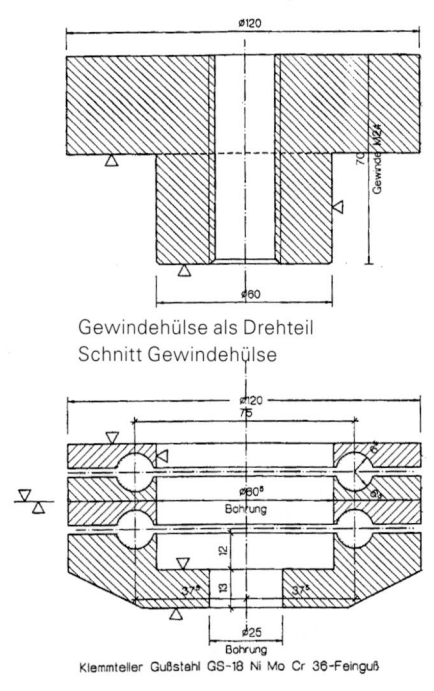

Seilklemme

Gewindehülse als Drehteil
Schnitt Gewindehülse

Klemmteller Gußstahl GS-18 Ni Mo Cr 36-Feinguß

g) Netzkuppelknoten für das Mineralbad Stuttgart Bad Cannstatt (Knotentyp 7)

Die Hauptbeanspruchung des in 2010 sanierten tonnenförmigen Daches erfolgt in Bogenrichtung. Daher gehen die Bogenstäbe mit T-Querschnitt durch. Die Längsstäbe sind über Kopfplatten mit dem Steg des Bogenstabes verschraubt (Bild 8.14).

Bild 8.14 Knoten Mineralbad Stuttgart Bad Cannstatt (Nr. 2 in Tabelle 8.1)

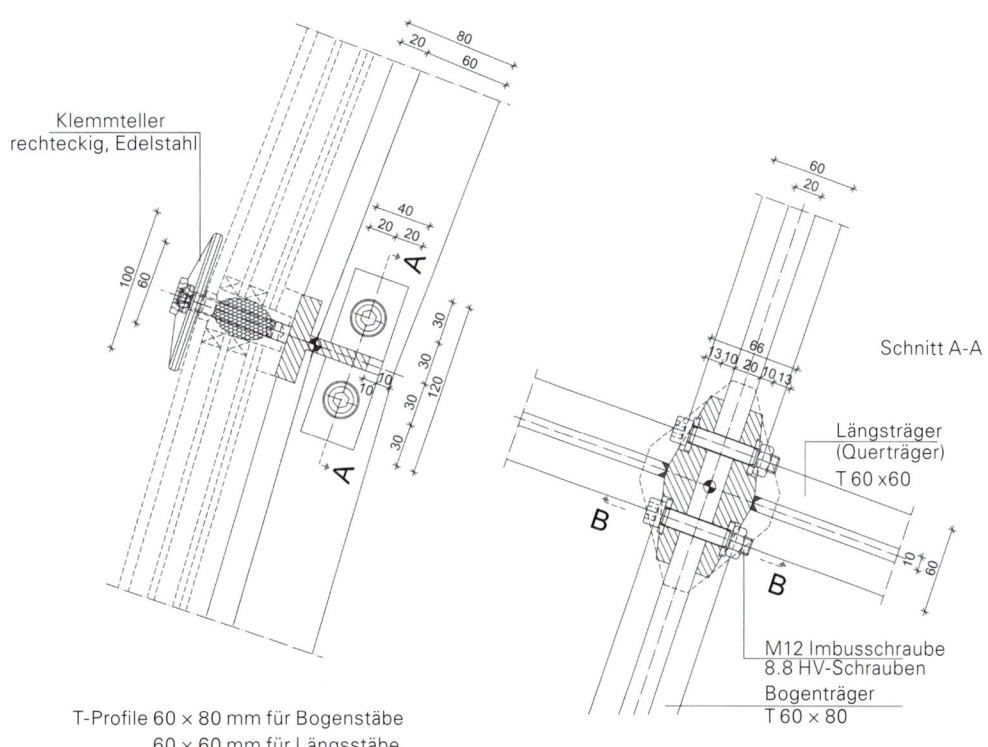

T-Profile 60 × 80 mm für Bogenstäbe
60 × 60 mm für Längsstäbe

h) Netzkuppelknoten für das Rhönklinikum Bad Neustadt (Knotentyp 8)

Dieser Knotentyp (Blockknoten) wurde von der Fa. Mero entwickelt.

Die mit einer Kopfplatte versehenen Hohlprofile werden mit einem massiven 3D gefrästen Knoten mit Sacklochgewinde vom Hohlprofil aus verschraubt, wozu Handlöcher im Hohlprofil nötig sind. Die Enden der Hohlprofile sind rechtwinklig, die Knoten werden entsprechend der Kuppelgeometrie gefräst (Bild 8.15). Mindestabmessung Hohlprofil: 60 × 60 mm mit einer Zentrumschraube.

Die Seildifferenzkräfte werden von der Klemme zum Stab über eingeschraubte Gewindehülsen übertragen.

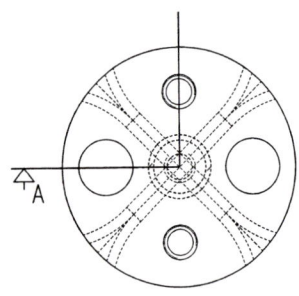

Seilklemme

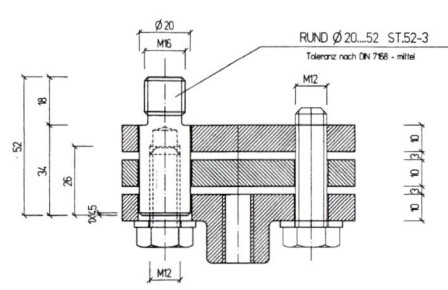

Varianten mit 5, 6 Stabanschlüssen

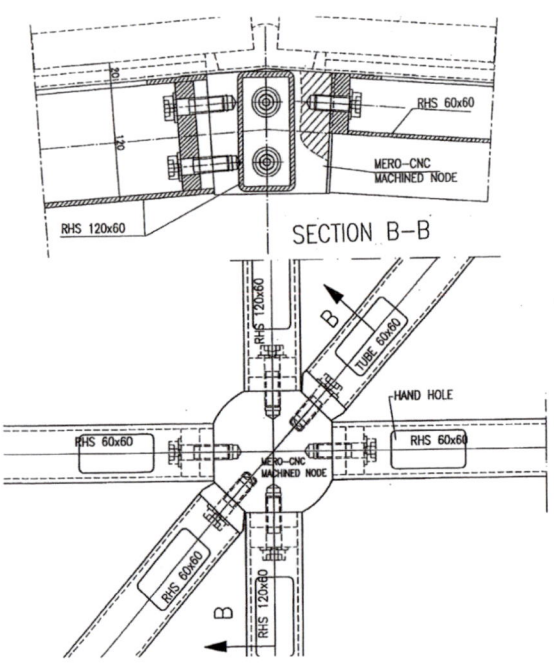

Variante mit 5 bzw. 6 Stabanschlüssen

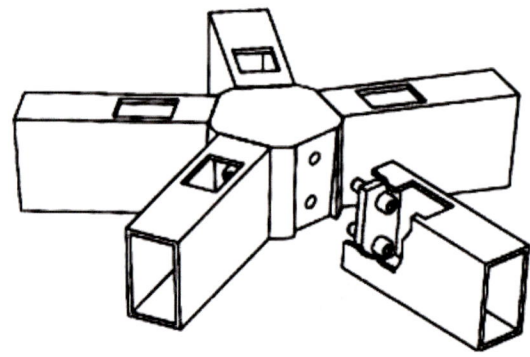

Bild 8.15   Knoten Rhönklinikum Bad Neustadt (Foto oben links) (Nr. 19 in Tabelle 8.1)

i) Netzkuppelknoten für die YAS Mall, Abu Dhabi (Knotentyp 9)

Dieser Knotentyp (Zylinder- bzw. Napfknoten) wurde von der Fa. Mero entwickelt.

Die mit einer Kopfplatte versehenen Hohlprofile werden mit einem gefrästen zylindrischen Knoten vom Knoten aus verschraubt. Zur Versteifung des Zylinders kann ein Boden auf der Unterseite integriert sein, oder nach der Verschraubung können zwei Deckel angebracht werden.

Die Enden der Hohlprofile sind rechtwinklig, die Knoten werden entsprechend der Kuppelgeometrie 3D gefräst (Bild 8.16).

Die Montage ist einfacher, die durchgesteckte Schraube konstruktiv besser, dafür der Knoten jedoch größer.

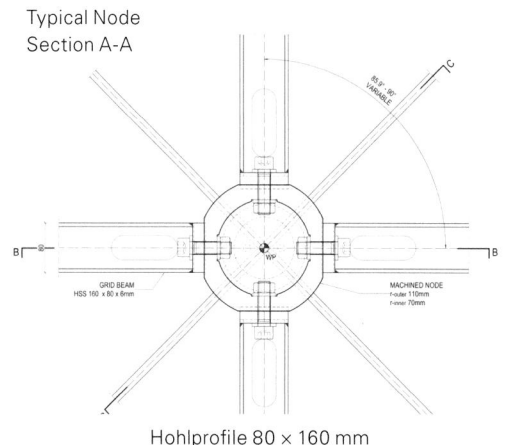

Typical Node Section A-A

Hohlprofile 80 × 160 mm

Variante

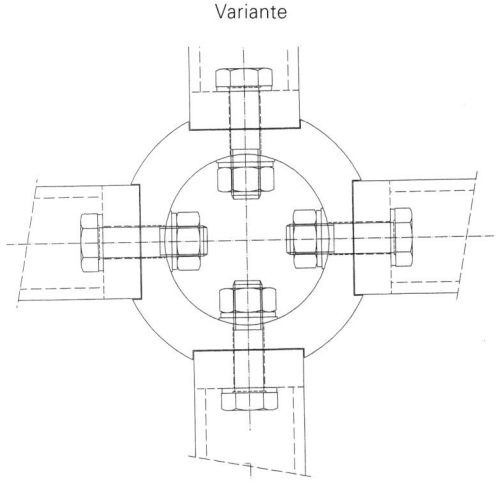

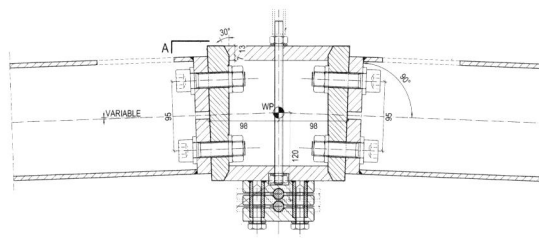

Section B-B

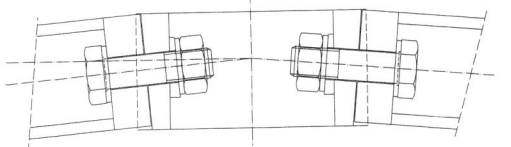

Variante mit mehr als 4 Stabanschlüssen

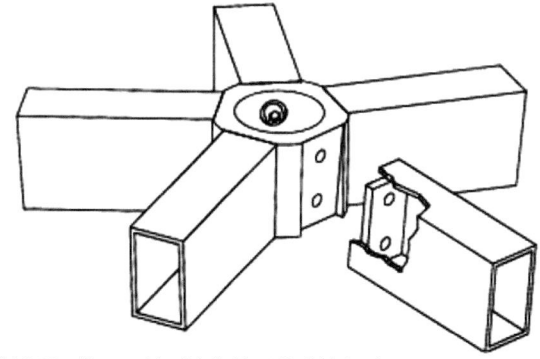

Bild 8.16 Knoten Yas Mall, Abu Dhabi (oben)
(Nr. 26 in Tabelle 8.1)

k) Netzkuppelknoten der Fa. Lanik, San Sebastian, Spanien (Knotentyp 10)

Dieser Knoten wurde von der Fa. Lanik für die Innenhofüberdachung des Rathauses von Madrid entwickelt. Die mit einer Kopfplatte versehenen Hohlprofile werden mit einem massiven 3D gefrästen Knoten mit Sacklochgewinde verschraubt, wozu keine Handlöcher im Hohlprofil benötigt werden. Mittels rechts-links Gewinde kann die Schraube in die Sacklöcher eingedreht und die Muttern gegen Stab und Knoten gespannt werden (Bild 8.17). Die Enden der Hohlprofile sind rechtwinklig, die Knoten werden entsprechend der Kuppelgeometrie gefräst.

Die mit Gewinde versehenen Schraubenschäfte stellen die einzige konstruktive Verbindung zwischen Stab und Knoten dar, so dass die übertragbaren Kräfte allein von der Sacklochschraube mit Gewinde abhängen. Die Traglasten und Knotensteifigkeiten müssen daher über Versuche bestimmt werden. Wegen der erheblichen Schwächung am Knoten ist die Verbindung in statischer Hinsicht kritisch zu sehen. Sie ist allerdings vorteilhaft bei der Montage.

Man könnte diese Verbindung mittels Schlüsselmuffen entsprechend dem Mero Knoten robuster ausbilden.

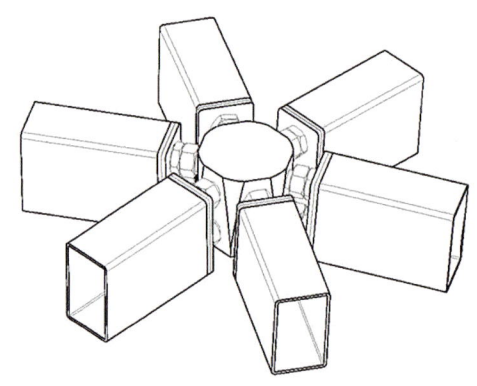
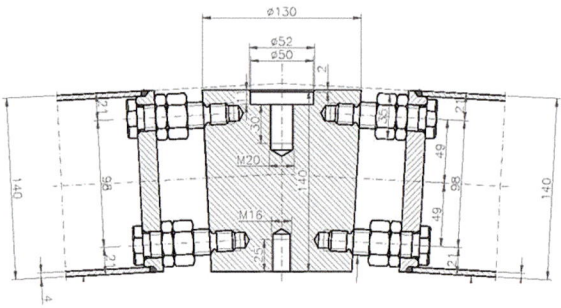
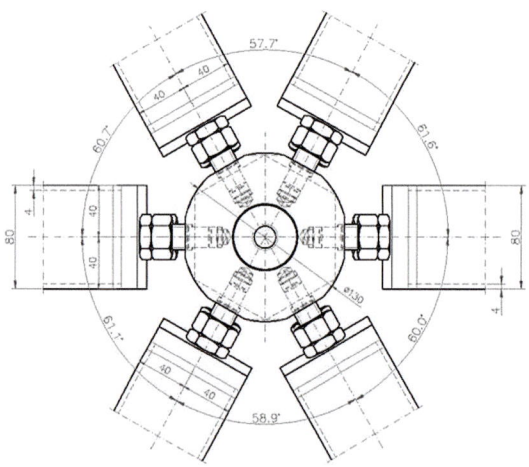

Bild 8.17 Knoten Rathaus Madrid (Nr. 36 in Tabelle 8.1)

I) Netzkuppelknoten für die Messe Mailand (Knotentyp 11)

Dieser Knoten wurde von der Firma Mero entwickelt Bei der Messe Mailand traten T-Profile mit Abmessungen b/h von 60 × 80 mm bis 60 × 350 mm auf, welche Dreieck- und Viereckmaschen bildeten. Als Verbindung wurden Zylinder bzw. Napfknoten gewählt, die vom Knoten aus über Sacklöcher im T-Profil mit den Stäben verbunden wurden. Für das Sacklochgewinde musste der Steg unten lokal verstärkt werden (Bild 8.18). Für alle Querschnitte > 120 mm wurden zwei identische Napfknoten (dual joint) gewählt.

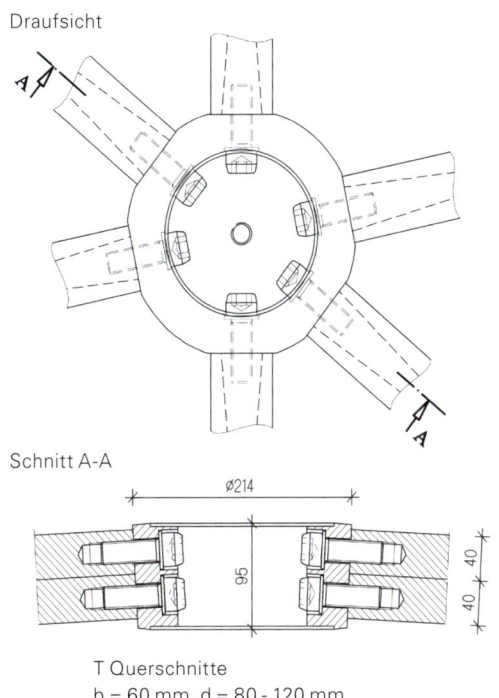

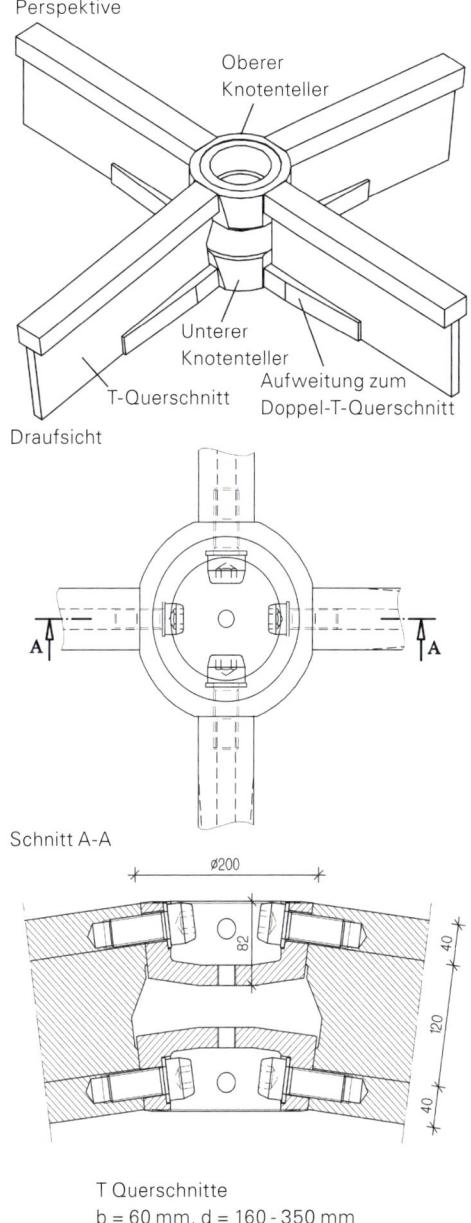

Bild 8.18 Knoten Messe Mailand,
T-Profile 60 × 80 mm bis 60 × 350 mm (Nr. 32 in Tabelle 8.1)

m) Netzkuppelknoten für die DZ Bank (Pariser Platz 3), Berlin (Knotentyp 12)

Das dreieckförmige Stabnetz für die Innenhofüberdachung am Pariser Platz 3 in Berlin besteht aus massiven Edelstahlstäben 40 × 60 mm. Der sternförmige Knoten wurde aus einem dicken Blech ausgeschnitten und entsprechend der freien Dachform CNC gefräst, so dass er die unterschiedlichen Maschenwinkel, unterschiedlichen Knickwinkel und unterschiedlichen Drehwinkel aufnehmen kann (Bild 8.19). Die geraden Stäbe mit einer einheitlichen Gabel an beiden Enden müssen daher lediglich genau abgelängt werden.

Die Steifigkeit des Schraubanschlusses wird vom „Steiner-Anteil" des Trägheitsmomentes der Gabel bestimmt und erfordert daher präzise Bohrungen der Schraubenlöcher.

Dieser Knotentyp sollte nur von zuverlässigen und erfahrenen Firmen hergestellt werden.

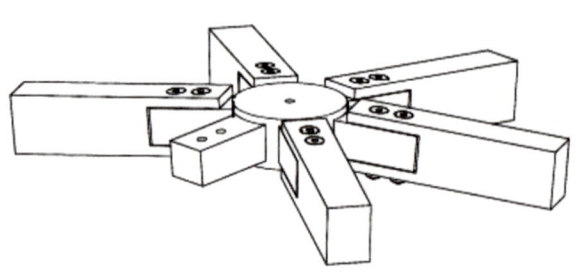

Massive Querschnitte 40 × 60 mm aus Edelstahl

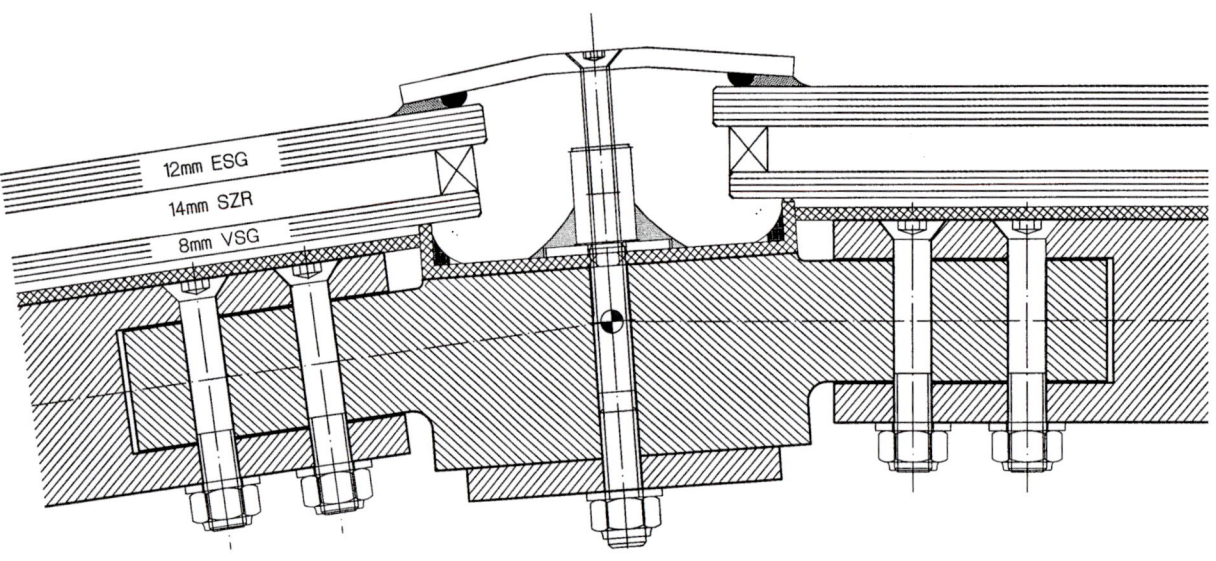

Bild 8.19　Sternknoten geschraubt, Pariser Platz 3 (DZ Bank), Berlin (Nr. 30 in Tabelle 8.1)

n) Netzkuppelknoten für die Schubert Club Band Shell in St. Paul/Minneapolis (Knotentyp 13)

Das viereckige Stabnetz für die Schubert Club Band Shell in St. Paul/Minneapolis (siehe auch Abschn. 4.3) bestand aus einachsig gebogenen Edelstahl-Rundrohren, die in zwei Lagen angeordnet wurden, um Durchdringungen der Rohre zu vermeiden. Die Auskreuzung der Maschen wurde zwischen den Rohren zentrisch angeordnet und erfolgte durch hochfeste Edelstabstäbe mit nachstellbarer Verankerung an jedem Knoten. Die beiden Rohre sind drehbar miteinander verbunden und können so den variablen Maschenwinkeln folgen. Die vorgefertigten Rohrstränge werden auf der Baustelle mit der Zentrumschraube miteinander verbunden (Bild 8.20).

Die Verglasung aus VSG Scheiben ist aufgeständert.

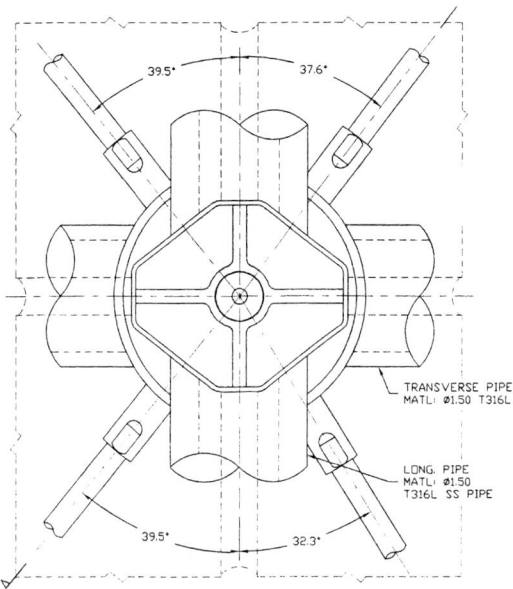
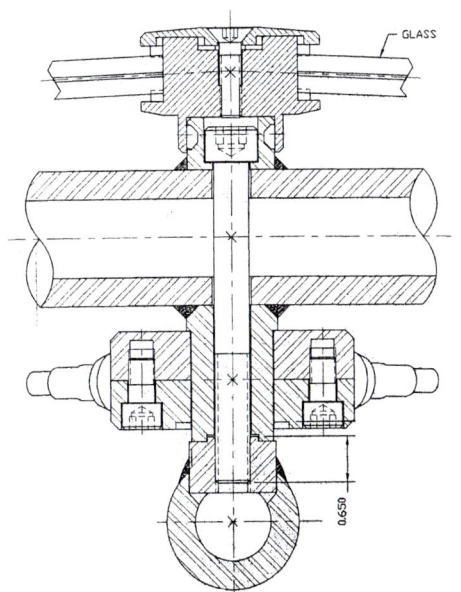
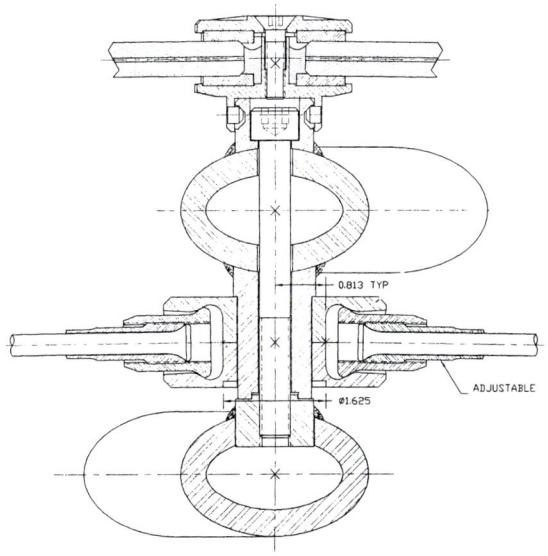

Bild 8.20 Knoten für die Schubert Club Band Shell in St. Paul/Minneapolis, 2001 (Foto oben links) zweilagige Rohre, geschraubt (Nr. 24 in Tabelle 8.1)

o) Knoten für die Westfield Shopping Mall, London (Knotentyp 14)

Dieser Knoten wurde von der Firma Seele entwickelt. Der sternförmige Knoten aus Hohlprofilen 60 × 180 mm wird im Werk aus einzelnen Blechteilen entsprechend der 3D-Netzgeometrie zusammengeschweißt. Jede Stirnfläche des Sterns wird mit CNC-Fräsmaschinen exakt senkrecht zur Stabachse abgefräst, dass die Stäbe mit rechtwinkligen Stabenden exakt passen. Der Anschluss des Stabes an den Knoten erfolgt mit einem inneren geschraubten Kopfplattenstoß (Bild 8.21). Aus Korrosionsschutzgründen kann bei nicht feuerverzinkten Stäben das Hohlprofil mit einem inneren Schott zum Handloch hin luftdicht abgedichtet werden.

Dieser Knotentyp führt zu einem minimalen Knoten mit hoher Tragfähigkeit. Dafür muss jedoch der Knoten im Werk aufwändig hergestellt werden.

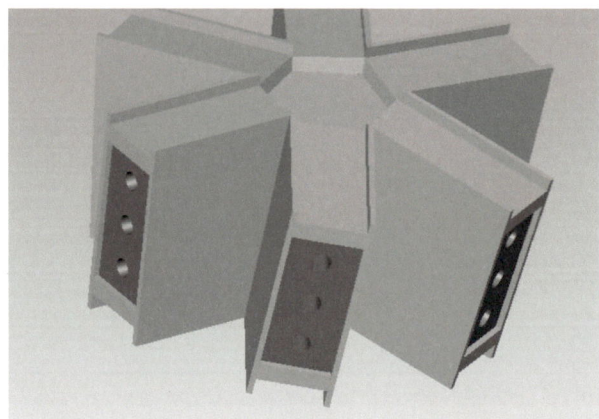

Bild 8.21 Geschraubter Knoten für die Westfield Shopping Mall, London

8.2.3 Geschweißte Knoten

p) Netzkuppelknoten für das Bosch Areal, Stuttgart (Knotentyp 15)

Die Verwendung von massiven Vierkantstäben mit geschweißten Knoten erlaubt es, die Stabquerschnitte zu minimieren. Alle Stabenden sind rechtwinklig, die Knoten werden entsprechend der Kuppelgeometrie 3D gefräst (Bild 8.22).

In der Werkstatt werden größtmögliche Elemente vorgefertigt und zur Baustelle transportiert. Die Schweißung erlaubt den Ausgleich gewisser Toleranzen.

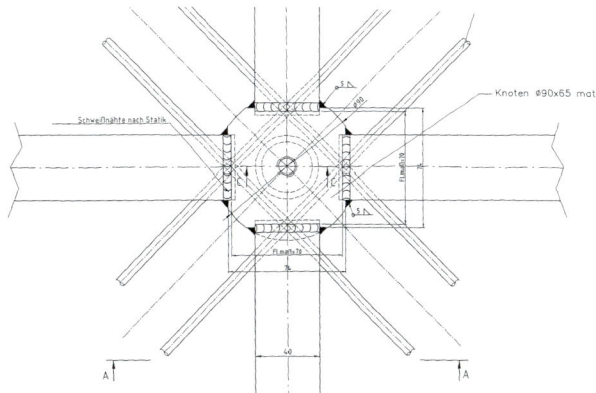

Massive Rechteckquerschnitte 40 × 60 mm

Bild 8.22 Knoten Bosch Areal Stuttgart (Nr. 10 in Tabelle 8.1)

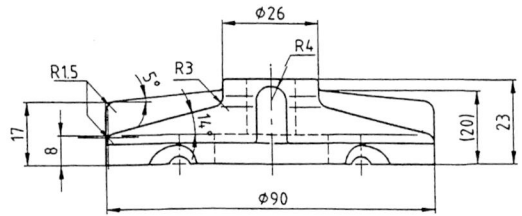

Deckel Seilklemme

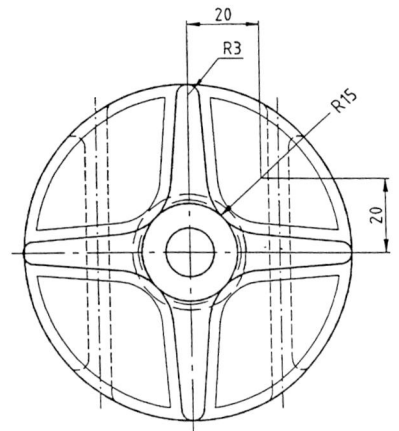

Knoten gefräst

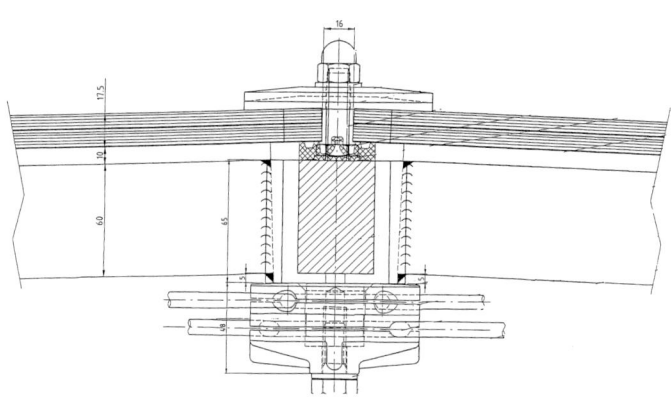

Alternative mit T-Profilen

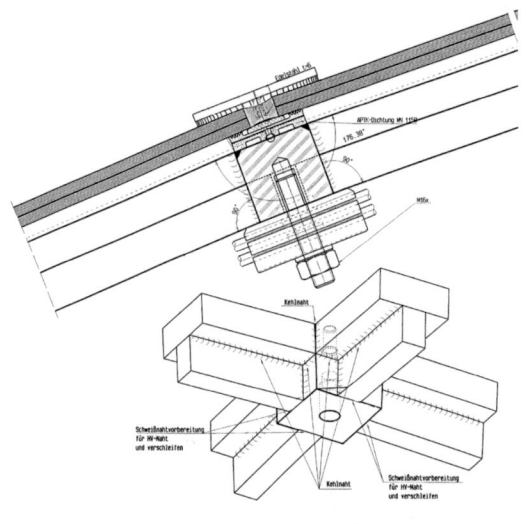

Bild 8.22 (Fortsetzung) Knoten Bosch Areal Stuttgart
(Nr. 10 in Tabelle 8.1)

q) Netzkuppelknoten für das EKZ Paunsdorf Center, Leipzig, Fa. Roschmann (Knotentyp 16)

Beim Paunsdorf Center in Leipzig wurde das dreieckige Stabnetz aus Hohlprofilen 50 × 90 mm bzw. 40 × 80 mm mit einem sternförmigen Knoten verschweißt, der aus einem massiven Block ausgeschnitten wurde (Bild 8.23). Die Verglasung erfolgte mit ebenen Viereckscheiben und die nicht direkt belastete Diagonale wies daher eine geringere Querschnittshöhe auf.

Unten im Bild 8.24 ist ein gefräster massiver 4-er Knoten mit Querschnitt 80 x 148 mm für die Ernst & Young Plaza in Luxemburg zu sehen, an den Hohlprofile angeschweißt werden.

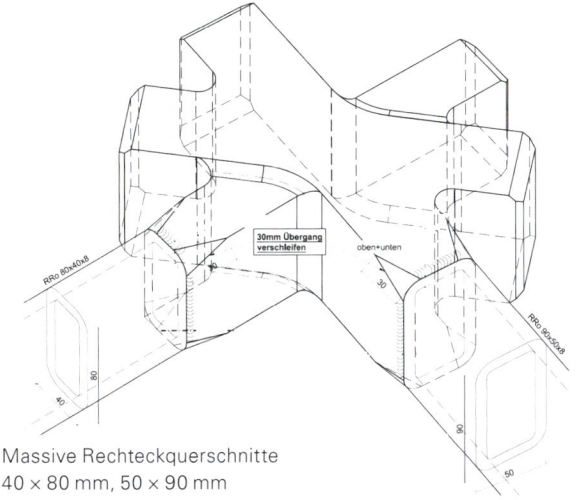

Massive Rechteckquerschnitte
40 × 80 mm, 50 × 90 mm

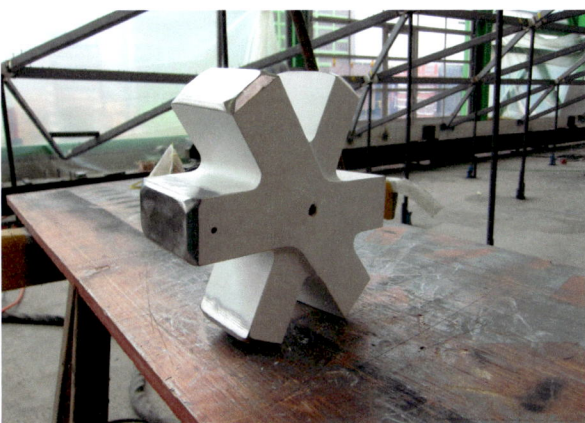

Bild 8.23 Knoten Paunsdorf Center, Leipzig
(Nr. 35 in Tabelle 8.1),

Bild 8.24 Knoten Ernst & Young Plaza, Luxemburg
(Nr. 39 in Tabelle 8.1)

r) Kugelknoten für die Mur-Insel, Graz (Knotentyp 17)

Bestehen die Netzstäbe aus Rohren und wird die Verglasung aufgeständert, kann ein kugelfömiger massiver Knoten aufwändige Fräsarbeit ersparen.

Die abgelängten Rohre mit rechtwinkligen Rohrenden werden wie bei der Mur-Insel Graz einfach an die Kugel geschweißt (Bild 8.25).

Die kugeligen Knoten werden je nach den ankommenden Stabwinkeln groß und sind in gestalterischer Hinsicht daher nicht optimal.

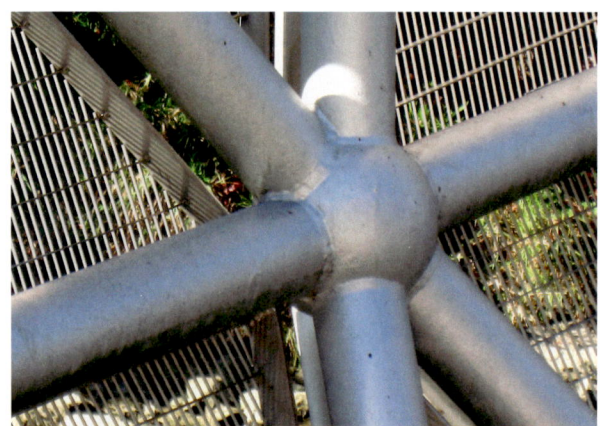

Bild 8.25 Knoten Mur-Insel, Kugel mit Rohranschlüssen

s) Netzkuppelknoten für das Odeon, München (Knotentyp 18)

Das dreieckförmige Stabnetz für die Innenhofüberdachung des Odeon in München besteht aus massiven Stahlstäben 50 × 70 - 90mm. Der sternförmige Knoten wurde aus einem dicken Blech ausgeschnitten und an den Enden so bearbeitet, dass die geraden Stäbe mit einer Stumpfnaht angeschlossen werden können (Bild 8.26). Die Schweißnaht erlaubt einen gewissen Ausgleich von Toleranzen wie auch von Dreh- und Knickwinkeln.

Um die Schweißarbeiten auf der Baustelle zu minimieren, sollten Stabnetze so groß wie möglich vorgefertigt werden.

Bild 8.26   Knoten Odeon, München, Vollprofile 50 × 70 - 90mm (Nr. 34 in Tabelle 8.1)

t) Knoten der Fa. Waagner-Biro (Knotentyp 19)

Der Knoten wird aus einem dicken Block sternartig so ausgeschnitten, dass die Bleche in Richtung der Winkelhalbierenden des Stabnetzes zeigen. Jeder ankommende Stab muss am Ende individuell bearbeitet werden. Die Hohlprofile werden mit einer Kehlnaht rundum mit dem sternförmigen Knoten verschweißt (Bild 8.27 unten und oben rechts).

Dieser Knotentyp führt zu einem minimalen Knoten mit hoher Tragfähigkeit. Dafür muss jedoch jedes Stabende bearbeitet und der sternartige Knoten individuell geformt werden.
Beim Yas Viceroy Hotel wurde der sternförmige Knoten des Vierecknetzes aus einem dickwandigen zentralen Rohr mit angeschweißten Flügelblechen hergestellt (Bild 8.27 oben links).

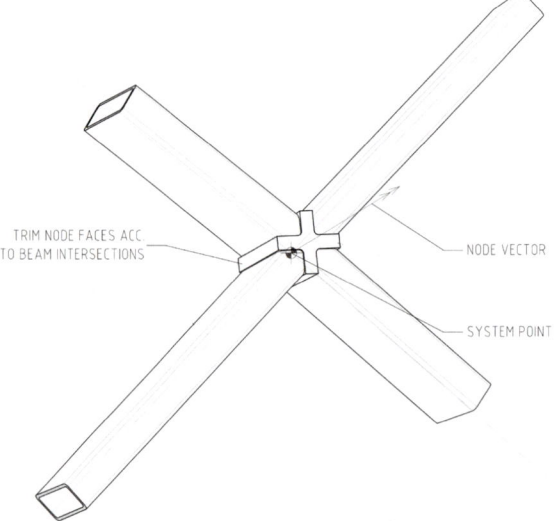

Bild 8.27 oben: Knoten für das Yas Viceroy Hotel, Abu Dhabi
unten: Knoten mit sechs Stabanschlüssen
(Nr. 37 in Tabelle 8.1)

u) Netzkuppelknoten für das Deutsche Historische Museum, Berlin (Knotentyp 20)

Die relativ flache Kuppel benötigte für das Stabnetz geschweißte Hohlprofile 60 × 140 mm.

Wegen der zentrisch angeordneten Diagonalseilebene ist eine Stegaussparung für die Seilklemme nötig. Daher besteht der Knoten aus einem zweiteiligen Gussteil, an welches das Hohlprofil stumpf angeschweißt wurde (Bild 8.28). Die Enden der Hohlprofile sind rechtwinklig, die Kopfplatten des Gussteils entsprechend der Kuppelgeometrie gefräst.

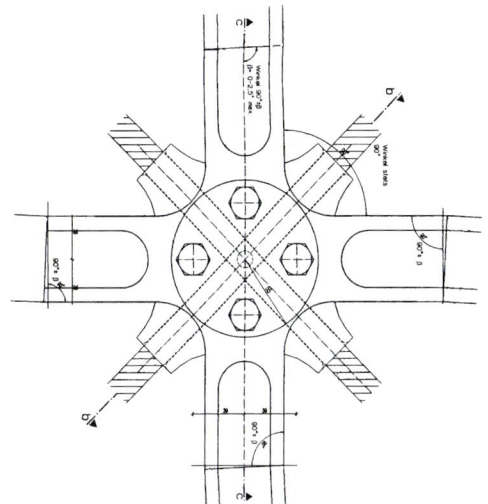

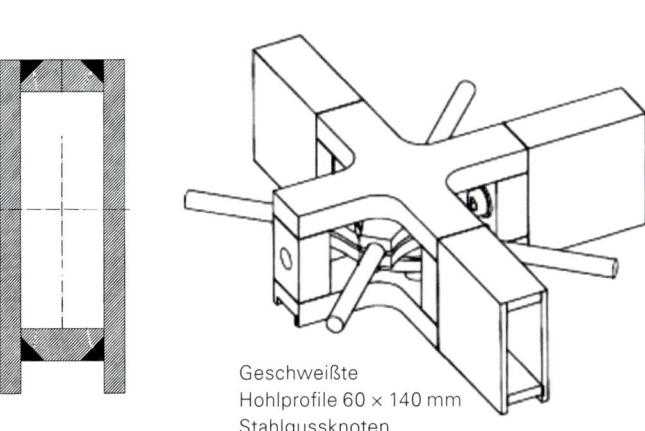

Geschweißte Hohlprofile 60 × 140 mm Stahlgussknoten

Untersicht Stahlgussknoten

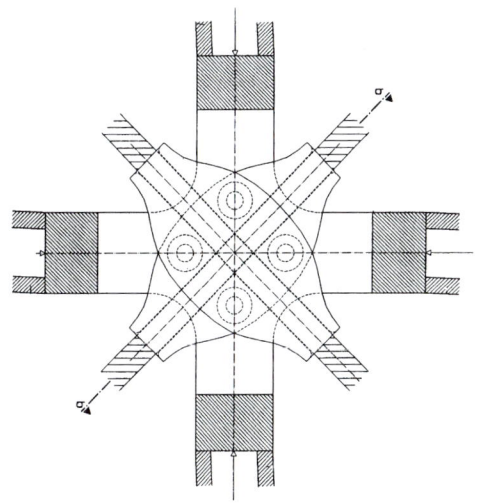

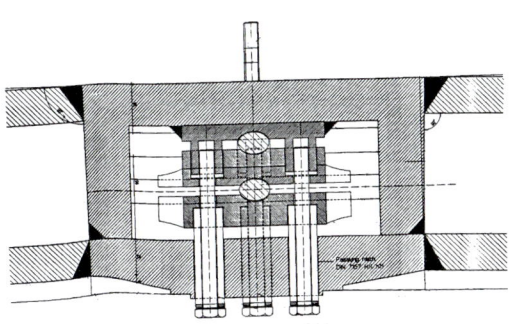

Bild 8.28 Deutsches Historisches Museum Berlin, Hohlprofile 60 × 140 mm (Nr. 25 in Tabelle 8.1)

v) Netzkuppelknoten für den Hauptbahnhof Berlin (Knotentyp 21)

Für das Bahnsteigdach wurden für maximale Transparenz T-Profile 60 × 145 - 220 mm mit verschweißten Knoten gewählt. Wegen der zentrisch angeordneten Diagonalseilebene ist eine Stegaussparung für die Seilklemme nötig. An der Oberseite wurde der Flansch des Bogenprofiles stumpf an den durchgehenden Obergurt des Längsprofils geschweißt. An der Unterseite des T-Profils wurden die Stege mit zwei gegeneinander verdrehbaren identischen Laschen, welche die Stege umgreifen, über Kehlnähte verbunden. Die Verbindung erlaubt es, die variablen Maschenwinkel und Knickwinkel der Bogenstäbe auf einfache Weise einzustellen (Bild 8.29).

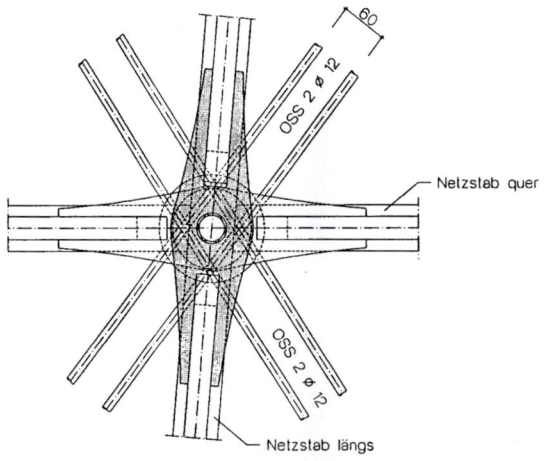

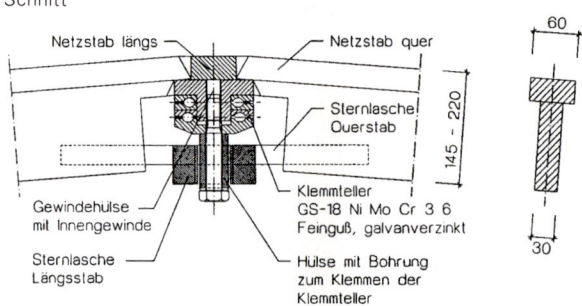

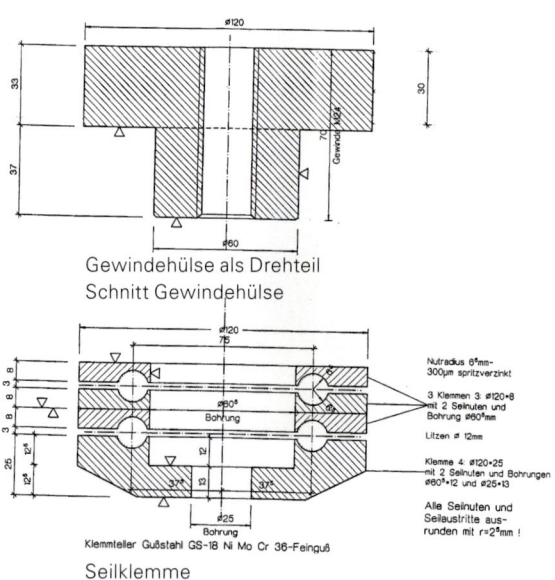

Bild 8.29   Knoten Hauptbahnhof Berlin, T-Profile 60 × 145 - 220 mm

w) Knoten für die Skulptur im Stammsitz der Bank of America, Charlotte, USA (Knotentyp 22)

Die gläserne Skulptur befindet sich im 60. Stock der Bank of America-Zentrale in Charlotte, USA.

Die selbsttragende Glasschale ist als Streck-Trans-Fläche entworfen, indem eine räumliche Erzeugende in s-Form entlang einer räumlichen Leitlinie verschoben und skaliert wurde (siehe auch Bild 4.87). Ein 6 mm dickes nichttragendes dichroitisches Glas ist auf eine 12 mm dicke tragende satinierte ESG Scheibe laminiert, welche zur Druckkraftübertragung an den Ecken mit aufgeklebten u-förmigen Alu-Schuhen versehen ist, die bei der Montage auf kreuzförmige, individuell gefräste Alu-Knoten aufgesteckt werden. Die Knoten sind mit hochfesten nachstellbaren Stahlstäben d = 4,4 mm, die in den offenen Glasfugen verlaufen, miteinander zugfest verbunden und bilden zusammen mit dem tragenden Glas ein hybrides Schalentragwerk, welches lediglich an vier Zugstäben hängt, die im Schwerpunkt angreifen (Bild 8.30).

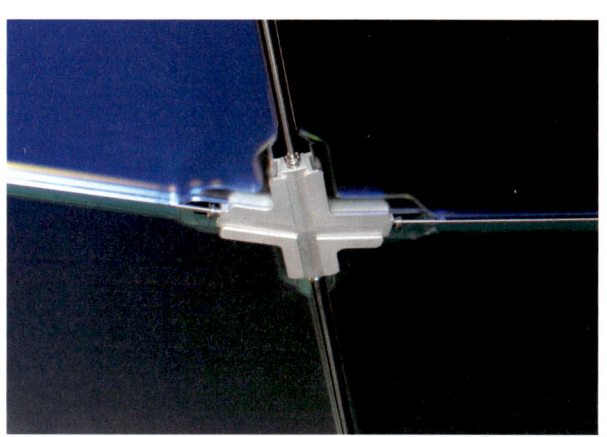
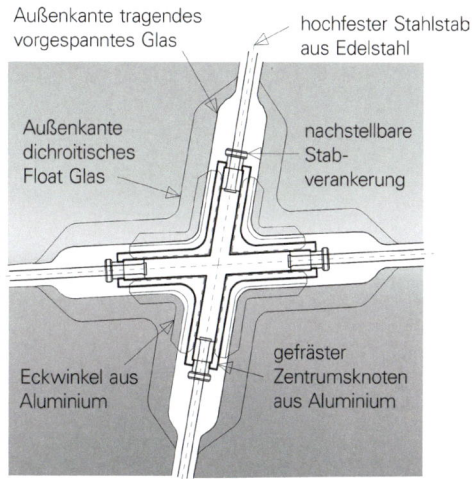
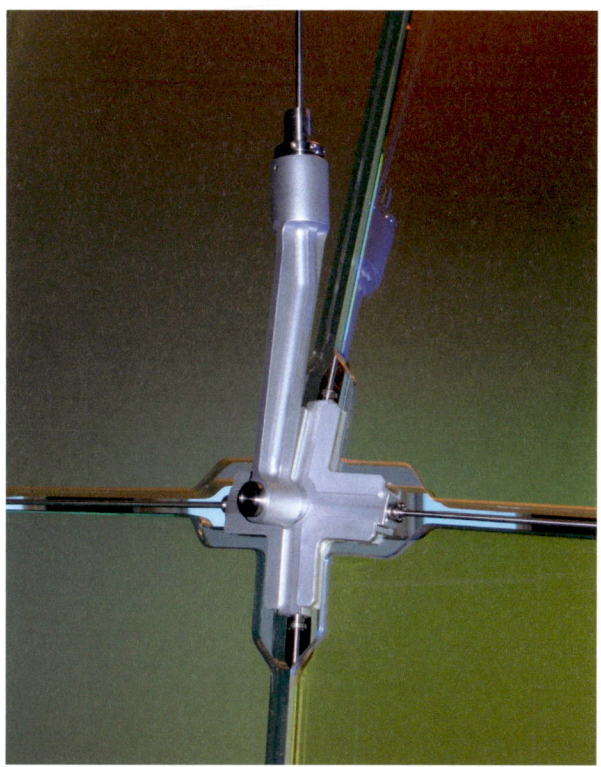
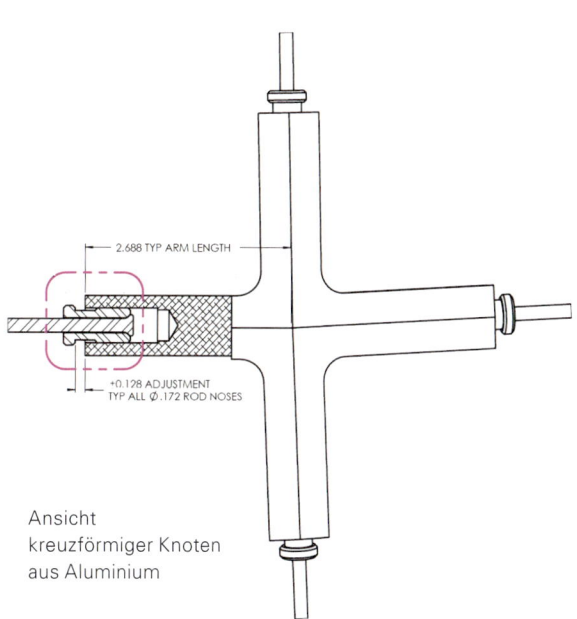

Bild 8.30 Knoten für Stammsitz der Bank of America; Schale aus tragendem Glas, kreuzförmige gefräste Knoten aus Aluminium, in Glasfuge verlaufend (Nr. 40 in Tabelle 8.1)

9 Ganzheitlicher Entwurf – Entwicklungen und Ausblick

9 Ganzheitlicher Entwurf – Entwicklungen und Ausblick

Sven Plieninger, Stefan Justiz

Die in diesem Buch beschriebenen Entwicklungen, seien es die Erkenntnisse über die Translationsflächen oder deren Weiterentwicklungen zu den Streck-Trans-Flächen, sind längst in eine Vielzahl von ausgeführten Projekten eingeflossen. Zu ihrer Zeit stellten sie neuartige und ingenieurmäßig herausragende Lösungen dar, die mit Hilfe mathematischer Methoden in Kombination mit einem umfangreichen Kenntnisstand der verfügbaren handwerklichen, zunehmend computerbasierten Fertigung nach materialminimierter und rational-wirtschaftlicher Herstellung strebten.

Diese Art der Herangehensweise, die z. B. nach ebenen, viereckigen und möglichst verschnittfreien Scheiben, wiederholenden Stablängen und systematisierten Knotengeometrien trachtete, wurde in vielen Anwendungen weiterentwickelt und ist so praktisch „Allgemeingut" geworden.

Die mathematisch-ingenieurmäßige Bearbeitung der Aufgabenstellungen rund um die transparenten, leichten Gitterschalen ist heute längst digitalisiert und auf freie Formen erweitert. Was früher langwierig erarbeitet werden musste, kann dank parametrisch aufgebauter Programmtools in Windeseile erledigt werden (siehe Abschnitte 6.3 und 6.4).

In jüngster Zeit wurden Programmtools entwickelt, die auf vielfältige, wenngleich nicht immer den Ausgangsidealen Kraftfluss und rationale Herstellung gehorchende Art, freie Formen entstehen lassen. Die Freude an der Form und deren Entwicklung ist also heute wie früher groß und das Spektrum der generierbaren Formen schier unbegrenzt. Für die Architektur bedeutet dies einen extremen Zugewinn an Vielfalt, eine große Zahl an Varianten bereichern den Entwurfsprozess. Die Anzahl der möglichen Lösungen steigt beinahe ins Unüberschaubare. Dem Erzeuger der Form bleibt die finale Aufgabe diesen Prozess so zu steuern, die beste, die optimale Lösung zu erreichen, sowohl in gestalterischer als auch tragwerksplanerischer Hinsicht.

Die Form ist also „frei".

Gleichzeitig stellt sich die Frage: Ist derjenige, der die Form generiert, wirklich frei in der Entwicklung seiner Formidee oder ist er gerade so frei, wie er in der Lage ist, das Programmtool zu bedienen? Generiert das Programmtool vielleicht gar nur das, was ihm von seinem Entwickler mitgegeben wurde?

Steuert der Anwender den Prozess noch in seiner ganzen Tiefe? Was bedeutet eigentlich „freie Formentwicklung"?

Das sind spannende Fragen, die auch das vielfältig diskutierte Problem der Autorenschaft mit beinhalten. Wer trägt und wie viel zum Gelingen eines Entwurfes bei? Und was bedeutet dies für uns Ingenieure?

Um heute sinnvolle Randbedingungen für diese neuen freien Formen zu definieren und die Ergebnisse moderner „Programmtools" zu bewerten, ist das in diesem Buch zusammengeführte geometrische Grundlagenwissen, ähnlich dem statischen Grundlagenwissen bei der Anwendung komplexer Rechenprogramme, sehr hilfreich.

Für uns Ingenieure, die innerhalb dieses Formungsprozesses einen Beitrag leisten wollen, stellt sich die Frage, ob nicht gerade diese Freiheit die Chance bietet, die von uns beschriebenen Ziele und Kriterien in den Formfindungsprozess einfließen zu lassen, um der optimalen Lösung näher zu kommen. Denn für uns hat die optimale Form den Kraftfluss mit einzubeziehen, um somit z. B. materialminimiert, ressourcenschonend herstellbar und bezahlbar zu sein. Und eben hierin liegt die große Herausforderung für zukünftige Entwicklungen. Denn das womöglich auf den ersten Blick ästhetisch Gewollte ist ggfs. nicht das ingenieurmäßig Richtige oder umgekehrt. Beides jedoch zusammenhängend zu betrachten hat seinen Reiz.

Worin liegt nun begründet, dass durch diese neuen Vorgehensweisen überhaupt neue Chancen entstehen, das Tragwerk zu verbessern?

In Architekturentwürfen wurden bisweilen Formen generiert, die nur dem formal-gestalterischen Anspruch genügten und keinerlei Strukturüberlegungen zur Grundlage hatten. Rationale Aspekte wurden dem Diktat der Form oder den technischen Möglichkeiten der Programmtools geopfert.

Ingenieurseitig wurde dagegen z.B. mit Hilfe der Formfindung nach einer optimalen statischen Geometrie gesucht, um dann im nächsten Schritt das am besten geeignete Stabnetz auf der ingenieurseitig idealen Form zu definieren ohne den formalen Aspekt zu berücksichtigen. Bisweilen wurde versucht mit Hilfe der Streck-Trans-Flächen die gewünschte Oberfläche der Idealgeometrie (formgefunden) anzunähern und so einen Kompromiss zu schaffen.

Die Wahl der am besten geeigneten Topologie war eine ebenfalls getrennte und unabhängig bearbeitete Aufgabe, die je nach Art der erzeugten Fläche entweder aus Dreiecken oder, falls möglich, ebenen Vierecken, bestand.

In allen Fällen waren Einschränkungen der Formen natürlich.

Die große Chance liegt nun gerade darin, verschiedene Untersuchungsziele oder Parameter, die bisher nur singulär, d. h. jeweils als alleiniges Kriterium bei der Lösungsfindung, betrachtet werden konnten, als kombinierbare, zueinander gewichtete Entwurfskriterien zu verwenden.

Die neuen Programmtools erlauben die Kombination verschiedener Zielbedingungen durch die Anwendung von Optimierungsverfahren, um damit Lösungen in unterschiedlichen Zielkorridoren zu erreichen. Die Parameter der heutigen Untersuchungen sind nicht nur kombinierbar sondern vor allem steuerbar. Richtig eingesetzt kommen so rationale Lösungen hinzu, die die Entwurfspalette bereichern und eine breitere, bessere Auswahl ermöglichen. Einige Zeitgenossen glauben gar, dieser Prozess der Lösungsfindung oder Optimierung und die Wahl der Parameter, könnten dank immer weiter entwickelter Programmtools gänzlich dem Computer überlassen werden. Ob dies der logische, der wünschenswerte Weg oder ob überhaupt ein möglicher ist, bleibt der Zukunft überlassen und bis dahin Ansichtssache.

Für den Moment sehen wir die allergrößten Chancen darin, die bisherigen und neuen Methoden der Formerzeugung und -optimierung mit den Formideen unserer Kollegen Architekten zu verbinden und damit einen bunteren Strauß mit einer Maximalzahl an rationalen Varianten zu schaffen. Um dies zu erreichen, ist die gemeinsame Auseinandersetzung von Architekt und Ingenieur notwendig, die im Bewusstsein um die Fähigkeiten des jeweils anderen die größte Entfaltung zeigt. Machen wir uns also für einen Moment bewusst, wo die Stärken und Kompetenzen des jeweils anderen liegen.

Die Arbeitsprozesse im Bereich der Formgenerierung der Ingenieure / der Architekten seien daher vereinfachend – bzw. möglicherweise unvollständig – wie folgt beschrieben.

Die inhaltliche Auseinandersetzung des Architekten findet, aus unserer Sicht, zwischen den „Eckpunkten" der Funktionsdefinition des Bauwerks, seiner Erscheinung und Formvariation in Oberfläche und Topologie statt. Wir stellen uns daher diesen Arbeitsprozess im Bereich der transparenten Schalentragwerke als ein aus drei Punkten aufgespanntes Dreieck vor, Bild 9.1.

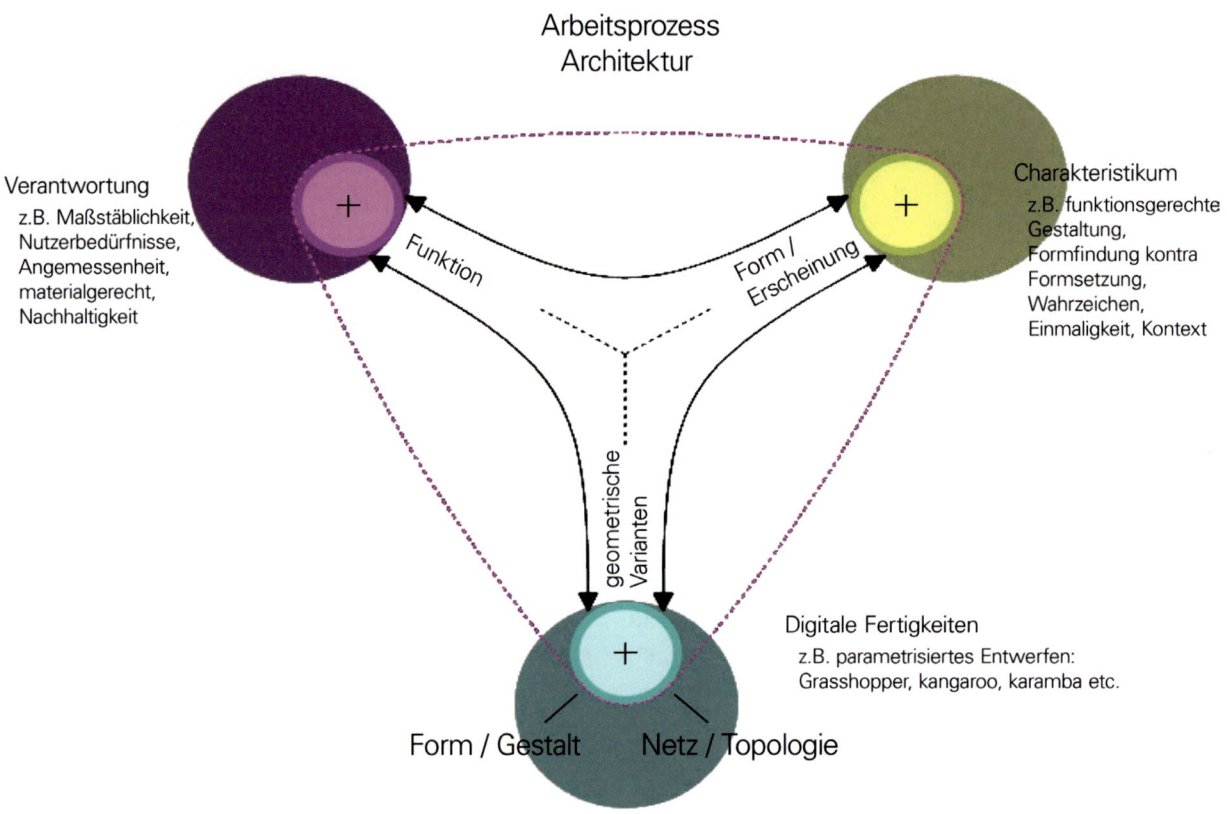

Bild 9.1   Arbeitsprozess Architektur

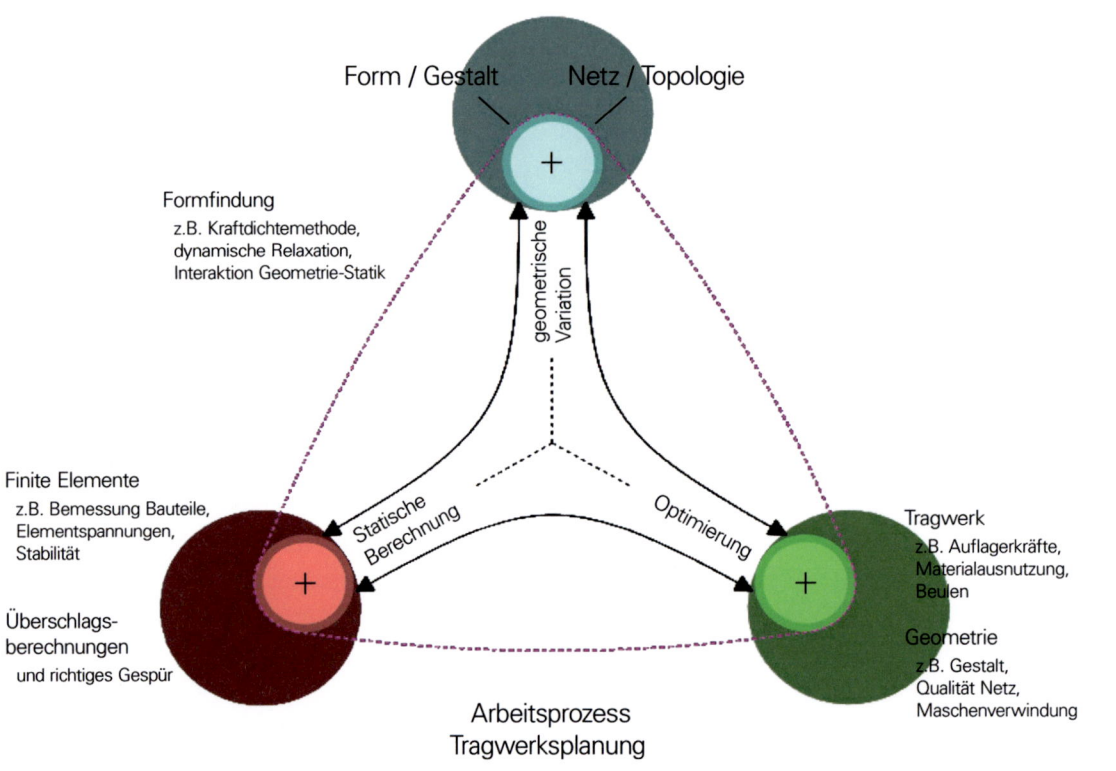

Bild 9.2   Arbeitsprozess Tragwerksplanung

Die klassischen Fragestellungen zur Funktionalität des Entwurfes, wie dem jeweiligen Zweck und dessen Zusammenhang zur Größe, zur Art der einzusetzenden Materialen oder zur gewünschten Nachhaltigkeit unterscheiden sich nicht vom Gewohnten.

Die Frage der Erscheinung, ob es sich um eine hergeleitete Form oder eine aus anderem Kontext heraus definierte Form handelt, hat einen stärker beschreibenden Charakter und damit Einfluss darauf, wie nun die Form generiert wird.

Um nun lediglich eine Form zu generieren, stehen, wie bereits erwähnt, eine Unzahl von Wegen zur Auswahl. Vermehrt werden hierzu aus anderen Technologiebereichen stammende digitale Werkzeuge eingesetzt. Diese Art der Formgenerierung kann, je nach verwendetem Programmtool, mehr oder weniger erfolgversprechende Strategien bereitstellen. Vielfach enthalten diese Programme heute bereits statische Formfindungsansätze, wobei die allermeisten dabei auf leistungsfähige Methoden (Kraftdichtemethoden, dynamische Relaxation, siehe Abschnitt 6.3) zurückgreifen und so die Verknüpfung zum Arbeitsprozess des Ingenieurs herstellen.

Die Form (Oberfläche) und das darauf liegende Netz sind entscheidende Eingangsparameter im Denk- und Arbeitsprozess des Ingenieurs, die zusammen mit der Strukturanalyse (statische Berechnung) und der Strukturoptimierung ein weiteres Arbeitsdreieck aufspannen, Bild 9.2.

Beide Prozesse beschäftigen sich ganz zentral mit der Form und der Topologie einer Struktur. An genau dieser Überlappung kann die eigentlich spannende Reise für ein Projekt beginnen! Je nachdem, wie gut und offen dieser Kooperationsprozess stattfindet, lassen sich herausragende Ergebnisse erzeugen, die über die Summe der Einzellösungen hinausgehen, Bild 9.3.

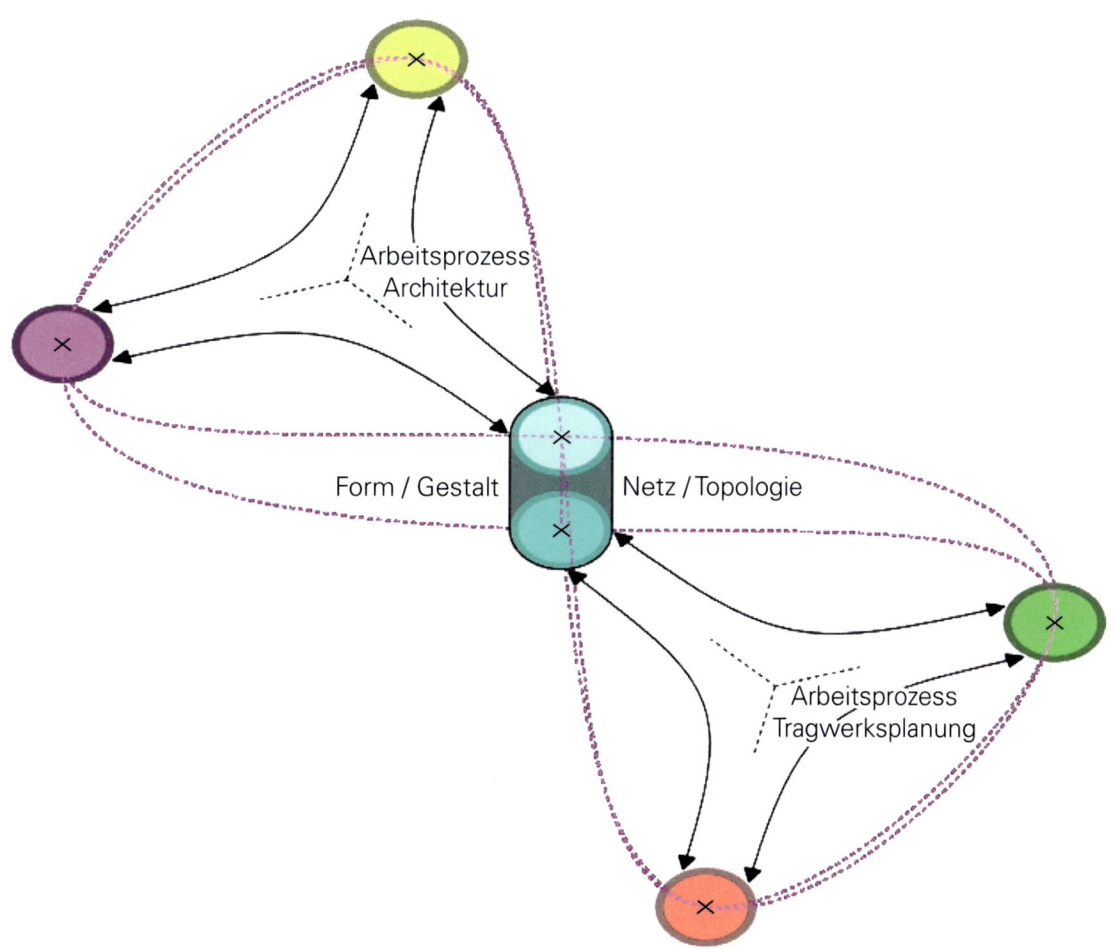

Bild 9.3   Zusammenarbeit Architekt – Ingenieur

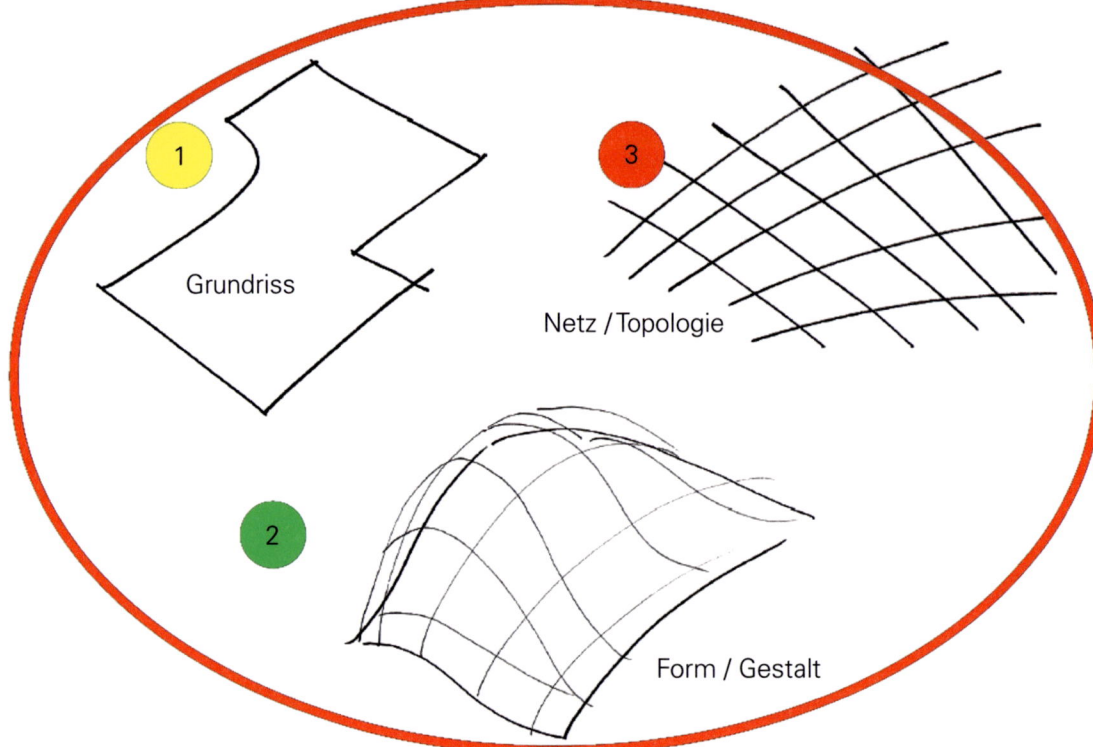

Bild 9.4 Entwurfsparameter transparenter Schalen: Grundriss (Layout), Form, Topologie

Wie gelingt es uns bzw. wo setzt der Ingenieur an, um den architektonischen Entwicklungsprozess zu unterstützen? Die Ansatzpunkte sind extrem breit gefächert und variieren sehr stark je nach Aufgabenstellung.

Nirgendwo existiert das „weiße Blatt Papier", das zu füllen ist, vielmehr existieren immer Randbedingungen, die es einzuhalten oder zu diskutieren gilt. Ob dabei nur ein Grundriss oder ein grobes Layout (1) einer zu entwickelnden Lösung vorgegeben ist, schon eine Formvorstellung (2) fixiert ist oder gar zusätzlich eine Topologie (3) oder eine Kombinationen dieser Aspekte festgelegt wurde, ist für die Ausgangssituation erheblich, Bild 9.4. Erfahrungsgemäß sind auch bei einer scheinbar fixierten Lösung noch viele Parameter beeinflussbar und zur Verbesserung des Ergebnisses nutzbar.

Wenn also z. B. Layout (1), Form (2) und Topologie (3) vorgegeben sind, so ist uns Ingenieuren an einer statischen, geometrischen Optimierung gelegen, die diese Vorgaben nutzt und innerhalb eines/des eingeschränkten Korridors versucht, die Form in Kombination mit der Topologie (z. B. Staborientierung) zu modifizieren. Das Ziel kann dabei die wirtschaftliche Bemessung – Optimierungsziel „Stahlverbrauch" – sein. Auch eine Optimierung der Querschnittsabmessungen und Blechdicken fällt in diese Kategorie.

Im Projekt der Schale über dem YAS Viceroy Hotel (Abschnitt 5.2) lagen Festlegungen zur Form und Topologie bereits vor. Das zentrale Augenmerk wird in einem solchen Fall dann bei den Fragestellungen zur statischen Machbarkeit und der Herstellung liegen. Das Ziel einer einfachen, seriellen Fertigung von Bauteilen und Knoten ist von zentraler Bedeutung für den Projekterfolg.

Dabei sind Themen wie die Stablängenoptimierung und die Reduktion der Stabverdrehungen mit einer möglichst hohen Gleichmäßigkeit der Maschenwinkel für die Knotenentwicklung und für das filigrane Erscheinungsbild bestimmend. Denn nur aus einer harmonischen Winkelaufteilung und verdrehungsarmen Anschlüssen der Stäbe im Knoten lassen sich kompakte, gestalterisch reduzierte Knotendetails entwickeln. Gleichzeitig wird die Herstellung, sei es durch Schweißen oder Schrauben, erleichtert, und geringe Bauteilabmessungen sind die logische Folge. Die Gruppierung, also das Suchen und Maximieren der vorhandenen gleichen Teile, kann ein weiterer Schlüssel verbesserter Wirtschaftlichkeit für ein Projekt sein. Freiformen zeichnen sich im Regelfall durch geringe Möglichkeit zum wiederholten Einsatz baugleicher Einzelteile aus. Eine reduzierte Anzahl unterschiedlicher Bauteile bietet jedoch ökonomische Vorteile, wie vereinfachte Herstellung und Baustellenabläufe.

Wie das Beispiel der Jinji Lake Mall (Abschnitt 6.4) zeigt, können mit Hilfe der Visualisierung von Querschnittsgewichten Bereiche baugleicher Teile bestimmt werden (Bild 9.5). Auch lassen sich geometrisch ähnliche Netzflächen bestens gruppieren, indem jeder Gruppe ein einzelnes Paneel zugewiesen wurde. Jedes dieser Paneele wird dann auf alle seiner Gruppe zugehörigen Flächen gelegt (Bild 9.6).

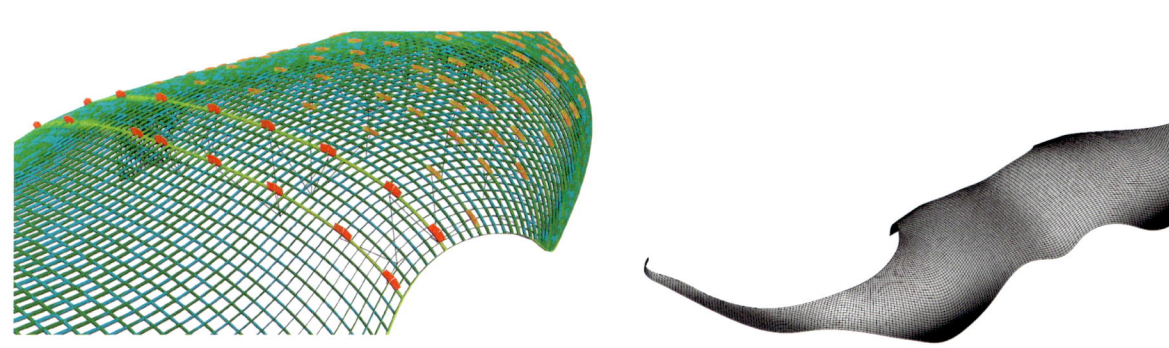

Bild 9.5   Verglaste Hülle der Jinji Lake Mall.
rechts: Überblick; links: Ausschnitt mit Visualisierung der Querschnittsgewichte zur Querschnittsoptimierung

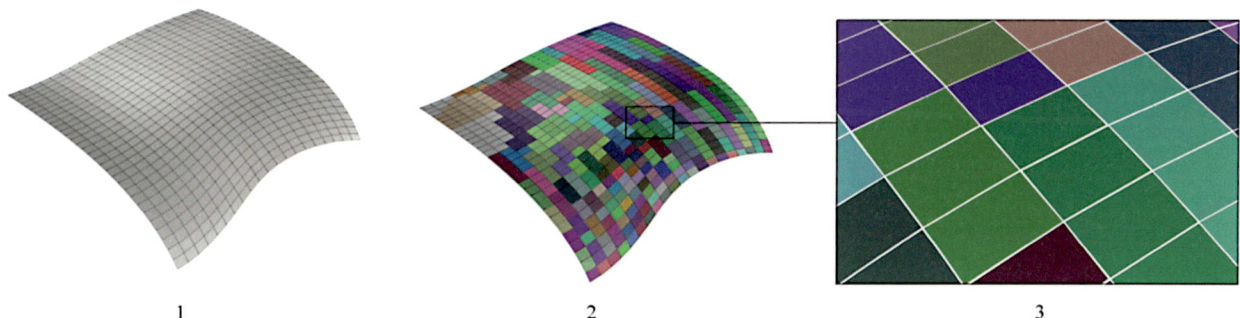

Bild 9.6   Ausschnitt aus der zentralen Hängeform der Jinji Lake Mall (1); Paneelgruppierung (2); Paneele gleicher Farbe sind identisch (3)

Die minimal und maximal zulässige Breite einer Glasfuge lässt sich dabei z. B. als bestimmende Randbedingung für die Varianz bei der Gruppierung der Flächen einführen. Ob diese, wie im Beispiel, aus konstruktiven Anforderungen anhand statischer Berechnungen resultiert oder einfach nur Montagetoleranzen definiert, spielt dabei keine Rolle. Mit solch einer Methode ließ sich in diesem Projekt die Anzahl einzigartiger Scheiben signifikant reduzieren. Beispielsweise wurde die Menge der Unikate im Projekt auf etwa ein Zehntel der Netzflächen reduziert, mit einer Wiederholungsrate einzelner Paneele von bis zu 60 Stück.

Mehr an Freiheit entsteht im Arbeitsprozess, wenn lediglich Layout (1) und die strukturlose Form (2) vorgegeben sind. Neben der üblichen geometrischen Optimierung im Hinblick auf den Kraftfluss kann die Topologie nun „völlig frei" diskutiert werden.

Dreieck- oder Vierecknetze stehen zur Verfügung, um mit dem Netz z. B. auf den Krümmungsverlauf der Oberfläche zu reagieren. Je nach Art der Verglasung, Einscheiben- oder Mehrscheibenisolierglas, müssen zusätzliche einschränkende Randbedingungen wie Strukturverformungen mit Einfluss auf die Scheibenverwindung (Abschnitt 5.2), beachtet werden.

Bei einem Ziel möglichst geringer Stabquerschnitte können homogene Netze entstehen oder gerade mit der Inhomogenität des Netzes auf den Kraftfluss reagiert werden. So lässt sich z.B. an Stellen besonderer Kraftkonzentrationen das Netz mit der Form nach konstanten Stabquerschnitten verdichten. Die damit einhergehende Dynamik, mit der das Netz auf die Form „gezeichnet" wird, kann auch formal gestaltprägend werden.

Das Beispiel des Metrodaches Riad (Bild 9.7) lässt diese Möglichkeiten erkennen. Für den Entwurf wurden punktgestützte Schalen als Tragstruktur eines Haltestellendaches entwickelt, bei dem sich die Kräfte natürlicherweise zum singulären Lagerpunkt hin vergrößern. Hat man nun das Ziel vor Augen, mit gleichbleibenden Stabquerschnitten auszukommen, wird ein

Bild 9.7   Metrodach Riad als Freiformfläche
(WBW mit HOE Architekten)

inhomogenes, dynamisches Netz entstehen, dessen Dichte zum Lager hin zunimmt. Die Topologie reagiert also auf deren Form und Kraftverteilung.

Verallgemeinert ist dieser Vorgang am Beispiel des in Abschnitt 6.4 gezeigten Trichters beschrieben. Formfindung und Topologieanpassung gehen dabei Hand in Hand. Ein Kreislaufprozess, von der statischen Berechnung über den geometrischen Optimierungsprozess zur Topologieentwicklung, kann entstehen.

Wenn Form (2) und Topologie (3) frei und als veränderbare Entwurfsziele definiert sind, dann ist der ganzheitliche Tragwerksentwurf unter Berücksichtigung der Tragwerksberechnung möglich (siehe dazu Bild 6.15, Abschnitt 6.4).

Auf dieser Basis kann z. B. bei vorgegebenem Layout (1) unter Einbeziehung des jeweiligen Kontextes kraftflussorientiert entworfen werden.
Die Arbeitsdreiecke des Architekten und des Ingenieurs verbinden sich zu einem Loop und im Miteinander und stetigem Austausch entsteht die „optimale" Form und gestalterisch richtige Lösung.
Alle bisher bekannten Optimierungsziele, alle Aspekte, seien es die Reduktion von Lagerpunkten, die Optimierung der Krümmung und damit der Netzgeometrie, sind nun gestaltbar. Von Anfang an sind dabei die Ziele höchster Transparenz und Leichtigkeit erfüllbar.

Am Beispiel der Freiformflächen der nicht randgestützten Schalen des „Hofer Himmels" werden die Vorteile sichtbar (siehe Bild 9.8). Eine freie Form, die Grundrisszwänge, Höhenvorgaben, Lagerpunktfestlegungen und Netzvorgaben berücksichtigt, kann parametrisch in einem kooperativen Entwurfsprozess ermittelt werden. Ermittelte Ergebnisse werden von den Planungspartnern diskutiert, Parameter in der Folge verändert bis letztlich eine den gewünschten Randbedingungen gehorchende Form und Topologie gefunden ist.
Die Form ist auf dem Weg bis zum Ergebnis frei. Der Planer bleibt aber derjenige, der die Sinnfälligkeit der Form über die Auswahl und Steuerung der Parameter im Prozess bestimmt.

Was kann ein Fazit daraus sein?

Die Form ist theoretisch frei.

Architektur, Funktion und Gestalt sind über den Knotenpunkt der Form und Topologie untrennbar mit der Strukturanalyse und Optimierung des Ingenieurs verbunden.
Je früher die Zusammenarbeit zwischen Architekt und Ingenieur etabliert wird, desto besser wird man sich dem „optimalen" Ergebnis annähern können.
Das „optimale" Ergebnis ist dabei von allen Seiten ansteuer- und diskutierbar. Ob es sich dabei um mathematisch basierte Formen wie in diesem Buch beschrieben, um die bessere, einfachere Fertigung, die Materialminimierung, die Knotenoptimierung oder den ganz freien Entwurf handelt, die Möglichkeiten beschreiben uns das Projekt und unsere Phantasie.

Nur im Dialog darüber und aus dem jeweiligen Kontext heraus lassen sich daraus Entwürfe schaffen, die dann vielleicht einem Optimum nahe kommen und einmal als besonders herausragend bewertet werden.

Die Werkzeuge, die heute von uns im laufenden Arbeitsprozess entwickelt, modifiziert und angewandt werden, sind Voraussetzungen dafür. Wir werden uns mit deren Entwicklung weiter beschäftigen.
Der Ingenieur als deren Entwickler ist dabei eben gerade nicht zum Bediener geworden, sondern stellt mit deren bewusster Anwendung spannende neue Möglichkeiten und Hilfestellungen für alle Planungspartner zur Verfügung.

Letztlich bleiben es immer die Menschen, die gemeinsam daraus ein gutes Bauwerk entstehen lassen.

Bild 9.8   „Hofer Himmel" als freigeformte optimierte Schale (Planung mit ISA Architekten)

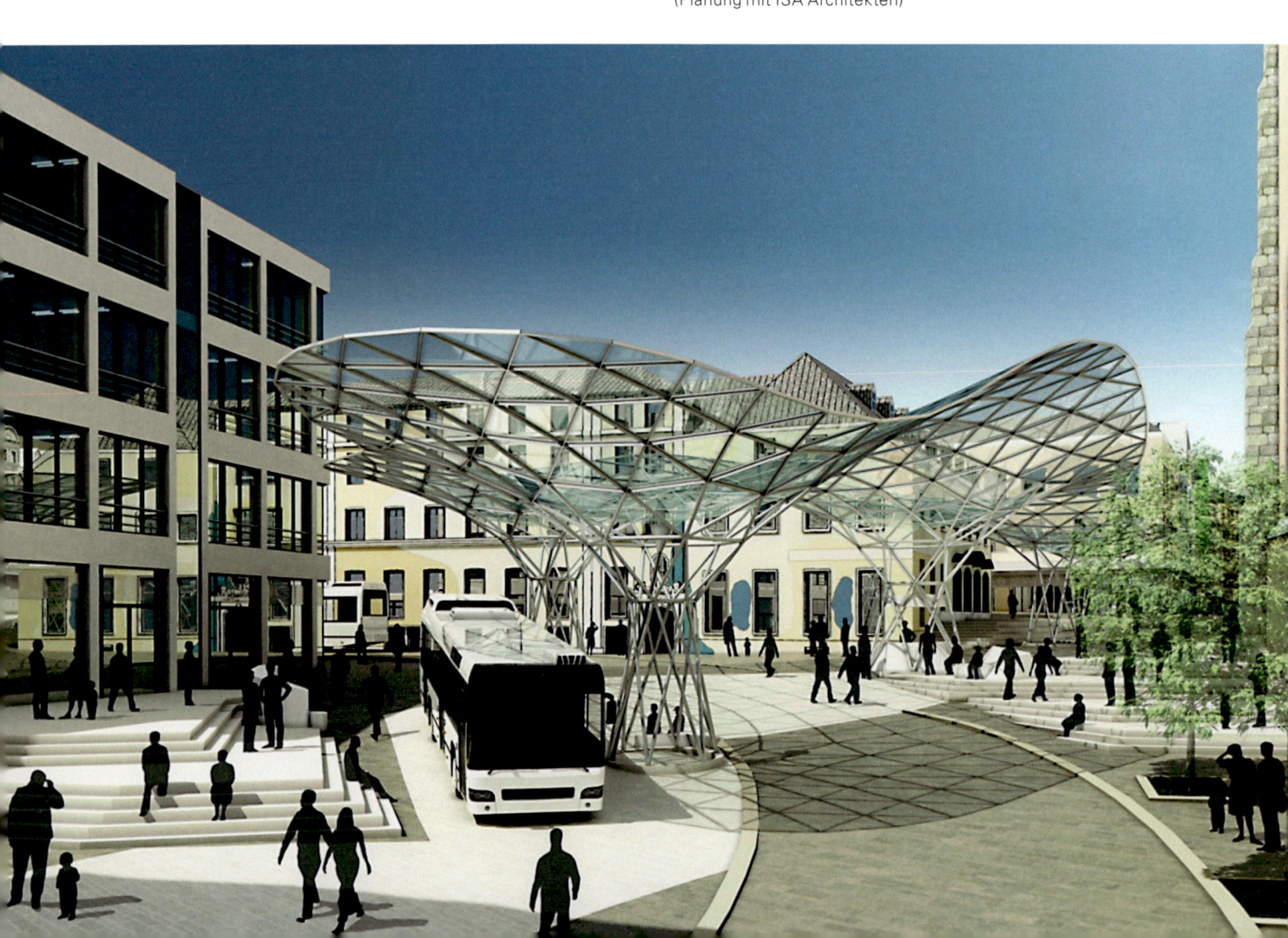

LITERATUR

[1] Schlaich, J., Schober, H.: Verglaste Netzkuppeln, Bautechnik 69 (1992), S. 3–10

[2] Klimke, H.: Zum Stand der Entwicklung der Stabwerkskuppeln, Der Stahlbau 9, 1983, S. 257–262

[3] Buckminster Fuller: US Patent Nr. 2682235, 1954

[4] Krausse, J.: Das Zeiss Planetarium, Wissen in Bewegung: 80 Jahre Zeiss-Planetarium Jena, 2006, Herausgeber Hans-Christian von Herrmann

[5] Leonhardt, F., Schlaich, J.: Vorgespannte Seilnetzkonstruktionen – Das Olympiadach in München, Heft 9, 10, 12/1972 und Heft 2, 3, 4, 6/1973

[6] Schlaich, J, Schober, H.: Transparente Netztragwerke, Stahl und Form, Stahl-Informations-Zentrum, Düsseldorf.

[7] Schlaich, J., Bergermann, R.: Leicht weit – light structures, Prestel Verlag, 2003, Herausgeber A. Bögle, P. C. Schmal, I. Flagge

[8] Schlaich, J.: Zur Gestaltung der Ingenieurbauten, Der Bauingenieur 61 (1986), S. 49–62

[9] Otto, F.: Multihalle Mannheim Band IL 13. Mitteilungen des Instituts für leichte Flächentragwerke (IL) Universität Stuttgart, 1978

[10] Schober, H.: Die Masche mit der Glaskuppel. Netztragwerke mit ebenen Maschen, Deutsche Bauzeitung 128 (1994), S. 152–163

[11] Schober, H.: Geometrie-Prinzipien für wirtschaftliche und effiziente Schalentragwerke, Bautechnik 79 (2002) H. 1, S. 16–24

[12] Pottmann, H., Asperl, A., Hofer, M., Kilian A.: Architectural Geometry, Bentley Institute Press, Exton, Pennsylvania USA, 2007

[13] Schlaich, J.: Der kontinuierlich gelagerte Kreisring unter antimetrischer Belastung, Beton- und Stahlbetonbau (1967), S. 21–23

[14] Keil, A.: Fußgängerbrücken, Edition Detail, 2012

[15] Polonyi, S.: Berechnung von hyperbolischen Paraboloidschalen über beliebigen Viereck-Grundrissen, Beton- und Stahlbetonbau (1962), H.9, S. 218–220

[16] Faber, F.: Candela The Shell Builder, Reinhold Publishing Corporation, New York 1963

[17] Enrique X. De Anda Alanis: Candela, Taschen Verlag, 2008

[18] Garlock, M., Billington, D.: Felix Candela, Engineer, Builder, Structural Artist, Yale University Press, New Haven, 2009

[19] Leonhardt, F., Schlaich, J.: Das Hyparschalen-Dach des Hallenbades Hamburg Sechslingspforte, Beton- und Stahlbetonbau 65 (1970), H. 9, H. 10, H. 11

[20] Kloker, S.: Freigeformte Gitternetzschalen und Gitternetzfaltwerke, Diplomarbeit am Institut für Konstruktion und Entwurf II, Universität Stuttgart, 2001, Prof. Dr. Ing. Jörg Schlaich

[21] Modulares Bauelement für die Erstellung doppelt gekrümmter oder freier Tragwerksformen, Patent DE102008045760A1, Erfinder: Hans Schober, Anmelder: sbp gmbh

[22] Laufs, W., Vikner, G.: Gekrümmte Glasflächen – ein Zusammenspiel von Geometrie und Glasdetaillierung, Stahlbau Spezial März 2010 – Konstruktiver Glasbau, S. 16–21

[23] Adriaenssens, S., Block, P., Veenendaal, D., Williams, C.: Shell Structures for Architecture, Form Finding and Optimization, Routledge, Taylor and Francis Group, London and New York, 2014

[24] Brew J, Brotton D.: Non-linear structural analysis by dynamic relaxation. Int J Numer Methods Eng 1971; 3(1): 463–83

[25] Barnes M.R.: Barnes MR. Form-finding and analysis of tension space structures by dynamic relaxation: Ph.D. thesis, City University, London; 1977

[26] Linkwitz K.: New methods for the determination of cutting pattern of prestressed cable nets and their application to the Olympic Roofs Munich. In: Proceedings IASS Pacific Symposium Part II, on Tension Structures and Space Frame, Tokyo, 1971

[27] Schek, H.-J.: The force density method for form finding and computation of general networks, Comput. Methods Appl. Mech. Engrg. 3 (1974) 115–134

[28] Hiroki Tamai: Multidisciplinary approach for form finding by incorporating the force density method in optimization. IABSE Symposium Report, pp9–16, IABSE Symposium 2012, Sharm El Sheik

[29] Hiroki Tamai: Advanced application of the force density method in multidisciplinary design practice by incorporating with optimization using analytical derivatives. Proceedings of the International Association for Shell and Spatial Structures (IASS) Symposium 2013, „BEYOND THE LIMITS OF MAN", 23–27 September, Wroclaw

[30] Bletzinger, K.-U., Ramm E.: Computational form finding and optimization. 2014. Shell Structures for Architecture: Form Finding and Optimization, p. 45–56 Routledge

[31] Bletzinger, K.-U.: Formoptimierung von Flächentragwerken [doctoral thesis]. Stuttgart: Institut für Baustatik der Universität Stuttgart, 1990

[32] Zorin, D.: Modeling with multiresolution subdivision surfaces. ACM SIGGRAPH 2006 Courses. Boston, Massachusetts: ACM, 2006

[33] Plieninger, S.; Gebreiter, D.; Mühlberger, J.; Justiz, S.: Structure from Subdivision: the grid-shell of Jinji Lake Mall. Engineered Transparency 2014, Conference proceedings, Dresden: Baukonstruktion Dresden e. V. 2014

[34] Bulenda, T., Winzinger, T.: Verfeinerte Berechnung von Gitterschalen, Stahlbau 74 (2005) Heft 1, S. 33–38

LITERATUR ZU PROJEKTEN

[35]   Schober, H., Moschner, T.:, Das Mineralbad Cannstatt in Stuttgart, Glas 4 (1995), S. 42–47

[36]   Schober, H., Moschner, T.: World Trade Center in Dresden, Glas 1 (1997), S. 34–40

[37]   Schlaich, J., Schober, H., Knippers, J.: Vom Bogen zur Tonne: Der Weg zum Tragwerk des Fernbahnhofs Spandau, Detail 1999, H. 4, S. 675–678

[38]   Schober, H., Gugeler, J.: Glasdach über der Römischen Badruine in Badenweiler, Glas 1 (2002), S. 29–35

[39]   Schober, H.: Freigeformte Netzschalen, Entwurf und Konstruktion, VDI Jahrbuch Bautechnik, 2003, S. 35–52

[40]   Schober, H.: Zur Netzschale, Beitrag im Buch: Das Bosch-Areal, Roland Ostertag (Hrsg.), Karl Krämer Verlag, Stuttgart, 2003

[41]   Schlaich, J., Schober, H., Justiz, S.: Entwurf und Konstruktion der Bahnsteighalle des Lehrter Bahnhofs in Berlin, Stahlbau 71 (2002), H. 12, S. 853-868

[42]   Schober, H.: The Berlin Connection, Civil Engineering, Vol.76, No 8, August 2006, p. 42–49, 81

[43]   Gugeler, J., Havemann, K., Schober, H.: Lehrter Bahnhof Berlin: Das Nord-Süd-Dach, Stahlbau 75 (2006), H. 3, S. 194–202

[44]   Schober. H., Justiz, S: Cabot Circus, Bristol, Ebene Vierecknetze für freigeformte Glasdächer. Beitrag im Buch: Glasbau 2012, Ernst & Sohn 2012

[45]   Der Vlaamse Raad in Brüssel, Glas 1 (1996), S. 18–24

[46]   Schlaich, J., Schober, H.: Glaskuppel für die Flusspferde im Zoo Berlin, Stahlbau 67 (1998), H. 4, S. 3–8

[47]   Schlaich, J., Schober, H., Helbig, T.: Eine verglaste Netzschale: Dach und Skulptur, DG Bank am Pariser Platz in Berlin, Bautechnik 78 (2001) H. 7, S. 457–463

[48]   Russel, J.S.: DZ Bank, Berlin, Germany, Architectural Record, 10/2001, p. 120–131

[49]   Woltron, U., Zugmann, G.: Uniqa Tower, Ein Wahrzeichen für Wien, HEP Verlags GmbH, Wien, 2004, Das Dach des Platinum Vienna, S. 134-145

[50]   Schober, H., Kürschner, K., Jungjohann, H.: Neue Messe Mailand – Netzstruktur und Tragverhalten einer Freiformfläche. Stahlbau 73 (2004) H. 8, S. 541–551

[51]   Schober, H., Kürschner, K.: Meraviglioso Civil Engineering, Volume 75, Number 12, December 2005, p. 36–43

[52]   Bennett, P.: Milan Trade Fair, Architectural Record, 08/2005, p. 93–99

[53]   Couture, L.A., Rashid, H.: YAS Hotel Abu Dhabi/VAE Das Rennen kann beginnen, Deutsche Bauzeitung db 2009, H. 9, S. 36–45

[54]   Schober, H., Justiz, S., Tamai, H.: Speed and Grace, Civil Engineering, February 2011, S. 54–59

[55]   Kurrer, K-E.: Ingenieurportrait Max Mengeringhausen Deutsche Bauzeitung db 10/04, S. 88–95

[56]   Burkhardt, U., Schlaich, M.: Palacio de Comunicaciones – frei geformtes Glasdach für das neue Rathaus in Madrid, Beitrag im Buch Glasbau 2013, Verlag Ernst & Sohn

[57]   McCormick, S., Besjak, C., Korista, D., Baker ,W.: Shell of Steel, Civil Engineering, April 2003, S. 68-73

PROJEKTREGISTER

Projekt	Kapitel/Abschnitt	Literatur
Allee Center Leipzig Überdachung Mall und Innenhof	8.1	
Aquatoll, Neckarsulm Überdachung Schwimmbecken	3.2, 8.1, 8.2.2	[1], [6], [7]
Atrium, Kassel Überdachung Mall	8.1	
Friedrichstr. 60, Berlin Atriumdach	4.2.2, 8.1	
Bank of America, Headquarter, Charlotte, USA Skulptur	4.7.2, 8.1, 8.2.3	
Bosch Areal Stuttgart Straßenüberdachung	4.4.2, 8.1, 8.2.3	[40]
Cabot Circus Bristol, England Straßenüberdachung	4.7.2, 8.1	[44]
Deutsches Historisches Museum Berlin Überdachung Schlüterhof	8.1, 8.2.3	[7]
DZ Bank, Berlin, Pariser Platz 3 Überdachung Innenhof	4.2.2, 5., 8.1, 8.2.2	[47], [48], [7]
Höfe am Brühl, Leipzig Einkaufszentrum, Überdachung Mall	8.1, 8.2.2	
Ernst & Young, Luxemburg Überdachung Plaza	4.7.2, 8.1	
Fa. Zwick Roell, Ulm Atriumdach	8.1	
Fernbahnhof Berlin-Spandau Bahnsteigüberdachung	8.1, 8.2.2	[37]
Flämischer Landtag Brüssel, Belgien Überdachung Sitzungssaal	8.1	[45]
Flusspferdehaus, Zoo Berlin Überdachung Becken	4.4.2, 8.21	[46]
Hauptbahnhof Berlin, Ost-West-Dach Bahnsteigdach	4.2.2, 8.1, 8.2.3	[41], [42], [7]
Hauptbahnhof Berlin, Nord-Süd-Dach Überdachung Mall	8.1, 8.2.3	[43]
Industriepalast Leipzig zwei Innenhofüberdachungen	4.5.5, 8.1	
Jinji Lake Mall, Suzhou, China Umhüllung Gebäude	6.4, 9	[33]
Libori Galerie, Paderborn Atriumdach	8.1	

Projekt	Kapitel/Abschnitt	Literatur
Messe Hannover Überdachung Eingang West	4.4.3, 8.1	
Messe Mailand, Italien Logo und Haupterschließung Messehallen	5.3, 8.1, 8.2.2	[50], [52], [51]
Mineralbad Cannstatt, Stuttgart Bad Cannstatt Überdachung Schwimmbecken	4.2.2, 8.1, 8.2.2	[35]
Museum für Hamburgische Geschichte, Hamburg Innenhofüberdachung	3.2, 4.2.2, 8.1, 8.2.2	[1], [6], [7], [11]
Odeon München Überdachung Innenhof	6., 8.1, 8.2.3	
Palais Bernheimer, München Überdachung Innenhof	8.1	
Paunsdorf Center, Leipzig Einkaufszentrum, Überdachung Mall	4.4.2, 8.1, 8.2.3	
Rathaus Madrid, Spanien Überdachung Innenhof	6.2, 8.1, 8.2.2	[56]
Rhön Klinikum, Bad Neustadt Kuppel	8.1, 8.2.2	
Rostocker Hof, Rostock Überdachung Innenhof	8.1	
Schubert Club Band Shell, St. Paul, Minnesota, USA Glasdach Bühne	8.1, 8.2, 8.2.2	
SI Centrum, Stuttgart Überdachung Schwimmbecken	8.1	
HHLA St. Annen 1, Hamburg Innenhofüberdachung	8.1	
Bugis Street, Singapore Straßenüberdachung	8.1	
Römische Badruine, Badenweiler Überdachung	4.2.2, 8.1	[38], [7]
Uniqa Tower Wien, Österreich Überdachung Innenhof	8.1	[49]
WTC Dresden Überdachung Mall	4.2.2, 8.1, 8.2.2	[36]
Yas Mall, Abu Dhabi, Vereinigte Arabische Emirate Überdachung Atrium	8.1, 8.2.2	
Yas Viceroy Hotel, Abu Dhabi, Vereinigte Arabische Emirate Umhüllung Gebäude	5.2, 8.1, 8.2.3	[53], [54]

BILDNACHWEISE

Abbildungsnr.	Copyright/Quelle	Abbildung	Copyright/Quelle
2.1	schlaich bergermann und partner	Liste 8.1, Projekt 1	Klaus Frahm
2.2	schlaich bergermann und partner	Liste 8.1, Projekt 2	schlaich bergermann und partner
2.3	schlaich bergermann und partner	Liste 8.1, Projekt 3	schlaich bergermann und partner
2.6 oben	schlaich bergermann und partner	Liste 8.1, Projekt 4	schlaich bergermann und partner
2.10	schlaich bergermann und partner	Liste 8.1, Projekt 5	schlaich bergermann und partner
3.1	schlaich bergermann und partner	Liste 8.1, Projekt 7	schlaich bergermann und partner
3.2	schlaich bergermann und partner	Liste 8.1, Projekt 8	schlaich bergermann und partner
3.5	schlaich bergermann und partner	Liste 8.1, Projekt 10	schlaich bergermann und partner
3.9	schlaich bergermann und partner	Liste 8.1, Projekt 11	schlaich bergermann und partner
3.10	schlaich bergermann und partner	Liste 8.1, Projekt 12	Jürgen Schmidt
3.12	schlaich bergermann und partner	Liste 8.1, Projekt 13	Marcus Bredt
3.13	schlaich bergermann und partner	Liste 8.1, Projekt 14	Scott Drayton, Chapman Taylor Archtiects, London
3.14	Helmut Fischer GmbH	Liste 8.1, Projekt 15	Helmut Fischer GmbH
3.15	Klaus Frahm	Liste 8.1, Projekt 17	schlaich bergermann und partner
3.16	Klaus Frahm	Liste 8.1, Projekt 19	schlaich bergermann und partner
3.17	schlaich bergermann und partner	Liste 8.1, Projekt 21	schlaich bergermann und partner
4.10 a	Klaus Frahm	Liste 8.1, Projekt 22	schlaich bergermann und partner
4.10 b	schlaich bergermann und partner	Liste 8.1, Projekt 23	schlaich bergermann und partner
4.10 c	Joseph Gartner GmbH, Gundelfingen	Liste 8.1, Projekt 24	James Carpenter Design Associates Inc
4.10 d	schlaich bergermann und partner	Liste 8.1, Projekt 25	schlaich bergermann und partner
4.10 e	schlaich bergermann und partner	Liste 8.1, Projekt 26	Affan Building Systems L.L.C.
4.10 f	schlaich bergermann und partner	Liste 8.1, Projekt 27	schlaich bergermann und partner
4.10 g	Jürgen Schmidt, Köln	Liste 8.1, Projekt 28	Firma Fischer, Talheim
4.10 h	Jürgen Schmidt, Köln	Liste 8.1, Projekt 29	SNOWBOUND
4.19	James Carpenter Design Associates Inc	Liste 8.1, Projekt 30	Roland Halbe
4.38 unten	schlaich bergermann und partner	Liste 8.1, Projekt 31	schlaich bergermann und partner
4.55 unten	schlaich bergermann und parnter	Liste 8.1, Projekt 32	Massimiliano Fuksas, Roma
4.106 Foto	schlaich bergermann und partner	Liste 8.1, Projekt 33	Scott Drayton, Chapman Taylor Archtiects, London
5.5	schlaich bergermann und partner	Liste 8.1, Projekt 34	Jens Weber
5.6 Foto	Joseph Gartner GmbH, Gundelfingen	Liste 8.1, Projekt 35	schlaich bergermann und partner
5.7	Bjorn Moerman Photography	Liste 8.1, Projekt 36	schlaich bergermann und partner
5.9	Massimiliano Fuksas, Roma	Liste 8.1, Projekt 37	Bjorn Moerman Photography
6.3	Jens Weber, München	Liste 8.1, Projekt 38	schlaich bergermann und partner
6.4 Foto	Arquimática SL	Liste 8.1, Projekt 39	Sauerbruch Hutton
6.5 unten	schlaich bergermann und partner	Liste 8.1, Projekt 40	Chris Vespermann, James Carpenter Design Associates Inc

Abbildungsnr.	Copyright/Quelle
8.7 Foto	James Carpenter Design Associates Inc
8.8 Foto	schlaich bergermann und partner
8.9	schlaich bergermann und partner
8.11 Foto	Firma Roschmann
8.12 Foto	schlaich bergermann und partner
8.14 Foto	schlaich bergermann und partner
8.15 Foto	schlaich bergermann und partner
8.17 Foto	schlaich bergermann und partner
8.18 Foto	schlaich bergermann und partner
8.19 Foto	schlaich bergermann und partner
8.20 Foto	James Carpenter Design Associates Inc
8.21 Foto	Firma Seele, Gasthofen
8.22 Foto	schlaich bergermann und partner
8.23 Foto	Firma Roschmann
8.25	schlaich bergermann und partner
8.26	schlaich bergermann und partner
8.27	schlaich bergermann und partner, Waagner-Biro AG, Wien
8.28	schlaich bergermann und partner
8.29	schlaich bergermann und partner
8.30	Chris Vespermann, James Carpenter Design Associates Inc
9.1	schlaich bergermann und partner
9.2	schlaich bergermann und partner
9.3	schlaich bergermann und partner
9.4	schlaich bergermann und partner
9.5	schlaich bergermann und partner
9.6	schlaich bergermann und partner
9.7	HOE Architekten
9.8	ISA – Internationales Stadtbauatelier

IMPRESSUM

Dr.-Ing. Hans Schober
schlaich bergermann und partner, sbp gmbh
Schwabstr. 43
70197 Stuttgart

Bibliografische Information der Deutschen Nationalbibliothek
Die Deutsche Nationalbibliothek verzeichnet diese Publikation
in der Deutschen Nationalbibliografie;
detaillierte bibliografische Daten sind im Internet über
http://dnb.d-nb.de abrufbar.

© 2015 Wilhelm Ernst & Sohn, Verlag für Architektur
und technische Wissenschaften GmbH & Co. KG,
Rotherstraße 21, 10245 Berlin, Germany

Alle Rechte, insbesondere die der Übersetzung in andere
Sprachen, vorbehalten. Kein Teil dieses Buches darf ohne
schriftliche Genehmigung des Verlages in irgendeiner Form –
durch Fotokopie, Mikrofilm oder irgendein anderes Verfahren –
reproduziert oder in eine von Maschinen, insbesondere von
Datenverarbeitungsmaschinen, verwendbare Sprache
übertragen oder übersetzt werden.

All rights reserved (including those of translation into other
languages). No part of this book may be reproduced in any form –
by photoprinting, microfilm, or any other means – nor transmitted
or translated into a machine language without written permission
from the publisher.

Die Wiedergabe von Warenbezeichnungen, Handelsnamen oder
sonstigen Kennzeichen in diesem Buch berechtigt nicht zu der
Annahme, daß diese von jedermann frei benutzt werden dürfen.
Vielmehr kann es sich auch dann um eingetragene Warenzeichen
oder sonstige gesetzlich geschützte Kennzeichen handeln,
wenn sie als solche nicht eigens markiert sind.

Umschlaggestaltung: Moniteurs, Berlin,
Berit Kaiser, Sibylle Schlaich
Konzeption, Layout und Satz: Moniteurs, Berlin,
Berit Kaiser, Sibylle Schlaich, Jacob Flemming, Henning Wossidlo
Herstellung: pp030 – Produktionsbüro Heike Praetor, Berlin
Druck: MEDIALIS Offsetdruck GmbH, Berlin
Verarbeitung: Stein + Lehmann GmbH, Berlin

Printed in the Federal Republic of Germany.
Gedruckt auf säurefreiem Papier.

Print ISBN: 978-3-433-03120-9
ePDF ISBN: 978-3-433-60598-1
ePub ISBN: 978-3-433-60662-9
eMobi ISBN: 978-3-433-60663-6
oBook ISBN: 978-3-433-60597-4